国家出版基金项目
NATIONAL PUBLICATION FOUNDATION

科技史新视角研究丛书

中国科学院自然科学史研究所　主编

罗桂环　著

中国重要花木的栽培起源和传播

本生出高岭　移赏入庭蹊

U0261268

山东科学技术出版社

·济南·

图书在版编目（CIP）数据

本生出高岭 移赏入庭蹊：中国重要花木的栽培起源和传播 / 罗桂环著 . —济南：山东科学技术出版社，2023.9
（科技史新视角研究丛书）
ISBN 978-7-5723-1779-8

Ⅰ . ①本…　Ⅱ . ①罗…　Ⅲ . ①花卉 – 观赏园艺 – 历史 – 中国　Ⅳ . ① S68–092

中国国家版本馆 CIP 数据核字（2023）第 158818 号

本生出高岭　移赏入庭蹊
——中国重要花木的栽培起源和传播

BENSHENG CHU GAOLING　YISHANG RU TINGXI
——ZHONGGUO ZHONGYAO HUAMU DE
ZAIPEI QIYUAN HE CHUANBO

责任编辑：房慧君　杨　磊
装帧设计：孙小杰

主管单位：山东出版传媒股份有限公司
出 版 者：山东科学技术出版社
　　　　　地址：济南市市中区舜耕路 517 号
　　　　　邮编：250003　电话：（0531）82098088
　　　　　网址：www.lkj.com.cn
　　　　　电子邮件：sdkj@sdcbcm.com
发 行 者：山东科学技术出版社
　　　　　地址：济南市市中区舜耕路 517 号
　　　　　邮编：250003　电话：（0531）82098067
印 刷 者：山东临沂新华印刷物流集团有限责任公司
　　　　　地址：临沂市高新技术产业开发区新华路
　　　　　邮编：276017　电话：（0539）2925659

规格：16 开（170 mm×240 mm）
印张：25　　字数：356 千　　印数：1～1500
版次：2023 年 9 月第 1 版　　印次：2023 年 9 月第 1 次印刷
定价：98.00 元

总序

　　中国古代的科学技术是推动中华文明发展的重要力量，是中华文脉绵延不绝的源泉。其向外传播及与周边国家地区、域外文明的接触、交流和融合，为世界科学技术的发展做出了非常重要的贡献。古人在农、医、天、算以及生物、地理等领域，取得了许多重大科学发现；在技术和工程上，也完成了无数令人惊叹的发明创造，留下了浩如烟海的典籍和数不胜数的文物等珍贵历史文化遗产。

　　五四运动前后，我国的科技史学科开始兴起，朱文鑫、竺可桢、李俨、钱宝琮、叶企孙、钱临照、张子高、袁翰青、侯仁之、刘仙洲、梁思成、陈桢等在相关学科发展史的研究方面做出了奠基性的工作。从 20 世纪 50 年代起，中国逐步建立科技史学科专门研究和教学机构。中国科技史研究者们从业余到专业、从少数人到数百人、从分散研究到有组织建制化活动、从个别学科到整个科学技术各领域，筚路蓝缕，渐次发展，全方位地担负起中国科学技术史研究的责任。

　　1957 年，中国自然科学史研究室（1975 年扩建为中国科学院自然科学史研究所，简称"科学史所"）成立，标志着中国科学技术史学科建制化的开端。此后六十多年，科学史所以任务带学科，组织同行力量，有计划地整理中国自然科学和技术遗产，注重中国古代科技史研究，编撰出版多卷本大型丛书《中国科学技术史》（简称《大书》，26 卷，1998—2011 年相继出版）、《中国传统工艺全集》（20卷20册，2004—2016年第一、二辑相继出版）和《中国古代工程技术史大系》（2006年开始相继刊印，已出版12卷）等著作。其中，《大书》凝聚了国内百余位作者数十年研究心血，代表着中国古代科技史研究的最高水平。

1978年起，科学史所将研究方向从中国古代科技史扩展至近现代科技史和世界科技史。四十多年来，汇聚同行之力，编撰出版《20世纪科学技术简史》（1985年第一版，1999年修订版）、《中国近现代科学技术史》（1997年）、《中国近现代科学技术史研究丛书》（35种47册，2004—2009年相继出版）和《科技革命与国家现代化研究丛书》（7卷本，2017—2020年出版）等著作，填补了近现代科技史和世界科技史研究一些领域的空白，引领了学科发展的方向。

"十二五"期间，科学史所部署"科技知识的创造与传播研究"一期项目，与同行一道着眼于学科创新，选择不同时期的学科史个案，考察分析跨地区与跨文化的知识传播途径、模式与机制，研究科学概念与理论的创造、技术发明与创新的产生、思维方式与知识的表达、知识的传播与重塑等问题，积累了大量新的资料和其他形式的资源，拓展了研究路径，开拓了国际合作交流的渠道。现已出版的多卷本《科技知识的创造与传播研究丛书》（2018年开始刊印，已出版12卷），涉及农学知识的起源与传播、医学知识的形成与传播、数学知识的引入与传播和技术知识的起源与传播，以及明清之际西方自然哲学知识在中国的传播等方面的主题。丛书纵向贯穿史前时期、殷商、宋代、明清和民国等不同时段，在空间维度上横跨中国历史上的疆域和沟通东西方的丝绸之路，于中国古代科技的史实考证、工艺复原与学科门类史、近现代科学技术由西方向中国传播及其对中国传统知识和社会文化的冲击等方面获得了更多新认知。

科学史所在"十三五"期间布局"科技知识的创造与传播研究"二期

项目，秉承一期项目的研究宗旨和实践理念，继续以国际比较研究的视野，组织跨学科、跨所的科研攻关队伍，探索古代与近现代科学技术创造和传播的史实及机制。项目产出的成果获得国家出版基金资助，将冠以《科技史新视角研究丛书》书名出版。这套丛书的内容包括物理、天文、航海、植物学、农学、医药、矿冶等主题，着力探讨相关学科领域科技知识的内涵、在世界不同国家地区的发展演变与交互影响，并揭示科技知识与人类社会的相互关系，不仅重视中国经验、中国智慧，也关注国外案例和交流研究。

两期项目的研究成果，从更宽视野、更多视角、更深层次揭示了科技知识创造的方式和动力机制及科技知识创造与传播的主体、发挥的作用和关键影响因素，深化了对中国传统科技体系内涵与演变及中外科技交流的多维度认识。

一百多年来，国内外学者前赴后继，在中国古代科学技术史、近现代科学技术史的发掘、整理和研究上已收获累累硕果，形成了探究中国古代和近现代科技史的宏观叙事架构，回答了古代科技的结构与体系特征、思想方法、发展道路、价值作用与影响等一系列问题，开创了近现代科技史研究的新局面。我国学者也迈出了从中国视角研究世界科技史的坚实步伐。

当下我国迈上了全面建设社会主义现代化强国、实现第二个百年奋斗目标、以中国式现代化全面推进中华民族伟大复兴的新征程。这种新形势，一方面需要我国科技群体不停向前沿探索、加快前进的脚步，另一方面也亟需科技史研究机构和学者因应时势进一步深入检视科技史，从中总结经验得失，以支撑现实决策，服务未来发展。在中国历史及世界文明发展的大视野中，进一步总结阐述中国科技发展的体系、思想、成就和特点，澄清关于中国古代科学技术似是而非的认识或争议，充分发掘传统科技宝库以为今用，将有助于讲好中国科技发展的故事，回答国家和社会公众的高度关切之问，推动中华优秀传统文化的创造性转化和创新性发展，提振民族文化自信和创新自信。

《科技史新视角研究丛书》结合微观实证和宏观综合研究，在这承前启后的科技史研究序列中，薪火相传，继往开来。它以新视角带来新认知，在中国古代与近现代科技史实、中外科技交流的研究中，必将更好地发挥以史为鉴的作用。

关晓武

2022 年 1 月

自 序

　　成长在闽西山村，每当春日来临，采樵道旁桃红李白的芳菲，心中充满愉悦。不过，荒野山花，却很少能让我们泛起美感涟漪。无论是清明前后山上灿若红霞的杜鹃，抑或是溪畔、水渠边花丛娇艳的野蔷薇、金樱子，都离我们的"柴米油盐"有些遥远。尽管如此，花的魅力仍会在村落中顽强呈现。村中的木槿菜篱上，常萦绕着芳香的金银花或殷红的月季；篱下不时可见晶莹的菊花和亮绿的麦冬，多少也洋溢些"江上今朝寒雨歇，篱中秀色画屏纤"的韵味。左邻右舍中，有两家在天井中用青砖石条构建花架，放置幽雅的素心兰和石斛盆栽。记得某次在后山放牧，看到一株盛开的萱草，很快被一位老者挖去，栽于门前池塘边。

　　高中毕业回乡耕田，某日心血来潮，跟村中一位老者上山采药。行走于青山碧水间，居然有一种莫名的"探宝"兴奋，不觉来到深山密箐。这里风光秀丽，植物种类繁多。老者很快采到了乌药、威灵仙、常山等不少常用的中草药，我却在背阴的石壁上，发现郁郁葱葱的成片建兰。亭亭玉立的花丛，优雅地吐着芬芳。野生的兰花如此秀丽清幽，禁不住挖了一丛带回栽培。未曾料到，此种"不务正业"的行为，招来长辈的无情奚落。愚钝如我，于此真切感受到："自惭瓮牖绳枢子，不称香囊锦伞花。"

　　岁月如梭，白云苍狗。经济发展越来越快，衣食无忧的人们有更多的

闲暇享受花卉的美。20 世纪 80 年代，还有许多少年惦记着北京公园中的柿子，而如今，公园、街道旁边的柿子在叶片落尽的深秋仍然在树上悬挂，犹如日光下的霓虹灯，完完全全升级为"观赏植物"。这些年，回到村里过春节，看到院子里盛开的山茶和桂花，厅里还摆着一盆亭亭玉立的水仙。绚丽的鲜花和馥郁的香气衬托着青瓦白墙农家小院，映射出祥和的山村风光。此情此景，不禁让面容褪去菜色的采樵人有了探寻前人"栽花"意蕴的冲动。古人云："毕竟花开谁作主，记取，大都花属惜花人。"他们是在感受"采菊东篱下"的闲适，抑或在"绿肥红瘦"中得到生命的升华？这样的探讨对时下的生态文化建设或许不算"附庸风雅"。如果既能使人们深入了解传统名花发展史和花卉文化，还能推动园林花卉事业发展、建设美好家园，则本书的著述或不属于灾梨祸枣。

罗桂环

2020 年 1 月 15 日

目 录

导　论

第一节　古代花卉的发展历程及影响

一、栽培花卉是提升精神生活的产物

在长期的文明发展进程中，人类在努力发展生产力改善物质生活的同时，也不断发展相关艺术，设法提升自己的精神生活水平。因此，那些原本生长在山坡野外的花卉，逐渐被栽植在房屋四周和庭园，极大地改善了生活环境。在中国这样一个文明古国，花卉栽培历史源远流长，先人不仅为后世留下多彩多姿的花卉种类，也在它们身上留下深深的文化烙印。春兰秋菊、夏荷冬梅都是中华儿女记忆深处的精神家园。

自20世纪80年代以来，花卉的历史逐渐引起人们的兴趣，涌现了不少研究性的著述，在育种栽培、种类描述和历史考察等方面作了非常有益的探索。为人习知的如陈心启在兰花、冯国楣在杜鹃、余树勋在月季和杜鹃、陈俊愉在梅花、戴思兰等在菊花方面都有独到的论述。尽管如此，中国那些影响深远的重要花卉仍有很多值得深入研讨之处，尤其是它们的栽培起源和传播发展。这方面的探索将有助于满足人们日益增长的精神生活需求，弘扬传统生态文化。

毫无疑问，在人类的发展过程中，首先要满足基本物质生活需求。衣食

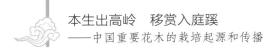

原料的生产是首要大事，"民以食为天"就是这种思想的具体体现。出于这种原因，历史上，不少政治家和一些强调民生、致力于发展农业生产的学者对花草等观赏植物的培育不以为然，认为这非民生所需、政务所急。《齐民要术·序》中有一段颇具代表性的言论："花草之流，可以悦目。徒有春花，而无秋实，匹诸浮伪，盖不足存。"[1] 在漫长的农业社会中，这类人屡见不鲜。唐代著名政治家张九龄曾感慨："人多利一饱，谁复惜馨香。"即便酷爱赏花、种花，写下大量此类诗篇、自诩为"爱花人"的现实主义诗人白居易，在看到长安城牡丹"花开花落二十日，一城之人皆若狂"后，也不禁希望"我愿暂求造化力，减却牡丹妖艳色。少回卿士爱花心，同似吾君忧稼穑"。这反映了诗人宁愿有某种程度的煞风景，也不能造业的心理。宋代《禾谱·序》作者也对当时流行给各种花、果、茶等园艺植物作谱录的风气不以为然，对欧阳修作《洛阳牡丹记》、蔡襄著《荔枝谱》等表达不满。申言："近时士大夫之好事者，尝集牡丹、荔枝与茶之品，为经及谱，以夸于市肆。予以为农者，政之所先，而稻之品亦不一，惜其未有能集之者。"认为自己的作品才于政务有益。

清代官僚曹溶（1613—1685）在其《倦圃莳植记》提出这样的看法："圣人为腹不为目，凡草木之芬芳贞固，可以比德者尚矣。此外则或资其材，或取其荫，或供为食，或储为药，末节乃玩其色，虽兼收并蓄，而轻重缓急之间，讵可无微权也耶。"[2] 道出人类首先需满足生存的基本物质需求，尔后方可考虑精神上的需要。在封建社会，不但黎民百姓食不果腹，甚至不少底层官吏士绅也常常忧虑饥寒。苏东坡的《后杞菊赋并叙》记述了自己这样的往事："天随生（陆龟蒙）自言常食杞菊，及夏五月枝叶老硬，气味苦涩，犹食不已，因作赋以自广。始余尝疑之……余仕宦十有九年，家日益贫，衣食之奉，殆不如昔者。及移守胶西，意且一饱，而斋厨索然，不堪其忧。日与通守刘君廷式循古城废圃，求杞菊食之，扪腹而笑。然后知天随生之言，可信不谬。"[3]

① 贾思勰. 齐民要术校释 [M]. 缪启愉，校释. 北京：中国农业出版社，1998：19.
② 曹溶. 倦圃莳植记：卷上 [M]//续修四库全书：1119 册. 上海：上海古籍出版社，2003：258.
③ 苏轼. 后杞菊赋 [M]//全宋文：85 册. 上海：上海辞书出版社，2006：135.

诗人所言,不无戏谑自嘲的成分和文学夸张,但也反映出官吏也有困顿的时候。故此上述思潮在不同时期反复出现。无论何时,只有经济生活改善了,人们才会将精力用于提升自己的精神生活。唯有条件优渥的人家,才可能建花园自娱。

即便如此,人类在生存和发展过程中,需要心灵的慰藉,以满足精神生活的需求。宋代学者韩琦《阅古堂八咏·芍药》这样写道:"从来良守重农桑,何事栽花玷此堂。已爱昔贤形藻绘,更移嘉卉伴馨香。"以纪念"前贤"为名栽花。对花卉的喜爱、对美的追求作为一种天性,仍然会在各种场合中体现。花给人呈现自然之美,带来精神层面的巨大愉悦。古人认为,赏花不仅仅为视觉享受,且"悦心怡神"。爱美之心,人皆有之,对花的喜爱或属天性使然。而且随社会发展,对花卉的培育和驯化水平也不断提高。在长期的采集和种植生产中,人们逐渐注意到一些植物有美丽的花朵或芳香,并逐渐将它们当作审美对象。古人所谓"见花心目舒"就是这个道理。最早被注意的主要是与人们生活密切相关的果树、蔬菜或药物。这方面可从最早的史诗《毛诗》和抒情作品《楚辞》中看出。《诗·召南》有"何彼秾矣,华如桃李"的感叹,就是例证。

古人在不断丰富自己物质生活的同时,也寻求充实自己的精神生活。换言之,在物质生活需求得到一定的保障之后,追求精神享受就是很自然的事情,赏花、看花就成为人们乐此不疲的事情。花卉也会以各种"正当"的需要,为比德、学术、纪念前贤栽培。众多的史实表明,无论是当权的王公贵族、高官巨宦、富商巨贾还是退归林下的官员,都喜欢经营自己的花园以怡情娱目。即便是时运偃蹇的儒生或隐士,抑或是大众苍生,在栽培果蔬的同时也会插植一些花卉,以愉悦身心。至于后世,丽木名花纯为观赏,它们的芬芳优美更是不断传播于诗人和艺术家笔下,这反过来又为花卉的进一步发展推波助澜。而唐宋时期园林的发展和花卉产业的繁荣,也使《齐民要术》那种摒弃花卉栽培技术的农书编撰传统发生了改变,南宋的农书《种艺必用》就记述了不少花卉栽培技术。

历史上,不但众多的皇家园林和高官巨贾的花园栽培大量的美丽花卉,以营造有如"仙境"的居住环境，而且许多失意官员，不得志则"退耕五湖"，筑园林莳花草以自娱，以求庄子所谓"自适其适"。晋代潘岳有感于仕途浮沉，多有风险，不由得心灰意冷，生归隐田园之念，以期"逍遥自得"。其《闲居赋》称："爰定我居，筑室穿池，长杨映沼，芳枳树篱，游鳞瀺灂，菡萏敷披，竹木蓊蔼，灵果参差。"退隐的彭泽令称"秋菊有佳色，裛露掇其英"和"采菊东篱"，显然是园中栽菊。一般民众常在菜园中种些菊花、桂花、萱草和麦冬等，既可观赏，又可当药物。这种情况直到20世纪后半叶中国农村仍普遍存在。历史上一些花园正是由药圃改造而来，如《洛阳名园记》所记载的"东园"。

明代儒生陈献章（1428—1500）在其《素馨说》一文中认为："草木之精气下发于上为英华，率谓之花……而人于其中，择而爱之。"其中素馨"供一赏而有余，亦花之佳者也。"[1]他的话有一定的道理。人们在长期的生产中，将喜欢的花栽培在园中，逐渐成了观赏对象。社会的进步和经济繁荣，使国人对生活环境的美化有更高的需求，观赏花卉日益受到关注。花对庭园、街区的装点，让环境变得优美舒适，给人们带来更多的优游喜乐之心以及安居的惬意。古人认为，园林之兴废可看出天下之治乱，不无道理。

值得注意的是，"花"字的出现也可能与汉以后人们精神生活需求的发展有关。它出现较晚。三国以前，没有"花"字，花称作"华"或"萼"。《尔雅·释草》有："华，荂也。"晋代郭璞注："今江东呼华为荂。荂，音敷。"书中还记载："华、荂，荣也。木谓之华，草谓之荣。不荣而实者谓之秀，荣而不实者谓之英。"古人称花为"华"，甚至称自己的国家为"中华"，可以想见"花"在古代中国人民心目中的美好地位。

花字可能在三国末年或晋初才出现。魏国张揖《广雅·释草》有："蘤、葩、菁、蕊、花，华也。"[2]显然，花古文也作"蘤"。稍后，一些学者逐渐开始使用花字。西晋文学家枣据（约232—284）《游览》诗有："仰攀桂树柯

---

① 陈献章. 陈白沙集：卷4[M]. 上海：上海古籍出版社，1991：1246-120, 121.
② 王念孙. 广雅疏证：卷10上[M]. 北京：中华书局，1983：336.

……芳林挺修干，一岁再三花。"① 南北朝时期，北魏官员李谐（496—544）《述身赋》也写过"树先春而动色，草迎岁而发花"②的诗句。

这种文字上的发展变化，与社会变革密切相关。"华"向"花"的衍化，似乎也与这个时期花卉栽培产业有较快发展有关。当时社会动乱、政治黑暗，佛学、玄学盛行一时，人们更多地追求逃避现实，寻求林泉隐居，求得身心之安宁。有学者认为："夫幽人韵士，摒绝声色，其嗜好不得不钟于山水花竹。"③ 这一时期，有很多著名的文学家在退隐山林时，创构园林以自娱，将薙草抶花、种树养竹作为乐趣。寄情山水，梦想桃花源，追求"采菊东篱下"以避开社会黑暗，从而得到清净的陶渊明（365或372或376—427）正是成名于这一时期。他推崇菊花的高洁，世外的"桃园"，很快得到后世的向往。刘宋时期，谢灵运（385—433）《山居赋》也坦露心迹道："清虚寂寞，实是得道之所也。"其中感受，一目了然。很明显，当时一些学者认为："濠上之客，柱下之史，悟无为以明心，讬自然以图志，辄以山水为富，不以章甫④为贵。"⑤当时的高官巨贾常常花费巨资兴建花园山居，就是想通过亲近自然，得到更多的精神上的解脱和心灵的安宁。显然，华、花这两个字可能音接近，加上花卉园艺的发展，含义丰富的"华"⑥后来就分化出一个专门表示植物器官的"花"字。

赏花种竹给人提供的精神愉悦，古人有很多心得和兴会。唐代诗人白居易一生爱花，在杜鹃、山樱等花的驯化栽培方面作了大量的工作。他在四川南宾任太守时，对当地山中野生的木莲花特别喜爱，不时前去欣赏。他写道："红似燕支腻如粉，伤心好物不须臾。山中风起无时节，明日重来得在无？"还称"几度欲移移不得"⑦，对未能移植表达了深深的遗憾。杜荀鹤在《题衡

---

① 欧阳询. 艺文类聚：卷28 [M]. 上海：上海古籍出版社，1982：501.

② 魏收. 魏书：卷65 [M]. 北京：中华书局，1974：1458.

③ 袁宏道. 瓶史 [M] // 花卉与博物丛书：上册. 上海：上海古籍出版社，1993：309.

④ 指仕宦.

⑤ 杨衒之. 洛阳伽蓝记：卷2 [M]. 北京：中华书局，1963：90.

⑥ 这里说的是繁体字"華"。

⑦ 白居易. 白居易集：卷17 [M]. 北京：中华书局，1999：381.

阳隐士山居》中写道："放鹤去寻三岛客，任人来看四时花。"这两句诗写出隐士的潇洒自如。而栽花的乐趣诚如宋人所云："圣人有道贲草木，我辈栽花乐太平。"[①] 宋代著名学者苏舜钦的《沧浪亭记》叙述自己的亭园说："前竹后水，水之阳又竹，无穷极。澄川翠干，光影会合于轩户之间，尤与风月为相宜。"自己得以"觞而浩歌，踞而仰啸，野老不至，鱼鸟共乐。形骸既适则神不烦，观听无邪则道以明"，写出养竹修池亭、观赏风月而融于大自然的快感和身心惬意。

明清时期，江南不少官僚、艺术家和名士，常常把养花莳草当作娱情悦性、颐养天年的一门养生艺术。他们在很大程度上成为推动园林花卉发展的主力。

元末明初诗人高启（1336—1374）认为："惜花不是爱花娇，赖得花开伴寂寥。"明代文学家王世懋（1536—1588）是一位在园艺方面有很高造诣，且知识渊博的学者。他在《学圃杂疏·自叙》写道："晚来以澹为宗，欲一切扫去，独爱种奇花，常命儿子，吾晚境无所须，汝辈但为我罗致四时花于圃中，令胆瓶内日供一枝足矣。"此言抒发王世懋晚年远离俗务，栽花弄草，追求恬淡自适的情感。王世懋确实践行了自己的愿望，在苏州太仓构筑了一处名为"澹圃"的园林，从种树养花中得到解意禽鸟、畅情草木的精神愉悦。他的澹圃似乎颇有些名气，其兄王世贞（1526—1590）撰过《题澹圃》，其中称："吾弟善为幻，荆榛忽繁丽。春风弥天来，为汝雕万汇。"从中可看出，园圃体现了较高的艺术造诣。通过经营园林以达恬淡自适是当时不少退归林下官员的普遍心愿。

其后，戏剧艺术家、养生家高濂（约1527—约1603）在其《遵生八笺》的四时"幽赏"和"燕闲清赏"中，显然把栽种花卉以供观赏愉悦作为养生的重要组成部分和生活艺术。他的"燕闲清赏笺"写道："闲可以养性，可以悦心，可以怡生安寿，斯得其闲矣……他如焚香鼓琴，栽花种竹，靡不受正方家，考

---

① 叶适. 赵振文在城北厢两月无日不游马塍作歌美之请知振文者同赋 [M]// 全宋诗: 50 册. 北京: 北京大学出版社，1999: 31234.

成老圃，备注条列，用助清欢……帘拢香霭，栏槛花妍。虽咽水餐云，亦足以忘饥永日，冰玉吾斋，一洗人间氛垢矣，清心乐志，孰过于此。"有香花芳草之秀色可餐，几乎就可以不食人间烟火。还说："家有园林，珍花奇石，曲池高台，鱼鸟留连，不觉日暮。"①这在明清时期的官僚学者中颇有同声相应者。同期的官吏王象晋（1561—1653）在《二如亭群芳谱叙》中认为："（花）种不必奇异，第取其生意郁勃，可觇化机；美实陆离，可充口食。"似乎在栽培植物的过程中，也有观察生长变化之意。但他也写道："醉则偃仰于花茵莎榻，浅红浓绿间，听松涛酬鸟语，一切升沉宠辱，直付之花开花落。"这也是希冀在花卉等观赏植物中得到更好的生活和休息。同时在某种程度上得到求知和探索的乐趣。

清初园艺学家陈淏子（1615—1702）在其所编的《花镜·自序》（1688年成书）中道出其种花的精神享受：

> 时而梅呈人艳，柳破金芽；海棠红媚，兰瑞芳夸；梨梢月浸，桃浪风斜。树头蜂抱花须，香径蝶迷林下。一庭新色，遍地繁华。则读卷纵观，岂非三春乐事乎？未几榴花烘天，葵心倾日，荷盖摇风，杨花舞雪，乔木郁蓊，群葩敛实。篁清三径之凉，槐荫两阶之粲。紫燕点波，锦鳞跃浪，则高卧北窗，听蛙鼓于草间；散步朗吟，霭薰风于泽畔，诚避炎之乐土也。至于白帝徂秋，金风播爽，云中桂子，月下梧桐，篱边丛菊，沼上芙蓉，霞月枫柏，雪泛荻芦。晚花尚留冻蝶，短砌犹噪寒蝉。鸥瞑衰草，雁唳书空。同人雅集，满园香沁诗脾；餐秀衔杯，随托足供聊咏，乃清秋佳境也。迨乎冬冥司令，于众芳揉落之时。而我圃不谢之花，尚有枇杷累玉，蜡瓣舒香。茶苞含五色之葩，月季呈四时之丽。则曝背看书，犹藉檐前碧草；登楼远眺，且喜窗外松筠，怡情适志，乐此忘疲。要知焚香煮茗，摹榻洗花，不过文园馆课之逸事，繁剧无聊之良剂耳。②

① 高濂. 遵生八笺：卷12 [M]. 北京：人民卫生出版社，1994：502-503，506.
② 陈淏子. 秘传花镜 [M]//续修四库全书：1117 册. 上海：上海古籍出版社，2003：241.

优雅的园林让陈淏子自己沉浸于四季不同的美妙风光图景，可称快意人生。

陈淏子的好友张国泰（1637— ？ ）《花镜·序》对陈淏子的体悟感同身受："因花木而分课，依稀紫媚红娇；借禽鱼以娱情，仿佛鳞游羽化……爰修小史，多识草木之名；兼及余刊，尽述灵蠢之属……以消永日，以享高年。"很显然明清一些学者都把栽花种竹当成一项有益于身心健康、增长博物学知识，有助于延年益寿的爱好。虽然他们的著述不都是自己栽培花卉的心得，尤其是《群芳谱》《花镜》等书都大量抄撮李时珍、高濂等前人著作，但对相关知识的传播普及有较大的推动作用。清代江南著名文人袁枚（1716—1798）也曾在《随园记》中标榜自己为与园林相伴是"舍官而取园"。

人们对精神生活的追求，给花卉业的繁荣提供了源源不断的重要动力，而中国植物种类异常丰富，野生花卉之繁多，又给花卉驯化提供了坚实的物质基础。不少种类传出国门，在世界各地流芳溢彩，赢得国际声誉。《中国——园林之母》一书的作者、英国著名园艺学家威尔逊（E.H. Wilson）曾经这样写道："对中国植物的巨大兴趣及其价值的认可，繁多的种类固然是一个方面，然而人们更注重其大量观赏性和适应性都很强的那些植物。正是这些植物在装点和美化着世界温带地区的公园和庭园。"[1] 他的论断可谓真知灼见。得益于丰富的花卉资源，在长期的花卉艺术发展进程中，中国古人留给后人琳琅满目的"名花"遗产。种类繁多的花卉，在提升人们精神生活方面发挥着日益重要的作用。

正是基于对美的追求，汉以来，不但统治者注重城市绿化美化，而且许多高官巨贾也都喜欢修建园林别墅。尤其唐宋的都城贵族都盛行兴建园林，栽培花木，给自己的生活带来了更多的享受愉悦。诚如白居易叙述自己于庐山草堂闲居的感受："仰观山，俯听泉，傍睨竹树云石……俄而物诱气随，外适内和。一宿体宁，再宿心恬，三宿后颓然嗒然，不知其然而然。"[2] 盛唐时期，社会经济繁荣，长安城中，园林花卉繁多，当时诗人多有吟诵。曹松《武

---

① WILSON E. H. A Naturalist in Western China, vol. Ⅱ [M]. London: Methuen & CO. LTD. 1913: 2.

② 陈植，张公驰. 中国历代名园记选注 [M]. 陈从周，校阅. 合肥：安徽科学技术出版社，1983: 1.

德殿朝退望九衢春色》所见景观:"夹道夭桃满,连沟御柳新。"该诗句描绘出城中一派桃红柳绿的秀丽景色。孟郊在《登科后》中满心喜悦地写下:"春风得意马蹄疾,一日看尽长安花。"而赏花也成为当时人们生活的重要组成部分。刘禹锡的《元和十年自朗州至京戏赠看花诸君子》写道:"紫陌红尘拂面来,无人不道看花回。"唐代长安城的花红柳绿映射出当时人们对花木的喜爱。白居易《北园》诗这样写道:"北园东风起,杂花次第开。心知须臾落,一日三四来。"① 诗人赏花之流连忘返,跃然纸上。

宋代都城的街道更是流水潺潺,花香袭人,她的美丽迷人,甚至感动了千年后名著《只有一个地球》(*Only one earth*)的西方学者。《东京梦华录》记载"御道"两旁:"宣和间尽植莲荷,近岸植桃李梨杏,杂花相间,春夏之间,望之如绣。"西京洛阳更是花繁似锦。司马光《看花四绝句》颇为动情地写道:"洛阳春日最繁华,红绿荫中十万家。"② 这里或许是早年名副其实的"花园城市"。

宋代杭州的花卉栽培久负盛名,柳永的"三秋桂子,十里荷花"给人们带来了无穷的遐想。诗人俞国宝有这样的吟诵:"一春长费买花钱,日日醉湖边……暖风十里丽人天,花压髻云偏……明日再携残醉,来寻陌上花钿。"花园之多,花卉交易之繁忙,社会风气之绮靡,都真切地体现在当时的诗文中。

除都城之外,宋代的一些著名都市民众和学者也都乐于栽花赏花。王观(约1035—1085)《扬州芍药谱·后论》记述扬州花卉事业繁盛,缘于当时社会繁荣,百姓"皆安生乐业,不知有兵革之患。民间及春之月,惟以治花木、饰亭榭,以往来游乐为事"。他的书中还写道:"扬之人与西洛不异,无贵贱皆喜戴花。"宋代诗人孔平仲还提出自己的《种花口号》:"幽居装景要多般,带雨移花便得看。"花卉园林使人"悠然物我俱自得,一霎南风吹我襟"。南宋著名爱国诗人陆游也不掩饰闲暇时自己的赏花激情,他的《闻傅氏庄紫笑花开急棹小舟观之》形象地写道:"日长无奈清愁处,醉里来寻紫笑香。漫

---

① 白居易. 白居易集: 卷9 [M]. 北京: 中华书局, 1999: 182.

② 北京大学古文献研究所编. 全宋诗: 卷509 [M]. 傅璇琮, 等主编. 北京: 北京大学出版社, 1998: 6194.

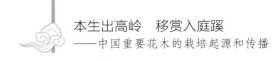

道闲人无一事，逢春也作蜜蜂忙。"正因为如此，戏曲家汤显祖才会写下浪漫的"牡丹花下死，做鬼也风流"。

不仅如此，花卉很早就是感情交流的重要媒介，二千五百多年前已有"维士与女，伊其相谑，赠之以勺药"。有趣的是，古今中外都认为送花给心爱的人是一件非常有品位的事情。白居易认为将梅花"折赠佳人手亦香"，与西方人所谓"予人玫瑰，手有余香"（*The fragrance always stays in the hand that gives the rose*）之谚语不谋而合，绝非偶然。

很显然，花卉植物是人们物质生活水平得到较大改善后，为了精神享受而关注并发展为栽培对象的。历史上的帝王、官吏和富绅在丰衣足食之后，逐渐利用观赏植物丰富的花卉和叶片色彩，装点周围的生活环境，构建"四时之浪漫"。种花进而发展到形成花卉园艺，无疑为获得更多的精神享受开辟了一个极其重要的领域。中国的皇家园囿出现得很早，但私园出现则晚很多，约在汉代的时候才开始见于史籍记载。

在花卉的发展过程中，有一个有趣的现象，一些植物名称原本指的是香料或者药草，后来内涵扩大，变成了花卉，由味觉享受变为嗅觉和视觉享受。例如，桂原先指的是产于岭南的樟科"玉桂"（*Cinnamomum cassia*），是历史悠久的一种著名香料，后来更多的是指木犀科的桂花；兰原先指的是报春花科零陵香一类的药用"香草"，后世逐渐变为指兰科建兰一类的香花；丁香原为产于东南亚热带地区的桃金娘科香料植物，后来也被用来称木犀科的丁香花。名称依旧，内涵却发生了由"物质"到"精神"的转换。实际上这也体现了人们在物质生活得到满足之后，追求更多的精神生活享受的结果。而"玫瑰"这个花名内涵的变化，更是由于外来文化的影响，变为更多地指称"现代月季"。这也是随社会发展而呈现的一种有趣的文化变迁现象。

上述情形，历史上已有一些学者注意到。清代著名思想家王夫之在《诗经稗疏》中指出："大抵今花卉之佳者，多蒙古之令名。若牡丹，白术也，而今以木勺药为牡丹；芙蓉，荷花也，而今以拒霜①为芙蓉；桂三脊香木也，而

---

① 即木芙蓉。

今以木樨为桂；兰，省头草也，蕙，零陵香也，而今以建宁花为兰、蕙。名实相贸，安得徇今以诬古哉?"^① 他还认为："张揖《广雅》云：'芍药，栾夷也，栾夷者楚辞之所谓留夷也。'《山海经》曰：'绣山其草多芍药，洧水出焉，而东流注于河。'郭璞注曰：'芍药一名辛夷，是则栾夷、留夷、盖辛夷之别名耳。'"王夫之的上述观点有经学家注重文献考据而缺乏通过实际考察来验证植物之通病，但不可否认上述见解也有些正确之处。实际上，后来的同名异物，仅是后物与前物的特征有某些相同或相似之处，但在形态、习性方面可能相去甚远。换言之，他指出古今很多植物虽同名，但表达的内涵已经绝然不同。这可能是地域开发、文化变革的结果，一如大田栽培作物"谷"的含义由粟变成稻；"菜"由主要指葵而后变成菘（白菜）。

同样值得注意的是，一些原产中国的花卉，如栀子、凤眼果、山玉兰，受外来宗教文化的影响，被添上外国名称薝蔔花、苹婆和优昙花。而现代月季被引进后，因有学者将它译为"玫瑰"，不仅让玫瑰（*Rosa rugose*）有了"李鬼"的亲戚，也因为它们的流传和推广，而让酴醾、金沙、宝相等这些传统的名花栽培数量减少，花名渐渐湮灭。一如西洋苹果引入后，传统的绵苹果逐渐退出栽培，柰、林檎等果名消亡。这也是社会发展进程中，中外文化交融、生活方式和流行文化发生变化导致的结果。

自二十世纪后期改革开放以来，随着经济的迅速发展，国人物质生活水平的大幅改善，提升精神生活的需求也随之而来，花卉栽培俨然已成为一个举足轻重的新兴产业。据统计，2011 年，中国花卉出口额已接近 5 亿美元。^② 2017 年中国花卉栽培面积超过 100 万公顷，销售额超过 1 400 亿元。^③在云南省的一些县区，如通海县、呈贡区，花卉已经成为支柱产业之一。观赏花卉已经成为美化街市、园林，装点厅堂、酒楼，彰显时代风貌不可或缺之物。

---

① 王夫之. 诗经稗疏：卷 1[M]// 船山全集：第 3 册. 长沙：岳麓书社，2011：79.
② 程堂仁，王佳，张启翔. 发展我国创新型花卉产业的战略思考 [J]. 中国园林，2013（2）：73–78.
③ 孙哲远，马玲玲. 云南省花卉产业现状问题及振兴路径探讨 [J]. 南方农业，2019（19）：18–22.

二、历代记载花卉的文献

中国先秦时期文献留存很少，有关观赏植物的记载不多。明代已有学者指出："古人于花卉似不着意，诗人所咏者不过苤苢、卷耳、蘩之属，其于桃李、棠棣、芍药、菡萏间一及之。至如梅、桂则但取以为调和滋味之具，初不及其清香也。"[①] 事实正像他所说的那样，早期留存的文献很少涉及花卉植物的记述。

《毛诗》提到苑囿，没提到花园，仅有一些关于花的"比兴"，诸如《毛诗·小雅·皇皇者华》曰："皇皇者华，于彼原隰。"人们注意到，有些植物不仅具有经济价值，而且十分漂亮，于是成为他们抒情（兴发）时常常提及的对象。《毛诗》中可看到一些赞美桃花、李花、荷花、竹子的诗句。诗中提到，后来成为观赏植物的还有萱草、舜（木槿）、芍药、甘棠、棠棣[②]、梅、栗、梧桐、梓、松柏、木瓜、柳、杨、柽柳、花椒、榆等。从上述名称中，不难发现，它们是黄河流域地区常见的果树、用材树木，抑或药物。换言之，它们是经济植物中"英姿挺秀"的佼佼者。《毛诗》中被用赞美的口吻称道或抒情的花卉或景物只有桃、李、梧桐、竹子和柳树数种。后来，桃、李、柳不但成为春天物候观察的重要植物，而且"桃红柳绿"也成为春天的代表性景物用语。唐代诗人杜牧把江南的春天高度概括为"千里莺啼绿映红"，不仅脍炙人口，而且非常贴切。同样的"映日荷花别样红"也是夏天最为醒目、最具有代表性的景观。

《毛诗》之后，《楚辞》是一类以抒情见长的古代诗集，其中《离骚》等著名诗篇，称道了一些颇受后世推崇的花，主要有荷花、菊花、兰和桂。其中荷花和菊花至今还保留着原来的意义，而兰和桂原本为香料，后世演变为兰花和桂花。作者对香草的赞美和对"兰""菊""荷"等的推崇，对后来这些花得到人们认可和喜爱影响深远。这类著名诗歌对花卉流行的助力作用显而易见。《楚辞·九歌》称颂荷花"绿叶兮素华，芳菲兮袭予"，很形象地赞美了莲

---

① 谢肇淛. 五杂组：卷10[M]. 北京：中华书局，1959：285.

② 一般指郁李。

的绿叶白花以及芳菲袭人的秀丽芬芳。从中可以看出，荷花很早就成为重要的审美对象，诗人的吟诵为后人的审美奠定了某种格调。诗中还有浪漫幻想的诗句"纫秋兰以为佩""制芰荷以为衣兮"，可见受人喜爱的水生花卉还有芰。根据汉代学者王逸注《楚辞》，其中的芰，就是菱。

《楚辞》中既有菱花、荷花之鲜艳，又有兰草之芳香，借助这些美丽的花草，诗人创作的意境增添了更多的浪漫。彼时，蕙也是诗人喜欢的香草，"岂惟纫夫蕙茝""既替余蕙纕兮"就是明证。菊花也是诗人喜好的芳草，以至于常思"朝饮木兰之坠露兮，夕飡秋菊之落英"。大约诗人想象饮用花露、飡用菊花能使自己神清气爽，精神得到享受。木兰，包括辛夷，也都是芳香的花木，可能木兰有和兰类似的香味，因此被称为"木兰"。诗人想象的美好环境离不开香花芳草，有诗文为证："荪壁兮紫坛，播芳椒兮成堂。桂栋兮兰橑，辛夷楣兮药房。罔薜荔兮为帷。"

在《九歌·礼魂》中记述祭祀时用的时令花卉有"春兰兮秋菊"。令人惊奇的是兰变成后世的兰花也就罢了，甚至连蕙也变成了兰科植物，而桂也是《楚辞》作者屈原等喜爱的香料。故有"杂申椒与菌桂兮，岂惟纫夫蕙茝"的愿望。王逸认为椒桂皆香木，蕙茝皆香草。

值得注意的是，《楚辞》中的兰，根据三国时期学者陆机对《毛诗》"方秉蕑兮"的解释，应为兰香草。陆机写道："蕑即兰香草也……《楚辞》云'纫秋兰'；孔子曰'兰当为王者'，香草皆是也。其茎叶似药草泽兰，但广而长节，节中赤，高四五尺。汉诸池苑及许昌宫中皆种之。"[①]《齐民要术》的作者贾思勰认为，兰香就是罗勒，亦即今天的唇形科植物，与现在的兰香草（_Caryopteris incana_）这种马鞭草科小灌木（也叫山薄荷）不是一种。泽兰（又称地笋、地瓜儿苗）也是唇形科植物，可能因为与兰香草的形态相近，而且常常长在沼泽地、水边，故名"泽兰"。泽兰在东汉的《神农本草经》即已出现。

蕙是一种古老的药草。早期医书《名医别录》记载："薰草……一名蕙

① 陆机. 毛诗草木鸟兽虫鱼疏：卷上 [M]. 罗振玉，辑. 上海：上海聚珍仿宋印书局，1906（光绪丙午年）刊本.

草，生下湿地。"陶弘景（456—536）指出："俗人呼燕草，状如茅而香者为薰草，人家颇种之。《药录》云：'叶如麻，两两相对。'《山海经》云：'薰草，麻叶而方茎，赤花而黑实，气如靡芜，可以已厉。'今市人皆用燕草，此则非。今诗书家多用蕙语，而竟不知是何草，尚其名而迷其实，皆此类也。"陈藏器云："薰即蕙根，此即是零陵香，一名芫草。"[1] 可见蕙就是零陵香。《中医大辞典》的作者认为零陵香为报春花科植物灵香草（*Lysimachia foenum-graecum*）。[2] 此种植物今产于云南东南部、广西、广东北部和湖南西南部。[3]《新唐书·地理志》记载永州、道州贡零陵香。可见，直到唐代，这种香草仍为人们所钟爱。

宋代仍有学者也认为"蕙"是零陵香，亦即"熏"。《嘉祐本草》记载："零陵香……生零陵山谷，叶如罗勒。《南越志》名燕草，又名薰草，即香草也。"苏颂在《图经本草》中有较细致的描述："零陵香，生零陵山谷，今湖岭诸州皆有之。多生下湿地，叶如麻，两两相对；茎方，气如靡芜，常以七月中旬开花，至香；古所谓熏草是也。或云蕙草，亦此也。又云其茎叶谓之蕙，其根谓之熏……江淮间亦有土生者，作香亦可用，但不及湖岭者芬熏耳。古方但用熏草，而不用零陵香。今合香家及面膏澡豆诸法皆用之，都下市肆货之甚多。"[4] 寇宗奭《本草衍义》中也认为："零陵香至枯干犹香，入药绝可用。妇人浸油饰发，香无以加，此即蕙草是也。"[5] 兰、蕙、芷若、菊、莲都是古代著名的香草，深受古人的喜爱，故而女孩子取名时经常使用。

《离骚》中还有一些以叶子和香味取胜的香草的记述。其中茎、荪，指菖蒲。菖蒲似乎是古代重要的观叶植物。屈原在诗中还提及：江蓠、芷，称"扈江离与辟芷兮"，"岂惟纫夫蕙茝"。茝 [chǎi]，《埤雅·释草》"蕙条"中，称茝为白芷。杜衡也是古代一种重要的香草。《离骚》中有"畦留夷与揭车兮，

---

① 唐慎微. 重修政和经史证类备用本草：卷30 [M]. 北京：人民卫生出版社，1982：545.

② 中医大辞典编辑委员会. 中医大辞典 [M]. 北京：人民卫生出版社，1986：383.

③ 中国科学院中国植物志编辑委员会. 中国植物志：卷59（1）[M]. 北京：科学出版社，1989：42.

④ 唐慎微. 重修政和经史证类备用本草：卷30 [M]. 北京：人民卫生出版社，1982：232.

⑤ 寇宗奭. 本草衍义：卷10 [M]. 顾正华，等点校. 北京：人民卫生出版社，1990：66.

杂杜衡与芳芷"。它可能不是现在的药草杜衡（*Asarum forbesii*）。蘼芜也是古代一种著名的香草，有学者将其解释作芎䓖，大约也未必靠谱。《九歌·少司命》有："秋兰兮蘼芜。"曹雪芹为了烘托"艳冠群芳"的薛宝钗之美貌，特意将其居所设计为"蘅芜苑"。后来的经学家把这种神奇的香草注释为"芎䓖"是不合理的。另外，还有杜若和薜荔，诗中称"采芳洲兮杜若"，"薜荔柏兮蕙绸"，王逸注："薜荔，香草也，缘木而生蘽实也。"这里的薜荔不知是否为今桑科植物。

　　进入汉代以后，以"赋"为形式的文体和方志著作记载了较多的花卉，有些在后世比较重要，如《上林赋》《三都赋》等。《上林赋》中重复提到不少《楚辞》中述及的香草，如揜以绿蕙，被以江蓠，糅以蘼芜，杂以留夷。又如布结缕，攒戾莎，揭车衡兰，稾本射干，茈姜蘘荷。汉代乐府则有《上山采蘼芜》《涉江采芙蓉》等赞颂花卉的诗歌。《三辅黄图》等书则记载了荷花、梅花以及桂花已经作为观赏植物栽培。

　　进入晋代，人们对观赏植物的记述不断增多。菊花和竹子是人们比较推崇的重要观赏植物。桃花、梅花、石榴花也非常受人喜爱。西晋文学家傅玄（217—278）写过不少植物赋，包括郁金、芸香、蜀葵、宜男花、菊、薯、瓜、桃李、安石榴、橘、枣、桑椹、柳、朝花、蒲桃等。[①] 除了菊、蜀葵、郁金之外，这些植物赋主要涉及果树。崔豹解释名物的著作《古今注》也提到一些观赏植物。晋代陶渊明记载了菊的栽培。南北朝时期，已经有人把梅花当作礼物送人，号称"一枝春"。盆景在晋代可能已经出现。王羲之的《东书堂帖》载："荷华想已残……弊宇今岁植得千叶者数盆，亦便发花，相继不绝，今已开二十余枝矣，颇有可观，恨不与长者同赏。"[②] 据说这是最早的关于盆栽花卉的记述。南北朝时期，出现了《魏王花木志》这样的专门著作，书中记有石楠[③]、君迁[④]、都桷子、给客橙等。此书虽然已佚，但见于《齐民要术》等众

---

① 欧阳询. 艺文类聚：卷81 [M]. 上海：上海古籍出版社，1982：1506-1530.
② 严可均. 全晋文：卷26 [M] // 全上古三代秦汉三国六朝文. 北京：商务印书馆，1999：256.
③《刿录》卷9引。
④《齐民要术》卷10引。

多农书和名物著作的引用。从上述文献可以看出，汉唐之间是中国花卉栽培起源的初步发展时期。一些原本为食用或药用栽培的植物，如荷花、梅、芍药、菊花和桂逐渐进入观赏栽培领域。这是观赏花卉发展的初步阶段。

唐宋时期，花卉园艺空前发达，花卉著作陡然大增，园林花木大量涌现，一些重要花卉因名人的推崇而成为带有民族特色的传统名花。其中包括牡丹、梅花、兰花、水仙、杜鹃等。当时比较著名的花卉著作有王方庆（？—702）的《园庭草木疏》、贾耽的《百花谱》和李德裕的《平泉山居草木记》。另外，段成式（约803—863）的《酉阳杂俎》等书也记载了"棕祇"（水仙）等不少域外重要花卉。五代时，张翊则编写了《花经》。唐代，花卉已经成为一种商品，当时描写牡丹等花交易的诗不少。来鹄《卖花谣》写道："紫艳红苞价不同，匝街罗列起香风。无言无语呈颜色，知落谁家池馆中。"[①]唐代章怀太子墓的壁画也有盆景绘画。

宋代，缘于人们对花卉的钟爱，涌现了大量的花卉专著。一些名家开始描述各地或自家栽培的花卉，而蔡襄书写欧阳修的《洛阳牡丹记》更是推动了人们对此类著作的喜爱，并使之成为一时风尚。周师厚（1031—1087）的《洛阳花木记》记载牡丹100多个品种，芍药40多个品种，"杂花二百六十余品"。僧仲林也著有《花品记》。宋代涌现的花卉专谱，包括《牡丹谱》《芍药谱》《兰谱》《菊谱》《梅谱》《海棠谱》《玉蕊花谱》《竹谱》《桐谱》等。

有趣的是，花卉业的发达还让一些宋代文人根据自己的喜好将花卉加以"感情分类"。张翊将各种花卉分成"九品九命"：一品包括兰、牡丹、蜡梅、酴醾；二品包括蕙、岩桂、茉莉、含笑；三品包括芍药、莲花、栀子花、丁香花和碧桃；四品包括菊花、杏花、辛夷和梅花等。北宋学者张景修将花卉分为"十二客"：牡丹贵客，梅清客，菊寿客，瑞香佳客，丁香素客，兰幽客，莲净客，荼蘼雅客，桂仙客，蔷薇野客，茉莉远客，芍药近客。南宋学者曾慥则把十种花列为心目中的好友：荼蘼为韵友，茉莉为雅友，瑞香为殊友，荷为净友，岩桂为仙友，海棠为名友，菊为佳友，芍药为艳友，梅为清友，栀子为禅

---

① 彭定求，沈三曾，杨中讷，等. 全唐诗：卷642 [M]. 北京：中华书局，1999：7412.

友。^①从中不难看出，兰、牡丹、梅、菊、莲、荼蘼、桂、蔷薇、芍药都是宋代学者认为比较重要的花卉。

南宋朝廷偏安一隅，外受北方游牧民族的侵扰，境内依然歌舞升平，弦歌不绝，"直把杭州作汴州"。江浙一带花卉产业异常发达，各种花卉大量涌现，市场上有种类繁多的花卉交易。王观《芍药谱·序》提到，扬州人无论富贵贫穷都爱戴花，春天有花市。《咸淳临安志·疆域四》记载城中有专门的"花市"^②。根据《梦粱录》的记述，当时临安的花市呈现的花卉可谓种类繁多，琳琅满目。作者写道："是月（农历三月）春光将暮，百花尽开，如牡丹、芍药、棣棠、木香、酴醾、蔷薇、金纱、玉绣球、小牡丹、海棠、锦李、徘徊、月季、粉团、杜鹃、宝相、千叶桃、绯桃、香梅、紫笑、长春、紫荆、金雀儿、笑靥、香兰、水仙、映山红等花，种种奇绝。卖花者以马头竹篮盛之，歌叫于市，买者纷然。""四时有扑带朵花，亦有卖成窠时花，插瓶把花、柏桂、罗汉叶，春扑带朵桃花、四香、瑞香、木香等花，夏扑金灯花、茉莉、葵花、榴花、栀子花，秋则扑茉莉、兰花、木樨、秋茶花，冬则扑木春花、梅花、瑞香、兰花、水仙花、腊梅花，更有罗帛脱蜡像生四时小枝花朵，沿街市吟叫扑卖。"^③宋金时期，人们对插花的喜爱，进一步推动了花市的繁荣。元好问《赋瓶中杂花七首》有"古铜瓶子满芳枝，裁剪春风入小诗"的吟诵。

《梦粱录》不但记载了临安城的各种花，还述及它们的不同品种。书中写道：

　　花之品：牡丹有数种色样，又一本，冬月开花……芍药，有早绯玉、缀露、千叶，白者佳。梅花有数品，绿萼、千叶、香梅……腊梅有数本，檀心磬口者佳……碧蝉、棠棣、金林檎、郁李、迎春、长春。桃花有数种，单叶、千叶、饼子、绯桃、白桃。杏花，玉簪，水仙，蔷薇，宝相，月季，小牡丹，粉团，徘徊。贵官家以花片制作饼儿供筵。佛

① 徐应秋.玉芝堂谈荟：卷32[M]//笔记小说大观：第11册.扬州：江苏广陵古籍刻印社，1983：369.
②《武林旧事》卷6也记有"花市"。
③ 吴自牧.梦粱录：卷13[M].北京：中国商业出版社，1982：13，111.

见笑，聚八仙，百合，滴滴金，石竹……木香。酴醾二种，有白而心紫者，亦有黄色者，俱香，馥馥然可爱。省中种黄梅在酴醾侧……樱桃花，萱草，栀子，蜜友，金镫，金沙，山丹。真珠，又名醮水，青条白蕊，灿然可玩。剪红罗，锦带，锦堂春，笑靥，大笑，金钵盂。菊品最多，有七十余种。荷花，红白色，千叶者……瑞香种颇多，大者名锦薰笼……红辛夷，蕙……紫薇花……紫杨，紫荆花。鸡冠有三色。凤仙，杜鹃。蜀葵有二种。黄葵，映山红花。金银莲子花，罂粟……七里香，橙花。榴花有数种，单叶、千叶，色有数十样……木犀，有红、黄、白色者，甚香且韵。顷天竺山甚多……山茶、磬口茶、玉茶、千叶多心茶、秋茶，东西马塍色品颇盛。栽接一本，有十色者。有早开，有晚发，大率变物之性，盗天之气，虽时亦可违，他花往往皆然……木芙蓉，苏堤两岸如锦，湖水影而可爱。内庭亦有芙蓉阁，开时最盛。[①]

周密的《武林旧事》还记述了宫内赏花的情形："禁中赏花非一……起自梅堂赏梅，芳春堂赏杏花，桃源观桃，粲锦堂金林檎，照妆亭海棠，兰亭修禊，至于钟美堂赏大花为极盛。"由此可见当时赏花的讲究。而禁中纳凉则曰："长松修竹，浓翠蔽日，层峦奇岫，静窈萦深，寒瀑飞空，下注大池可十亩。池中红白菡萏万柄，盖园丁以瓦盎别种，分列水底，时易新者，庶几美观。又置茉莉、素馨、建兰、麝香藤、朱槿、玉桂、红蕉、阇婆、蕃蔔等南花数百盆于广庭，鼓以风轮，清芬满殿。"[②]王公贵族纳凉赏花，不仅清凉解暑，而且伴随清香阵阵，满鼻清芬，通体愉悦。

当时的笔记作品也记载了大量的花卉种类。许纶《涉斋集》记有长春花、豆蔻花、垂丝海棠、绣带花、剪春罗、杜鹃花、水栀花、玉蝴蝶花、玉绣球花、含笑花、凌霄、聚八仙（高可侪琼树）、虞美人草、罂粟、米囊花、瑞香、麝香萱、玉簪、真珠花、佛桑花、斗日红（落地锦）、金凤花、文冠花、鸡冠、后庭

---

① 吴自牧. 梦粱录：卷18[M]. 北京：中国商业出版社，1982：153-157.

② 周密. 武林旧事：卷2, 3[M]. 北京：中国商业出版社，1982：41, 47.

花。冒名晋代嵇含的南宋书籍——《南方草木状》则收录了不少前人提到的"茉莉"等外来花卉。可以说，唐宋时期，社会繁荣，花卉受到人们普遍的喜爱，中国不少著名的花卉都是那一时期被大力从山中挖掘驯化或从域外引进的，如牡丹、兰花、水仙、杜鹃、海棠等，并迅速在国内流行。唐宋时期是中国花卉驯化和栽培起源的第一个高峰时期。

明清时期是中国花卉培育和传播的大发展时期，无论是花卉的种类，抑或栽培驯化技术的专著都有非常明显的增长。月季、百合等日益成为人们喜爱的花卉。花卉专著大量涌现，有《花史》[①]、《花史左编》、《群芳谱》、《花佣月令》，还有《广群芳谱》、《倦圃莳植记》、《花镜》、各种菊谱、《茶花谱》、《月季花谱》、《洋菊谱》等多种。明代的养生著作《遵生八笺》（其中可能包括作者的《草花谱》）、《竹屿山房杂部》等也有大量关于花卉的记述。不过，这一时期的书籍有许多蹈常袭故、獭祭成书的货色。

三、花卉对国人审美情趣的影响

花卉是人们对自然之美的一种欣赏，对国人的审美情趣、价值取向、处世哲学、道德情操的融冶塑造影响深远。花卉对于民族有关信念的形成、意志的锤炼、力量的整合，意义非同寻常。它常常体现出时代的精神和文化风貌。

实际上，花卉作为一种欣赏对象，也是随时代生产发展和文化进步，以及人们审美情趣的变化而日新月异。唐代学者舒元舆（？789—835）所著《牡丹赋》已经注意到牡丹这种花，文曰："何前代寂寞而不闻？今则昌然而大来。曷草木之命，亦有时而塞，亦有时而开。"而海棠花在宋代突然大受欢迎和关注，以至于不少学者绞尽脑汁也想不通。长期生活在秀丽海棠花随处可见的四川的著名诗人杜甫，居然没有留下一首吟诵海棠花的诗篇。宋代著名诗人苏轼因此感悟不同时期的人爱好的花卉有所不同，便道："恰似西川杜工部，海棠虽好不留诗。"

[①] 明晚期以《花史》为名的书不止一种，有吴彦匡《花史》，亦有顾长佩《花史》。

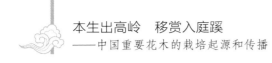

即使对于同一种花，人们也由育种水平的提高、品种的优化而萌生新的喜好。明末清初官吏、学者曹溶《倦圃莳植记·花品第三》认为："物亦有今乃胜古者，菊之细花是也。旧谱渐不可凭，有志者傥能加意纂一新谱，是亦欣赏之盛事哉。"他说的仅是一个方面，不同时期，人们鉴赏水平不同，各随当时风尚，人们欣赏的花卉有很大的差别。比较典型的如早期的人们喜欢荷花、兰花和菊花；唐代人们受统治者和官僚文人的影响，喜欢牡丹，认为牡丹是富贵花；宋代汉人受北方游牧民族的侵扰因而喜欢凌霜傲雪的梅花。而现代有些人受西方的影响，喜欢象征浪漫爱情的现代月季。不同地域的人受生态环境的影响，喜欢的花卉也有差别。靠近水泽湖泊的人们常常喜欢荷花，靠山的人们常常喜欢桃、李、杜鹃。而观赏花木也千姿百态，加上人们的育种培育、嫁接修剪，新品种层出不穷，以满足人们的各种审美要求。诚如李渔（1611—1680）《闲情偶寄·种植部·众卉部》指出的那样："草木之类，各有所长，有以花胜者，有以叶胜者。"

古人通过"比德"和"拟人"将自然之美象征、比喻君子的美德。经一些著名学者宣扬后，一些花卉深入人心，对国人的审美导向和民族品性的塑造发挥了重要作用。例如，四季常青、凌寒不凋的松柏、竹子就成为忠贞不屈、坚守正直的象征景物。梧桐的优雅和秋天落叶之特色，如诗人"寂寞梧桐深院锁清秋"所咏，成为古代悲秋的景物。而兰、菊的清幽，荷花的冰清玉洁，牡丹的雍容华贵，梅花的坚贞，等等，也逐渐使人们形成一种认知传统，即将观赏植物当作艺术审美对象的同时，也赋予它们一些主观想象的精神、气质，并在社会教化中发挥重要作用。

清代经学家徐鼎《毛诗名物图说·序》写道："《大学》曰：'致知在格物。'《论语》曰：'多识于鸟兽草木之名。'有物乃有名，有象乃知物。有以名名之，即可以象像之。诗人比兴，类取其义，如《关雎》之淑女，《鹿鸣》之嘉宾，《常棣》之兄弟，茑萝之亲戚……"这种有深厚文化底蕴的象征性隐喻，对一些植物的栽培驯化常有推动作用。

缘于喜欢花卉，宋人开始提出爱护花卉，不能肆意毁坏。当时已经出现了"护花鸟"传说。《益部方物略记》记载青城山、峨眉山等地有一种"护花鸟"，到春天就会鸣叫"无偷花果"。清代《倦圃莳植记·竹树·桐》记载："太华山复有护花鸟，每岁春时奇花盛发，人有攀折者，辄盘旋其上，鸣曰：'莫损花，莫损花。'"明代学者还编撰了《灌园叟晚逢仙女》这样一个传奇，体现了市民要求对那些嫉恨他人幸福、破坏花卉园林的恶人进行惩罚的一种美好、善良的愿望。他们提出"惜花制福，损花折寿"，甚至奇想食用花瓣能够获得长寿。以致于不少花瓣，如金萱、菊花、木槿花、栀子花、木棉花等至今仍为人们的盘中之物。

第二节　古代花卉发展的动因

一、名人颂扬之推动

大众对花卉的喜爱，常常受到名人尤其是诗词歌赋颂扬和绘画艺术推介的巨大影响。诗人吟诵的美丽诗篇，画家生动的写真，让大众迅速知晓和了解了花卉，激发了人们追求和栽培拥有的热情，让花卉得到传播和普及，并代代相传，影响之深远不言而喻。

缘于屈原等伟大诗人生花妙笔的颂扬，菊、兰、荷花、木兰逐渐成为国人心目中的名花。我国诗人很早就用花来比喻美女。宋玉《神女赋》中即有"晔兮如华，温乎如莹"，称神女绚丽似鲜花，温润如美玉。汉代以后，浪漫的诗人进一步弘扬了这种艺术手法，进一步推动了人们对花卉的喜爱。三国时的才子曹植形容洛神之美所用的"荣曜秋菊，华茂春松""灼若芙蕖出渌波""微幽兰之芳蔼兮"等，对上述花卉的传播，无疑有深远的影响。亲近自然的隐士、画家和山水田园诗人的吟诵，也极大地推动了观赏植物的栽培和发展。典型的例子就是，陶渊明对柳树、菊花和桃花的推崇，让这些花木在大众中进一步流行。很显然，人们在赏荷的时候，不由得会想起屈原《离骚》中的名句"制芰荷以为衣兮，集芙蓉以为裳"。同样的，人们在看到桃花时，就会联想到陶渊明美丽的"桃花源"；在欣赏菊花时，就会想到五柳先生"采菊东篱下，悠然见南山"诗句的意境。曹雪芹指出菊花"一从陶令平章后，千古高风

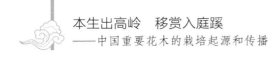

说到今",的确道出了其中真谛。

唐玄宗对牡丹的喜爱,以及诗歌流行于后世的"诗仙"李白、"诗魔"白居易等著名学者的不断称颂,对牡丹等名贵花卉的栽培发展和流行起了重要的潮流引领作用。白居易和著名政治家李德裕等人对杜鹃的推崇,无疑也强化了该花的培育驯化。史书曾记载了这样一个故事。白居易的《杨柳枝》词称颂洛阳永丰坊杨柳"嫩于金色软于丝",并在国乐流行。唐宣宗李忱听闻后,特意下诏在永丰坊取两条柳枝栽在禁苑,以便于观赏。当时的河南尹卢贞写道:"永丰坊西南角园中,有垂柳一株,柔条极茂。白尚书曾赋诗,传入乐府,遍流京都。近有诏旨,取两枝植于禁苑。乃知一顾增十倍之价,非虚言也。"[①] 从中可看出,名人歌咏对花木流行影响之大。

宋徽宗赵佶非常喜爱观赏动植物,不但花鸟画非常出色,其在位时经营的艮岳还收集了大量的珍奇花木。佞臣朱缅父子则靠给他献花石和黄杨木得官职上位。[②] 著名的官员学者对名花的流行影响巨大,宋代著名学者也多喜欢花卉。欧阳修的《伐树记》记载自己在"署之东园""植花果桐竹凡百本"。他的《洛阳牡丹记》对牡丹的推崇固不待言。王安石无疑也是一个非常喜欢培育花木的诗人,他在《书湖阳先生壁》中不无得意地写下:"茅檐长扫净无苔,花木成畦手自栽。一水护田将绿绕,两山排闼送青来。"而他对梅花的称颂,苏东坡对竹子的推崇,他和黄庭坚对蜡梅的颂扬,黄庭坚对兰花、水仙、玉簪、山矾的称道,也为它们的风行和普及起到了名人效应。南宋著名诗人王十朋(1112—1171)的《书院杂咏》吟诵了牡丹、芍药、岩桂、江梅、酴醾、红梅、海棠、瑞香、菊花、榴花、蜡梅、蔷薇、千叶黄梅、千叶红桃、千叶白桃、佛见笑、荷花、蓼花、萱花、斑竹、西河柳、葡萄、芭蕉、石菖蒲、慎火草和盆中新荷等众多花卉,对它们的传播也不无影响。

画家的绘画作品也推动人们赏花的潮流,对一些花卉之美的启导起到类似广而告之的作用。如果说文学家状写花卉给人们以很多"意会"的美妙,

---

① 白居易. 白居易集:卷 37 [M]. 北京:中华书局,1999:849.

② 李心传. 旧闻证误:卷 3 [M]// 全宋笔记第 6 编:第 8 册. 郑州:大象出版社,2003:396-397.

则画家的临摹给出的更多是"写真"的享受。五代画家滕昌祐原为一名隐士。据文献记载："滕昌祐，字胜华。本吴郡人也，后游西川，因为蜀人。以文学从事，初不婚、宦，志趣高洁，脱略时态，卜筑于幽闲之地，栽花竹杞菊以观植物之荣悴，而寓意焉。久而得其形似于笔端，遂画花鸟蝉蝶，更工动物，触类而长，盖未尝专于师资也。"显然他绘制的芙蓉、牡丹、百合、山茶、梅花和竹子，对于普及观赏植物知识，促进人们对它们的喜爱有重要意义。当时的江南布衣徐熙也是描绘了大量动植物的著名画家。《宣和画谱》记载："徐熙，金陵人，世为江南显族，所尚高雅，寓兴闲放。画草木虫鱼妙夺造化，非世之画工形容所能及也。尝徜徉游于园圃间，每遇景辄留，故能传写物态，蔚有生意。至于芽者、甲者、华者、实者，与夫濠梁唼喋之态，连昌森束之状，曲尽真宰转钧之妙，而四时之行，盖有不言而传者。"① 此人的画以准确逼真见称，而他留下的大量美丽的花草树木绘画，无形中极大地推动这些花木的推广传播。

清代著名画家邹一桂（1686—1772）的《小山画谱》指出，作为绘画题材的花皆为栽培种。他称："凡花之入画者，皆剪裁培植而成者也。菊非删植则繁衍而潦倒；兰非服盆则叶蔓而纵横。"② 这位画家认为，野生花卉花丛芜乱，不宜入画。

二、园林发展的影响

如上所述，《毛诗》中已提到苑囿，不过，苑囿中栽培的花卉最早见于汉代。汉代以后，皇家园林和一些王公贵族的私园在全国各地收集奇花异卉，对花卉的驯化发展起了重要的推动作用。汉代的《上林赋》等提到苑囿中的一些花卉，如绿蕙、江蓠、射干、华枫、木兰、女贞等。赋中铺陈帝苑景色之壮观有"扬翠叶，扤紫茎，发红华，垂朱荣，煌煌扈扈，照曜钜野"。《三辅黄图》提到汉代上林苑栽培珍贵花木缘起，其文曰："汉武帝元鼎六年，破南越起扶荔宫，宫以荔枝得名，以植所得奇草异木：菖蒲百本；山姜十本；甘蕉

---

① 佚名. 宣和画谱：卷17 [M]. 长沙：湖南美术出版社，1999：337-338.355.
② 潘文协. 邹一桂生平考与《小山画谱》校笺 [M]. 杭州：中国美术学院出版社，2012：94.

十二本；留求子十本；桂百本；蜜香、指甲花百本；龙眼、荔枝、槟榔、橄榄、千岁子、甘橘皆百余本。"①这里所记的桂、山姜、甘蕉、留求子（使君子）和指甲花都是喜温的南方花卉，是否能在长安生长值得怀疑，但体现了帝王权贵对奇花异卉的钟爱。其他著作则记载，槐树和柳树适应北方气候条件，很早就被当作城市的绿化树。

汉代王侯富绅也营造豪华园林。《西京杂记》记载："梁孝王②好营宫室苑囿之乐，作曜华之宫，筑兔园。园中有百灵山……又有雁池，池间有鹤洲、凫渚。其诸宫观相连，延亘数十里，奇果异树、瑰禽怪兽毕备。"③当时豪绅造园也颇有些知名者。史书记载："茂陵富人袁广汉，藏镪巨万，家僮八九百人。于北邙山下筑园，东西四里，南北五里。激流水注其内……养白鹦鹉、紫鸳鸯、鳌牛、青兕、奇兽、怪禽，委积其间……奇树异草靡不具植。"④这里的奇树异草，显然也是各地收集而来的名品。

南北朝时期，洛阳城的园林非常之多。有人写道："自退酤以西，张方沟以东，南临洛水，北达芒山，其间东西二里，南北十五里，并名为寿丘里，皇宗所居也，民间号为王子坊……帝族王侯、外戚公主，擅山海之富，居川林之饶，争修园宅，互相夸竞。崇门丰室，洞户连房，飞馆生风，重楼起雾，高台芳榭，家家而筑；花林曲池，园园而有。莫不桃李夏绿，竹柏冬青。"花卉名目众多。河间王的后花园，"沟渎塞产，石磴礁嶢，朱荷出池，绿萍浮水"⑤。洛阳城东北上商里，"冠军将军郭文远游憩其中，堂宇园林，匹於邦君"⑥。毫无疑问，晋代及后来南北朝时期园林事业的发达，促进了观赏花卉的发展。南北朝时期，佛教流行，各地众多的寺庙素有种花的传统，不少寺庙都有园林和各种花卉。后世更有一些寺庙祠观等以花卉知名，如润州鹤林寺的杜鹃、扬州后土祠的琼花等。

① 三辅黄图校释：卷3 [M]. 何清谷，校释. 北京：中华书局，2005：208.

② 梁孝王即刘武（？—前144），汉文帝之子、汉景帝同母弟，谥号"孝王"。

③ 西京杂记：卷2 [M]. 周天游，校注. 西安：三秦出版社，2006：114.

④ 西京杂记：卷3 [M]. 周天游，校注. 西安：三秦出版社，2006：137.

⑤ 杨衒之. 洛阳伽蓝记校释：卷4 [M]. 周祖谟，校释. 北京：中华书局，1963：163-167.

⑥ 杨衒之. 洛阳伽蓝记校释：卷4 [M]. 周祖谟，校释. 北京：中华书局，1963：182.

　　如上所述，魏晋南北朝时期老庄思想的流行和清谈风气的盛行，让"畏时远害"，"苟全性命于乱世"的人们更加关注林泉之致和自然之美，花木尤其竹子为人们所重视，这也是谢灵运和竹林七贤为人所推崇的原因。庾信（513—581）《咏园花诗》有："暂往春园傍，聊过看果行。枝繁类金谷，花杂映河阳。自红无假染，真白不须妆。燕送归菱井，蜂衔上蜜房。非是金炉气，何关柏殿香。裛衣偏定好，应持奉魏王。"这首诗反映出园林花木的繁盛。

　　迨及隋代，炀帝杨广建造御苑，也在全国搜罗奇花异木。史籍记载，他"于皂涧营显仁宫，采海内奇禽、异兽、草木之类，以实园苑"①。有人写道："天下共进花木、鸟兽、鱼虫，莫知其数。""大业六年，后苑草木鸟兽繁息茂盛。桃蹊柳径，翠荫交合；金猿青鹿，动辄成群。自大内厨开为御路，直通西苑，夹道植长松高柳。"② 由此可以想见当时御苑收集花卉之繁富。

　　从那时开始，一些官员学者不但收集各种珍奇花卉栽培，还开始记述自己别墅和园林的观赏植物，如谢灵运的《山居赋》。该赋成于公元423—425年间，据说陈述的是名为"始宁墅"的一处山居庄园的情形。何逊（？—约518）的《答高博士诗》也写道："北窗凉夏音，幽居多卉木。飞蝶弄晚花，清池映疏竹。"该诗道出自己的家居周围也种有不少花木。南北朝时期还出现了一本名为《魏王花木志》的著作，该书最早被《齐民要术》引用，但据《太平御览》等书所引来看，该书内容不少出自前人著作。《魏王花木志》大概是历史上比较早的一部关于植物花木类专门著作。

　　唐宋时期，园林艺术空前繁荣。盛唐时期，许多高官名流都有花木繁多的庄园别墅，著名的如韦嗣立的"逍遥谷"、王维的"辋川别业"、白居易的"大字寺园"、李德裕的"平泉山居"等。这也是当时涌现出贾耽的《百花谱》、王方庆的《园庭草木疏》、李德裕的《平泉山居草木记》等花卉专著的原因。白居易的《郡中西园》称："闲园多芳草，春夏香靡靡。深树足佳禽，旦暮鸣不已。院门闭松竹，庭径穿兰芷。"③ 这就是园中动植物的真实写照。记述众

---

①　魏征，等. 隋书：卷3 [M]. 北京：中华书局，1973：63.

②　杨斧. 青琐高议：卷5 [M]//宋元笔记小说大观. 上海：上海古籍出版社，2007：1118-1121.

③　白居易. 白居易集：卷21 [M]. 北京：中华书局，1999：455.

多花卉的博物著作《酉阳杂俎》则深受李德裕著述的影响，有不少资料来自李德裕的言论和引自其书。至于各种吟咏庭院花卉的诗词更是多不胜数。唐代宫殿中栽培大量观赏花木，《朱子语类·法制》记载："唐殿庭间种花柳，故杜诗云：'香飘合殿春风转，花覆千官淑景移。'又云：'退朝花底散。'"京城各类园林众多，春天来临时，人们纷纷出门游园赏花。《开元天宝遗事》记载当时盛况："长安春时，盛于游赏，园林树木无闲地。"有诗人写道："飞埃结红雾，游盖飘青云。"长安上林苑作为帝王园囿，各种花卉树木繁多，号称"灵枝珍木满上林，凤巢阿阁重且深"。白居易的《曲江有感》则记述城中风景区曲江池花木繁多，诗曰："曲江西岸又春风，万树花中一老翁。"当时寺庙园林花卉众多，王维《荐福寺光师房花药诗序》载："上人顺阴阳之动，与劳侣而作，在双树之道场，以众花为佛事。天上海外，异卉奇药，《齐谐》未识，伯益未知者。"[①] 王公贵族的私园很多，花卉种类也不少，甚至类似园志的各种花谱纷纷涌现，花草绘画日趋繁荣，这些都与花卉驯化和培育有了长足的进步密切相关。著名文学家白居易移植野外的杜鹃和山樱桃到庭院栽培。著名政治家和学者李德裕的"平泉山居"是当时颇负盛名的花园别墅。有人记载："东都平泉庄，去洛城三十里，卉木台榭，若造仙府。"据说"德裕营平泉，远方之人多以异物奉之。时有题诗云：'陇右诸侯供语鸟，日南太守送名花'。"[②] 还有人记载："李德裕平泉庄，台榭百余所，天下奇花异草、珍松、怪石，靡不毕具。"[③] 李德裕对自己这座园林钟爱有加，特意撰写了《平泉山居草木记》，记下园中栽培的花卉。从李的记述来看，他收集花卉可谓殚精竭虑，费尽心思。其文写道：

予尝览贤相石泉公家藏书目有《园庭草木疏》，则知先哲所尚，必有意焉。予二十年间，三守吴门，一莅淮服，嘉树芳草，性之所耽，或致自同人，或得于樵客，始则盈尺，今已丰寻。因感学《诗》者多

① 董浩，等. 全唐文：卷325 [M]. 北京：中华书局，1983：3298.
② 彭定求，沈三曾，杨中讷，等. 全唐诗：卷796 [M]. 北京：中华书局，1999：9056.
③ 张泊. 贾氏谭录 [M] // 宋元笔记小说大观. 上海：上海古籍出版社，2007：242.

识草木之名，为《骚》者必尽荪荃之美，乃记所出山泽，庶资博闻。

木之奇者有天台之金松、琪树，嵇山之海棠、榧、桧，剡溪之红桂、厚朴，海峤之香柽、木兰，天目之青神、凤集，钟山之月桂、青飕、杨梅，曲阿之山桂、温树，金陵之珠柏[①]、栾荆[②]、杜鹃，茅山之山桃、侧柏、南烛，宜春之柳柏、红豆、山樱，蓝田之栗、梨、龙柏。其水物之美者：白苹洲之重台莲，芙蓉湖之白莲，茅山东溪之芳荪。

…………

已未岁，又得番禺之山茶，宛陵之紫丁香，会稽之百叶木芙蓉、百叶蔷薇，永嘉之紫桂、簇蝶[③]，天台之海石楠，桂林之俱那卫[④]……是岁又得钟陵之同心木芙蓉，剡中之真红桂，稽山之四时杜鹃、相思、紫苑、贞桐、山茗、重台蔷薇、黄槿，东阳之牡桂、杜石、山楠，九华山药树、天蓼、青枥、黄心栳子、朱杉、龙骨。庚申岁，复得宜春之笔树、楠木、椎子、金荆、红笔、密蒙、勾栗、木堆。其草药又得山姜、碧百合。[⑤]

从上述内容来看，这位政治家和权臣受前人的影响，写下了这篇“园记”。他收集了全国各地的奇花异卉60多种，其中包括大量岭南和江南的花卉，甚至还有域外的“俱那卫”，不难看出当时人们对花卉种类收集的热心。他还认为自己的著述有助于博物学。他曾经记述过自己收集一些花木的过程，如收集红桂花树时说：“比闻龙门敬善寺有红桂树，独秀伊川。尝于江南诸山访之，莫致。陈侍御[⑥]知余所好，因访剡溪樵客，偶得数株，移植郊园。”其《金松赋并序》则记录了金钱松的收集过程：“广陵东南，有颜太师犹子旧宅，其地即孔北海故台。予因晚春夕景，命驾游眺，忽睹奇木，植于庭际，枝似柽松，叶如瞿麦。迫而察之，则翠叶金贯（实），粲然有光。访其名，曰金

① 指珍珠柏。

② 指复叶栾树。

③ 指玉蝴蝶。

④ 指夹竹桃。

⑤ 陈植，张公驰. 中国历代名园记选注 [M]. 陈从周，校阅. 合肥：安徽科学技术出版社，1983：8.

⑥ 可能是当时的宰相陈夷行（？—844）。

松。询其所来，曰得于台岭。乃就主人，求得一本，列於平泉。今闻封植得地，枝叶茂盛。"① 值得注意的是，这些花中没有牡丹、芍药、梅花、兰花和菊花等后来人们非常推崇的花。这显然是李德裕因"其伊，洛名园所有，今并不载"的缘故。李德裕自己曾经写过《牡丹赋并序》称牡丹："将独立而倾国，虽不言兮似人。"而且赋中还加注曰："今京师精舍甲第犹有天宝中牡丹在。"②

唐代，牡丹的盛行，显然是当时长安城众多王公贵族喜爱并不断培育驯化的结果。当时长安花木栽培非常普遍。王仁裕（880—956）《开元天宝遗事》记载："长安侠少，每至春时结朋联党，各置矮马……并辔于花树下往来。"书中还记载："长安王士安，于春时斗花，戴插以奇花多者为胜。皆用千金市名花植于庭苑中，以备春时之斗也。"③ 这种习俗后来一直流行。《清异录·百花门》记载："刘鋹在国，春深令宫人斗花。"这种游戏到清代依然在仕宦贵族家中流行。《红楼梦》提到荳官和香菱斗花，应该是对现实习俗的艺术摹写。这种争奇斗胜的习俗对于花卉种类的"发掘"和驯化无疑有重要的推动作用。不仅如此，唐代插花似乎也盛行。罗虬《花九锡》反映出兰、蕙、梅、莲是人们喜爱的插花种类，插花已经成为一种高雅的艺术门类。

园林事业的发达促使一些城市的美化达到了很高的水平。《宋史·礼制》记载，北宋皇帝不时在御苑设宴和大臣一起赏花。北宋末年，御苑的营造更是登峰造极。东京营造御苑"艮岳"时，统治者大搞"花石纲"，肆无忌惮地在全国范围内搜罗花木奇石。《艮岳记》记载，当时"二浙奇竹异花，登莱文石，湖湘文竹，四川佳果异木之属，皆越海度江，凿城郭而至"。当时的私家园林也很发达。《东京梦华录·收灯都人出城探春》记载："大抵都城左近，皆是园圃，百里之内，并无闲地。次第春容满野，暖律暄晴，万花争出，粉墙细柳，斜笼绮陌；香轮暖辗，芳草如茵，骏骑骄嘶，杏花如绣。莺啼芳树，燕舞晴空。"书中描写城中园林风景美如画，也可想象当时上层人士醉生梦死的情

---

① 董浩，等. 全唐文：卷697[M]. 北京：中华书局，1983：7157.

② 傅璇琮，等. 李德裕文集校笺：别集卷9[M]. 北京：中华书局，2018：679-690.

③ 王仁裕. 开元天宝遗事：卷下[M]. 北京：中华书局，2006：49.

景。西京洛阳的园林也极多。李格非（约1045—1105）的《洛阳名园记》有很细致的描述。司马光《洛阳看花》有"洛阳春日最繁华，红绿荫中十万家"的吟诵。这种情况的出现显然与当时的官僚和富商巨贾喜爱栽培花卉有密切关系。诗人文同（1018—1079，字与可）曾自嘲道："可笑陵阳太守家，闲无一事只栽花。"

　　唐代和北宋时期，园林艺术的大规模的发展极大地推动了花卉的培育驯化。宋代李格非的《洛阳名园记·序》载曰："天匠地孕，为花卉之奇。加以富贵利达，优游闲暇之士，配造物而相妩媚，争妍竞巧于鼎新革故之际，馆榭池台，风俗之习，岁时嬉游，声诗之播扬，图画之传写。"此句虽然主要说的是帝王之乡的园林盛况，但无疑体现出人们对花卉的钟爱。

　　南宋杭州城在亭园赏花方面更达到一个高峰。达官贵人在西湖边营造了大量的风景园林，形成"春则花柳争妍，夏则荷榴竞放，秋则桂子飘香，冬则梅花破玉，瑞雪飞瑶。四时之景不同，而赏心乐事者亦与之无穷矣"①的美妙景观。《武林旧事》记载张功甫"赏心悦事"包括正月在玉照堂赏梅；二月在餐霞轩看樱桃花，杏花庄赏杏花，绮互亭赏千叶茶花，马塍看花；三月在花院观月季，花院观桃柳，苍寒堂西赏绯、碧桃，满霜亭北观棣棠，斗春堂赏牡丹、芍药，宜雨亭赏千叶海棠，宜雨亭北观黄蔷薇，花院赏紫牡丹，艳香馆观林檎花，瀛峦胜处赏山茶，群仙绘幅楼下赏芍药；四月在芳草亭斗草，芙蓉馆赏新荷，芯珠洞赏荼䕔，满霜亭观橘花，艳香馆赏长春花，安闲堂观紫笑，群仙绘幅楼前观玫瑰，诗禅堂观盘子山丹，餐霞轩赏樱桃，南湖观杂花，鸥渚亭观五色莺粟花；五月在南湖观萱草，鸥渚亭观五色蜀葵，清下堂赏杨梅，丛奎阁赏榴花，摘星堂赏枇杷；六月在芙蓉池赏荷花，约斋赏夏菊；七月在玉照堂赏玉簪，应铉斋东赏葡萄；八月在湖山寻桂，现乐堂赏秋菊，众妙峰赏木樨，霞川观野菊，绮互亭赏千叶木樨，桂隐攀桂，杏花庄观鸡冠黄葵；九月在芙蓉池赏五色拒霜；十一月在摘星轩观枇杷花，味空亭赏蜡梅，孤山探梅，苍寒堂赏南天竺，花院赏水仙；十二月在绮互亭赏檀香蜡梅，湖山探梅，花院观兰

---

　　① 吴自牧，梦粱录：卷12 [M]. 北京：中国商业出版社，1982：95.

花。① 文中提到的"玉照堂"，为张功甫自己经营的一个"梅园"。上述史料表明，南宋官僚贵族已经根据不同时令，在各种亭台楼阁不同视野下欣赏各种名花。

南宋时期，杭州城西北郊的马塍是一个著名的花卉园林区。著名学者叶适的《赵振文在城北厢两月无日不游马塍作歌美之请知振文者同赋》称颂："马塍东西花百里，锦云绣雾参差起……酴醾缚篱金沙墙，薜荔楼阁山茶房。高花何啻千金直，著价不到宜深藏。"② 花卉栽植之繁荣不难想见。

南宋很多名臣如洪适、范成大等都经营自己的花园，种花数量非常可观。洪适《盘洲记》记载自己在老家鄱阳盘洲经营的别墅中有：

> 背梅林，夹曲水，越竹阁，甘橘三聚，皆东嘉、太末、临汝、武陵所徙。又有营道、庐陵之金甘，上饶之绣橘，赤城之脆橙，厥亭"橘友"。禁苑、洛京、安、蕲、歙之花，广陵之芍药。白有：海桐、玉茗③、素馨、文官④、大笑⑤、末利、水栀、山矾、聚仙、安榴、衮绣之毯；红有：佛桑、杜鹃、赪桐、丹桂、木堇、山茶、海棠、月季。范重者：石榴、木蕖；色浅者海仙、郁李；黄有：木犀、棣棠、蔷薇、踯躅、儿莺、迎春、蜀葵、秋菊；紫有：含笑、玫瑰、木兰、凤薇、瑞香为之魁。两两相比，芬馥鼎来。卉则：丽春⑥、剪金⑦、山丹、水仙、银灯⑧、玉簪、红蕉、幽兰，落地之锦⑨，麝香之萱⑩。既赤且白：石竹、鸡冠。涌地幕天：荼蘼、金沙。生意如鹜，蝶影交加，厥亭"花信"。

---

　　① 周密. 武林旧事：卷10 [M]. 北京：中国商业出版社，1982：186-189.

　　② 叶适. 赵振文在城北厢两月无日不游马塍作歌美之请知振文者同赋 [M] // 全宋诗：50册. 北京：北京大学出版社，1999：31234.

　　③ 指白山茶。

　　④ 指文冠果。

　　⑤ 一种白菊花。

　　⑥ 指虞美人。

　　⑦ 指王不留行。

　　⑧ 指杜鹃兰。

　　⑨ 地锦应为爬山虎。

　　⑩ 麝萱应为金萱，亦即黄花菜。

林深雾黑，花仙所集，厥亭"睡足"。栗得于宣，梨得于松阳，来禽得于赣，于果品皆前列，厥亭"林珍"。木瓜以为径，桃李以为屏，厥亭"琼报"。西瓜有坡，木鳖有棚，葱薤姜芥，土无旷者，厥亭"灌园"。①

　　明清期间，皇家园林栽花很多，明代诗人陈凤《花园子》写道："当年内苑花如绮，万树红云日边倚。"与此同时，得益于经济的发展和私家园林的发达，江浙一带涌现大量综合性的园林花卉著作。顾璘《周别驾宅看花》称："芳根异种多难识，粉蝶黄蜂暗相唤。"诚如李日华（1565—1635）《六研斋笔记·二笔》所说："马塍则蹊之广者，大都在城闉之四隅与大道之侧，既不当轨又不任犁，故逸老结庐而托处焉。竹懒二十年前侍养余暇，亦与玄洲盛叟者缔园田欢，叟得新异必见饷焉。叟破百金之产，废四民之业而事此，其子若孙每反唇侧睨，而叟不顾也。"江苏洞庭山似乎也是名花荟萃之地。姚希孟（1579—1636）《山中嘉树记》称："洞庭固嘉树薮也。花有二，时为梅、为梨。梅之盛，未知较光福、邓尉间何如？但见老干苞香，纠错诸坞中。后堡涵村为最，往往断而续，不若光福亘而联，疑光福差雄也。所传角头梨花则天下无双矣。又闻黄家堡有一老桂云。角庵四季山茶传为角里先生手植……间以银杏之苍姿，枫林之袨色，遂使明沙净渚，别开画图，远岫孤峰转增褥绣，此秋山一时之美。独擅于洞庭。"著名官员学者王世贞称自己的弇山园之胜在"花高下点缀如错绣，游者过焉，芬色殢眼鼻而不忍去"②。花如锦绣，让游人深切感受目不暇接；芳香扑鼻，亦让人流连忘返。

　　这一时期，观赏花卉的种类进一步增多。月季、黄刺玫、榆叶梅、荷包牡丹也逐渐为人们所重视。退隐官僚、养生学者自己栽培园林花卉，在此基础上收集资料、著述花木著作成为一时风气。明代有王世懋的《学圃杂疏》、高濂的《草花谱》、周文华的《汝南圃史》、陈正学的《灌园草木识》、徐石麒（1577—1654）的《花佣月令》；清代有吴仪一的《徐园秋花谱》、曹溶（1613—1685）的《倦圃莳植记》以及陈淏子的《花镜》等。

---

① 陈植，张公驰. 中国历代名园记选注 [M]. 陈从周，校阅. 合肥：安徽科学技术出版社，1983：67.
② 陈植，张公驰. 中国历代名园记选注 [M]. 陈从周，校阅. 合肥：安徽科学技术出版社，1983：132.

　　明清时期，插花也非常流行，对花卉业的发展功不可没。袁宏道（1568—1610）的《瓶史·花目》认为，北京天气寒冷，普通人家能够取材的花卉是"入春为梅，为海棠；夏为牡丹，为芍药，为安石榴；秋为木樨，为莲、菊；冬为腊梅"。这说明社会上流行的仍然是一些名花。屠本畯的《瓶史月表》则更细致一些，主张正月的花盟主为梅花、宝珠茶；二月为西府海棠、玉兰和绯桃；三月为牡丹、滇茶和兰花；四月是芍药、蔷卜、夜合；五月是石榴、番萱和夹竹桃；六月是莲花、玉簪和茉莉；七月是紫薇、蕙；八月为丹桂、木犀和芙蓉；九月是菊花；十月为白宝珠、茶梅；十一月为红梅；十二月为蜡梅、独头兰。

　　园林对花卉驯化和发展的推动，宋代学者周师厚在其《洛阳花木记·序》中有一段精辟的总结。他说："天下之人徒知洛土之宜花，而未知洛阳衣冠之渊薮，王公将相之圃第鳞次而栉比，其宦于四方者，舟运车辇致之于穷山远徼，而又得沃美之土与洛人之好事者又善植此，所以天下莫能拟其美且盛也。"道出洛阳花木繁盛与这里众多的官宦之家从各地收集花卉充实他们的花园和不断驯化密不可分。

三、驯化育种等技术的推动

　　园林事业的发达，还催生了产业的出现。唐代可能已经出现专门卖花的花农。诗人刘言史（？—812）的《买花谣》称："杜陵村人不田稼，入谷经溪复缘壁。每至南山草木春，即向侯家取金碧。"可见，当时农民在山中采挖野花，到城中售卖，这已经是一桩产业。白居易的《移牡丹栽》诗也提道："金钱买得牡丹栽，何处辞丛别主来。"[①] 段成式的《酉阳杂俎》也提到"洛中鬻花木者"。另外，从人们从山中移种牡丹、杜鹃可以看出，唐人这种移野花到家园栽培的风气，对于花卉的家养驯化有很大的推动作用。当时已经有较大规模的花卉交易。其后司马扎[②]的《卖花者》则称："少壮彼何人，种花荒苑外……当春卖春色，来往经几代。长安甲第多，处处花堪爱。良金不惜费，竞取园中最。"同一时期，韦庄《奉和左司郎中春物暗度感而成章》诗云："锦

---

　　① 白居易. 白居易集：卷19[M]. 北京：中华书局，1999：426.

　　② 生卒年不详，公元9世纪中期在世。

江风散霏霏雨，花市香飘漠漠尘。"可见花市相当繁荣。

宋代开封的花卉市场更是繁荣。《东京梦华录》载："是日季春，万花烂熳。牡丹芍药，棣棠木香，种种上市。卖花者以马头竹蓝铺排，歌叫之声，清奇可听。"宋代出现不少以种花为生的花户。后来的《析津志》《帝京景物略》则记载了明清花市的繁荣。

与此同时，园林事业的繁荣也推动栽培育种技术的提高。唐代已经出现了一些树木栽培和花卉育种的巧工能匠。柳宗元的《种树郭橐驼传》记载有个叫郭橐驼的老人种树水平十分高超，其文曰："驼业种树，凡长安豪富人为观游及卖果者，皆争迎取养。视驼所种树，或移徙，无不活，且硕茂早实以蕃。"可能当时许多观赏花卉的玩家都争先恐后地请他艺花。而伪冒柳宗元的《龙城录》①则记载当时有个叫宋单父的花匠，能让牡丹开出不同颜色的花，是技艺超群的育种能手。

唐宋时期，"堂花"（温室）技术似乎也得到较大的发展，白居易的《和春深》诗有："惯看温室树，饱识浴堂花。"②后世的"堂花"可能就是"浴堂花"的简称。其《庐山桂》也有："不及红花树，长栽温室前。"宋代范成大的《梅谱·早梅》记载："行都卖花者争先为奇，冬初折未开枝置浴室中，薰蒸令拆，强名早梅，终琐碎无香。"其后的《齐东野语》有"堂花"技术的细致记载。③

宋代园林艺术达到中国古代的一个高峰。李格非的《洛阳名园记》记述洛阳冶游之所多有各种花卉方面的记述，也提到育种驯化水平和花卉传播的盛况。他记载"李氏仁丰园"时写道："李卫公有平泉花木，记百余种耳。今洛阳良工巧匠，批红判白，接以它木，与造化争妙，故岁岁益奇，且广桃李、

----

① 宋代学者张邦基认为此书和《云仙散录》皆乃王铚伪作。见：张邦基. 墨庄漫录：卷2[M]//宋元笔记小说大观. 上海：上海古籍出版社，2007：4659.

② 白居易. 白居易集：卷26[M]. 北京：中华书局，1999：593.

③《齐东野语》卷16载曰："马塍艺花如艺粟，橐驰之技名天下。非时之品，真足以侔造化，通仙灵。凡花之早放者，名曰堂（或作塘）花。其法以纸饰密室，凿地作坎，缠竹置花其上，粪土以牛溲硫黄，尽培溉之法。然后置沸汤于坎中，少候，汤气薰蒸，则扇之以微风，盎然盛春融淑之气，经宿则花放矣。若牡丹、梅、桃之类无不然，独桂花则反是。盖桂必凉而后放，法当置之石洞岩窦间，暑气不到处，鼓以凉风，养以清气，竟日乃开。此虽揠而助长，然必适其寒温之性，而后能臻其妙耳。"

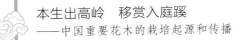

梅杏、莲菊各数十种，牡丹、芍药至百余种。而又远方奇卉，如紫兰、茉莉、琼花、山茶之俦，号为难植独植之洛阳，辙与其土产无异，故洛阳园圃花木有至千种者。甘露院东李氏园，人力甚治，而洛中花木无不有。"① 园林技术的发展极大地推动了花卉的栽培和培育。远方奇卉也栽培得如本地产的一般，可见种植技术之高超。园林花木至千种，足见当时花卉的种类和品种数量都十分惊人。周师厚的《洛阳花木记》也从一个侧面证明李格非所言非虚。《清异录·百花门》中称善艺花者为"花太医"。宋代王观《芍药谱·序》说："今洛阳之牡丹，维扬之芍药，受天地之气以生，而小大、浅深，一随人力之工拙，而移其天地所生之性，故奇容异色，间出于人间；以人而盗天地之功而成之，良可怪也。"北宋著名官员学者陈瓘《接花》诗则夸耀自己的嫁接艺术之高超，其文曰："色红可使紫，叶单可使千。花小可使大，子少可使繁。天赋有定质，我力能使迁。自矜接花手，可夺造化权。"② 如真能如其所说，改变花的形态技艺可谓高超。

《梦粱录·园圃》记载了杭州周边有大量的园圃和花圃，提到不少"整形花卉"。其中，"钱塘门外溜水桥东西马塍诸圃，皆植怪松异桧，四时奇花，精巧窠儿，多为龙蟠凤舞、飞禽走兽之状，每日市于都城，好事者多买之，以备观赏也"。这里记载的奇形怪状的植物，应该都是人工整理的使其长成特殊形状的"工艺"植物。

与此同时，宋代的盆景艺术异常发达。官僚诗人王十朋的《岩松记》和赵希鹄（1170—1242）的《洞天清录》都记述了盆景的创作技术。对赏花有极大推动的花鸟虫鱼画当时也非常盛行。《宣和画谱》记有大量的花卉绘画。人们在花卉中寄予了深厚的情感，书中写道："五行之精粹于天地之间，阴阳一嘘而敷荣，一吸而愁（手）敛，葩华秀茂见于百卉众木者不可胜计。松竹梅菊见于……幽闲；杨柳梧桐之扶苏、风流，乔松古柏之岁寒磊落。"③ 书中提到大量的杜鹃、木瓜、菜蝶、千叶桃花、锦棠、山茶等画作。这些绘画反过来

① 陈植，张公驰. 中国历代名园记选注 [M]. 陈从周，校阅. 合肥: 安徽科学技术出版社，1983: 47.
② 北京大学古文献研究所. 全宋诗: 卷119 [M]. 傅璇琮，等主编. 北京: 北京大学出版社，1991: 13455.
③ 岳仁，注释. 宣和画谱: 卷15 [M]. 湖南人民美术出版社，1999: 310.

又推动了大众对绘画呈现的花卉的喜爱和栽培。

明代，花卉驯化似乎仍非常受重视，袁宏道《瓶史》称："古之负花癖者，闻人谈一异花，虽深谷峻岭，不惮蹶躄而从之，至于浓寒盛暑，皮肤皴鳞，污垢如泥，皆所不知。"① 明清时期，西方人将美洲原产的花卉带到东方，并被华侨带入国内。清晚期，一些殖民者在上海等地的花园栽培的一些外来花卉也逐渐被国人栽培。著名的如大丽菊（*Dahlia pinnata*）、广玉兰、西番莲和西洋苹果等。与栽培作物一样，海纳百川、博采众长是中国栽培花卉越来越多、繁花似锦的原因。

第三节 古人利用花木的方式

植物是生长的个体，它们适应不同的环境，形态和生长季节各异。长期的栽培实践，让古人积累了丰富的经验。譬如，水边栽培垂杨修竹能让植物生长良好，还能形成很好的清幽景观。花木的一般属性有色、香、姿、声、光等方面，季节不同，形态和色彩（季相）都会发生变化。为发挥最好的美化环境和观赏效果，古人在园林花卉的配置方面积累了很多值得借鉴的经验。

唐代著名诗人刘禹锡认为花木配置中"桃红李白皆夸好，须得垂杨相发挥"。此句意思是妖娆艳丽的桃李花在翠柳的映衬下，更加多彩多姿，更好地呈现了柳暗花明的风光。梅花被古人形象地喻为"香雪"，故有些地方的成片梅花景致常号称"香雪海"，实为视色景致。宋代文学家欧阳修《谢判官幽谷种花》说："浅深红白宜相间，先后仍须次第栽。我欲四时携酒去，莫教一日不花开。"诗中呈现的愿景是将植物花开的层次和时间顺序都预先在栽培时布置好。宋代东京（开封）御园的花木配置非常注重美感，显示了极高的艺术技巧。设置景点时常常从展示植物各异的美出发，达到步移景换，处处别有洞天之目的。《三朝北盟会编·靖康中帙》记载，万岁山（艮岳）有"斑竹紫

① 袁宏道. 瓶史 [M]// 生活与博物丛书. 上海：上海古籍出版社，1993：312.

筠馆、丁香障、酴醾洞、香橘林、梅花岭、瑞香苑、碧花涧、翠云洞等百余所，及奇径松柏桧木橘柚花柳"。这种独具特色的花卉布置被后世不断发扬光大。南宋宫殿后苑栽培有各种名花，有"梅花千树，曰梅岗亭，曰冰花亭。枕小西湖曰水月境界，曰澄碧。牡丹曰伊洛传芳，芍药曰冠芳，山茶曰鹤丹，桂曰天阙清香……橘曰洞庭佳味，茅亭曰昭俭，木香曰架雪，竹曰赏静，松亭曰天陵偃盖。以日本国松木为翠寒堂，不施丹腹，白如象齿，环以古松。碧琳堂近之"①。通过观赏植物的布置来达到一种含蓄幽雅的意境。刘克庄的《蔷薇花》感慨道："公子但贪桃夹道，贵人自爱药翻阶。宁知野老茅茨下，亦有繁英送一杯。"诗也道出不同的花卉适宜于栽培的场景。清代曹雪芹《红楼梦》描述的"大观园"中亦有蘅芜苑、潇湘馆、秋爽斋等。

明代王世懋在园艺著作《学圃杂疏·花疏》中，记下自己多年来在花草布置方面的心得。书中写道："予赍园中一绿萼梅，偃盖婆娑，下可坐数十人，今特作高楼赏之，子孙当加意培壅。若野梅可置竹林水际，鹤顶梅种园中取果，不足登几案也。""剪秋罗，色正红，声价稍重于剪春罗，然当盛夏已开矣。秋葵、鸡冠、老少年、秋海棠皆点缀秋容草花之佳者。鸡冠须矮脚者，种砖石砌中，其状有掌片、毬子、缨络，其色有紫、黄、白，无所不可。老少年，别种有秋黄、十样锦，须杂植之，真如锦织成矣。就中秋海棠尤娇好，宜于幽砌北窗下种之，傍以古拙一峰，菖蒲、翠筠草皆其益友也。"稍后，顾起元（1565—1628）在其《客座赘语》中则阐述了攀援花木的配置技巧："至篱落藩援之上，则黄蔷薇、粉团花、紫心、白末香、酴醾、玉堂春、十姊妹、黄末香、月月红、素馨、牵牛、蒲桃、枸杞、西番莲之类，芬菲婀娜，摇风漏月，最为绵丽矣。"②蔷薇在全国各地园林常有种植，适合做花篱和斜坡悬垂的美化花卉，主要品种有粉团蔷薇、荷花蔷薇和七姐妹、白玉棠等。

明代养生家高濂将种花莳草作为一种延年益寿的休闲方式，他在常年的种树养花中积累了颇多心得，提出"松轩"的构建："宜择苑圃中向明垲爽之

① 陶宗仪. 南村辍耕录：卷18 [M] // 宋元笔记小说大观. 上海：上海古籍出版社，2007：6368.
② 顾起元. 客座赘语：卷1 [M]. 谭棣华，陈稼禾，点校. 北京：中华书局，1987. 19.

地构立，不用高峻，惟贵清幽。八窗玲珑，左右植以青松数株，须择枝干苍古屈曲如画，有马远、盛子昭、郭熙状态甚妙。中立奇石，得石形瘦削，穿透多孔，头大腰细，袅娜有态者立之松间，下植吉祥、蒲草、鹿葱等花，更置建兰一二盆，清胜雅观。外有隙地，种竹数竿，种梅一二，以助其清，共作岁寒友想。临轩外观，恍若在画图中矣。"[1] 这种构建方案不但注意不同植物的配置，以求突出主题，还关注山石的烘托和意境的营建。

古代花园中常涉及花径的安排。高濂认为园林中有"九径"："江梅、海棠、桃、李、橘、杏、红梅、碧桃、芙蓉，九种花木，各种一径，命曰'三三径'。诗曰：'三径初开是蒋卿，再开三径是渊明。诚斋奄有三三径，一径花开一径行。'"[2] 由此我们不难看出人们在花径安排上所费的心思。扬州郑元勋营建的著名"影园"提道："水际者，尽芙蓉；土者，梅，玉兰，垂丝海棠，绯白桃；石隙种兰、蕙、虞美人、洛阳诸草花……窗外方墀，树芭蕉三四本，莎罗树一株，来自西域，又秋海棠无数，布地皆鹅卵石……室隅作两岩，岩上多植桂，缭枝崭岩，似小山招隐处。岩下牡丹，蜀府、垂丝海棠，玉兰、黄、白、大红、宝珠茶，磬口腊梅，千叶榴，清白紫薇，香橼，备四时之色。而以一大石作屏，石下古桧一，偃蹇盘蟉。"[3] 从中不难窥见这位工诗善画的艺术家在园林花卉配置方面的功力，其影园也绝非浪得虚名。

清代园艺家陈淏子在《花镜》中综合了前人花木配置的艺术说：

有名园而无佳卉，犹金屋之鲜丽人。

如园中地广，多植果木松湟篁，地隘只宜花草药苗……花之喜阳者，引东旭而纳西晖；花之喜阴者，植北圃而领南薰。其中色相配合之巧，又不可不论也。如牡丹、芍药之姿艳，宜玉砌雕台，佐以嶙峋怪石，修篁远映。梅花、蜡瓣之标清，宜疏篱竹坞、曲栏暖阁，红白间植，古干横施。水仙、瓯兰之品逸，宜磁斗绮石，置之卧室、幽窗，

① 高濂. 遵生八笺 [M]. 北京：人民卫生出版社，1994：227.

② 高濂. 遵生八笺 [M]. 北京：人民卫生出版社，1994：228.

③ 陈植，张公弛. 中国历代名园记选注 [M]. 陈从周，校阅. 合肥：安徽科学技术出版社，1983：222−223.

可以朝夕领其芳馥。桃花天冶，宜别墅山隈，小桥溪畔，横参翠柳，斜映明霞。杏花繁灼，宜屋角墙头，疏林广树。梨之韵、李之洁，宜闲廷旷圃，朝晖夕蔼……榴之红，葵之灿，宜粉壁绿窗……荷之肤妍，宜水阁南轩，使熏风送馥，晓露擎珠。菊之操介，宜茅舍清斋，使带露餐英，临流泛蕊。海棠韵娇，宜雕墙峻宇，障以碧纱，烧以银烛，或凭栏，或欹枕其中。木樨香胜，宜崇台广厦，抱以凉飔，坐以皓魄……紫荆荣而久，宜竹篱花坞。芙蓉丽而闲，宜寒江秋沼。松柏骨苍，宜峭壁奇峰。藤萝掩映，梧竹致清，宜深院孤亭，好鸟闲关。至若芦花舒雪，枫叶飘丹，宜重楼远眺。棣棠丛金，蔷薇障锦，宜云屏高架。其余异品奇葩，不能详述，总由此而推广之。因其质之高下，随其花之时候，配其色之浅深，多方巧搭。虽药苗野卉，皆可点缀姿容，以补园林之不足。使四时有不谢之花。[①]

从中我们不难看出古人在花卉配置方面有着丰富的实践经验，无论亭台馆阁的构建，抑或怪石糙斗的设置，其营建心得都可谓匠心独具，巧夺天工。

众所周知，清代文学家曹雪芹是一位在园林艺术方面颇负造诣的艺术家。其名著《红楼梦》中，"蘅芜苑"题称"衡芷清芬"，是一处突出"异卉"芳香和颜色的景致。种竹的"潇湘馆"则是突出植物青翠娇姿和凄声冷色（光）的一种凄幽景致。名曰潇湘，也有听声的意思，郑板桥（1693—1766）有所谓"衙斋卧听萧萧竹"，还有主人公有类似于湘妃的命运隐喻。古人有些景致特意为花木的香味而设，如"沁芳池""沉香亭""闻木樨香轩"等。一些地方的园林中设置"听雨轩"，就是为了营造雨打芭蕉的听觉感受，有的地方设置"松风亭"则是为听松涛所设。至于光和影，古人在种竹子的时候，实际也常为声、光考虑，潇湘馆有所谓"竿竿青欲滴，个个绿生凉。进砌妨阶水……莫摇清碎影……"就是这种缘故。在白墙灰瓦的背景中，配置龙松、古梅、翠竹和建兰使环境呈现清幽之美。

古人种树栽花还有很多宜忌习俗方面的考虑。《地理心书》记载："人家

---

① 陈淏子. 花镜：卷2[M]. 北京：中华书局，1959：44.

居止种树，惟栽竹四畔，青翠郁然，不惟生旺，自无俗气。东种桃柳，西种栀榆，南种梅枣，北种柰杏为吉。"又云："宅东不宜种杏，宅南北不宜种李，宅西不宜种柳。中间种槐，三世昌盛；屋后种榆，百鬼退藏。庭前勿种桐，妨碍主人翁。屋内不可多种芭蕉，久而招祟。堂前宜种石榴，多嗣，大吉。中庭不宜种树取阴，栽花作阑，惹淫招损。"① 虽说这些习俗今天看来有些滑稽或怪诞不经，却反映出古人在居所旁种树呈现出的一些文化烙印和心理历程。

中国的花卉布景艺术，对近代西方也产生了一些影响。20 世纪中叶，有位英国园艺学家写道：欧洲植物采集者发现中国的园林植物，"不仅仅在分类类群上与我们的迥然有别，而且在应用和艺术表现方式上也完全不同。欧洲人看到菊花、牡丹、杜鹃、茶花的奇妙景观，这种景观在当时对欧洲人的园林观念而言完全是别具一格的。到 18 世纪末的时候，中国的东西成了一时的流行时尚。"②

综上所述，古人培育了种类繁多的观赏花卉。以往人们对其栽培历史和观赏价值有较多的关注，对栽培起源和传播关注尚少。不过，若对它们进行全面考察，绝非短时间所能完成的。有鉴于此，下面主要就历史上被广泛认可且至今仍被大众喜爱的"名花"作些初步的探讨。

---

① 高濂. 遵生八笺：卷 7[M]. 北京：人民卫生出版社，2018：233.

② Cox E.H.M. *Plant-Hunting in China*[M]. London: Collins. 1945：13.

第一章

杜 鹃 花

杜鹃花广泛分布于我国中部和南部山区。春天来临时，杜鹃花盛开，万紫千红，被古人形象地称为"映山红"。杜鹃花盛开时，花团锦簇，既展现出强烈的春日秾丽，又映射出似血的悲情。杜鹃花为南方地区酸性土壤的典型指示植物，深受大众喜爱，常见于南方秀丽园林和广袤街区，有很浓重的平民色彩。杜鹃原本为鸟名，因啼叫的时令和声音特点，很早就被当作农事安排的物候之一，故又名"布谷鸟"。有趣的是，约从唐代开始，我国南方暮春时节漫山遍野怒放、原名山石榴的那种红花因开花期与杜鹃鸣叫的时间接近而被叫作杜鹃花或杜鹃（*Rhododendron simsii*，图 1-1）。到了近代，西方生物学传入后，与杜鹃花形态相近的一类植物又都被称作杜鹃花科杜鹃属植物。

图 1-1　杜鹃花

第一节 杜鹃花名称的由来

杜鹃花是一种高一两米的落叶灌木。花数朵簇生枝顶，粉红或鲜红色，春天开花时，颇为艳丽。相对而言，古代北方学者难得见到它。和许多南方原产的栽培作物类似，它在文献中出现较晚。较早见于文献记载的杜鹃花种类，是从中原到岭南广泛分布的"羊踯躅"（*Rhododendron molle*），也叫闹羊花。羊踯躅是一个开黄花的有毒种，很早就被用于治疗关节炎等症状。东汉成书的《神农本草经》中就有它的记载。稍后，《吴普本草》注意到这种植物，言其"生淮南"。晋代崔豹的《古今注》对它的名称诠释道："羊踯躅，花黄，羊食之则死，羊见之则踯躅分散，故名羊踯躅。"[①] 不过，最初它并无杜鹃花的名称。

有关杜鹃花（映山红）的文献记载约出现在中原士族大量南迁的东晋前后。它显然很受学者喜爱，人们给它起了一个非常形象的名字——"山石榴"，因为它与石榴花同样鲜艳夺目。东晋时，周景式的《庐山记》写道："香炉峰头有大磐石，可坐数百人，垂生山石榴，三月中作花，色似石榴而小淡，红敷紫萼，炜晔可爱。"[②] 刘宋时期，颜测《山石榴赋》称颂它道："风触枝而翻葩，雨淋条而殒芬，环青轩而燧列，绕翠波而星分。"与此同时，著名诗人江淹（444—505）任职闽中吴兴（今浦城）时，曾经写过《闽中草木颂》，杜鹃花也是他称颂的花卉之一。其《山中石榴》写道："缥叶翠萼，红华绛采，焰烈泉石，芬披山海，奇丽不移，霜雪空改。"[③] 上述记述都提到杜鹃花花色的明艳可爱，江淹更指出花开盈野。值得一提的是，晋代吴地学者陆机（261—303）的诗文中已经出现"踯躅"这个名称。他的《拟庭中有奇树》写道："芳

---

① 崔豹. 古今注: 卷下 [M] // 丛书集成初编. 北京: 中华书局, 1985: 19.

② 贾思勰. 齐民要术校释: 卷4 [M]. 缪启愉, 校释. 北京: 中国农业出版社, 1998: 304.

③ 严可均, 辑. 全梁文: 卷39 [M] // 全上古三代秦汉三国六朝文. 北京: 商务印书馆, 1999: 405–407.

草久已茂，佳人竟不归。踯躅遵林渚，惠风入我怀。"① 文中"踯躅"不知其究竟为"羊踯躅"的简称，还是因为有些学者注意到山石榴花的形态和叶片与羊踯躅有些相似，而称其为踯躅。南朝姚察（533—606）的《建康记》载："建康出踯躅。"② 后来羊踯躅也被叫作"黄杜鹃"。唐代的时候，学者已经注意到杜鹃花不是北方的花卉。唐代山西诗人司空图《漫书五首》明确指出，"杜鹃不是故乡花"。

南方春天杜鹃花遍野怒放时，常伴随杜鹃的清澈啼声，唐代的学者已经注意到这种物候现象。出于这个缘故，"山石榴"又逐渐被称作"杜鹃花"。杜鹃花这个名称无疑也因花开放的时令而成，很可能起源于四川。著名诗人李白曾写下"蜀地曾闻子规鸟，宣城又见杜鹃花"的诗句。其后，被贬到江西九江庐山脚下的白居易明确指出这种非同寻常的山花开放时常伴随杜鹃啼叫，认为《庐山记》中的山石榴就是山踯躅、杜鹃花。他的《喜山石榴花开·去年自庐山移来》吟道："忠州州里今日花，庐山山头去时树。"他在《山石榴寄元九》中接着写道："山石榴，一名山踯躅，一名杜鹃花，杜鹃啼时花扑扑。"后来这类记载不断增多。宋代《会稽志·木部》也记载："杜鹃花以二三月杜鹃鸣时开。"诗人王十朋因说："一声杜宇啼春风，明朝绯挂千山丛。"明代学者周文华明确说："杜鹃……花极浪漫，以杜鹃啼时开得名。"③ 因为杜鹃花呈红色，宋代又被称作红踯躅。

不仅如此，富于浪漫联想的诗人根据杜鹃口有红斑，进一步认定是杜鹃啼血化成杜鹃花。唐代成都诗人雍陶《闻杜鹃》称："高处已应闻滴血，山榴一夜几枝红。"④ 其后，这种说法很快在长江中下游地区流行开来。浙江诗人罗邺《闻子规》诗也称："蜀魄千年尚怨谁，声声啼血何花枝。"江西诗人来鹄（？—883）《子规》称："雨恨花愁同此冤，啼时闻处正春繁。千声万血谁哀尔，争得如花笑不言。"南唐诗人成彦雄所写《杜鹃花》，更是推测杜鹃的

① 徐陵. 玉台新咏笺注：卷3 [M]. 穆克宏，点校. 北京：中华书局，1985：99.
② 李昉. 太平御览：卷992 [M]. 北京：中华书局. 1962：4099, 4390.
③ 周文华. 汝南圃史：卷6 [M]//续修四库全书：第1119册. 上海：上海古籍出版社，2003：92.
④ 彭定求，沈三曾，杨中讷，等. 全唐诗：卷481 [M]. 北京：中华书局，1999：5964, 5512.

血变成了花。他写道："杜鹃花与鸟，怨艳两何赊。疑是口中血，滴成枝上花。"客居福建的韩偓（842—923）所写《净兴寺杜鹃花》也说："蜀魄未归长滴血，祇应偏滴此丛多。"此后不少学者沿袭了这种说法。宋代寇准有所谓"杜鹃啼处血成花"。《埤雅·释鸟》也记载："杜鹃……一名怨鸟，夜啼达旦，血渍草木。"杨巽斋《杜鹃花》也称："鲜红滴滴映霞明，尽是冤禽血染成。"因为这个缘故，它又常常带有悲情色彩。黄仲昭（1435—1508）《八闽通志》记载杜鹃又叫映山红，"俗传杜鹃啼血，滴地而成此花，故名"[1]。顾起元也说："杜鹃花，殷红而繁丽，谓血泪染成，良有以也。"[2] 这种取象比类，通过一些似是而非的表面现象，推测事物背后形成的原因，是古人常用的思辨方式。

杜鹃花开时千林红紫，红艳盈野，又逐渐赢得新的名称——"满山红""映山红"。唐代孟琯（789—？）《岭南异物志》记载："南中花多红赤，亦彼之方色也，唯踯躅为胜。岭北时有，不如南之繁多也。山谷间悉生。二月发时，照耀如火。月余不歇。"[3] 湖南诗人李群玉对"山榴"（杜鹃花）的美艳有很深的感受，他曾感慨山中古刹杜鹃花道："水蝶岩蜂俱不知，露红凝艳数千枝。"对大自然怒放的杜鹃之壮丽和雄浑风姿不禁感叹道："洞中春气蒙笼暄，尚有红英千树繁。可怜夹水锦步障，羞数石家金谷园。"这里的"石家金谷园"指晋代巨富石崇修建的著名园围。在诗人眼中，大自然中万紫千红的壮丽，远胜于富豪家繁华的园林。唐代元白诗派的重要成员、白居易的好友李绅于太和七年（833）在越州任职时，造了一处名为"新楼"的别墅，设有"海榴亭""望海亭""杜鹃楼"和"满桂楼"。其中，"杜鹃楼"因楼前栽培杜鹃，故名。其《杜鹃楼》写道："杜鹃如火千房拆，丹槛低看晚景中……惟有此花随越鸟，一声啼处满山红。"[4] 明代福建学者陈正学《灌园草木识》载曰：

---

① 黄仲昭. 八闽通志：卷25[M]. 福州：福建人民出版社，1991. 719.
② 顾起元. 客座赘语：卷1[M]. 谭棣华，陈稼禾，点校. 北京：中华书局，1987：17.
③ 李昉. 太平广记：卷409[M]. 北京：中华书局，1986：3321.
④ 彭定求，沈三曾，杨中讷，等. 全唐诗：卷481[M]. 北京：中华书局，1999：5964，5512.

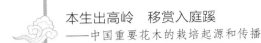
"满山红，名山杜鹃……一丛之花次第开至三月。"① 其后，屈大均在《广东新语·木语》写到，广东西樵有"山石榴，三月盛开，称满山红"②。上述史料表明，"满山红""映山红"是闽粤地区杜鹃花的常用俗名。

映山红是杜鹃一个比满山红更为大众所熟悉的俗称。这个名称也起源于该花常见的南方，应是基于其花色红艳的形态特征和成片分布的生态习性所得名。这个名称很可能源于四川，并且很快在东南的江南地区和西南的云贵高原流行开来。宋代《格物总论》总结说："杜鹃花一名山石榴，一名山踯躅，蜀人号曰映山红。所在深山中多有之，此花数种，有黄者、紫者、红者、五出者、千叶者，树高四五尺或丈许……花极浪漫。杜鹃啼时始开，故名焉。近似榴花样，故号岩榴。"③ 有趣的是，在这则记载中，作者又把山石榴称为"岩榴"。映山红这个名称大约出现在唐代，据说唐末曾为洪州僧正的修睦写过《映山红》诗。④ 随着古代政治和文化中心的南移，中原大批士族迁到南方。迨及宋代，这种在南方触目可见的山花，在学者笔下的描述不断增多。学者们注意到这种花的妍丽，以及分布的广泛。《图经本草·草部》记述瞿麦时，说它的花像"映山红"。苏东坡《赵昌四季·踯躅》写道："枫林翠壁楚江边，踯躅千层不忍看。"诗人从绘画想到楚江之杜鹃花。为该诗作注的南宋学者写道："踯躅，山石榴也，其花深红，蜀人号映山红，荆楚山壁间最多。"⑤ 江西学者洪迈指出，映山红常成片分布，是极为常见的花。他的《容斋随笔》记述道："润州鹤林寺⑥ 杜鹃，乃今映山红，又名红踯躅者。二花在江东弥山亘野，殆与榛莽相似。"⑦ 显然，正是杜鹃花因开时"弥山亘野"之壮观，而得形象的映山红之名。从洪迈的表述来看，宋代江西人也称杜鹃花为映山红。

这种漫山红遍的山花，令人难以忘怀。南宋著名诗人杨万里《明发西馆

① 陈正学. 灌园草木识：卷1[M]//续修四库全书：第1119册. 上海：上海古籍出版社, 2003：202.
② 屈大均. 广东新语：卷25[M]. 北京：中华书局, 1997：650.
③ 谢维新. 古今合璧事类备要·别集：卷30[M]//四库全书：第941册. 台北：商务印书馆, 1983：170.
④ 高似孙. 剡录：卷9[M]//宋元方志丛刊. 北京：中华书局, 1990：7260.
⑤ 苏轼. 苏轼诗集：卷44[M]. 王文诰, 辑注. 北京：中华书局, 1982：2396.
⑥ 即镇江鹤林寺。
⑦ 洪迈. 容斋随笔：卷10[M]. 西安：太白文艺出版社, 2008：173.

晨炊蔼冈》写道："何须名苑看春风，一路山花不负侬。日日锦溪呈锦样，清溪倒照映山红。"在诗人眼里，在山上看花之观感不比在名园里差。当时的僧人择璘《杜鹃花》也写道："春老麦黄三月天，青山处处有啼鹃。悬崖几树深如血，照水晴花暖欲燃。"纵使僧人也对映山红如火如荼、鲜艳夺目的形态印象深刻。

宋代浙江也普遍将杜鹃花称作映山红。诗人元绛（1008—1083）《映山红慢》道："谷雨风前，占淑景，名花独秀，露国色仙姿，品流第一，春工成就。"从《剡录》《会稽志》等方志著作也可看出，绍兴一带将杜鹃花称作"映山红"。《会稽志》载曰："杜鹃花……一名映山红，一名红踯躅。会稽有二种，其一先敷叶后著花者，色丹如血；其一先著花后敷叶者，色差淡。近时又谓先敷叶后著花者为石岩以别之。"①《赤城志·土产》也记载说："杜鹃，俗号映山红。"《梦粱录》也不止一次出现"映山红"的记述。

从宋代开始，映山红这种名称不仅流行于江南，而且在西南很多地方也迅速传播开来，这从古代类书以及各方志中不难看出。南宋晚期的《古今合璧事类备要》以及清代《格致镜原》都有相关记载。西南的云贵等地区也称杜鹃花为映山红。明人谢肇淛（1567—1624）《滇略》记下："杜鹃，俗谓之映山红。"类似的记载也见于清前期的《贵州通志》《广西通志》《湖广通志》等。

杜鹃鸟在传说中为古代蜀国望帝魂魄所化，杜鹃花又被认为是杜鹃滴血生成，很自然也被古人赋予浓厚的悲情色彩，在文学艺术中常反映其"哀以思"的格调。梅尧臣在《种碧映山红于新坟》一诗中也写道："年年杜鹃啼，口滴枝上赤。"②在坟墓上栽这种花，明显带有哀悼之意。书写杜鹃花这种悲情的诗歌尤以宋末直面国破家亡的诗人沉痛凄切。真山民的《杜鹃花》诗写道："归心千古终难白，啼血万山都是红。枝带翠烟深夜月，魂飞锦水旧东风。至今染出怀乡恨，长挂行人望眼中。"诗中蕴含的亡国的无限哀伤和对故国的

---

① 施宿. 嘉泰会稽志：卷17[M]//宋元方志丛刊. 北京：中华书局，1990：7037.
② 梅尧臣. 宛陵集[M]//四库全书：第1099册. 台北：商务印书馆，1983：304.

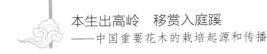
深沉怀念，让人有痛彻心扉之感。这种感情的赋予，又反过来加深了人们对杜鹃花的关注。

顺便提一下，杜鹃花虽有"踯躅"之名，其实无毒。诚如明代李时珍指出的那样，"山踯躅，处处山谷有之……花如羊踯躅，而蒂如石榴花，有红者、紫者、五出者、千叶者。小儿食其花，味酸无毒。一名红踯躅，一名山石榴，一名映山红，一名杜鹃花"[①]。作为医者，李时珍的认识非常正确。映山红在闽西山区被称作"羊角花"，当地客家人的儿童至今仍食用它的花瓣。

第二节　杜鹃花的驯化栽培

杜鹃花虽有悲情色彩，但它芳菲艳丽，赏心悦目，让人难以抗拒，唐代以来为众多学者所激赏和栽培。白居易贬谪江西等地时，对杜鹃花可谓情有独钟。他特意从附近的庐山挖花丛回来栽培。他在《喜山石榴花开——去年自庐山移来》中兴致颇高地写道："但知烂熳恣情开，莫怕南宾桃李妒。"他在《题山石榴花》进一步吟诵称："一丛千朵压阑干，翦碎红绡却作团。风袅舞腰香不尽，露销妆脸泪新干。"[②]因为喜欢，他还把杜鹃花寄给好友元稹，《山石榴寄元九》堪称极尽称颂之能事，诗云："九江三月杜鹃来，一声催得一枝开。江城上佐闲无事，山下劚得厅前栽……千房万叶一时新，嫩紫殷红鲜麹尘。泪痕裛损燕支脸，剪刀裁破红绡巾……日射血珠将滴地，风翻火焰欲烧人。闲折两枝持在手，细看不似人间有。花中此物似西施，芙蓉芍药皆嫫母。"后来，他又意犹未尽题写了《山石榴花十二韵》称："煜煜复煌煌，花中无比方……本是山头物，今为砌下芳。"[③]又称："此时逢国色，何处觅天香。恐合栽金阙，思将献玉皇。好差青鸟使，封作百花王。"之后，白居易在任杭州刺史时，对杭州孤山的杜鹃花又称颂道："山榴花似结红巾，容艳新妍

① 李时珍. 本草纲目 [M]. 北京：人民卫生出版社, 1977: 1213.

② 白居易. 白居易诗选 [M]. 北京：中华书局, 2005: 103－104.

③ 白居易. 白居易诗集：卷25 [M]. 北京：中华书局, 1999: 576.

占断春……瞿昙弟子君知否，恐是天魔女化身。"缘于喜爱，诗人的眼里，杜鹃花已经褪去悲情，成为天魔女化成的美艳鲜花。

在社会繁荣的唐代，爱花的白居易从来不乏知音。著名政治家李德裕同样很喜欢这种花，他潜心经营"平泉山居"时，精心引种了杜鹃和黄杜鹃，还于开成元年（836）兴致勃勃地写下《二芳丛赋并序》。其小《序》写道："余所居精舍前，有山石榴、黄踯躅，春晚敷荣，相错如锦。因为小赋，以状其繁丽焉。"诗人在赋中写道："美嘉木之并植，惜繁荣之后时。观其擢纤柯以相纪，糅鲜葩而如织……彼红荣之晔晔，丽幽丛而有光。其舒焰也，朝霞之映白日；其含彩也，丹砂之生雪床。彼缃蕊之灿灿，隐众叶而闲芳。其繁姿也，时菊之被秋霜；其秀色也，鸣鹂之集黄杨。由是楚泽放臣，小山游客，厌杜蘅之霡靡，忘桂花之洁白。玩此树而淹留，倚幽岩而将夕。"①《二芳丛赋并序》深刻写出了作者对杜鹃花的喜爱和沉迷。

杜鹃花不仅受名人的推崇，在宫廷也颇受欢迎。王建（765—830）的《宫词》这样写道："太仪前日暖房来，嘱向昭阳乞药栽。敕赐一窠红踯躅，谢恩未了奏花开。"杜鹃花的受重视程度，不难想见。大历年间诗人郑概《山石榴偈》称："何方而有，天上人间。色空我性，对尔空山。"他从精神的层面对杜鹃花大加赞颂。另据《续仙传》记载，唐代贞元年间（785—805）有个和尚将产于天台山的杜鹃花带到润州（镇江）鹤林寺栽培，此后鹤林寺的杜鹃花逐渐知名。

唐代的学者喜欢的不止一种杜鹃花。元稹也写过《紫踯躅》和《山枇杷》诗。有人引《李绅文集》称："骆谷多山枇杷，毒能杀人，其花明艳，与杜鹃花相似，樵者识之。"② 据宋代叶廷珪《海录碎事·杂花门》记载说："山琵琶（枇杷），其花明艳，与杜鹃花相似。"③ 从诗人笔下的描述来看，山枇杷应该是美容杜鹃（*Rhododendron calophytum*）。元稹写道："山枇杷，花似牡丹殷泼

① 李德裕. 会昌一品集：别集卷 2 [M]. 上海：上海古籍出版社，1994：148.（另见：全唐文：卷 697. 北京：中华书局，1983：7153.）

② 李时珍. 本草纲目：卷 17 下 [M]. 北京：人民卫生出版社，1977：1212.

③ 叶廷珪. 海录碎事 [M]. 李之亮，点校. 北京：中华书局，2002：1012.

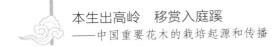

血。往年乘传过青山，正值山花好时节。"白居易的《山枇杷》诗云："火树风来翻绛焰，琼枝日出晒红纱。回看桃李都无色，映得芙蓉不是花。"[1] 他还在《山枇杷花二首》中写道："叶如裙色碧绡浅，花似芙蓉红粉轻。若使此花兼解语，推囚御史定违程。"白居易认为如果漂亮的山枇杷花能说话，那么外任御史的元稹就不免贪图观赏而延误行程，可见这种杜鹃花在诗人眼中的巨大魅力。

进入宋代，杜鹃花的栽培在南北方一些城市传播开来，尤以浙江常见。浙江学者周师厚《洛阳花木记》在记述洛阳的"杂花"时，提道："映山红即红踯躅。"[2] 苏轼《菩提寺南漪堂杜鹃花》记载："南漪杜鹃天下无，披香殿上红氍毹。鹤林兵火真一梦，不归阆苑归西湖。"诗人非常浪漫地想象了鹤林寺毁于兵燹的杜鹃花不是回归天庭，而是迁到西湖来了。南宋政治家浙江人王十朋曾写下《小小园十月杜鹃花盛开，有共蒂双头之异，因以数语记之》。这里的杜鹃花似乎并非通常春天开放的品种，故诗中言："岁寒此色岂易得，那更朵朵双头红。"《梦粱录》记载杭州"春光将暮，百花尽开……水仙、映山红等花，种种奇绝。卖花者以马头竹篮盛之，歌叫于市，买者纷然"[3]。显然，杭州常见杜鹃花。《嘉泰会稽志》载曰："杜鹃花……越人多植庭槛间，结缚为盘盂翔凤之状。惟法华山奉圣寺佛殿前者特异，树高与殿檐等，而色尤红，花正发时照耀楹桷墙壁皆赤。"[4] 由此可见，杜鹃也是绍兴一带常见的庭园花卉。

明代以降，杜鹃花的栽培更为广泛，江南园林常见栽培。王世懋《学圃杂疏·花疏》载曰："花之红者杜鹃；叶细、花小、色鲜、瓣密者曰石岩。皆结数重台，自浙而至，颇难畜。余干、安仁间遍山如火，即山踯躅也，吾地以无贵耳。"此言指出江苏栽培的杜鹃花种从浙江传入，而且不易栽培。明代，杜鹃花已经被当作盆栽植物。《长物志》记载："杜鹃，花极浪漫……花时移

① 白居易. 白居易集：卷17 [M]. 北京：中华书局，1999：362.
② 周师厚. 洛阳花木记 [M] // 说郛三种. 上海：上海古籍出版社，1988：4795.
③ 吴自牧. 梦粱录：卷2 [M] // 东京梦华录（外四种）. 上海：古典文学出版社，1956：151.
④ 施宿. 嘉泰会稽志：卷17 [M] // 宋元方志丛刊. 北京：中华书局，1990：7037.

置几案间。"^①方以智的《物理小识》记载："杜鹃花，即踯躅类。有大红、粉红、黄者，千叶可珍，喜阴，畏油烟。映山红有红白深浅，皆单叶，红者取汁可染。"^②似乎一些重瓣的杜鹃花种类在当时受到珍视。明代一些花匠还用杜鹃花制作艺术盆景。时人记载说："人多植庭槛间，结缚为盘盂翔凤之状。"^③清代名士高士奇（1645—1703）在浙江余姚所建"江村草堂"^④也栽有"杜鹃两树，花开弥月"。

《竹屿山房杂部·种花卉法》记载了杜鹃花栽培技术和相关习性，其文曰："映山红……春时从根部分小本种。""杜鹃花，性喜阴，浇宜天雨水、井水，畏烟油。"清代，陈淏子对杜鹃的形态和栽培方法作了进一步的描述。他在《花镜·花木类考》中写道："杜鹃，一名红踯躅。树不高大，重瓣红花，极其烂漫，每于杜鹃啼时盛开，故有是名。先花后叶，出自蜀中者佳，花有十数层，红艳比他处者更佳。性最喜阴而恶肥，每早以河水浇，置之树阴之下，则叶青翠可观……切忌粪汁，宜豆汁浇。"他对前人的工作进行了较为细致的总结。

除栽培更加广泛外，明清时期，学者对杜鹃花的种类有了更多关注。云南出现了专谱，记载的种类最多。王世懋的《闽部疏》认为，"天下山踯躅莫盛于豫章、余干、安仁境内。红有浓、淡二色，闽中不逮也。然此地红踯躅未盛开时，有一种紫者先开，多在泉石边，亦甚丽，豫章所无也。红残后，豫章复开一种黄者，亦此地所间有"。王氏注意到所见的不同种类。《遵生八笺》的作者认为四川出产的杜鹃花种类最好，"杜鹃花三种，有蜀中者佳，谓之川鹃，花内十数层，色红甚"^⑤。陈淏子的《花镜·花木类考》延续这种说法，其文曰："杜鹃……自蜀中者佳，花有十数层，红艳比他处者更甚。性最喜阴。"可能因为杜鹃花种类繁多，明代云南普遍栽培。明正德年间书画艺术家

① 文震亨. 长物志 [M]//生活与博物丛书. 上海：上海古籍出版社，1993，405.

② 方以智. 物理小识：卷9[M]//万有文库. 上海：商务印书馆，1937：235.

③ 朱国祯. 涌幢小品：卷27 [M]//明代笔记小说大观. 上海：上海古籍出版社，2005：3742.

④ 该草堂在余姚平湖北门外七里，也称"北墅"，占地300亩，其园林书籍《北墅抱瓮录》部分内容或据园中植物等资料和心得记述而成。

⑤ 高濂. 遵生八笺：卷16[M]. 北京：人民卫生出版社，1994：619.

张志淳《永昌二芳记》记载杜鹃 20 种。[1] 明代著名旅行家徐霞客注意到，云南产一种名为"山鹃"的杜鹃花，非常艳丽。他写道："山鹃一花具五色，花大如山茶，闻一路迤西，莫盛于大理、永昌境。"[2] 博物学家谢肇淛《滇略》写道："杜鹃俗谓之映山红，花色有十数种，鲜丽殊甚，家家种之盆盘。"[3] 清乾隆《浙江通志·物产》提到不同颜色的杜鹃四种，还提到"四季杜鹃"。《闽产录异》记载福建产紫杜鹃、白杜鹃、黄杜鹃。现在中国的著名栽培种类除映山红外，还有尖叶杜鹃、腺房杜鹃、似血杜鹃和露珠杜鹃等。

第三节　杜鹃花内涵的扩大和传播

相较而言，中国古代栽培的杜鹃花种类不是很多，随近代西方植物学的传入，杜鹃花的外延不断扩大，又成为杜鹃属（*Rhododendron*）植物的共名。这是一个庞大的家族。杜鹃花被认为中国天然三大高山名花之一（另两种是龙胆和报春）。全世界杜鹃花约有 960 种，中国有 540 多种。杜鹃花分布的地域差别很大，中国西南的藏东、滇北和川西是现代杜鹃花的分布中心，尤以云南种类最多。杜鹃花不但在西南种类繁多，而且普遍分布在中国广大地区。一些种类在山区成片生长，盛开宛似花的海洋，有人甚至称誉它们为"木本花卉之王"。

近代西方人从海上来到中国后，观赏价值很高的杜鹃花迅速引起了他们的注意。加上杜鹃花适合温带地区栽培，它很快受到欧美园林界的钟爱。进入 17 世纪，荷兰人就从中国南方的台湾等地将杜鹃花引进他们的花园。瑞典植物学家林奈（Carolus Linnaeus，1707—1778）曾经给映山红用拉丁文命名。

19 世纪上半叶，东南沿海的一些杜鹃花种类已被引入英国。1843 年，英国伦敦园艺学会派出福琼（Robert Fortune）来华收集花卉果木，学会要求他

---

① 纪昀. 四库全书总目提要: 卷 116[M]. 石家庄: 河北人民出版社, 2000: 3019.

② 徐宏祖. 徐霞客游记校注[M]. 朱惠荣, 校注. 昆明: 云南人民出版社, 1985: 718.

③ 谢肇淛. 滇略: 卷 3[M]//云南史料丛刊: 第 6 册. 昆明: 云南大学出版社, 2000: 684.

注意收集"罗浮山杜鹃"①。刚到中国不久，他就在厦门发现了丰富的杜鹃花种类，并被深深吸引。福琼似乎没有集到"罗浮杜鹃"，因为这种杜鹃花被后来的韩尔礼（A. Henry）收集，并作为新种命名。不过，在1859年，福乘曾从浙江宁波山区送回过云锦杜鹃（*Rhododendron fortunei*）。这种杜鹃花又叫天目杜鹃，是一种绚丽异常的花卉。他送回去的种子，后来培育出花苗并开花，其花冠颜色类似玫瑰的粉红色，十分漂亮，还伴有清香。云锦杜鹃被送回英国后颇受青睐，在杜鹃花的杂交育种中起了非常重要的作用，被西方园艺学家认为"已证明对杜鹃栽培者具有难以估量的价值"②。

　　不仅如此，西方植物学家已经逐渐认识到中国的西南高地是杜鹃花的分布中心。1867年，有个法国传教士在川陕交界的四川一侧，收集到数种西方人认为最好的杜鹃花的标本。这些杜鹃花是喇叭杜鹃、粉红杜鹃和四川杜鹃。后来，著名英国园艺学家威尔逊（E. H. Wilson）来华将包括上述种类的60余种杜鹃花引回欧美等地栽培。

　　随着优良杜鹃花输入的增多，英国公众对杜鹃花的兴趣爱好日益强烈，还因此成立了杜鹃花协会。1904年，一家花木公司特意聘用爱丁堡植物园的园丁福雷斯特（G. Forrest）到中国西南收集杜鹃花。此后，福雷斯特在中国的西南设点进行了长达28年的收集，主要是在云南丽江等地雇人采集，重点在滇西北，兼及川西和藏东。这一带正是世界杜鹃花属植物现代分布和分化的中心，而福雷斯特从这一带弄走了不下200种的杜鹃花，著名的如朱红大杜鹃、腋花杜鹃、似血杜鹃、绵毛杜鹃、杂色杜鹃、卷叶杜鹃、灰背杜鹃等。福雷斯特还在云南雇人砍倒一棵树龄达280年、胸径达2.4米的大杜鹃树，并截取一段木材标本送回英国。甚至在他死后，由他雇用的一些当地百姓还通过英国驻腾越（腾冲）等地的领事馆，继续为他服务的机构收集杜鹃等花卉的苗木。③

---

① 可能是罗浮杜鹃（*Rhododendron henryi*），COX E H M. Plant-Hunting in China[M]. London: Collins, 1945: 80-81.

② WILSON E H. A Naturalist in Western China[M]. London: Methuen & Co. td, 1913: 3.

③ COWAN J M. The journeys and plant introductions of George Forrest[M]. London: Oxford Univ. Press, 1952: 1-252.

　　福雷斯特来华后不久，陆续有一些西方人在中国收集了不少杜鹃花回国栽培。其中包括后来在喜马拉雅山地区考察取得突出成就的英国人瓦德（F. Kingdon Ward），以及受美国农业农村部外国作物引种处雇佣的洛克（J. Rock）。西方人从中国引去的众多杜鹃花经园艺学家的杂交培育，已出现众多栽培种。花的颜色从纯白到银粉、水红、大红，从乳黄、鹅黄到橘黄，从纯色到斑点（图1-2）；花瓣从单瓣到重瓣，应有尽有，千姿百态，变化多端，令人目不暇接。其中，由福雷斯特引进的灰背杜鹃成为最受欢迎的栽培种之一。如今，杜鹃花已经成为世界最著名的观赏花卉之一，品种有8 000～10 000个，有人认为在数量上仅次于月季。[①]

图1-2　白色杜鹃

　　西方人常在一些园林中大片栽培杜鹃花。据中国杜鹃花科植物专家冯国楣在英国的考察，英国没有一个庭园不种杜鹃花。公共的、私人的花园都大量栽培杜鹃花。洛克从中国引去的杜鹃花也在美国一些地方广泛栽培，[②] 如在华盛顿国家树木园中，就栽有70 000多株，在早春时节，万花竞放，十分

---

　　① 余树勋. 杜鹃花 [M]. 北京: 金盾出版社, 1998: 3, 2. （其说不完全准确, 杜鹃的品种也没有菊花多）
　　② FAIRCHILD D. The world was my garden[M]. New York: Charles Scribner's Son, 1938: 37.

壮观。①

　　另一方面，福雷斯特、威尔逊等人的引种同时也使英国爱丁堡植物园成为世界上研究杜鹃花植物的中心和收种杜鹃花最多的植物园。该园现有中国产的杜鹃花 300 余种，有些种类据说已经不见于中国。中国植物学家方文培曾在这里学习，并获得博士学位。回国后，他长期在四川大学生物系任教，是国内最著名的杜鹃花科植物研究专家之一。20 世纪初以来，中国还从国外引进一些栽培品种。② 为了更好地保护和开发本国的杜鹃花资源，中国科学院植物研究所和都江堰市还合作建立了一个亚高山植物园。从 1986 年开始，经过双方 10 余年的努力，终于初步建成。又经过 20 多年的发展，已经保有野生杜鹃 300 种，苗木 20 万株，包括蓝果杜鹃、棕背杜鹃和黄杯杜鹃等珍稀种类。③

　　综上所述，古人依据杜鹃鸟长时间的哀切鸣叫，和杜鹃花开放的时令同步，乃至花开鲜红似血的特征，取象比类，将原本名为"山石榴"的植物改称"杜鹃"，让杜鹃这个原属鸟类的名称扩展到植物；并因杜鹃原来的寓意而给这种花卉赋予了悲情而浪漫的文化内涵，以此来吸引后人对它们的关注，从而加深对它们习性的认识和利用开发。从古代杜鹃这个名称的传承过程中，我们可以看出传统博物学在叙述动植物的形态习性的同时，也寻求相关自然现象的解释。它虽非客观事实，却因容易记忆、满足了想要了解"为何如此"的心理需求，而被大众喜闻乐见。从中亦可看出传统博物学如何借助动人的传说"神其事，广其传"，从而使相关的动植物学知识得到广泛传播和深化。近代以来，中国学者在研究西方生物学时，首先利用新的科学名词和术语来传播学科知识。早期一批学贯中西的动植物学者，传新学不忘传统，在拟定相关动植物名称时，充分考虑以往那些为国人所熟知的名称。植物学家在拟定中文分类系统时有杜鹃花属（*Rhododendron*）和作为植物种名的杜鹃（映山

---

① 俞德浚. 美国园林建设观感 [C]//南京中山植物园研究论文集. 南京：江苏科学技术出版社，1981：136-141.

② 黄茂如. 无锡市花：杜鹃花栽培发展史 [J]. 中国园林，1992，8（4）：13-16.

③《中国科学院植物研究所所志》编纂委员会. 中国科学院植物研究所所志 [M]. 北京：高等教育出版社：2008：545-546.

红 *Rhododendron simsii*)。从那时起，"杜鹃"的内涵和外延可谓今非昔比。对它的深入探讨，让人们对植物学的多彩多姿有了更多的认识。从杜鹃花，再到庞大的杜鹃花属，随博物学知识的深化和提高，人们不但在园林花卉开发中开阔了视野，而且极大地丰富了自己的精神生活。

　　杜鹃花深受各地民众的喜爱，江西将它定为省花，大理、长沙、井冈山、三明和台北等不少城市都把它当作市花。安徽则把黄山杜鹃（*Rhododendron maculiferum* subsp. *anwheiense*）定为省花。

第二章

梅 花

第一节 受喜爱的果子花

梅花（*Armeniaca mume*，图2-1）为蔷薇科花木。古人在长期的观察和利用中滋生了一些美好情感，喜欢它在众木凋零的寒冬开花，呈现一种卓尔不群的独特风采。梅花逐渐成为人们心目中不惧霜风凛冽，于飘雪中绽放的香花。故此人们常用斗雪、冰肌玉骨、暗香、含香来隐喻，而以清丽、静婉、贞洁、淡泊为其表征。古人认为它是传递大地回春的秀丽花卉。

梅的野生种在中国很多地方都有分布。英国园艺学家威尔逊指出，梅的野生种在中国的湖北西部和四川山区有广泛的分布。[①] 中国已故园艺学家、梅花

图2-1 梅花

---

① WILSON E H. A Naturalist in Western China, vol. Ⅱ [M]. London: Methuen & CO. LTD, 1913: 26−27.

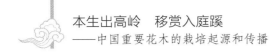

专家陈俊愉认为："西南山区，尤其是滇、川二省，乃是中国野梅的分布中心，并延伸至鄂西一带。"据笔者所知，福建西部名胜梅花山、冠豸山等地仍有不少野生梅的分布。梅栽培起源于中国的长江流域中上游地区。吸引古人注意的首先是它让人闻而生津的酸果。它可"媒和众味"，当作庖厨的调味品，它被当作果树栽培的历史非常悠久。《夏小正》中提到五月"煮梅"①，便指将梅制作成调味品。《尚书》云："若作和羹，尔惟盐梅。"②《毛诗》中也多处提到梅，如《诗·曹风·鸤鸠》云："鸤鸠在桑，其子在梅。"这些记载说明梅这种果树在数千年前就受到人们的重视。从上述文献记载的情形来看，梅作为果树在中国至少有 3 000 多年的栽培史。

梅是一种由果子花转化而成的著名观赏花木。梅花在早春开放，清新雅淡，轻盈秀美，逐渐成为一种受人钟爱的花卉。至迟从汉代开始，梅可能已经被古人当作观赏花卉栽培。《西京杂记》记载，当时上林苑栽培了朱梅、紫蒂梅、紫华梅、同心梅、丽枝梅等七个品种。③ 这里的紫华梅、同心梅等应该都是观赏花卉。

梅花作为一种观赏植物为人喜爱，与南方地区开发的逐步深化有关。众所周知，梅岭是中国一个重要的地理分界线。《白孔六帖》记载说："大庾岭上梅花，南枝落，北枝开。"④ 东晋后，随大批士族南迁，梅这种南方的花卉逐渐为文人所关注。从那时开始，不少诗人都写过脍炙人口的梅花诗。南朝梁代何逊是历史上一位非常喜爱梅花的学者，他的《咏早梅》诗写道："兔园摽物序，惊时最是梅，衔霜当路发，映雪拟寒开，枝横却月观，花绕凌风台。"如果诗中所言可靠，那么表明汉代著名的私园——兔园已经栽培梅花。据《罗浮山志》记载，罗浮山的冲虚观曾有葛洪栽培的古梅。佛教自东汉传入中国后，梅也一直是南方寺庙园林的重要美化树种之一，湖北省黄梅县蔡山镇的江心寺旁仍存有一株据说为东晋时期栽培的古梅，浙江省天台县天台山国清

---

① 夏纬瑛.《夏小正》经文校释 [M]. 北京：农业出版社，1981：71.

② 书经. 上海：上海古籍出版社 [M]. 1987：60.

③ 刘歆. 西京杂记：卷上 [M]// 丛书集成初编. 上海：商务印书馆，1935−1937：5.

④ 陈景沂. 全芳备祖：前集卷 1[M]. 北京：农业出版社，1982：21.

寺则生长着一株据传为隋代僧人栽植的古梅。

从南北朝时期开始，梅花得到越来越多学者的称赏。才华横溢的梁简文帝写下了可谓声情并茂、文采飞扬的《梅花赋》。[①] 赋中说："梅花特早，偏能识春，或承阳而发金，乍杂雪而被银……漂半落而飞空，香随风而远度，挂靡靡之游丝，杂霏霏之晨雾，争楼上之落粉，夺机中之织素，乍开华而傍嶂，或含影而临池，向玉阶而结采……于是重闺佳丽，濬婉心闲，怜早花之惊节，讶春光之遣寒，顾影丹墀，弄此娇姿。"《梅花赋》把梅花在早春的芬芳优美书写得淋漓尽致。似乎从那个时候，它就被古人当作临寒不惧、傲霜斗雪、高风雅洁的象征。因此，梅花很自然地成为一种有影响的著名花卉。

梅花在很早的时候就成为赠送贵客或朋友的礼物。汉代刘向《说苑》记载先秦时"越使诸发执一枝梅遗梁王"[②]。据说，南北朝时期有个叫陆凯的人还从江南给北方的朋友寄去了一种梅花，并写下著名的"江南无所有，聊赠一枝春"的诗句。"一枝春"也因此成为梅花的别称。

进入唐代，人们对梅花的喜爱进一步加深，常在庭园寺庙栽培梅花。当时的皇家园林中栽植有梅花。赵彦昭的《苑中人日遇雪应制》写道："今日回看上林树，梅花柳絮一时新。"[③] 这里提到的苑，应该是皇家御苑。酷爱栽花的诗人白居易很喜欢梅花，他的《忆杭州梅花因叙旧游寄萧协律》这样写道："三年闲闷在余杭，曾为梅花醉几场。伍相庙边繁似雪，孤山园里丽如妆。踟随游骑心长惜，折赠佳人手亦香。赏自初开直至落，欢因小饮便成狂。"[④] 诗人在余杭任职，常在春天饮酒赏花。诚如诗中所说，唐代杭州孤山的梅花已经颇具名气，而且诗人还浪漫地设想，"赠美人梅花，手有余香"。其《与诸客携酒寻去年梅花有感》还写道："马上同携今日杯，湖边共觅去春梅。"把去孤山赏梅当作春日的一种习惯性的游赏。他的《新栽梅》写出自己对新种梅花开放的莫名期待，文曰："池边新种七株梅，欲到花时点检来。莫怕长洲

---

① 欧阳询. 艺文类聚：卷 86 [M]. 上海：上海古籍出版社, 1982: 1472-1473.

② 刘向. 说苑校证：卷 12 [M]. 向宗鲁, 校证. 北京：中华书局, 1987: 302.

③ 彭定求, 沈三曾, 杨中讷, 等. 全唐诗：卷 103 [M]. 北京：中华书局, 1999: 1088.

④ 白居易. 白居易集：卷 23 [M]. 北京：中华书局, 1999: 522.

桃李妒，今年好为使君开。”①

　　唐代人们栽培的梅花至今犹有遗存。昆明市北郊龙泉山五老峰下的道教名胜黑龙潭至今还生长着“古直斑斓”的“唐梅”。范成大《梅谱》记载：“去成都二十里，有卧梅，偃蹇十余丈，相传唐物也，谓之梅龙。”据说：“南唐苑中有红罗亭，四面专植红梅。”②五代时，梅在称雄西南一隅的后蜀也是一种受欢迎的观赏花木。陆游的《月上海棠》载曰：“成都城南有蜀王旧苑，尤多梅，皆二百余年古木。”这些著名诗人也记载过唐梅。

　　当时的学者常常称颂这种花卉。唐玄宗时期的著名学者宋璟的《梅花赋》是非常著名的一篇梅花美文。他写道：“岁寒特妍，冰凝霜冱，擅美专权？相彼百花，孰敢争先！莺语方蛰，蜂房未喧，独步早春，自全其天。”③该赋出色地描绘出冰天雪地中梅花独特的俏丽。其后朱庆余的《早梅》写道：“自古承春早，严冬斗雪开。艳寒宜雨露，香冷隔尘埃。”称颂梅花不畏寒冬，默默地宣告早春的到来。还有诗人称颂梅的秀丽和清香，有文曰：“素艳雪凝树，清香风满枝。”特别是到了晚唐，一些学者饱受颠沛流离之苦，很自然就崇尚梅花的坚毅不屈。曾在浙江为官，后避乱居闽的晚唐诗人崔道融（875年前后）在《梅花》诗中开始赞美梅花卓尔不群、傲寒斗雪、孤芳幽雅的品质。其《梅花》诗称颂道：“数萼初含雪，孤标画本难。香中别有韵，清极不知寒。”唐末莫休符《桂林风土记》更是称誉梅花为“冰姿玉骨，世外佳人”④。很显然，诗人的感时伤世，以梅表征自己推崇的不随波逐流、高洁自持的崇高气节，为宋代文人学者赏梅审美开辟了风范。

---

　　① 白居易. 白居易集：卷23 [M]. 北京：中华书局，1999：449，539.

　　② 陈景沂. 全芳备祖：前集卷4 [M]. 北京：农业出版社，1982：213.

　　③ 董浩. 全唐文：卷207 [M]. 北京：中华书局. 1983：2090.

　　④ 陈景沂. 全芳备祖：前集卷1 [M]. 北京：农业出版社，1982：23.（唐）冯贽《云仙杂记》作“烟姿玉骨，世外佳人”。（《丛书集成初编》本第10页）

第二节　入宋以后学者对梅花的推崇

　　宋朝政治经济重心的南移，进一步激发了人们对梅花的喜爱。宋人对梅花的推崇到达一个高峰，进一步确定其"相彼百花，孰敢争先"之地位，这从当时文学艺术家的喜爱方面很容易看出。宋代有学者注意到书写梅花的诗歌，"在汉晋未之或闻，自宋鲍照以下，仅得十七人，共二十一首，唐诗人最盛，杜少陵二首，白乐天四首，元微之、韩退之、柳子厚、刘梦得、杜牧之各一首，自余不过一二，如李翰林、韦苏州、孟东野、皮日休诸人，则又寂无一篇。至本朝方盛行，而予日积月累，酬和千篇云"[①]。梅花是春天即将到来的象征。宋人这样写道："一支梅破腊，万象渐回春。"

　　人们对梅花的激赏，与宋人的精神世界密切相关。整个宋代都面临北方游牧民族的侵扰，大家都希望众志成城，勇敢地面对苦难，因而推崇梅花这种"众芳摇落独暄妍"的坚贞花卉。文人也用它来标榜自己不向奸邪低头、孤芳自赏的情怀。[②] 实际上，北宋学者已经注意到"梅花畏高寒，独向江南发"。但因其开在冬月，并不妨碍诗人将梅花想象为不惧严寒的壮丽奇花。

　　宋代诗人苏轼喜爱梅花，有过这样一首诗说："冰盘未荐含酸子，雪岭先看耐冻枝。应笑春风木芍药，丰肌弱骨要人医。"他称道梅花临寒不惧，铮铮傲骨，相比之下，牡丹的雍容妩媚不免有些许缺乏坚强的病态。他还称："罗浮山下梅花村，玉雪为骨冰为魂。"陈师道《和和叟梅花》称之为"百卉前头第一芳，低临粉水浸寒光。卷帘初认云犹冻，逆鼻浑疑雪亦香"。范成大在其《梅谱》中这样说："梅，天下尤物，无问智贤愚不肖，莫敢有异议。学圃之士，必先种梅，且不厌多。他花有无多少，皆不系重轻。"[③] 他的这番言论

---

① 周必大. 二老堂诗话 [M]//历代诗话. 北京：中华书局，1981：672.
② 钱锺书在《宋诗选注·序》中说，陆游"耳闻眼见许多人甘心臣事敌国或者攀附权奸，就自然而然把桃花源和气节拍合起来"。或许我们可以将他的说法做些变换，即宋人由于耳闻眼见国土日蹙，权奸当道，自然而然地将梅花与气节联系起来。
③ 范成大. 梅谱 [M]//丛书集成初编. 上海：商务印书馆，1935—1937：1.

绝非鲜见，而是反映出当时人们对梅花的普遍推崇。

宋代统治者非常喜爱梅花，朝廷在东京营造皇家园林艮岳时，不择手段移植各种奇花异卉。园中特意设立两处大规模赏梅的景区，一处大规模栽培绿萼梅，史籍记载"其东则高峰峙立，其下植梅以万数，绿萼承跗，芬芳香郁……号'绿萼华堂'"。另一处是"植梅万本"的"梅岭"。统治者为营造该园靡费无度，"竭府库之积聚，萃天下之伎艺"；为此大兴"花石纲"，"所费动以亿万记"[1]，动辄"凿河、断桥、毁堰、拆闸"。这些举措导致天怨人怒，北宋王朝迅速在内外交困中崩溃，但统治者和整个宋代王公贵族对梅花的推崇毋庸置疑。南宋朝廷也在宫殿后苑大量栽培这种花，中有"梅花千树，曰梅岗亭"[2]。杭州西湖旁边的孤山一向以梅花多著称，孤山凉堂更是著名的梅花观赏地。史书记载："孤山凉堂，西湖奇绝处也。堂规模壮丽，下植梅数百株，以备游幸。"[3]

不仅皇家贵族喜爱梅花，文人隐士也不例外。北宋著名学者曾巩《忆越中梅》写道："浣纱亭北小山梅，兰渚移来手自栽。"隐逸诗人林逋（967—1028）就特别喜欢梅花，在杭州孤山种植梅花和养鹤度日，人称其"梅妻鹤子"。他的《梅花》诗云："小园烟景正凄迷，阵阵寒香压麝脐。"而《山园小梅》的"疏影横斜水清浅，暗香浮动月黄昏"，虽说是化自前人"竹影横斜水清浅，桂香浮动月黄昏"的联句，却如点石成金，且因脍炙人口而被视为书写梅花风韵的传神诗句。当时的西京洛阳也有梅花栽培，有些还是南方引入的品种。李格非《洛阳名园记》记载说："洛阳又有园池中有一物特可称者，如大隐庄——梅……梅，盖早梅，香甚烈而大。说者云：'自大庾岭移其本至此。'"[4]显然，这是时人非常关注的花卉种类。著名田园诗人范成大爱种梅，写下首部《梅谱》。南宋学者记载"范公成大，晚岁卜筑于吴江盘门外十里。盖因阖

① 张淏. 艮岳记 [M] // 丛书集成初编本. 上海：商务印书馆，1935-1937：2-3.
② 陶宗仪. 南村辍耕录：卷18 [M] // 宋元笔记小说大观. 上海：上海古籍出版社，2007：6368.
③ 咸淳临安志：卷：93 [M] // 宋元方志丛刊. 北京：中华书局，1990：4216.
④ 陈植，张公弛. 中国历代名园记选注 [M]. 陈从周，校阅. 合肥：安徽科学技术出版社，1983：53.

间所筑越来溪故城之基，随地势高下而为亭榭。所植多名花，而梅尤多"①。
他的《梅谱》主要根据自己栽培的梅花所记。书中写道："余于石湖玉雪坡既
有梅数百本，比年又于舍南买王氏僦舍七十楹，尽拆除之，治为范村。以其
地三分之一与梅。"可见种梅之多。当时的其他文人也同样爱梅。南宋文人
张镃曾在南湖边经营著名的"玉照堂"，他的《玉照堂梅品》写道："梅花为天
下神奇，而诗人尤所酷好。淳熙岁乙巳，予得曹氏荒圃于南湖之滨，有古梅
数十，散漫弗治。爰辍地十亩，移种成列。增取西湖北山别圃江梅，合三百
余本，筑堂数间以临之。又挟以两室，东植千叶缃梅，西植红梅各一二十章，
前为轩楹如堂之数。花时居宿其中，环洁辉映，夜如对月，因名曰'玉照'。
复开涧环绕，小舟往来，未始半月舍去，自是客有游'桂隐'者，必求观焉。"②
从宋代开始，江南的园林似乎植梅不辍。

从朝廷统治者到山林隐士一致对梅花这种以韵胜、格高见称花卉的喜爱，
不难看出人们对这种花情有独钟。诗人王铚的《早梅花赋》称："韵胜群卉，
花称早梅，禀天质之至美，凌岁寒而独开。标致甚高，敛孤芳而静吐；阳和未
动，挽春色以先回。"此言不但表现出梅花的风姿绰约，更体现了梅花的高洁
格调。林洪的《山家清供》还记载了"汤绽梅"以延迟梅花到夏天开放的方法
和"藏梅花法"。宋人如此青睐梅花，无怪乎南宋陈景沂《全芳备祖》收录各
种名花异卉以"谱"群芳时，把梅花放在开篇首位，联想到范成大在《梅谱》
中的"开宗明义"，不难想象它在宋人心目中的地位。

《格物总论》的编者认为，"花之名始著，见于墨客骚人之手者不一，下
逮李唐而至于本朝，其赋咏何多也……君子谓水陆草木之花可爱者甚众，而
梅也独先天下而春，是故首及之"③。有些地方植梅甚至成为一个传统。杭
州孤山梅花自唐代成名后，好事者一直延续植梅的传统。《广群芳谱·花谱》
记载，林逋之后，元代儒学提举余谦在山上补种了数百株梅花，并在山下构
筑了一座梅亭。这种情形在明代一直被延续，下面我们还会提到。

① 周密. 齐东野语：卷10[M]. 北京：中华书局，1983：177.
② 周密. 齐东野语：卷10[M]. 北京：中华书局，1983：274.
③ 谢维新. 古今合璧事类备要·别集：卷22[M]//四库全书：第941册. 台北：商务印书馆，1983：100.

梅为宋人所赏，不仅都城有广泛的栽培，地方上尤其是江南园林亦多喜栽培。《会稽续志·鸟兽草木》记载："红梅城圃中及他邑皆有。"江西和广东交界的地方有个梅岭，从宋代起，不少人在那里种梅，众多的梅花使得那里成为名副其实的"梅岭"。明代甚至有人称那里为"梅花国"①。范成大的《骖鸾录》记载，江西一些园林栽培了许多梅。② 南宋时期，成都大约也种了大片梅花。有人记载："成都合江园乃孟蜀故苑，在成都西南十五六里外，芳华楼前后植梅极多。"③ 陆游《梅花绝句》写道："当年走马锦城西，曾为梅花醉似泥。二十里中香不断，青羊宫到浣花溪。"陆游和范成大一样，也自己种过梅花。他写道："湖上梅花手自移，小桥风月最相宜。"其他地方大规模栽培梅花的情形似乎也有。杨万里的《自彭田铺至汤田道旁十里梅花》写道："一行谁栽十里梅，下临溪水恰齐开。"他的《瓶里梅花》还表明已将梅花当作切花。

缘于喜爱，宋代达官名流对梅花的称道屡屡见于各种文学作品。王安石《梅花》称："遥知不是雪，为有暗香来。"此后，"香雪"就成为梅花的美称。梅尧臣在《梅花》诗中写道："似畏群芳妒，先春发故林。曾无莺蝶恋，空被霜雪侵。不道东风远，应悲上苑深。南枝已零落，羌笛寄余音。"④ 苏东坡再用"松风亭下梅花盛开"韵称道："罗浮山下梅花村，玉雪为骨冰为魂。纷纷初疑月挂树，耿耿独与参横昏。"陈师道（1053—1102）《梅花》更是不吝溢美之词道："百卉前头第一芳，低临粉水浸寒光。卷帘初认云犹冻，逆鼻浑疑雪亦香。"宋代李纲（1085—1140）的《梅花赋》也推崇它说："固阴冱寒，草木冻枯，惟兹梅之异品，得和气而早苏……素英剪玉，轻蕊捶金，绛蜡为萼，紫檀为心。蕾方苞而露重，梢半袅而云深。凌霜霰于残腊，带烟雨于疏林，漏江南之春信。"而爱国诗人陆游《梅花绝句》中称："高标逸韵君知否，正是层冰积雪时。""雪虐风号愈凛然，花中气节最高坚。过时自会飘零去，耻向

---

① 屈大均. 广东新语：卷 25 [M]. 北京：中华书局，1997：612-613.

② 范成大. 骖鸾录 [M]// 范成大笔记六种. 北京：中华书局，2002：50.

③ 曾敏行. 独醒杂志：卷 6 [M]. 上海：上海古籍出版社，1986：51.

④ 梅尧臣. 宛陵集 [M]// 四库全书本：第 1099 册. 台北：商务印书馆，1983：14.

东君更乞怜。""神全形枯近有道，意庄色正知无邪。"卢钺《雪梅》也称："梅须逊雪三分白，雪却输梅一段香。"[①] 他们都继承和发展了唐代崔道融以来的赏梅审美情趣，他们所推崇的梅花不惧环境严酷、坚毅高洁、凛然自持的精神内涵也得到后人的普遍认同。著名田园诗人杨万里《和梅诗序》这样写道："余尝爱阴铿诗云：'花舒雪尚飘，照日不俱销。'苏子卿云：'只言花是雪，不悟有香来'。唐人崔道融诗云：'香中别有韵，清极不知寒。'是三家者岂畏疏影暗香之句哉。"[②]

宋以后，人们对梅花的喜爱乐此不疲。江南的杭州等地仍是梅花栽培盛行之地。元朝著名画家王冕（1287—1359）隐居九里山时，构筑了茅庐三间，自称"梅花屋"，在周围种植大量梅花。当时南方园林景观多栽培梅花。明代著名佛教居士冯梦祯颇爱游赏梅花，他的《西山看梅记》记述了他和友人在吴中西山观赏梅花的游览历程。他写道："武林梅花最盛者，法华山上下十里如雪。其次西山，西山数何氏园。园去横春桥甚近，梅数百树，根干俱奇古，余所最喜游必至焉。"

上面提到，唐代以来，孤山已经是观梅胜地。自从林逋在孤山大规模种梅后，元明时期一直都有好事者在维护这里的梅花景观。《元明事类钞·梅》记载，元代至元年间，有学者见孤山的梅林被兵燹毁坏，补种了数百株梅，以恢复旧时景观。明代诗人张瀚《补孤山种梅序》也提到自己"是以同社诸君子，点缀冰花，补苴玉树"。其后，钱塘学者沈守正（1572—1623）也写过《孤山种梅疏》，记述人们恢复以前孤山梅花景观。其文曰："有王道士慨然复种梅以复之。吾友韵人吴巽之辈相与怂恿其事，第处士止种三百六十株，而道士之欲甚奢，不干树不止。盖处士止日给其腹，而道士将遍给游屐之腹，宜乎其不止三百六十也。余请种梅之余，更畜二鹤。"高濂《孤山月下看梅花》也有如下记述，"孤山旧趾[③]，逋老种梅三百六十，已废；继种者，今又寥寥尽矣。孙中贵公补植原数，春初玉树参差，冰花错落，琼台倚望，恍坐玄圃罗

---

① 《宋诗纪事》卷71有此人。

② 陈景沂. 全芳备祖：前集卷1[M]. 北京：农业出版社，1982.

③ 趾通址。

浮"[1]。文中所谓孙中贵，应该是继上述元代余谦以后于明代在孤山大规模种梅的人物。

得益于气候适宜和园林的传统，明清时期的江南园林多古梅、丛桂和修竹之胜。诗人高启深有感慨地写下其著名的《咏梅》诗曰："琼姿只合在瑶台，谁向江南处处栽。"焦竑《灵谷寺梅花坞》也说："山下几家茅屋，村中千树梅花。"不知是否因受范成大流风余韵的影响，苏州及其附近的明清园林的梅花颇为知名。

苏州"集贤圃"有景点"含香斋"，多有古梅。名擅当时的拙政园有一名为"瑶圃"的景观，其中"江梅百株，花时香雪烂然，望如瑶林玉树"[2]。其东邻的"归田园居"也栽培不少梅花和桂花。其中，"老梅数十树，堰蹇屈曲，独傲冰霜，如见高士之态焉"[3]。王世贞的太仓弇山园中，也有一处"香雪径"的景观，栽有不少梅花。顾正心松江"熙园""杂植梅杏桃李，春花烂发。白雪红霞，弥望极目，又疑身在众香国矣"[4]。陈所蕴于上海营建的"日涉园"也造了一处名为"香雪岭"的梅花景观。明末徐白在苏州灵岩山营造的"水木明瑟园"，内设"介白亭"，"前则海棠一本，映若疏帘；旁有古梅，黝蟉屈曲，最供抚玩"[5]。清代苏州"依绿园"有"凝雪楼""桂花屏"等梅花和桂花的景观。由此可见，明清苏州园林植梅之盛，而且常有古梅存活园林之中。

除苏州及其周边外，江浙其他地方的园林也盛行栽培梅花。明代扬州著名的"影园"栽培了不少梅花、杏花和梨花等，丹徒的"乐志园"也栽培了不少盆梅。浙江钱塘隐士江元祚于杭州郊外营建的"横山草堂"有数十株梅花，冬日"香雪平铺"。绍兴祁氏"寓山"园也在山川设"梅坡"，其上多种老梅，以期"素女淡妆，临波自照"的效果。清初海盐张惟赤所创"涉园"也多种

① 高濂. 遵生八笺. 北京：人民卫生出版社，1994：95-96.

② 陈植，张公驰. 中国历代名园记选注 [M]. 陈从周，校阅. 合肥：安徽科学技术出版社，1983：100.

③ 陈植，张公驰. 中国历代名园记选注 [M]. 陈从周，校阅. 合肥：安徽科学技术出版社，1983：230.

④ 陈植，张公驰. 中国历代名园记选注 [M]. 陈从周，校阅. 合肥：安徽科学技术出版社，1983：198.

⑤ 陈植，张公驰. 中国历代名园记选注 [M]. 陈从周，校阅. 合肥：安徽科学技术出版社，1983：318.

梧桐、梅花和竹子。陈元龙在浙江海宁城西北隅的"遂初园"有种梅很多的"梅花山"。自诩性耽卉木的浙江名士高士奇，在浙江余姚营建的"江村草堂"（北墅），园内修建"雪香亭"，种了许多梅花，"凡千余树，皆古干可观"[①]，从中可看出梅花之多。著名文人袁枚在南京"随园"亦有景点称"香雪海"，"绕以梅花七百余株，疏影横坡，寒香成海，不啻罗浮、邓尉间也"[②]。清晚期，南京名园"愚园"有"梅花几三百本，枝干虬曲如铁，时有清鹤数声，起于梅巅之下"[③]。赵昱在杭州创构的"春草园"，面积不大，也有古梅数十株。康熙年间，苏州程文焕在西碛山营建的"逸园"栽培梅花尤多。蒋恭棐《逸园记》载："园广五十亩，临湖，四面皆树梅，不下数万本，前植修竹数百竿，檀栾夹池水。"[④] 扬州的"筱园"也栽培有梅花八九亩。

　　宋代以后，南方各地以梅花著称的景点很多，如西湖孤山等地，尤以苏州吴中区光福镇西南部邓尉山梅花最为知名。袁宏道的《袁中郎随笔·光福》写道："山中梅最盛，花时香雪三十里。"明末诗人陆求可的《探春令·邓尉山》曾以戏谑的问答形式写出春色与邓尉山梅花的关系。其词云："隔江春信问梅花，在江南山里。被东风、吹到梅花国，狂蜂蝶先来矣。看花共索春醲味。望青帘摇曳。愿倾城、世外佳人一笑，羌笛须回避。"清代还有人为此题诗曰："邓尉知名久，看梅及早春。"据说，康熙年间江苏巡抚给此梅山题了"香雪海"三字，从此在海内扬名。

　　明清时期，梅花也是重要的插花。明代学者袁宏道的《瓶史》和明末官员屠本畯的《瓶史月表》有这方面的记述。

① 陈植，张公驰. 中国历代名园记选注 [M]. 陈从周，校阅. 合肥：安徽科学技术出版社，1983：325.
② 陈植，张公驰. 中国历代名园记选注 [M]. 陈从周，校阅. 合肥：安徽科学技术出版社，1983：363.
③ 陈植，张公驰. 中国历代名园记选注 [M]. 陈从周，校阅. 合肥：安徽科学技术出版社，1983：432.
④ 陈植，张公驰. 中国历代名园记选注 [M]. 陈从周，校阅. 合肥：安徽科学技术出版社，1983：372.

第三节　古人对梅花的审美和育种

古人欣赏花卉常与文学艺术、风土人情相联系，尤其注意意境。梅花有"三美四贵"之说。"三美"指梅花以曲为美，直则无姿；以斜为美，正则无景；以疏为美，密则无韵。四贵为贵稀不贵繁，贵老不贵嫩，贵瘦不贵肥，贵含不贵开。宋代姚勉（1216—1262）《声声慢》描绘梅花道："江涵石瘦，雪压桥低，森森万木寒僵。不是争魁，百花谁敢先芳。冰姿皎然玉立，笑儿曹、粉面何郎。调羹鼎，只此花余事。说甚宫妆……雪魄冰魂，回首世上无香。"姚勉很细腻地道出时人赏梅的心理兴会和激赏缘由。林和靖的诗句则体现了赏花人在月下、水边意境下赏梅的兴会。杨维桢的"万花敢向雪中出，一树先为天下春"被古人认为很好地道出了梅花的气节。

陆佃（1042—1102）《埤雅·释木》写道："梅一名柟，杏类也……在果子华中尤香。俗云梅华优于香，桃华优于色，故天下之美有不得而兼者多矣。"此言认为梅花的芬芳是其作为果子花受人们喜爱的原因。随着人们欣赏花卉水平的提高，梅花彰显的外在格调，让它日益受到人们的喜爱。曹溶《倦圃莳植记·总论》认为"梅花、玉兰傥有叶，反不称其为琼林琪树"。实际上，从宋璟的《梅花赋》不难看出，梅花不畏严寒，在寒冬中绽放，是其受人喜爱的一个更重要原因。从"冰姿玉骨"到"琼林琪树"，可见梅受推崇的程度。

长期的栽培和利用，使梅花在中国传统文化中留下了深刻的印记。它在古代常以"江南一枝春"和"暗香"来指代。明人谢肇淛认为"暗香、疏影之句为梅传神"[①] 实非夸大之词。

梅花受人喜爱，很早就成为人们喜爱绘画的题材之一，这进一步促进了人们对此花的认识。宋代的时候就出现过《梅花喜神谱》。明代王思义写过《香雪林集》，其中有梅图 2 卷、梅花的诗词歌赋 22 卷、画梅图谱 2 卷。明代释真一则撰有《笋梅谱》。清代著名画家邹一桂和钱维城都曾画过梅花等花

---

① 谢肇淛. 五杂组: 卷 10 [M]. 北京: 中华书局, 1959: 286.

卉，并得乾隆帝赞赏，赐题绝句。一些画家对梅有非常细致的观察。邹一桂写道："梅，白花五出，枝叶破节，冬春间即开，得阳气之最先者也。蕊圆蒂小，须密，中抽一心，无点，即花谢后结实者。凡结实之花俱有之，人未之察耳。"邹一桂这里所说的花心即子房，可见他观察得非常细致。

宋人酷爱梅花，梅花新品种不断涌现。范成大的《梅谱》是中国最早记述梅的专著，书中记载了十种梅，并描述了它们的特征。其中，"江梅，遗核野生，不经栽接者，又名直脚梅，或谓之野梅。凡山涧水滨，荒寒清绝之趣，皆此木也。花稍小而疏瘦有韵，香最清"，说的是野生的梅花。还有"早梅，花胜直脚梅，吴中春晚，二月始烂漫，独此品于冬至前已开，故得早名"，描述的是开花最早的品种。另外，"官城梅，吴下圃人以直脚梅择他本花肥者接之，花遂敷腴"，则指嫁接而成的一个更富有观赏价值的品种。还有以香味取胜的品种，"百叶缃梅，亦名黄香梅，亦名千叶香梅，花叶至二十馀，瓣心色微黄，花头差小而繁密，别有一种，芳香比常梅尤称美，不结实"。书中还记述以花形取胜的品种说："重叶梅，花头甚丰，叶重数层，盛开如小白莲，梅中之奇品。"

通常人们所见的梅花为白色或红色，当时还开始栽培黄色的梅花。《邵氏见闻后录》记载："千叶黄梅花，洛人殊贵之，其香异于它种，蜀中未识也。近兴、利州山中，樵者薪之以出，有洛人识之，求于其地尚多，始移种遗喜事者，今西州处处有之。"[①]宋代周师厚（1031—1087）的《洛阳花木记》记载了六种梅（包括蜡梅）。刘学箕的《方是闲居士小稿》说梅的种类有"凡数十品"[②]。《曲洧旧闻》记载有江梅、椒梅、绿萼梅、千叶黄香梅四种，说明当时的育种已经颇有成就。《东京梦华录》记载开封市场上有"越梅""金丝党梅"。《格物总论》记载："梅子大者如小儿拳，小者如弹丸，枝头碧，颗初熟带胭脂色，熟甚黄而陨。凡数种，一种员小松脆多液无滓者名消梅；一种结实多双，名重叶梅；一种一蒂结双实名鸳鸯梅。"[③]人们还发明用苦楝嫁接梅

---

① 邵博. 邵氏闻见后录：卷29 [M] // 宋元笔记小说大观. 上海：上海古籍出版社，2007：2017−2018.
② 刘学箕. 方是闲居士小稿：卷下 [M] // 四库全书本：第1176册. 台北：商务印书馆，1983：610.
③ 谢维新. 古今合璧事类备要·别集：卷41 [M] // 四库全书：第941册. 台北：商务印书馆，1983：211.

花以形成墨梅。

明清时期，梅花的品种进一步增多。王世懋在《学圃杂疏·花疏》中有对梅的品种和鉴赏的一些心得。书中写道："红梅最先发，元日有开者，此花故当首……闽中有深浅二种，可致其浅者。次则杭之玉蝶、本地之绿萼为佳。"见于明晚期《群芳谱》的也记有不少品种，包括照水梅、品字梅、丽枝梅、九英梅、台阁梅、鸳鸯梅和红梅。因为人们的重视，梅的品种增长很快，到清初的时候，已经达到 90 余种，常见栽培的有 20 余种。[①]《花镜·花木类考》中对一些梅的特点作了记述，包括"绿萼梅：凡梅跗蒂皆绛绿，此独纯绿……玉蝶梅花头大而微红色，甚妍可爱……照水梅：花开朵朵向下，而香浓，亦梅中奇品。"陈淏子还认为，"梅本出罗浮、庾岭，喜暖故也。而古梅多著于吴下吴兴、西湖、会稽、四明等处，每多百年老干，其枝樛曲万状，苍藓鳞皴，封满花身，且有苔须，垂于枝间"。其后，《闽产录异·花属》中记载了宝珠（水红梅）、灯影梅、红品梅、白品梅、绿萼、石梅、胭脂梅和蜡蒂等品种。在同书的货属中，"乌梅"条记载："染绛者，必用乌梅水，色始鲜艳。"辛亥革命以后，梅花育种依旧受到国人的重视，至 21 世纪初，栽培品种达 300 个。[②]

梅花绰约清妍，时至今日，仍是中国最受欢迎的观赏植物之一。其分布地域也主要在南方，尤其是传统喜栽梅花的江浙一带。江苏苏州的"香雪海"、南京的"梅园"都是以栽培梅花众多著称的景区。有人将后者与武汉东湖磨山梅园、无锡梅园和上海淀山湖梅园合称为"中国四大梅园"。另外，四川成都西麓梅苑是国内屈指可数的面积广大、品种繁多的著名梅园之一。现今，南京、武汉和无锡都把梅花当成市花，湖北更是将其定作省花。北京纬度较高，并不适宜于梅花的栽培，大约为了弥补这方面的遗憾，当地的园林爱好者大量栽培花期相近的榆叶梅（*Amygdalus triloba*，图 2-2）。21 世纪初以来，经过园林学者的不懈努力，中山公园等地已有一些耐寒和杂交品种能在北京生长开花。

① 陈淏子. 花镜：卷 3 [M]. 北京：中华书局，1956：59.
② 陈俊愉，张启翔. 梅花——一种即将走向世界成为全球新秀的中国传统名花 [J]. 北京林业大学学报（自然科学版），2004, 26（特刊）：145–146.

图 2-2　榆叶梅

不仅如此，梅花包含的精神内涵依然为国人所传承。国人根深蒂固地将梅花不畏严寒的品性视为学者崇高气节的象征。梅花与松、竹并称"岁寒三友"，又与兰、竹、菊合称"四君子"。梅兰竹菊称为花中四君子约始于明代，传统观念认为梅有凌风傲雪、孤高雅洁的品格；兰，幽雅香洁，旷世空灵；竹，虚心正直，清雅恬淡，高风亮节；菊，凌霜飘逸，卓尔不群。时至今日，仍有许多作品把梅花当作高尚、庄严和不屈的精神象征。人们常用"梅花香自苦寒来"来激励年轻人去拼搏奋斗。不少学者乃至伟人仍用红梅精神来激励广大中华儿女为民族的伟大复兴而拼搏。值得一提的是，近代也有不少西方国家引种过中国的梅。受文化和审美传统的影响，梅这种花并没有得到欧美园艺家的认可，对它的育种远不如月季、菊花、杜鹃、茶花那样受到重视。可以说，梅是一种中华文化特色鲜明的花木。

附：蜡梅

因为开花时间接近，古人常将蜡梅作为梅花的一种。蜡梅（*Chimonanthus praecox*，图 2-3）也叫腊梅，古代也称黄梅，属蜡梅科。这是一种落叶灌木，树丛和枝叶皆与桃树有几分相似。先开花，后出叶。花为黄色，有很浓的香味。果实呈椭圆形。古人认为蜡梅花像蜡制作的花，故名。① 宋代诗人陈棣《蜡梅三绝》诗云："化工却取蜂房蜡，剪出寒稍色正黄。"② 又因为它在腊月与梅花同时开放，香气相似，所以也被古人叫作腊梅。

图 2-3　蜡梅

蜡梅原产中国的陕西、湖北一带，野生种在黄河流域和长江流域至今仍有分布，有悠久的栽培史。据说，湖北荆州太师渊章华寺内有株树龄超 2 500 年的古腊梅树，不知是否可靠。不过，这种花在唐代已经为人们所关注。杜牧的《正初奉酬歙州刺史邢群》诗写道："腊梅迟见二年花。"③ 另一唐代诗人薛逢也曾写道："腊梅香绽细枝多。"古人也知道它与梅不是一类，仅因开花与梅花同时，香味相似，故称"腊梅"。五代时期，张翊的《花经》将蜡梅与兰和牡丹并列。④ 宋代诗人苏东坡写过《蜡梅一首赠赵景贶》，其中有"天公点酥作梅花，此有蜡梅禅老家……玉蕊檀心两奇绝"。当时蜡梅可能已经被当作插花。温革的《琐碎录》记载"铜瓶浸蜡梅花水有毒，不可饮"似乎也暗示了这一点。

① 王世懋. 学圃杂疏 [M]//生活与博物丛书. 上海：上海古籍出版社，1993：318.

② 北京大学古文献研究所. 全宋诗：卷 1967[M]. 北京：北京大学出版社，1999：22048.

③ 彭定求，沈三曾，杨中讷，等. 全唐诗：卷 523 [M]. 北京：中华书局，1999：6033.

④ 陶谷. 清异录：卷上 M]//宋元笔记小说大观. 上海：上海古籍出版社，2007：40.

蜡梅这种花卉大规模栽培似乎在宋代。蜡梅从东京(开封)和西京(洛阳)流传开来,并于北宋后期传播到南方,在这个过程中,苏轼和黄庭坚的颂扬功劳不小。北宋诗人王安国(1028—1074)写过《黄梅花》,称颂:"未容莺过毛先类,已觉蜂归蜡有香。"诗原注:"熙宁五年壬子馆中作,是时但题曰黄梅花,未有蜡梅之号,至元佑苏、黄在朝始定名曰蜡梅,盖王元才园中花也。"从这个注来看,宋代学者邵雍、周师厚等人笔下的黄梅花、黄香梅,都有可能是蜡梅。黄庭坚《戏咏蜡梅二首》其中一首写道:"体薰山麝脐,色染蔷薇露。披拂不满襟,时有暗香度。"他在该诗的后面注释道:"京洛间有一种花,香气似梅花,五出而不能晶明,类女功撚蜡所成。京洛人因谓蜡梅。木身与叶乃类荫蘗①。窦高州家有灌丛,能香一园也。"《王立方诗话》称"蜡梅,山谷初见之,戏作二绝,缘此盛于京师"②。他的这种说法,似为实情。周师厚的《洛阳花木记》收录了"蜡梅"。宋代王十朋《十八香》词有文曰"蜡换梅姿,天然香韵初非俗……岩穴深藏,几载甘幽独。因坡谷,一标题目,高价掀兰菊。"③他的《蜡梅》诗还称:"题品倘非坡与谷,世人应作小虫呼。"这直接点明这种花卉获得大众的认可和迅速扩散得益于苏东坡和黄庭坚的传扬。他还写过《蜡梅》诗称:"蜂采花成蜡,还将蜡染花。一经坡谷眼,名字压群葩。"诗句沿袭了苏轼诗句的含义,表达了与上述词中同样的意思。

蜡梅在河南流行后,逐渐传播到南方。南方有些山区大概也有很多蜡梅,刚开始似乎并未受到人们的重视。郑刚中(1088—1154)创作过《金房道间皆蜡梅,居人取以为薪,周务本戏为蜡梅叹,予用其韵。是花在东南每见一枝无不眼明者》。④从其诗题来看,东南山区把蜡梅当薪柴。不过,同一时期,周紫芝(1082—1155)的《竹坡诗话》则提道:"东南之有蜡梅,盖自近时始,余为儿童时,犹未之见。"他还指出政和年间(1111—1118)词人李之仪在长江下游的姑溪⑤见过蜡梅花,写道:"莫因今日家家有,便作寻常两等看。"

① 即陆英(*Sambucus chinensis*)。

② 黄庭坚. 黄庭坚诗集注:卷5[M]. 北京:中华书局,2003:201-202.

③ 陈景沂. 全芳备祖:前集卷4[M]. 北京:农业出版社,1982:237.

④ 北京大学古文献研究所编. 全宋诗:卷1695[M]. 傅璇琮,等主编. 北京:北京大学出版社,1995:19090.

⑤ 今安徽当涂。

周紫芝认为，"观端叔此诗，可以知前日之未尝有也"①。此则证明之前南方没有栽培这种花。南宋时期，不少南方的方志都收录了这种花。梁克家的《淳熙三山志·物产》提到"腊梅"。《会稽续志·鸟兽草木》记载说："蜡梅越中近时颇有，剡中为多。花有紫心者，青心者，紫者色浓香烈，谓之辰州本。蜡梅声名自苏、黄始，徐师川诗所谓：江南旧时无蜡梅，只是梅花腊月开。"似乎湖南辰州产的紫色品种香气最浓。《剡录·草木禽鱼上》也有类似的记述。《咸淳临安志》也记有"腊梅，东坡有在杭日，赠赵景贶腊梅诗云：'蜜蜂采花作黄蜡，取蜡为花亦奇物。'……今此花亦有数品，以檀心磬口者为佳"②。书中记载与上略有差别，提出花形以"檀心磬口"为佳，这似乎是通行的说法。这些史料说明南方的闽浙等地也常见蜡梅栽培。

南宋时期，人们对蜡梅的品种已经有明确的区分。范成大《梅谱》记载："蜡梅本非梅类，以其与梅同时，香又相近，色酷似蜜脾，故名蜡梅。凡三种。以子种出不经接，花小香淡，其品最下，俗谓之狗蝇梅。经接花疏，虽盛开花常半含，名磬口梅，言似僧磬之口也，最先开。色深，黄如紫檀，花密香秾，名檀香梅，此品最佳。蜡梅香极清芳，殆过梅香，初不以形状贵也。故难题咏，山谷、简斋但作五言小诗而已。"③蜡梅在宋代深受文人喜爱，吕本中诗有"瓶水腊梅香"的诗句，洪炎《西渡集·蜡梅》曰："见江楼下蜡梅花，香扑金樽醉落霞。独倚东风如梦觉，一枝春色别人家。"元代诗人也非常喜爱蜡梅，耶律楚材曾经形象地称道："枝横碧玉天然瘦，蕊破黄金分外香。"

河南的鄢陵从明代以来就一直是蜡梅的著名产区。著名的品种有：花黄色，花朵很大的素心蜡梅（又称荷花梅）；花纯黄而香浓，开时花朵半合的磬口蜡梅（又名檀香梅）。明代学者王世懋在《学圃杂疏·花疏》中说："蜡梅，是寒花绝品，人言腊时开，故以蜡名，非也，为色正似黄蜡耳。出自河南者曰磬口，香色形皆第一，松江名荷花者次之，本地狗缨下矣。"据袁宏道《瓶史》，蜡梅在明代也是重要的插花。清代陈淏子认为蜡梅以湖北一带所产为佳，浙

① 周紫芝. 竹坡诗话 [M]//历代诗话. 北京: 中华书局, 1981: 345.

② 潜说友. 咸淳临安志: 卷58 [M]//宋元方志丛刊. 北京: 中华书局, 1990: 3874.

③ 范成大. 梅谱 [M]//生活与博物丛书. 上海: 上海古籍出版社, 1993: 2.

江南部也盛行栽培。高士奇在浙江营建的"江村草堂"种植了"蜡梅、木瓜、樱桃、荼蘼，周布左右"①。这也说明蜡梅是一种流行的园林花卉。

蜡梅蕊密花繁，花瓣黄蜡色，香气浓郁。现在在北京以南的各地园林中广为栽培，江浙的南京、苏州等地园林中常见蜡梅，是冬季重要观赏花木。除一般园林栽培外，蜡梅也可整形为树桩盆景观赏。缘于对历史的尊重，河南将蜡梅定为省花。

近代西方人来华后，很快将蜡梅这种花引入欧洲。蜡梅在英国颇受欢迎，被普遍栽培。②

---

① 陈植，张公驰. 中国历代名园记选注 [M]. 陈从周，校阅. 合肥: 安徽科学技术出版社，1983: 322.
② FORTUNE R. A Journey to the Tea Countries of China [M]. London: John murray. 1852: 80−81.

第三章

桂　花

第一节　早期桂的内涵

桂花（*Osmanthus fragrans*，图3-1）为中国南方各地秋天最著名的香花。其花香清可绝尘，浓可溢远，为最受国人喜爱的花卉之一，以至于它盛开的八月被人们称作"桂月"。

图3-1　桂花

桂花的得名颇有些移花接木的意味。"桂"在中国早期文献中主要指香料植物——玉桂（*Cinnamomum cassia*）。它是主产于中国两广地区和福建以及云南的调味香料，尤其以广西北回归线以南地区栽培居多。故晋代郭璞《桂赞》曰："桂生南裔，拔萃岑岭。"广西简称"桂"实与桂树有关。在秦代，广西大部分地区属"桂林郡"，而桂林得名正是缘于当地盛产玉桂。史籍记载，其地"江源多桂，不生杂木，故秦时立为桂林郡也"①。《山海经·海内南经》说："桂林八树，在番禺东。"不过，上述说法可能有些不准确。曾在广西任职的范成大就注意到，当时的桂林并不产"桂"，而在偏南的"宾、宜州"是其产地。

桂气味香烈，在周朝的时候就是人们喜爱的芳香植物，诗人屈原曾在《离骚》中赞美过它。《庄子·人间世》曰："桂可食，故伐之。"《战国策·楚策三》记载苏秦提道："楚国之食贵于玉，薪贵于桂。"《吕氏春秋·本味》特别提道："物之美者，招摇之桂。"《礼记》等书也说桂是常用香料。《尔雅·释木》有文曰："梫，木桂。"晋代博物学家郭璞注："桂树叶似枇杷而大，白华，华而不著子，丛生岩岭，枝叶冬夏常青，间无杂木。"

桂树干高大，叶片大而浓绿，故淮南小山《招隐士》有文曰："桂树丛生兮山之幽。"在古人心目中，它是甘于寂寞、不求闻达的香木，被认为是一种高雅的香料。汉代的宫殿有一座称作"桂宫"。它也是诗歌经常吟咏的对象，如王逸的《九思》中就说："桂树列兮纷敷，吐紫华兮布条。"它芳香温中理气散寒，活络止痛，很早就被用作药物。《说文解字》说它是"江南木，百药之长"。这是因为玉桂气味芳香，可供驱寒散痛，故在古代亦被称为"百药之长"。而王维《椒园》诗曰："桂尊迎帝子，杜若赠佳人。椒浆尊瑶席，欲下云中君。"这则表明桂是一种用于供奉天神的香料。

对于它的栽培情况，《广志》记载说："桂……冬夏常青，其类自为林，间无杂树。交趾置桂园。"可见晋代人们对玉桂的生态习性已有较为清晰的认识，同时表明华南栽培桂树很早。晋代《肘后备急方》提到将桂当作药材，

---

① 刘昫. 旧唐书：卷41 [M]. 北京：中华书局，1975：1726.

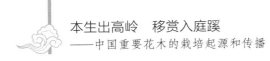
而玉桂的名称出现在唐代。唐咸通年间（860—874）诗人李山甫《月》诗有"玉桂影摇乌鹊动"的句子。

《埤雅·释木》对桂有更多的诠释，其文曰："苏秦曰：'楚国食贵于玉，薪贵于桂。'……盖桂，药之长也。凡木叶皆一脊，惟桂三脊。桂之辈三，一曰菌桂，叶似柿叶而尖滑鲜净，《蜀都赋》所谓'菌桂临崖'者，即此桂也……三曰桂，旧云叶如柏叶者即此桂也。皆生南海山谷间，冬夏常青，故桂林、桂岭皆以桂为名也。本草言，桂宣导百药无所畏；又云，菌桂为诸药先聘通使，故《说文》以为百药之长也。《庄子》曰：'桂可食，故伐之，漆可用，故割之。'言此皆以其能，苦其生者也。"上文对玉桂的形态和用途作了比较细致的描述。

虽然《三辅黄图》《西京杂记》都记载上林苑栽培桂，从其地域而言，桂花的可能性很大，但难以确定就是桂花，毕竟上林苑也试图引种龙眼、荔枝。与"茶花"的名称晚于茶的出现相类似，桂花得名可能靠后。这种同名"异物"的转换，不可简单地以承讹踵谬视之。

第二节　观赏桂花的兴起

桂花是常绿小乔木，叶子椭圆形。花小，簇生在叶腋。可能因为同样具有芳香而名桂，现今分类属木犀科，原产中国南方的闽浙赣等地。其野生种在长江流域以南除四川和云南外都有分布，浙江南部、福建、江西和湖南是其现代分布中心。桂花的自然分布区域为长江以南、南岭以北、贵州中部以东的亚热带山地。[①]它耐高温，也比玉桂抗寒。玉桂主要分布于岭南，桂花在淮河以南都可露天生长，江南普遍栽培。古人也注意它的野生种在南方分布，宋代《太平寰宇记·南剑州》记载福建沙县山中盛产桂花。不同的栽培品种花的颜色不一样。花白色的称银桂，金黄色的是金桂，橙红色的为丹桂（图

---

① 赵宏波，等. 中国野生桂花的地理分布和种群特征 [J]. 园艺学报，2015, 42（9）：1760-1770.

图 3-2 丹桂

3-2），它们都芬芳馥郁。它开放于清秋八月，古人认为它香而有韵，芬芳清妍绝尘。它是一种著名的香花，福建西北一些客家人聚居的地方直接称之为"香花树"。

桂花在汉代已被栽培，成为人们称颂和欣赏的香花。它也叫岩桂、金粟、九里香和木犀。至今中国各地还存有不少古桂花树，陕西汉中南郑县圣水寺有一株传说是汉代萧何栽种的古桂花树。东汉朱穆的《郁金赋》提道："近而观之，晔若丹桂曜湘涯。"[①]《吴都赋》提到江南有"丹桂灌丛"，汉代长江中下游地区已经出现"丹桂"。它在当时可能颇受人们喜爱，桂花的名称在这一时期也开始出现。东晋王嘉《拾遗记·方丈之山》提道："芬芳如桂花，随四时之色。"

岩桂这个名称在《北齐碑》已经出现，其上云："浮云共岭松张盖，秋月与岩桂分丛。"[②]据传桂花丛生岩岭间，故称岩桂。这种传说可能与楚辞《招隐士》中的诗句"桂树丛生兮山之幽……山气巃嵸兮石嵯峨"引发的联想有关。金粟和九里香则因花的形态和香气得名。木犀一词出现较晚，据说因木材文理像犀而称"木犀"。《清异录·百花门》提到南唐学者认为"对花焚香……木犀宜龙脑"。如果其说可靠，则唐代已将桂花称作木犀。北宋的周师厚《洛阳花木记》收录有"木犀"。《三山志》对上述名称有如下解释："岩

① 严可均，编. 全后汉文：卷 28 [M]//全上古三代秦汉三国六朝文. 北京：中华书局，1965：285.
② 胡仔. 苕溪渔隐丛话前集：卷 7 [M]. 北京：人民文学出版社，1962：43.

桂，其叶两两相向，粟结其间。及开，清馥断续而远闻，俗呼为九里香。木纹如犀，可以为器，亦号木犀。① 数种：有四时开者、紫者、鞓红者，深红者曰丹桂。凡色胜则香薄。"② 从中还可看出，当时福建已有若干品种。

桂在秋天盛开，为中国秋天著名的时令花卉，而中秋又是月圆的节日。富于想象的古人可能因此联想月中有桂树。《淮南子》载曰："月中有桂树。"③南北朝时期，诗人多有桂花的吟咏，而且将桂花与月亮联系起来。萧纲（503—551）《望月诗》有"桂花那不落，团扇与谁妆"。庾肩吾《咏桂树》诗云："新丛入望苑，旧干别层城。倩视今移处，何如月里生。"唐代著名政治家张九龄《感遇》诗也写道："兰蕊春葳蕤，桂华秋皎洁。"

既然月中有桂，古人因此进一步想象桂花来自月中，故而桂花也被称为"月桂"④"天香"；月亮也被称作"桂宫"。唐人李峤《桂》诗写道："未植蟾宫里，宁移玉殿幽。枝生无限月，花满自然秋。"⑤李德裕《月桂（自注：出蒋山，浅黄色）》写道："何年霜夜月，桂子落寒山。翠干生岩下，金英在世间。"吕岩⑥《七言·其五十三》诗有"姮娥月桂花先吐"的句子。段成式《酉阳杂俎·天咫》记述了月中有桂树的传说，其文曰："旧言月中有桂，有蟾蜍，故异书言月桂高五百丈，下有一人常斫之，树创随合。人姓吴名刚。"

不仅如此，唐代诗人甚至记下人间的桂花为月中降临的传说，并且迅速被后人传扬。《封氏闻见记·月桂子》记载："垂拱四年三月，月桂子降于台州临海县界经十余日乃止。"诗人宋之问（656—713）《灵隐寺》诗称"桂子月中落，天香云外飘"，更进一步让人将中秋月与桂花的意境相连。而稍后的白居易，在这方面的想象力更为丰富。其《浔阳三题·并序》道："庐山多桂树，湓浦多修竹，东林寺有白莲华，皆植物之贞劲秀异者，虽宫囿省寺中，未必能

① 《陈氏香谱》卷1有类似记述。

② 梁克家. 三山志：卷41 [M]. 福州：海风出版社，2000：654.

③ 《太平御览》卷957，现在流传的《淮南子》似无此内容。

④ 《八闽通志》卷25有另一种解释，"岩桂，一名木犀……四时开者曰'月桂'"。似乎"月桂"仅指每个月皆开花的品种。

⑤ 彭定求，沈三曾，杨中讷，等. 全唐诗：卷60 [M]. 北京：中华书局，1999：715.

⑥ 即吕洞宾，唐末著名道士。

尽有。"①其中，《庐山桂》更形象写道："偃蹇月中桂，结根依青天。天风绕月起，吹子下人间。"诗人还进一步浪漫地询问"遥知天上桂花孤，试问嫦娥更要无。月宫幸有闲田地，何不中央种两株？"他的《忆江南三首》中有"忆江南，最忆是杭州，山寺月中寻桂子"，表述的也是上面的传说。钱易《南部新书·庚》也记载道："杭州灵隐山多桂，寺僧云：'此月中种也。'至今中秋望夜，往往子坠，寺僧亦尝拾得。"后来，宋代《咸淳临安志·山川二》也有类似的记载，说杭州城附近有月桂峰，传说月中桂子落在山上，长成大树。桂花来自月中，这是它被视作"仙客"的缘故。宋代诗人孔平仲（1044—1111）《桂堂》诗写道："月中子落此开花。"词人向子諲赋木犀②的词《满庭芳》更是写道："月窟蟠根，云岩分种，绝知不是尘凡。琉璃剪叶，金粟缀花繁。黄菊周旋避舍，友兰蕙、羞杀山樊。"文人骚客的丰富想象和不吝称颂，让桂花充满了"仙气"。

古人把桂花盛开的八月称"桂月"。宋代《岁时广记·秋》引用《提要录》言："八月为桂月。"南宋颇具名望的考据学者史绳祖在《学斋占毕·六出四出花》中甚至认为，"花中惟岩桂四出之异，余谓土之生物其成数五，故草木花皆五，惟桂乃月中之木……故花四出"。此说也可谓脑洞大开了。

第三节　桂花在江浙等地的广泛栽培

桂花喜温暖，在我国江南很多地方都有栽培。南北朝以降，缘于栽培的增多和士族的南徙，桂花逐渐成为文人笔下常提的景物。张正见（？—约575）称"山中桂花晚，勿为俗人留"。唐代李治《九月九日》诗曰："砌兰亏半影，岩桂发全香。"王维也说："人闲桂花落，夜静春山空。"李德裕的平泉山居中栽培多个品种的桂花，皆来自江浙。特别值得注意的是，诗人白居易非常喜爱桂花。他在南方任职时，可能在庭院栽培过桂花，因此写下《厅前

---

① 白居易. 白居易诗集：卷1[M]. 北京：中华书局，1999：26.
② 王灼. 碧鸡漫志：卷2[M]. 上海：古典文学出版社，1957：65.

桂》①。他的《有木诗》写道："有木名丹桂，四时香馥馥。花团夜雪明，叶剪春云绿。风影清似水，霜枝冷如玉。独占小山幽，不容凡鸟宿。"② 说的似乎就是四季桂。刘禹锡也因为朋友令狐楚庭院栽培桂花写下《酬令狐相公使宅别斋初栽桂树见怀之作》。

　　唐代，桂花为文人所青睐，常用来持赠友人。李白写的《秋山寄卫尉张卿及王征君》言："何以折相赠，白花青桂枝。"颜真卿写过《谢陆处士杼山折青桂花见寄之什》；杜牧也称："手把一枝物，桂花香带雪。"

　　浙江杭州栽培桂花历史悠久，历代驰名，至今犹将桂花当作市花。在唐代，这里的桂花栽培已初具名气，才会有那么多的月中飘来桂子传说和白居易"山寺月中寻桂子"的诗句。宋代杭州西子湖畔更是大量栽培桂花，而且声名远播。著名词人柳永《望海潮》写下脍炙人口的"重湖叠巘清嘉。有三秋桂子，十里荷花"③ 美景。很显然"三秋桂子"和"十里荷花"是当时西湖齐名的两大景观。桂花是杭州八月的当家花和游玩观赏对象。西湖西面的天竺山盛产桂花。苏东坡任杭州通判时写下《八月十七日天竺山送桂花分赠元素》道："月阙霜浓细蕊干，此花元属玉堂仙。鹫峰子落惊前夜，蟾窟枝空记昔年。"毛滂《桂花歌》也称："婵娟醉眠水晶殿，老蟾不守余花落。"南宋时宫殿和西湖周边园林中栽培了不少桂花。宫殿中"前射圃"有"前芙蓉，后木樨"④。《武林旧事·张约斋⑤赏心乐事》记载"八月仲秋""湖山寻桂""众妙峰赏木樨""绮互亭赏千叶木樨""桂隐攀桂"⑥。据说金人南侵，很大程度就是因为对这种美丽景观的觊觎。南宋有人写下《杭州》诗哀叹："谁把杭州曲子讴，荷花十里桂三秋。那知卉木无情物，牵动长江万

　① 白居易. 白居易集：卷16[M]. 北京：中华书局，1999：337.

　② 白居易. 白居易集：卷16[M]. 北京：中华书局，1999：49.

　③ 柳永. 乐章集校注[M]. 薛瑞生，校注. 北京：中华书局，1994：169.

　④ 陶宗仪. 南村辍耕录：卷18[M]//宋元笔记小说大观. 上海：上海古籍出版社，2007：6368.

　⑤ 即张镃，字功甫，号约斋.

　⑥ 周密. 武林旧事：卷10[M]. 北京：中国商业出版社，1982：188.

里愁。"①

同属浙江的剡溪也是唐代桂花的著名产地。李德裕《平泉山居草木记》中的"剡溪之红桂",无疑是著名的丹桂。唐宋间的地方志著作已经记有丰富的桂花品种。上面提到他写的《月桂》应该是普通的桂花。他写的《山桂》自注:"此花紫色,英藻繁缛。"② 似乎已经有紫色的品种。《剡录·花》记有桂、雪桂、四季桂③ 等品种。《赤城志·土产》也记有岩桂。《咸淳临安志》记载道:"木犀,有黄、红、白三色,旧天竺山多有之。"④范成大的《骖鸾录》记载,江西宜春有些古园林有大岩桂树。⑤

宋代,桂花的一些优良品种颇受皇家贵族珍视。陈郁《藏一话腴·外编卷上》记载道:"象山士子史本有木犀,忽变红色异香,因接本以献阙下。高庙雅爱之,曾画为扇面,仍制诗以赐从臣荣薿云:'月宫移就日宫栽,引得轻红入面来。好向烟霄承雨露,丹心一一为君开。'复古殿又题云:'秋入幽岩桂影团,香深粟粟照林丹。应随王母瑶池宴,染得朝霞下广寒。'自是四方争传其本,岁接数百,史氏由此昌焉。"借助宋高宗的喜爱,史家变异培育而成的新品种桂花迅速传播。

范成大作为著名的诗人和学者非常清楚玉桂和桂花的差别。他的《吴郡志》记述"桂本岭南木,吴地不常有之……近世乃以木犀为岩桂,诗人或指以为桂,非是"⑥,指出桂和岩桂不是同种植物。因为曾在广西为官,他还知悉,桂林虽以桂为名,但当时那里并不产玉桂,南宁等地才产那种香料。不过,这并未影响他对桂花的喜爱。范成大写过不少桂花诗词深刻表明这点,他的《次韵马少伊木犀》道:"月窟飞来露已凉,断无尘格惹蜂黄。纤纤绿裹排金粟,何处能容九里香?"《岩桂三首》则写出了自己栽培桂花花开时的欣

---

① 北京大学古文献研究所编. 全宋诗:卷2802 [M]. 傅璇琮,等主编. 北京:北京大学出版社,1995:33311.

② 彭定求,沈三曾,杨中讷,等. 全唐诗:卷475 [M]. 北京:中华书局,1999:5441.

③ 乾隆《贵州通志》卷15称"四季桂"为"七里香"。

④ 潜说友. 咸淳临安志:卷58 [M]//宋元方志丛刊. 北京:中华书局,1990:3874.

⑤ 范成大. 骖鸾录 [M]//范成大笔记六种. 北京:中华书局,2002:50.

⑥ 范成大. 吴郡志:卷30 [M]. 南京:江苏古籍出版社,1999:444.

喜，"越城芳径手亲栽，红浅黄深次第开"。为了园林他不惜远地移桂，写下《寿栎前假山成移丹桂于马城自嘲》，不无得意号称"更遣移花三百里，世间真有大痴人"。当他听到桂花盛开的消息，马上停止行程以赏花，欣然记下"中秋后二日，自上沙回，闻千岩观下岩桂盛开，复舣石湖，留赏一日"。喜花之情，如醉如痴，跃然纸上。

和范成大一样，杨万里也是一个喜爱桂花的诗人。他的《丛桂》诗称颂桂花道："不是人间种，移从月里来。广寒香一点，吹得满山开。"而他的《木樨花赋》感慨桂花道："天葩芬敷，匪玉匪金，细不逾粟，香满天地。"其《栽桂》诗表明诗人种植过桂花，而他的《木犀初发呈张功父》诗云："分得吴刚斫处林，鹅儿酒色不须深。"把新得的桂花称作吴刚处劚来。桂花开时，他喜不自禁写道："尘世何曾识桂林，花仙夜入广寒深。移将天上众香国，寄在梢头一粟金。露下风高月当户，梦回酒醒客闻砧。诗情恼得浑无那，不为龙涎与水沈。"他将木犀林称之为"桂林"，生动地写出自己喜欢它的奇香。

从上面的例子很容易看出桂花颇得宋人上层人士的激赏。宋代诗人华岳《岩桂》甚至吟道："月中有女曾分种，世上无花敢斗香。"还有诗人称道："谁遣秋风开此花，天香来自玉皇家。郁金裳浥蔷薇露，知是仙人萼绿华。"除观赏外，宋代人们还把桂花用作香料，《陈氏香谱》记述有"木樨香"。

宋代学者张邦基不仅注意到江浙桂花栽培很多，还指出不同品种及其地方名的差异，"木犀花，江浙多有之。清芬沤郁，余花所不及也。一种色黄深而花大者，香尤烈。一种色白浅而花小者，香短。清晓朔风，香来鼻观，真天芬仙馥也，湖南呼九里香，江东曰岩桂，浙人曰木樨，以木纹理如犀也"①。元代一些学者也对桂花青睐有加。诗人方夔《木犀花》诗写道："曾住仙山九折岩，夜凉萝荔挂衣衫。月窥尊里如相伴，人立花边自不凡。"该诗写出诗人对桂花的激赏。

明清时期，江浙地区栽培有大量的桂花。苏州人顾大典所经营"谐赏园"有处景观称"静寄轩"，"轩前多种桂树"②。嘉靖年间官僚安国在无锡经营

---

① 张邦基. 墨庄漫录：卷8 [M]//宋元笔记小说大观. 上海：上海古籍出版社，2007：4724.

② 陈植，张公弛. 中国历代名园记选注 [M]. 陈从周，校阅. 合肥：安徽科学技术出版社，1983：109.

的"西林",因山治圃,植丛桂于后岗,绵延二里许,因号"桂坡"①。邹迪光在无锡惠山寺附近创"邹园",有文曰:"亭后桂树五十余株,负岭足起植,未数年已几岭。"②王世贞《弇山园记》写其在南京非常气派的别墅园林中也有两处桂花景观。书中写道:"'芙蓉池'之西北,度'小有桥',崇阜若马脊,皆植桂,凡数十百树,曰:'金粟岭。'""西得一亭,桂树环之,曰:'丛桂。'"③王世贞的《游金陵诸园记》记述南京城中的花园,也多次提到桂花。

杭州戏剧家高濂,也是一位花卉园艺爱好者。他曾记述赏桂花的良好所在说:"桂花最盛处,惟两山龙井为多。而地名满家巷者,其林若塘、若栉,一村以市花为业,各省取给于此。秋时策蹇入山看花,从数里外便触清馥。入径,珠英琼树,香满空山,快赏幽深,恍入灵鹫金粟世界。"④屠本畯《瓶史》将"丹桂"当作八月的花盟主,显然这是一种重要的插花。不少园林著作对桂花的栽培、园林配置等做了精彩的记述。苏州留园有"闻木犀香轩",就是周围栽培了很多桂花。

清代江浙园林的桂花景观不胜枚举。徐白在苏州灵岩山营造的"水木明瑟园",也有"广庭数亩,多植丛桂"。高士奇的"江村草堂"创建了"金粟径","桂树数百株,夹植里许,绿叶蔽天,赫曦罕至。秋时花开,香气清馥,远迩毕闻。行其下者,如在金粟世界中"。栽培桂花之多,香气之馥郁,远非一般园林可比。苏州程文焕营建的"逸园"则有"山之幽"的景点,这里"古桂丛生,幽荫蓊蔚"。著名伶人李渔说:"秋花之香者,莫能如桂。树乃月中之树,香亦天上之香也。"⑤他的说法与上述宋之问、杨万里等诗人可谓一脉相承。浙江海宁陈元龙的遂初园(安澜园),有处景观称"天香坞",栽培桂桂(银桂)十余株。⑥杭州赵昱春草园也有古桂花树。乔莱在扬州宝应修建的"纵

---

① 陈植,张公弛. 中国历代名园记选注 [M]. 陈从周,校阅. 合肥: 安徽科学技术出版社,1983: 122.

② 陈植,张公弛. 中国历代名园记选注 [M]. 陈从周,校阅. 合肥: 安徽科学技术出版社,1983: 192.

③ 陈植,张公弛. 中国历代名园记选注 [M]. 陈从周,校阅. 合肥: 安徽科学技术出版社,1983: 140–141.

④ 高濂. 遵生八笺: 卷5 [M]. 北京: 人民卫生出版社,1994: 175.

⑤ 李渔. 闲情偶寄 [M]. 上海: 上海古籍出版社,2000: 303.

⑥ 陈植,张公弛. 中国历代名园记选注 [M]. 陈从周,校阅. 合肥: 安徽科学技术出版社,1983: 335.

椁园"也栽培有大量的桂花和梅花。康熙年间，南京显贵营造"隋园"，"树之楸千章，桂千畦，都人游者，盛一时"[①]。乾隆年间程宗扬在扬州营建"白塔晴云"，其中有个"桂屿"，栽培了数百株花卉；张氏所筑"蜀岗朝旭"有"青桂山房"，前有老桂树数十株。陈淏子《花镜·花木类考》记载了银桂、金桂、丹桂、四季桂和月桂等多个品种。

桂花为中国南方普遍栽培的香花。唐宋时期，福建、广东等地也多有桂花栽培。得益于宋代园林的广泛普遍栽培，如今一些地方仍然存活宋代的桂花树，著名的如福建武夷山市的古桂花树，它们位于武夷山市武夷宫（冲佑观）著名景点大王峰南麓。在武夷名人馆天井间有两株高十七八米、胸径约两米的桂花树，它们都是宋代的遗物，有一株据说是著名理学家朱熹栽培的。朱熹的确喜爱桂花，写过不少相关的诗歌称颂桂花，"乔木生夏凉，芳蕤散秋馥"。他的一首《岩桂》诗写道："山中绿玉树，萧洒向秋深。小阁芬微度，书帷气欲侵。"诗中所言很可能与上述古桂花树有关。明清时期，福建各地也常见栽培桂花。王世懋《闽部疏》记载道："延平多桂，亦能作瘴。福南四郡，桂皆四季花，而反盛于冬。凡桂四季者有子，唐诗所云'桂子月中落'，此真桂也。江南桂，八、九月盛开，无子，此木犀也。"[②]他认为结子的桂花是真桂，不结子的为木犀，见解可谓独特。谢肇淛《五杂组》中记载闽中的桂花和兰花几乎四时皆开。他写道："闽中桂尝以七月开花，直至四月而止，五六二月长芽之候，芽成叶则复花矣。兰则自春徂冬，无不花者。故有四季兰之名。"[③]

四川的桂花有些似是从东南传入的，史籍记载说："蜀中喜事者，南归多载木犀花以来，种之皆生，或择嫩条接冬青枝间，亦生叶。"[④]成都清代还有栽桂花成名的"丹桂胡同"。另外，柳宗元被贬湖南永州时，曾经在居住地栽培桂花自娱，写过《自衡阳移桂十余本植零陵所住精舍》等诗篇。湖南永州、

① 陈植，张公驰. 中国历代名园记选注 [M]. 陈从周，校阅. 合肥：安徽科学技术出版社，1983：361.

② 王世懋. 闽部疏 [M]//丛书集成初编. 上海：商务印书馆，1935：12-13.

③ 谢肇淛. 五杂组：卷10[M]. 北京：中华书局，1959：296.

④ 邵博. 邵氏闻见后录：卷29卷8[M]//宋元笔记小说大观. 上海：上海古籍出版社，2007：2017.

安徽金寨等地也有千年桂花古树，说明这些地方栽培桂花的历史非常久远。

第四节　古人对桂花的认识及文化烙印

诗人杜甫《夔府书怀四十韵》有"赏月延秋桂"[①]的诗句，可见中秋赏月赏桂花的习俗可能唐代就有。宋代，杨万里写过《丞相周公招王才臣中秋赏桂花》诗。宋代《格物丛话》对桂花有如下描述："桂，棪木也，一名木犀。丛生岩岭间，故因名岩桂。花数品，或白或黄或红或紫黄者，能着子，然不如红者、紫者尤佳也。此花四出或五出，或重台，径二三分，圆瓣，树高者三二丈，低者不下丈余。贯四时，青青不改柯易叶，花时蕊如金粟，点缀枝头。比其开也，芳尘袭人可爱也。另有一种，四季着花，亦有每月一开者，亦有春而着花者，香皆不减于秋。博物君子试一为之品题。"[②]从中可以看出，编者把玉桂和桂花的描述混在一起，即将棪（玉桂）混同木犀（桂花）了。唐宋时期，人们在赏桂花方面已颇有心得。韩熙载（902—970）"五宜"说："对花焚香有风味相和其妙不可言者，木犀宜龙脑，酴醾宜沉水，兰宜四绝，含笑宜麝，荼卜宜檀。"[③]他认为观赏桂花时，焚龙脑香的感觉最妙。

明代《学圃杂疏·花疏》作者王世懋认为，"木樨，吾地为盛，天香无比，然须种早黄、毬子二种，不惟早黄七月中开，毬子花密为胜，即香亦馥郁异常。丹桂香减矣，以色稍存之，余皆勿植。又有一种四季开花而结实者，此真桂也，闽中最多，常以春中盛开，吾地亦间有之，宜植以备一种"。博学洽闻的本草学家李时珍给桂花进行了分类，他认为，"有无锯齿如杞子叶而光洁者，丛生岩岭间谓之岩桂，俗呼为木犀。其花有白者名银桂，黄者名金桂，红者名丹桂，有秋花者、春花者、四季花者、逐月花者。其皮薄而不辣，不堪

---

① 彭定求，沈三曾，杨中讷，等. 全唐诗：卷230 [M]. 北京：中华书局，1999：2517.
② 谢维新. 古今合璧事类备要别集：卷38 [M] //四库全书：第941册. 台北：商务印书馆，1983：193.
③ 陶谷. 清异录：卷上 [M] //宋元笔记小说大观. 上海：上海古籍出版社，2007：42.

入药。惟花可收茗、浸酒、盐渍及作香搽发泽之类耳"①。李时珍指出桂花没有药用价值，但可用作香料。

　　华南和西南一些地方气候温暖，桂花四季常开，因此有些地方称之为"月桂"，这是"月桂"名称的另一来源。《闽部疏》记载说："福南四郡，桂皆四季花，而独盛于冬。"②《五杂组》也记载说："闽中桂尝以七月开花，直到四月而止，五、六二月长芽之候，芽成叶则复花矣。""延平（南平）山中，古桂夹道，上参云汉，花坠狼藉地上，入土数尺。"③黄仲昭道："岩桂一名木犀。有丹、黄、白三色，凡色胜则香薄，四时开者曰'月桂'。"④陈正学则认为白色、四季开花的桂花也叫月桂，开黄色花的是木犀。他写道："桂花，自中秋以后，月月作花，至首夏方止，故名月桂……漳有黄、白二种。黄者山桂也，一年只九月盛开一次，名木犀。白者月桂也，秋深盛开，花稠叶稀，白若玉树，历冬春而至首夏……其花煮以饴蜜而为膏，捣以糖霜而为饼，渍以（黄、杨）梅汁而为菹，皆盘供佳品也。"⑤陈正学的书中还记载了丹桂及其嫁接法。清乾隆《贵州通志·物产》记载道："四季桂，出府境（大定府），俗名七里香。"同一时期的《云南通志·物产》记载道："桂花……又有月桂，四季开花，夏秋结子。"可见这是南方和西南各地对"月桂"的一般看法。

　　桂花深受国人喜爱，在传统文化中留下了深深的烙印。缘于《楚辞·招隐士》有"桂树丛生兮山之幽"诗句，后人常将桂视为虽处僻远仍自芳、不求闻达的高洁象征。园林中常栽培丛桂以营造"小山之幽"或"山之幽"的意境。"桂冠"被认为是美好的帽饰，曹魏时期，繁钦《弭愁赋》有"整桂冠而自饰，敷藻藻之华文"。后受外来文化的影响，桂冠更是被视为冠军头衔。"折桂"被古人喻为科举考试得第一。《晋书·郤诜传》中提到其"举贤良对策，为天下第一，犹桂林之一枝"，后来常用"桂林一枝"表示杰出人才。唐代崔琪的

①　李时珍. 本草纲目: 卷34 [M]. 北京: 人民卫生出版社, 1978: 1932.

②　王世懋. 闽部疏 [M] // 丛书集成初编本. 上海: 商务印书馆, 1935-1937: 12.

③　谢肇淛. 五杂组: 卷10 [M]. 北京: 中华书局, 1959: 293.

④　黄仲昭. 八闽通志: 卷25 [M]. 福州: 福建人民出版社, 1991: 720.

⑤　陈正学. 灌园草木识: 卷1 [M] // 续修四库全书: 第1119册. 上海: 上海古籍出版社, 2003: 208.

《桂林一枝赋》称颂道："倬彼众木者，其桂林一枝。淮南擢秀，月上标奇；光雨露之新沐，拂香风以徐吹。故能使颢气凌空，孤阴耀质。"① 唐代时，"蟾宫折桂"被用来比喻考中进士。温庭筠下第后寄登科友人诗写道："犹喜故人先折桂，自怜羁客尚飘蓬。"陈陶的《草木言》则说："在山不为桂，徒辱君高岗；在水不为莲，徒占君深塘。"在宋代，"桂籍"指科举登第人员的名籍。宋人诗云："名题仙桂籍，天府快先登。"北宋僧仲殊调寄《金菊对芙蓉·桂花》曰："花则一名，种分三色：嫩红妖白娇黄。正清秋佳景，雨霁风凉。郊墟十里飘兰麝，潇洒处，旖旎非常。自然风韵，开时不惹，蝶乱蜂狂。携酒独揖蟾光，问花神何属？离兑中央。引骚人乘兴，广赋诗章。几多才子争攀折，嫦娥道三种清香。状元红是，黄为榜眼，白探花郎。"虽说此文是和尚词，但也道出科举场中幽默。

桂花终年翠绿，在岭南地区花期尤其长。其花色鲜美，芳香四溢，让人心旷神怡，非常适合在庭院中栽培，给居室增添淡雅的馨香。桂花可室外栽培，亦可盆栽观赏。桂花可用来熏茶、制作糕点和制作化妆品及香水。它至今仍为人们所喜爱，是国人心目中的十大名花之一。杭州、苏州、咸宁、桂林和成都皆为桂花的著名产区。不少栽培桂花历史悠久的城市，如杭州、苏州、合肥、桂林和宁德，都把桂花当成市花。最富戏剧性的是桂林把桂花当作市花，广西则将桂花当作省花。福建浦城也因处处桂花飘香而被誉为"中国桂花之乡"。②

① 董浩，等. 全唐文：卷303 [M]. 北京：中华书局，1983.
② 陈颖华. 闽北风水林趣谈 [J]. 福建林业，2013（2）：18-20.

牡 丹

牡丹（*Paeonia suffruticosa*，图4-1）是传统名花之一，又名木芍药、鹿韭、鼠姑，是古人心目中的花王，雍容华贵的象征，属毛茛科。它是北方花卉，之所以得名木芍药，显然是其花和叶形态与芍药很相似、植物体却为木本的缘故。宋代学者郑樵对于牡丹又名"木芍药"的名称有如下见解："牡丹亦有木芍药之名，其花可爱如芍药，宿根如木，故得木芍药之名。芍药著于三代之际，风雅之所流咏也。牡丹初无名，故依芍药以为名。"[①] 牡丹原产中国西北，为落叶小灌木。叶片大，有深缺刻，表面绿色，背面有白粉而呈淡绿。花大

图4-1　牡丹

---

① 郑樵. 通志·二十略 [M]. 北京: 中华书局, 1994: 1991.

而艳丽，单生枝顶，有紫红、红、白和黄等多种颜色。有半重瓣和重瓣等品种，可能较早即为人们关注。野生种有矮牡丹、紫斑牡丹、四川牡丹、杨山牡丹、紫牡丹、黄牡丹、大花黄牡丹、延安牡丹等，自然分布区域为陕西、甘肃、四川、湖北、青海和西藏等省区。[①] 20 世纪 60 年代有人就在湖北保康发现了野生牡丹，并采集了少量标本。在 20 世纪 90 年代有学者在当地调查了分布情况。[②] 调研指出，湖北野生牡丹主要分布于荆山山脉和神农架林区，有文献记载的野生牡丹包括紫斑牡丹、杨山牡丹、卵叶牡丹、红斑牡丹、保康牡丹和林氏牡丹的一个亚种。[③] 2014 年，在离保康不远的湖北神农架林区发现了一片面积达一公顷的野生牡丹，包括紫斑牡丹、杨山牡丹和红斑牡丹等三种。[④] 有人认为保康牡丹是栽培牡丹的祖先之一。宋代学者陆佃指出，"大抵丹延以西及褒斜道中尤多，与荆棘无异，土人皆伐以为薪"[⑤]。可见当时人们已经知道延安一带多有野生牡丹分布。《中国植物志》的作者认为陕西延安分布的矮牡丹可能是其栽培原种。牡丹为中国古代最著名的观赏花卉之一。一般认为，牡丹与芍药、荷花、月季、杜鹃、海棠以及虞美人等皆为以花色艳丽取胜的花卉。

第一节　栽培起源

牡丹很早就被当作药物，东汉成书的《神农本草经》已将其收录。可能因为形态相似，牡丹在三国时期就与芍药同名，都被称为"白术"。[⑥]《广雅·释草》曰："白茅，牡丹也。"王念孙疏证说："茅与术同。《名医别录》云：'芍药一名白术。'……此云：'白茅，牡丹也。'牡丹，木芍药也。"牡丹后来

---

① 王二强，等. 中国野生牡丹种质资源分布、保护现状及合理利用措施探讨 [J]. 内蒙古农业科技，2005(5)：25−27.

② 王宗江，等. 保康发现大面积野生牡丹 [J]. 湖北林业科技，1995(1)：41.

③ 张建华，等. 湖北省野生牡丹种质资源调查 [J]. 湖北林业科技，2011(2)：43−46.

④ 赵辉，陈慧玲. 湖北神农架林区天然林中发现 1 公顷保存完好野牡丹 [N]. 湖北日报，2014−05−28.

⑤ 陆佃. 埤雅：卷 18 [M]. 杭州：浙江大学出版社，2008：188.

⑥ 王念孙. 广雅疏证：卷 10 [M]. 北京：中华书局，1983：320.

称为木芍药，大概也因为同名上的衍生。大约在晋代，牡丹已有"木芍药"的别称。据《图经本草》引崔豹①《古今注》云："芍药有二种，有草芍药、木芍药。木者花大而色深，俗呼为牡丹，非也。"②唐代，牡丹沿用木芍药的名称。③唐代李濬（729—793）在《松窗杂录》指出牡丹就是木芍药。宋代《图经本草》的编者显然认可牡丹就是木芍药的说法，他写道："牡丹，生巴郡山谷及汉中，今丹、延、青、越、滁、和州山中皆有之……此花一名木芍药，近世人多贵重。圃人欲其花之诡异，皆秋冬移接，培以壤土，至春盛开，其状百变。"④它应该是先被当作药物在园圃中栽培，后来才被观赏栽培。

有一种说法称在 6 世纪的南北朝时期人们便开始栽培牡丹，但缺乏直接的史料依据。段成式的《酉阳杂俎·广动植之四》记载说："牡丹，前史中无说处，唯《谢康乐集》中言竹间水际多牡丹。成式检隋朝《种植法》七十卷中，初不记说牡丹，则知隋朝花药中所无也。开元末，裴士淹为郎官，奉使幽冀回，至汾州众香寺，得白牡丹一棵，植于长安私第。天宝中，为都下奇赏。"谢灵运说的可能是"野生牡丹"，而它作为一种观赏植物著名始于唐代前期。山西汾州众香寺的牡丹可能是作为药物栽培的牡丹。

唐代舒元舆写的《牡丹赋》记述了长安城牡丹引种和兴盛的过程。文中写道："天后之乡，西河也。有众香精舍，下有牡丹，其花特异，天后叹上苑之有阙，因命移植焉。由此京国牡丹，日月寖盛。今则自禁闼泊官署，外延士庶之家，弥漫如四渎之流，不知其止息之地。每暮春之月，遨游之士如狂焉。亦上国繁华之一事也。"⑤该赋说牡丹是武则天为皇后时，从山西和陕西交界的"西和"庙宇引入发展而来，逐渐在京城风行。冒名柳宗元著的传奇小说《龙城录》所述《高皇帝宴赏双头牡丹》⑥的故事，固然不足为据，但那

①公元278年前后学者。

②唐慎微. 重修和经史证类备用本草：卷8[M]. 北京：人民卫生出版社，1982：201.《通志·昆虫草木略》（卷75）也引崔豹《古今注》云："芍药有两种，有草芍药，有木芍药。"

③《全芳备祖》，卷2，111 页。

④唐慎微. 重修政和经史证类备用本草：卷8[M]. 北京：人民卫生出版社，1982：227.

⑤董浩，等. 全唐文：卷727[M]. 北京：中华书局，1983：7485.

⑥（伪）柳宗元. 龙城录 [M]//唐五代笔记小说大观. 上海：上海古籍出版社，2000：148.

时引种牡丹获得成功却不无可能。至于《酉阳杂俎》的记载，唐代开元末年，裴士淹的官员从汾州（汾阳）的众香寺带回一棵白牡丹到当时的长安栽培，很快成为城中一种著名的观赏花卉，人称"天宝中，为都下奇赏"[①]。该说法与舒元舆说的引种地点接近，不过，时间显然晚于舒元舆所说的武则天当政时期，而且说它为"都下奇赏"可能不确。裴士淹的《白牡丹》诗写道："长安年少惜春残，争认慈恩紫牡丹。别有玉盘乘露冷，无人起就月中看。"[②]从诗中反映的情况来看，当时长安城内慈恩寺已有的紫牡丹更受欢迎，而白牡丹（图4-2）则似乎被人冷落。白居易写的《白牡丹》也同样感慨道："君看入时者，紫艳与红英。"据康骈《剧谈录》记载，慈恩寺紫牡丹确实非同寻常，"京国花卉之晨，尤以牡丹为上。至于佛宇道观，游览者罕不经历。慈恩浴堂院有花两丛，每开及五六百朵，繁艳芬馥，近少伦比"。另一小院"有殷红牡丹一窠，婆娑几及千朵，初旭才照，露华半晞，浓姿半开，炫耀心目"[③]。无疑，慈恩寺这里的牡丹才是无与伦比的。顺便提一句，牡丹等鲜艳的花卉可能是当时寺庙常栽培妆点庙堂的花卉。从元稹和白居易等人的诗歌来看，长安西明寺的牡丹也颇有名气。

图4-2 白牡丹

① 段成式. 酉阳杂俎：卷19[M]. 北京：中华书局，1981：184.
② 彭定求，沈三曾，杨中讷，等. 全唐诗：卷124[M]. 北京：中华书局，1999：1231.
③ 康骈. 剧谈录：卷下[M]//唐五代笔记小说大观. 上海：上海古籍出版社，1986：1481.

另外，据李白的《清平调》三首和《开元天宝遗事》有关唐玄宗赏牡丹的史实来看，[①]宫中沉香亭旁栽培牡丹开花在开元中，也早于裴士淹栽培白牡丹。从上述史料表述的情形来看，长安早期栽培的主要是紫牡丹和白牡丹，通常野生的牡丹花主要是紫色和白色。这说明长安城牡丹引种地或其毗邻地区应该是最早栽培驯化牡丹的地区。从《埤雅》记述野生种在陕西丹州、延州等地的分布和欧阳修《洛阳牡丹记》指出牡丹出丹州、延州这一情形分析，邻近山西汾阳一带的陕西的延安和宜川等地，以及河南的洛宁等三省交界的这一地区，应该是牡丹的栽培发源地。

第二节　唐宋京城观赏牡丹的兴起

牡丹在唐代很快受到皇宫贵族青睐，这也是它成为名花，并被后世追捧的原因。实际上，许多花卉的"成名"大多是时势和名人推崇成就的，菊花、牡丹、梅花尤其明显。《开元天宝遗事》记载皇宫沉香亭前、华清宫旁都栽培"木芍药"。[②]从李白的《清平调三首》可看出，当时兴庆池东的沉香亭边的确栽种了牡丹。该诗的题注写道："开元中，禁中重木芍药。会花方开，帝乘照夜白，太真妃以步辇从……遂命白作清平调三章。"[③]唐人的笔记也记载道："开元中，禁中初重木芍药，即今牡丹也。（《开元天宝》花呼木芍药，本记云禁中为牡丹花。）得四本红、紫、浅红、通白者，上因移植于兴庆池东沉香亭前。会花方繁开，上乘月夜召太真妃以步辇从……遂命龟年持金花笺宣赐翰林学士李白，进《清平调》词三章。"[④]而李白的"名花倾国两相欢，常得君王带笑看"诗句，极大地提升了牡丹在人们心目中的地位。舒元舆《牡丹赋》这样写道："拔类迈伦，国香欺兰。"他还如此写道："我案花品，此花第一。脱

① 王仁裕. 开元天宝遗事：卷下 [M]//唐五代笔记小说大观. 上海：上海古籍出版社，2000：1730.

② 王仁裕. 开元天宝遗事十种 [M]. 上海：上海古籍出版社，1985：72, 86.

③ 彭定求，沈三曾，杨中讷，等. 全唐诗：卷27[M]. 北京：中华书局，1999：390.

④ 李濬. 松窗杂录 [M]//唐五代笔记小说大观. 上海：上海古籍出版社，2000：1213.

落群类，独占春日。其大盈尺，其香满室。叶如翠羽，拥抱栉比。蕊如金屑，妆饰淑质。"从他的记述中不难发现，牡丹这种新兴的花卉不但受宠宫中，也被一些士人追捧为花中魁首。

牡丹受到唐玄宗的喜爱，很快便在京城长安中盛行，使其成为早期的驯化培育地。时人记载说："长安贵游，尚牡丹三十余年矣。每春暮车马若狂，以不耽玩为耻。金吾铺围外寺观种以求利，一本有值数万者。"① 由此可见，当时人们对牡丹的喜爱程度。牡丹的确价格不菲。诗人柳浑（716—789）《牡丹》诗写道："近来无奈牡丹何，数十千钱买一颗。今朝始得分明见，也共戎葵不校多。"当时李德裕、李进贤等官员都在自己的府邸栽培牡丹。白居易写过《惜牡丹花二首》，自注"一首翰林院北厅花下作，一首新昌窦给事宅南亭花下作"。这些都说明人们常在庭园中栽培牡丹。

唐代的时候，据说洛阳已经出现了著名的育种花匠。据古籍记载，"洛人宋单父，字仲孺，善吟诗，亦能种艺术。凡牡丹变易千种，红白斗色，人亦不能知其术。上皇召至骊山，植花万本，色样各不同，赐金千余两，内人皆呼为花师，亦幻世之绝艺也"②。育种水平和栽培规模可见一斑。唐代诗人王毂不禁感慨道："牡丹妖艳乱人心，一国如狂不惜金。"③ 而唐代的宫殿似乎一直都有牡丹的栽培。《杜阳杂编》记载道："穆宗皇帝殿前种千叶牡丹，花始开，香气袭人，一朵千叶，大而且红。上每睹芳盛，叹曰：'人间未有。'"④ 到了唐代末期，仍有人称牡丹"能狂紫陌千金子，也惑朱门万户侯"。不过，牡丹的虚浮金贵于长安城毁于兵燹的鼎革后，也随之一蹶不振。

牡丹花大色艳，开放时灿若张锦，确具盛大繁荣气象。它在李朝皇宫受到追捧，加上当时一些学者名流推波助澜的推崇，终被捧为"国色天香（实际上几乎没有香气）"、誉为"花王"。其过程也可看出诗歌在花卉流行方面的巨大导向作用。以"诗仙"见称的李白，在《清平调三首》吟道："名花倾国

---

① 李肇. 国史补：卷中 [M]. 上海：上海古籍出版社，1979：45.

②（伪）柳宗元. 龙城录 [M]//唐五代笔记小说大观. 上海：上海古籍出版社，2000：151.

③ 彭定求，沈三曾，杨中讷，等. 全唐诗：卷694[M]. 北京：中华书局，1999：8060.

④ 苏鹗. 杜阳杂编：卷中 [M]//唐五代笔记小说大观. 上海：上海古籍出版社，2000：1385.

两相欢，长得君王带笑看。解释春风无限恨，沉香亭北倚阑干。"将美女比喻为鲜花，是文学艺术的古老传统。此前，曹植在《洛神赋》中有卓越的表现，而李白的比喻无疑影响更为深远。他最早将牡丹和杨贵妃联系在一块，为它的"国色"定调。另一杰出诗人刘禹锡则有"唯有牡丹真国色，花开时节动京城"，直接呼之为"国色"。而同一时期的学者李正封更写道："天香夜染衣，国色朝酣酒。"①正式捧牡丹为"国色天香"。其后，徐凝《牡丹》也感叹道："何人不爱牡丹花，占断城中好物华。疑是洛川神女作，千娇万态破朝霞。"晚唐诗人罗隐更是称赞它说："若教解语应倾国，任是无情也动人。"诗人皮日休《牡丹》也写道："落尽残红始吐芳，佳名唤作百花王。"皮氏直接将牡丹誉为"花王"。唐代，画家已将牡丹作为绘画对象，出现了画的不错的"牡丹芦雁图"。

　　不过，牡丹在唐代虽然受到社会名流的追捧，但也有官员不喜欢牡丹。据说中唐将领韩弘（765—823）从地方回长安任职后，发现府邸有牡丹即令人铲除。②对牡丹情有独钟的罗隐不禁在其《牡丹》诗中感慨道："可怜韩令功成后，辜负秾华过此身。"

　　宋代，社会上层人士依旧喜爱牡丹。都城开封的琼林苑等地都有牡丹栽培。《东京梦华录》记载琼林苑，"有月池、梅亭、牡丹之类"。清明节前后，"万花烂熳，牡丹、芍药、棣棠、木香，种种上市"。赵抃（1008—1084）《禁籞见牡丹仍蒙恩赐》写道："校文春殿籞天关，内籞千葩放牡丹。"这也是宫廷中栽培牡丹的生动写照。

　　作为西京的洛阳，牡丹栽培之盛比唐代长安似乎有过之而无不及。这里在后唐时已有大量牡丹栽培，良种不少。《清异录》记载道："洛阳大内临芳殿，庄宗所建。牡丹千余本，其名品……百药仙人（浅红）、月宫花（白）、小黄娇（深黄）、雪夫人（白）、粉奴香（白）、蓬莱相公（紫花黄绿）、卵心黄、御衣红、紫龙杯、三云紫、盘紫酥（浅红）、天王子、出样黄、火焰奴（正红）、太

---

① 李濬. 松窗杂录 [M]//唐五代笔记小说大观. 上海：上海古籍出版社，2000：1216.
② 李肇. 国史补：卷中 [M]. 上海：上海古籍出版社，1979：45.

平楼阁（千叶黄）。"① 文中的庄宗即后唐皇帝李存勖，他曾在洛阳建都。宋代，人们仍然非常喜爱牡丹，它的引种驯化仍在不断进行，据欧阳修的《洛阳牡丹记·花释名第二》记载，当时最著名的是姚黄等黄色的牡丹花（图4-3），和"魏花"等肉红色牡丹，都是新近驯化的名种。姚黄这个著名的观赏品种距欧阳修记载它时，尚不足十年；魏花就是砍柴人从洛宁寿安山中移来，卖给宋初宰相魏仁溥后培育而成的。姚黄被时人认为是牡丹花王，魏花被认为是牡丹花后，皆应为远超传统品种的新锐品种。

图4-3　黄牡丹

　　至于洛阳栽培牡丹之盛，欧阳修描述道："洛阳之俗，大抵好花。春时城中无贵贱皆插花，虽负担者亦然。花开时，士庶竞为游遨，往往于古寺废宅有池台处为市，井张幄幂，笙歌之声相闻，最盛于月陂堤、张家园、棠棣坊、长寿寺、东街与郭令宅，至花落乃罢。"② 李格非《洛阳名园记》则有这样的记载，"洛中花甚多种，而独名牡丹曰'花王'"，并记载当时有人靠种牡丹为生。书中记载一处名为"天王院花园子"的园林时写道："洛阳花甚多种，而

① 陶谷. 清异录：卷上 [M] // 宋元笔记小说大观. 上海：上海古籍出版社，2007：38.
② 欧阳修. 洛阳牡丹记 [M] // 生活与博物丛书. 上海：上海古籍出版社，1993：52.

独名牡丹曰'花王'。凡园皆植牡丹，而独名此曰'花园子'。盖无他池亭，独有牡丹数十万本。凡城中赖花以生者，毕家于此。至花时，张幕幄，列市肆，管弦其中。城中士女，绝烟火游之……今牡丹岁益滋，而姚黄魏花一枝千钱。姚黄无卖者。"[①] 不唯如此，一些地方官僚还别出心裁地举办所谓的"万花会"。时人记载，洛阳"西京牡丹闻于天下，花盛时，太守作万花会，宴集之所，以花为屏帐，至梁栋柱栱悉以竹筒贮水簪花钉挂，举目皆花也"[②]。洛阳的花匠甚至在白花牡丹的根部施用药物，以培育新奇颜色的牡丹，供宫中赏玩。[③]

缘于唐代有李白、白居易、李德裕等著名学者和政治家的推崇，宋代的著名学者和名流邵雍、欧阳修、范纯仁和陆游等承前辈风流，崇尚牡丹，歌咏牡丹、传播牡丹知识不遗余力，在激起社会各界对牡丹的喜爱，进而在推广栽培方面起了非常重要的推动的作用。洛阳是牡丹最著名的产地，一些著名学者如蔡襄、苏轼、范成大等甚至将牡丹称作"洛花"。著名书法家蔡襄写的《李阁使新种洛花》中的"洛花"即为牡丹。苏轼《仇池笔记》记载道："钱惟演作留守，始置驿贡洛花，有识鄙之。"一些画家则称之为"洛州花"。[④]

不仅洛阳百姓喜爱牡丹，当时陈州（河南淮阳）栽培牡丹之风亦不减洛阳。据张邦基的《陈州牡丹记》，北宋时期，陈州栽培牡丹也非常多。张认为，"洛阳牡丹之品见于花谱，然未若陈州之盛且多也。园户种花如黍粟，动以顷计"。牡丹栽培面积之大，可见一斑。上述资料提到的陈州紫很可能是当地培育出来的知名品种。离淮阳不远的汝南可能也有牡丹栽培，故苏辙《谢任亮教授送千叶牡丹》曰："花从单叶成千叶，家住汝南疑洛南。"

宋代涌现了众多花谱，牡丹是那个时代著名的花卉，自然也出现专著。洛阳以栽培牡丹著称，品种也最多。不仅私家园林栽培，有些寺庙的园囿中也栽培了大量牡丹。熙宁五年（1072）时任杭州通判的苏轼《牡丹记叙》记下：

① 李文叔. 洛阳名园记 [M] // 丛书集成续编. 上海：商务印书馆，1935–1937，7.
② 张邦基. 墨庄漫录：卷 9 [M] // 宋元笔记小说大观. 上海：上海古籍出版社，2007：4732.
③ 张邦基. 墨庄漫录：卷 9 [M] // 宋元笔记小说大观. 上海：上海古籍出版社，2007：4656.
④ 黄休复. 茅亭客话：卷 8 [M] // 宋元笔记小说大观. 上海：上海古籍出版社，2007：441.

"余从太守沈公^①观花于吉祥寺僧守璘之圃，圃中花千本，其品以百数……盖此花见重于世三百余年，穷妖极丽以擅天下之观美，而近岁尤复变态百出，务为新奇，以追逐时好者，不可胜纪。"周师厚的《洛阳花木记》记载的重瓣品种近110个。欧阳修《洛阳牡丹记》载："大抵洛人家家有花，而少大树者，盖其不接则不佳。春初时，洛人于寿安山中斫小栽子卖城中，谓之山篦子。人家治地为畦塍种之，至秋乃接。接花工尤著者，谓之门园子。姚黄一接头，直钱五千。"通过不断的育种和嫁接，牡丹的品种也越来越多。南宋时期，又涌现了众多牡丹花谱。

第三节 牡丹的传播

牡丹作为中国传统的名花，首先以黄河流域的长安和洛阳等地栽培驰名。因此有牡丹"北不出关（山海关），南不过江（长江）"的说法，不过此说并不准确。段成式的记载提到，刘宋时期的谢灵运首先注意到牡丹，故浙江可能也是较早的栽培地。自唐代以来，浙江一直流行栽培牡丹。白居易任杭州刺史时，开元寺曾从北方引种牡丹。^②最早的牡丹专著就出现在浙江。宋初的僧人仲休写的《越中牡丹花品·序》（986）有文曰："越之所好尚，惟牡丹。其绝丽者三十二种。始乎郡斋，豪家名族，梵宇道宫，池台水榭，植之无间，来赏花者，不间亲疏，谓之看花局。"^③可见宋初浙江就有不少牡丹名品。《嘉泰会稽志》也记载，南唐时"吴越时钱传璙为会稽，喜栽植牡丹，其盛若菜畦，其成丛列树者，颜色葩房率皆绝异，时人号为花精。会稽光孝观有牡丹亦甚美，其尤者名'醉西施'"^④。其后，江南不少地方普遍栽培牡丹。五代时著名画家——江南布衣徐熙擅长画牡丹，而且画得很逼真，可

---

① 即沈立。

② 范摅. 云溪友议：卷中 [M] // 唐五代笔记小说大观. 上海：上海古籍出版社，2000：1282-1283.

③ 陈振孙. 直斋书录解题：卷10 [M]. 上海：上海古籍出版社，1987：297.

④ 施宿. 嘉泰会稽志：卷17 [M] // 宋元方志丛刊. 北京：中华书局，1990：7037.

　　能与其生活的地方常见牡丹有关。他的《玉堂富贵图》流传至今，其中所绘牡丹极为生动传神。惠洪的《冷斋夜话》也记载，南唐李后主的大内中栽培牡丹。①

　　欧阳修的《洛阳牡丹记·花品叙第一》在叙述牡丹的分布时说："牡丹出丹州、延州，东出青州，南亦出越州。"北宋诗人梅尧臣（1002—1060）的牡丹诗写道："洛阳牡丹名品多，自谓天下无能过。及来江南花亦好，绛紫浅红如舞娥。"洛阳牡丹之所以繁盛，也得益于在江南等地的引种。正如周师厚《洛阳花木记·叙》所云，洛阳牡丹之所以品种众多，源于洛阳王公贵族，"其宦于四方者，舟运车辇致之于穷山远徼"，从各地引种。其中，"越山红楼子"是从会稽传过去的；"鞓红"也叫青州红，由山东青州移植而来。当时杭州的花卉也非常繁多，包括牡丹。前面提到苏轼任杭州通判时写的《牡丹记叙》，记载吉祥寺圃中的牡丹花品种以百计。可见牡丹种类也不少。苏轼的《惜花·序》也写道："钱塘吉祥寺花为第一，壬子清明赏会最盛。"这里的壬子年正是宋熙宁五年（1072）。

　　北宋时期，江苏苏州等地也有大量栽培牡丹者。朱长文（1039—1098）的《牡丹》写道："奇姿须赖接花工，未必妖华限洛中……谁就东吴为品第，清晨子细阅芳丛。"《吴郡志》记载道："朱勔家圃在阊门内，植牡丹数十万本，以缯彩为幕，弥覆其上，每花饰金为牌，记其名。"范成大写过《蜀花以状元红为第一金陵东御园紫绣毬为最》。这里的状元红和紫绣毬皆为牡丹品种，显然当时的南京也栽培牡丹。"苏门四学士"之一张耒曾从陈州移植过牡丹，他的《秋移宛丘牡丹植圭窦斋前》诗写道："千里相逢如故人，故栽庭下要相亲。"

　　南宋时期，杭州园林也有很多牡丹，皇宫内院也作观赏栽培。当时的学者记载说："慈宁殿赏牡丹。时椒房受册，三殿极欢。"②《武林旧事》记载"禁中赏花"道："起自梅堂赏梅，芳春堂赏杏花，桃源观桃，粲锦堂金林檎，照妆亭海棠，兰亭修禊，至于钟美堂赏大花为极盛……后台分植玉绣球数百

---

　　① 惠洪. 冷斋夜话：卷1[M]//宋元笔记小说大观. 上海：上海古籍出版社，2007：2173.
　　② 张端义. 贵耳集：卷下[M]//宋元笔记小说大观. 上海：上海古籍出版社，2007：4307.

株，俨如镂玉屏。堂内左右各列三层，雕花彩槛，护以彩色牡丹画衣，间列碾
玉水晶金壶及大食玻璃官窑等瓶，各簪奇品，如姚、魏、御衣黄、照殿红之类
几千朵……至于梁栋窗户间，亦以湘筒贮花，鳞次簇插，何翅万朵。堂中设
牡丹红锦地，自殿中妃嫔，以至内官，各赐翠叶牡丹、分枝铺翠牡丹。"[①] 不
仅如此，南宋御苑中栽培的牡丹还被称作"伊洛传芳"。可见当时牡丹也是杭
州的重要观赏花卉，而且其名称也隐含小朝廷乃北宋余脉之意。《咸淳临安
志·物产》记载道："牡丹，昌化富阳者颇大；古杭城中吉祥寺最多……又有
一种冬月开者。"《赤城志·土产》也记载，牡丹"今天台最著"。可见，牡丹
的栽培地不止杭州一处。

　　南宋时，福建也有人将牡丹引入栽培。根据《三山志·土俗类三》记载牡
丹"今古田、长溪、罗源、连江多有之"。还称："近来闽中好事者多方致之，
一二年间，亦开花如常，但微觉瘦小，过三年不复生，又数年则萎矣。"可能
气候不适宜的缘故，福建后来很少有牡丹栽培。

　　明清期间，江浙一带的园林多有牡丹栽培，而且嫁接、育种的水平很高。
那一带栽培品种也很多。明代的南京园林多有牡丹景观。王世贞的《游金陵
诸园记》多有这方面记载，书中写道："王贡士'杞园'……庭中牡丹数十百
本。""同春园……多牡丹芍药。"[②] 世贞之弟王世懋的《学圃杂疏·花疏》载
曰："牡丹本出中州，江阴人能以芍药根接之，今遂繁滋，百种幻出。余澹圃
中绝盛，遂冠一州，其中如绿蝴蝶、大红狮头、舞青霓、尺素最难得开。南都
牡丹让江阴，独西瓜瓤为绝品，余亦致之矣，后当于中州购得黄楼子，一生便
无馀憾。"从记述中可看出名品不少。《汝南圃史》载曰："曹明仲所谱宝楼
台以下十五品最奇异。"明末，扬州著名的"影园""南园"都栽培牡丹，南园
"谷雨轩"栽培牡丹数千株，影园中还有娇艳的黄牡丹。[③] 据《扬州画舫录》
记载，清代扬州园林中"石壁流淙""锦泉花屿"等都有不少牡丹。另外，清

---

　　① 周密. 武林旧事：卷2[M]. 北京：中国商业出版社，1982：41.

　　② 陈植，张公驰. 中国历代名园记选注[M]. 陈从周，校阅. 合肥：安徽科学技术出版社，1983：157–
173.

　　③ 陈植，张公驰. 中国历代名园记选注[M]. 陈从周，校阅. 合肥：安徽科学技术出版社，1983：220，
399.

初浙江海盐张惟赤的"涉园"、余姚名士高士奇的"江村草堂"、南京袁枚的"随园"、苏州程文焕的"逸园"等园林都栽培牡丹。清代苏州袁廷梼小有名气的"渔隐小圃"有名为"锦绣谷"的景观，栽培了不少牡丹、芍药。

明清时期，安徽亳州、山东菏泽（曹州）逐渐取代此前的洛阳，成为牡丹的著名产地。明代安徽亳州栽培牡丹的园林众多。经过百余年的发展，当地牡丹栽培技术不断进步，培育出来的品种更加繁多。薛凤翔的《亳州牡丹史》记载了当时的盛况，道："今亳州牡丹更甲洛阳，其他不足言也……德、靖间，余先大父西原、东郊二公最嗜此花，偏求他郡善本移植亳中，亳有牡丹自此始。顾其名品仅能得欧之半。迨颜氏嗣出，与余伯氏及李典客结斗花局，每以数千钱博一少芽，珍护如珊瑚木难，自是种类繁夥，隆、万以来，足称极盛。夏侍御继起，于此花尤所宝爱，辟地城南为园，延袤十余亩，而倡和益众矣。"① 该书中提到当时牡丹已有270多个品种。

谢肇淛曾记载在曹南赏花的盛况。他写道："人生看花，情景和畅，穷极耳目，百年之中，能有几时？余忆司理东郡时，在曹南一诸生家观牡丹，园可五十余亩，花遍其中，亭榭之外，几无尺寸隙地，一望云锦，五色夺目。"② 清代，山东曹州栽培牡丹也很盛。余鹏年《曹州牡丹谱》记载，作者曾经考察过当地的牡丹园，并说："曹州园户种花如种黍粟，动以顷计。东郭二十里，盖连畦接畛也。"③ 该书中记载牡丹品种有56个。北京有些私园也栽培有数十亩的牡丹、芍药。④ 当时的学者认为，"以其姿韵酣妍，香气秾艳""绚烂繁华，动荡心目"⑤，胜他花一筹。

有趣的是，谢肇淛在《五杂组》中也指出，"世之咏牡丹者，亦自奖借太过。如云'国色天香'犹可，至谓芍药为'近侍芙蓉避芳尘'，'虚生芍药徒劳妒'，'羞杀玫瑰不敢开'，恐牡丹未敢便承当也。牡丹丰艳有余，而风韵微

① 薛凤翔. 亳州牡丹史 [M] // 续修四库全书: 1116 册. 上海: 上海古籍出版社, 2003: 290.

② 谢肇淛. 五杂组: 卷 10 [M]. 北京: 中华书局, 1959: 291.

③ 余鹏年. 曹州牡丹谱 [M] // 生活与博物丛书. 上海: 上海古籍出版社, 1993: 67.

④ 戴璐. 藤阴杂记: 卷 6 [M]. 上海: 上海古籍出版社, 1985: 72.

⑤ 高士奇. 北墅抱瓮录 [M] // 生活与博物丛书. 上海: 上海古籍出版社, 1993: 232.

乏，幽不及兰，骨不及梅，清不及海棠，媚不及荼蘼，而世辄以花之王者，富贵气色易以动人故也"。谢肇淛的见解不无道理。实际上，受花期短和产地狭窄的影响，牡丹受欢迎的程度远不及月季、菊花、玉兰等花卉。

另外，从五代开始，西南四川的成都和彭州也开始大量栽培牡丹。《茅亭客话》记载，前蜀的时候，王建大修园林，开始从长安、洛阳等地引种牡丹栽于宣华苑。后来，其外戚徐延琼及一些官吏开始从秦州（天水）等地引种牡丹，栽培于园林中。孟知祥建立后蜀，又在宣华苑进一步广植牡丹①，牡丹逐渐在成都等地流传开来。

宋代，成都牡丹已小有名气。史学家范镇（字景仁，1007—1088）《成都观牡丹》写道："自古成都胜，开花不似今。径围三尺大，颜色几重深。"韩绛《和范蜀公题蜀中花图》也写道："径尺千余朵，矜夸古复今。锦城春物异，粉面瑞云深。"范纯仁《和范景仁蜀中寄牡丹图》也曾言："牡丹开蜀圃，盈尺莫如今。妍丽色殊众，栽培功信深。"陆游的《天彭牡丹谱》在格式上模仿欧阳修的《洛阳牡丹记》。他在书中写道："牡丹，在中州，洛阳为第一。在蜀，天彭为第一。天彭之花，皆不详其所自出。土人云，曩时，永宁院有僧种花最盛，俗谓之牡丹院，春时，赏花者多集于此。其后，花稍衰，人亦不复至。崇宁中，州民宋氏、张氏、蔡氏，宣和中，石子滩杨氏，皆尝买洛中新花以归。自是，洛花散于人间，花户始盛。皆以接花为业。大家好事者皆竭崐其力以养花。而天彭之花遂冠两川。"②不难看出当地的牡丹是从北方河南洛阳引入，而且接花的人很多，牡丹栽培由此兴盛起来。陆游还写道："天彭号小西京，以其俗好花，有京洛之遗风，大家至千本。"缘于崇尚牡丹和种花，天彭由此还得小西京的美称。陆游认为当地牡丹约有上百个品种，著称的有40个品种，他在书中记录了各种花色牡丹60多个品种。

至迟在唐末，北京也有牡丹栽培。《辽史·圣宗本纪》记载，辽圣宗统和五年（987）来到"南京"（北京），"三月癸亥朔，幸长春宫，赏花钓鱼，以牡

① 黄休复. 茅亭客话：卷8[M]//宋元笔记小说大观. 上海：上海古籍出版社，2007：441.
② 陆游. 天彭牡丹谱[M]//生活与博物丛书. 上海：上海古籍出版社，1993：59.

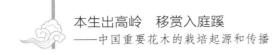
丹遍赐近臣，欢宴累日"①。能遍赐群臣，可见出产牡丹数量可观。元代人们
依然喜爱牡丹。明代《故宫遗录》也记载了元代的宫殿栽培牡丹的情形。书
中写道："后苑中有金殿，殿楹窗扉皆裹以黄金，四外尽植牡丹，百余本高可
五尺……金殿前有野果名姑娘。外垂绛囊，中空如桃，子如丹珠，味甜酸可
食，盈盈绕砌，与翠草同芳，亦自可爱。"②著名元散曲大家张养浩收到友人
赠予的牡丹时，喜不自禁。宋褧也写过《朝元宫白牡丹》的诗歌。诗人贡师
泰《吴景文居庭牡丹盛开饮后有感》写道："韶光天遣属君家，犹是东京第一
花。"这些都说明牡丹在元代学者心目中地位是很高的。

　　明清时期的北京也是牡丹的知名栽培地之一，其中平则门（阜成门）外明
代惠安伯张元善的牡丹园尤为著名。有学者记载道："张惠安牡丹园在嘉兴
观西……袁宏道《游牡丹园记》：'四月初四日，李长卿邀余及顾升伯、汤嘉
宾、郑太初出平则门看牡丹，主人为惠安伯张公元善……时牡丹繁盛，约开
五千余，平头紫大如盘者甚夥，西瓜瓤、舞青猊之类遍畦有之。一种为芙蓉
三变，尤佳，晓起白如珂雪，已后作嫩黄色，午间红晕一点如腮霞，花之极妖
异者……自篱落以至门屏，无非牡丹，可谓极花之观。'"③从这则记载可看
出牡丹栽培之盛，品种繁多。刘侗《帝京景物略》也记载说："都城牡丹时，
无不往观惠安园者。园在嘉兴观西二里，其堂室一大宅，其后牡丹数百亩，
一围也……花之候，晖晖如，目不可及，步不胜也。"牡丹围中还间植芍药，
以接续开过的牡丹。书中记载，"花名品杂族，有标识之，而色蕊数变。间着
芍药一分，以后先之"④。这样，春华夏葩，不绝于目。《帝京景物略》还记
载，暮春时，北京丰台草桥的花农往城里销售牡丹。在花卉淡季时，花农还
利用温室培育花卉，将花"坯土窖藏之，蕴火坑暄之，十月中旬，牡丹已进御
矣"⑤。从中可以看出，牡丹是重要的商品花卉。

　　① 脱脱，等. 辽史：卷12[M]. 北京：中华书局，1974：129.

　　② 萧洵，等. 北平考故宫遗录[M]. 北京：北京古籍出版社，1983：77.

　　③ 孙承泽. 春明梦余录：卷65[M]. 北京：北京古籍出版社，1992：1266.

　　④ 刘侗，等. 帝京景物略：卷5[M]. 北京：北京古籍出版社，1981：199.

　　⑤ 刘侗，于奕正. 帝京景物略：卷3[M]. 北京：北京古籍出版社，1983：120.

明代晚期，明神宗外祖父、武清侯李伟（1510—1583）曾在海淀建了一处著名园林——清华园，园中同样栽培了大片牡丹，其中包括一些珍奇的品种。后来，在其基础上兴建的"畅春园"有"京师第一名园之称"。《燕都游览志》记载说："武清侯别业额曰'清华园'，广十里。园中牡丹多异种，以'绿蝴蝶'为最。开时足称花海。"[①] 由此可见清华园栽培牡丹之多。另外，据《帝京景物略》及清代吴长元《宸垣识略》记载，北京的西园（北海）也栽培了数十株牡丹。

第四节　育种技术的进步

人们的喜爱推动育种技术不断进步。寺庙可能也是古代牡丹的重要驯化栽培地之一。《酉阳杂俎》载曰："兴唐寺有牡丹一窠，元和中，着花一千二百朵。其色有正晕、倒晕、浅红、浅紫、深紫、黄白檀等，独无深红。又有花叶中无抹心者。重台花者，其花面径七八寸。兴善寺素师院牡丹，色绝佳。"[②] 兴唐寺是太平公主为其母亲武则天设立的名寺，在今西安市东。书中记述的牡丹显然是一些优良品种。前文提到慈恩寺的牡丹也非常出众，而舒元舆《牡丹赋》中的"众香精舍"则可能是牡丹早期驯化地。唐代也曾出现宋单父那样的育种"花师"。宋代洛阳显然是一个引种驯化和育种的中心，人们已经开始注意到牡丹品种的不断变化。朱弁的《曲洧旧闻》记载道："欧公作花品，目所经见者，才二十四种。后于钱思公屏上得牡丹，凡九十余种。然思公花品无闻于世。宋次道《河南志》于欧公花品后，又增二十余名。张珣撰谱三卷，凡一百一十九品，皆叙其颜色、容状及所以得名之因。又访于老圃，得种接养护之法。各载于图后，最为详备。韩玉汝为序之，而传于世。大观政和以来，花之变态，又有在珣所谱之外者。而时无人谱而图之，其中

---

① 于敏中. 日下旧闻考：卷79[M]. 北京：北京古籍出版社，1985：1316.
② 段成式. 酉阳杂俎：卷19[M]. 北京：中华书局，1981：186.

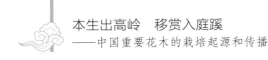
姚黄尤惊人眼目。花头面广一尺，其芬香，比旧特异。禁中号一尺黄。"① 不难看出，南宋时期牡丹品种已经很多。

南宋时，陆游在他的《天彭牡丹谱》记载，不少种花人通过多种花来观察其中发生的变异，他们持续的培育和嫁接，导致新奇特别的品种不断涌现，使艳丽的牡丹新品种越来越多。

上面《亳州牡丹史》中所谓的"夏侍御"即夏之臣，他在牡丹的遗传育种方面的观察更加深入。当时，他的故乡亳州盛产牡丹，在亳州栽培牡丹的园林众多。经过百余年的发展，当地牡丹栽培技术不断进步，培育出来的品种更加繁多。夏之臣总结了中国历代园艺实践的经验，指出"忽变"（突变）与园艺植物品种日新月异的关系。他认为，牡丹"其种类异者，其种子之忽变者也。其种类繁者，其栽培之捷径者也，此其所以盛也"② 。他特别指出牡丹众多、新种类不断产生，是因为种子发生变异。所谓"其种类异者，其种子之忽变者也"。这表明约400年前，夏之臣就已经通过"忽变"来解释牡丹种变的差异，证明牡丹育种为学者所广泛注意。清代，各地的牡丹品种也不少。陈淏子《花镜》罗列了131个牡丹品种。

近代以来，南方栽培渐多，一般在园林中布置成专类花坛，也可盆栽，但受欢迎程度还是远不及北方。《闽产录异·花属》记载福建一些地方也种牡丹、芍药，可能主要是短期移植。河南的洛阳和山东的菏泽至今仍以产牡丹众多而且品种优良著称，这两个城市都把牡丹当作市花。北京的公园也常常栽培这种花卉，无论是植物园还是颐和园、日坛公园都有成片的牡丹园，尤以景山和中山公园栽培的牡丹为著名。20世纪80年代有人调查，全国牡丹栽培品种约有462个，据说中华人民共和国成立以前仅有166个。③ 北京和洛阳有牡丹品种127个。④ 因其文化底蕴，又有菏泽为牡丹著名产地，山东将牡丹定为省花。

① 朱弁. 曲洧旧闻：卷4[M]//宋元笔记小说大观. 上海：上海古籍出版社, 2007: 2983.

② 汪灏. 广群芳谱：卷32[M]. 上海：上海书店, 1985.

③ 喻衡. 中国牡丹品种整理选育和命名问题[J]. 园艺学报, 1982, 9（3）: 65-68.

④ 秦魁杰. 牡丹芍药品种的台阁现象和台阁品种的花形分类[J]. 园艺学报. 1986, 13（2）: 125-130.

　　前面提到，李白著名的《清平调》三首将杨贵妃与牡丹关联，加上花朵壮硕，牡丹在旧时常被认为是富丽堂皇的象征。所谓"花开富贵"即与牡丹相关。牡丹在中国的美术史和文化史方面也有非同寻常的影响。不过，它虽然是一种曾经广受唐宋时期人们喜爱的花卉，然而，随着观赏花卉的发展，种类的日益繁多，它受重视的程度也在降低。毕竟，随着月季、茶花、杜鹃等花卉育种技术的提高，各种大花型、芳香艳丽的品种琳琅满目，争奇斗艳，让牡丹相形见绌。牡丹这种古人喜好的花卉，现在分布地域很小，与现代月季、杜鹃和茶花等相比，已不复有往日的光彩。

　　牡丹可能在唐代就传到国外，唐代诗人来鹄《牡丹》诗有："中国名花异国香，花开得地更芬芳。"[①] 牡丹在清中期时被引种到西方。值得一提的是，当时英国的皇家学会主席班克斯（J. Banks 1743—1820）功不可没。据说，班克斯见了牡丹的绘画和传教士对牡丹激赏的文字之后，产生了想要把这种花引进英国的强烈愿望。于是他让东印度公司的一位医生办理此事，1787年，牡丹被引进丘园。到1835年的时候，由班克思引种的牡丹已长到两米多高，枝延周围数平方米，先后开花上千朵。不过后来牡丹在西方园林中并未得到如同月季和菊花那样大的发展，成为世界性的名花。

---

① 彭定求，沈三曾，杨中讷，等. 全唐诗补逸：卷13 [M]. 北京：中华书局，1999：10517.

第五章

芍 药

第一节 最古老的观赏花卉之一

芍药（*Paeonia lactiflora*，图 5-1）古代也称余容、将离、婪尾春、花相等。与牡丹一样，同属芍药科。野生种主要分布于中国华北和西部的陕西、甘肃南部以及东北地区。西伯利亚也有。芍药是中国北方一种很著名的观赏花卉，形态与牡丹相似，不过芍药为草本，牡丹是灌木。芍药叶子长圆形，牡丹叶子有深裂。芍药叶比牡丹更翠绿，花比牡丹花小，但更娇艳、靓丽。单生枝的顶端，有单瓣、复瓣和重瓣等类型；有粉红、红、紫红、白、黄等多种颜色。古代有好事者将牡丹称为花王，将花型相似而小一些的芍药称作花相。芍药在中国各地都可见，主要栽培于中国北方各省，是很好的宿根草

图 5-1 芍药

本花卉。

历史上，这种植物可能很早就因为花朵和可用作药物而被关注。《山海经·北山经》等有不少关于它分布的记载："绣山……其木多枸，其草多芍药、芎䓖。""条木之山，其木多槐桐，其草多芍药、门冬。""勾檷之山……其木多栎柘，其草多芍药。""洞庭之山……其木多柤、梨、橘、櫾，其草多葌、蘪芜、芍药、芎䓖。"① 大体指出中国北方和江苏等地有芍药的分布。《范子计然》也记载："芍药出三辅。"② 中国最早的本草学著作《神农本草经》已收录芍药，《名医别录》记载它，"生中岳川谷及丘陵"。③ 古代地方志有不少提到野芍药，如乾隆时期《盛京通志·物产》记载："女真地向多白芍药花，皆野生，绝无红者。好事之家，采其芽为菜。"同一时期华北的《山西通志·大同府、泽州府》记载："鑰岳岭……多野芍药。""锦屏山……产芍药"。现在的栽培种是由上述分布地区的野生种驯化而来的。

作为中国古老的传统名花，它见于文献记载很早，被认为"百花之中，其名最古"。④《毛诗·郑风·溱洧》云："维士与女，伊其相谑，赠之以勺药。"意思是男女间玩笑着，互相赠送芍药。其后的经学家将诗意解释为男女离别时，赠送芍药。《韩诗外传》或许因此说芍药是"离草"，这也使芍药有"将离"的别名。三国时期《毛诗草木鸟兽虫鱼疏》也称其为药草。不过，芍药主要分布于中国北方，作为吴国人的陆机对它的认识有限。他认为前人所说的芍药是香草，他所见的芍药不香，因此他认为《毛诗》中的芍药不是当时人知道的那种花卉。当然，他的见解并不准确。从《山海经》的记述来看，芍药显然是一种草本植物。而《毛诗》中表述的三月上巳节也的确是芍药开始开花的时节。晋代《古今注》对《毛诗》中的芍药有过如下解释："牛亨问曰："将离别，相赠以芍药者何？"答曰："芍药一名可离，故将别以赠之，亦犹相招召赠之以文无，文无亦名当归也。欲忘人之忧，则赠以丹棘。丹棘一名忘忧草，

① 袁珂. 山海经校注 [M]. 上海：上海古籍出版社，1980：133，159，176.

② 李昉. 太平御览：卷990 [M]. 北京：中华书局，1962：4382.

③ 唐慎微. 重修政和经史证类备用本草：卷8 [M]. 北京：人民卫生出版社，1982：201.

④ 北京大学古文献研究所编. 全宋诗：卷67 [M]. 北京：北京大学出版社，1995：765.

使人忘其忧也。欲蠲人之忿，则赠之青堂，青堂一名合欢，合欢则忘忿。"①
说这是古代人们在离别时赠送给对方的一种花卉，换言之，就是当时人们所
知的芍药。

宋代的名物学者陆佃《埤雅·释草》对《毛诗》的上述内容有如下解释：
"《韩诗》曰：'芍药，离草也'，诗曰：'伊其相谑，赠之以勺药'。……芍药
荣于仲春，华于孟夏，传曰：惊蛰之节后二十有五日芍药荣是也。"他显然沿
袭了《古今注》中关于芍药的观点。罗愿《尔雅翼·释草》指出："芍药华之
盛者，当春暮祓除之时，故郑之士女，取以相赠。董仲舒以为将离赠芍药者，
芍药一名可离，犹相招，赠以文无，文无一名当归也，然则相谑之后喻使去
尔。其根可以和五脏，制食毒。……制食之毒者，宜莫良于芍药，故独得药
之名。"说它因为是一种很好的药物，故有"芍药"这样的名称。

有学者考证《毛诗》提到的勺药就是用作中药的芍药，② 也就是如今观赏
的芍药。它和牡丹可能都是因为花很漂亮逐渐成为观赏植物的。有趣的是，
想象力丰富的本草学家李时珍有不同解释，认为："芍药，犹婥约也；婥约，
美好貌，此草花容婥约，故以为名。"③ 用作药物的野生的芍药有两种，白芍
和赤芍，现在观赏的芍药主要花色也是白色和粉红色。因其娇艳，故有人称
之为"娇客"。正因为它的上述史实，张九龄称芍药："名见桐君篆，香闻郑
国诗。"

宋代陆佃《埤雅·释草》对它称为"花相"有如下解释：芍药"华有至千
叶者，俗呼小牡丹，今群芳中牡丹品第一，芍药第二，故世谓牡丹为华王，芍
药为华相，又或以为华王之副也。"④ 明代李东阳《芍药诗》也有："持杯贺花
相，先我得休官。"芍药被称为婪尾春据说是唐末文人所为，缘于婪尾酒是最
后一杯，芍药是殿春花，故称婪尾春。⑤

---

① 崔豹. 古今注: 卷下 [M]// 丛书集成初编. 北京: 中华书局, 1985: 21.

② 王念孙. 广雅疏证: 卷10[M]. 北京: 中华书局, 1983. 311.

③ 李时珍. 本草纲目: 卷14[M]. 北京: 人民卫生出版社, 1977: 849.

④ 陆佃. 埤雅: 卷18[M]. 杭州: 浙江大学出版社, 2008: 186.

⑤ 陶谷. 清异录: 卷上 [M]// 宋元笔记小说大观. 上海: 上海古籍出版社, 2007: 40.

芍药作为园林栽培花卉，可能始于上述《郑风》产生的周代，河南的新密可能是其原产地之一。到晋代它已是重要的庭院花卉，晋代学者《芍药花颂》有："晔晔芍药，植此前庭。……素华菲敷，光譬朝日，色艳芙蕖。"南朝刘宋时期王徽写有《芍药华赋》。[①] 南北朝时期，芍药是宫殿庙堂栽植的香花。《晋宫阁名》也记载："晖章殿前，芍药华六畦。"[②] 此书成书年代不详，郦道元（？—527）的《水经注》曾引用。著名诗人谢朓（464—499）也在《直中书省》诗中写下："红药当阶翻，苍苔依砌上"的称颂。"当阶红药"后来成为人们诗中常述及的芍药生态。陈朝的《建康记》则称："建康出芍药，极精好。"可见当时江苏已经培育出上乘的芍药，这或许是后来扬州芍药兴盛的基础。

第二节　唐宋芍药栽培的兴盛

唐代，芍药非常受官僚学者的喜爱，房前屋后常见栽培。当时涌现不少吟诵堂前、庭园芍药的诗歌。张九龄《苏侍郎紫薇庭各赋一物得芍药》曾称颂："仙禁生红药，微芳不自持。……名见桐君箓，香闻郑国诗。"钱起有《故王维右丞堂前芍药花开凄然感怀》；柳宗元有《戏题阶前芍药》："欹红醉浓露，窈窕留余春。"韩愈的《芍药歌》称："丈人庭中开好花，更无凡木争春华。"其《芍药》诗又称"浩态狂香昔未逢，红灯烁烁绿盘龙。"爱花成癖的白居易在《草词毕遇芍药初开因咏小谢红药当阶翻诗……偶成十六韵》诗歌中也有："背日房微敛，当阶朵旋欹。"而其《感芍药花寄正一上人》则写下："今日阶前红芍药，几花欲老几花新。"他的好友元稹《红芍药》诗也有："芍药绽红绡，巴篱织青琐。"从中可以看出，王维、柳宗元和白居易等人都在庭院中栽培芍药。孟郊的《看花》诗甚至称："家家有芍药，不妨至温柔。"[③] 从此诗句中不难看出当时芍药栽培之普遍。

---

① 欧阳询. 艺文类聚：卷81 [M]. 上海：上海古籍出版社，1982：1383.
② 李昉. 太平御览：卷990 [M]. 北京：中华书局，1960：4382.
③ 彭定求，沈三曾，杨中讷，等. 全唐诗：卷376 [M]. 北京：中华书局，1999：4231.

进入宋代，芍药依然是学者很喜爱的花卉。根据《图经本草》记载，当时各地都有芍药。北宋早期，扬州芍药已负盛名。名臣王禹偁（954—1001）《芍药诗并序》认为："芍药之义，见《毛诗·郑风》。百花之中其名最古。谢公直中书省诗云：'红药当阶翻'，自后词臣引为故事，白少傅[①]为主客郎中、知制诰，有《草词毕咏芍药》诗，词彩甚为该备。然自天后以来，牡丹始盛，而芍药之艳衰矣。考其实，牡丹初号木芍药，盖本同而末异也。……扬州僧舍植数千本，牡丹落时，繁艳可爱，因赋诗三章，书于僧壁。"据其所言，仅寺院栽培的芍药就很多。其一称"牡丹落尽正凄凉，红药开时醉一场。羽客暗传尸解术，仙家重爇返魂香。"[②]浪漫地想象芍药是"牡丹"还魂。实际上正如韩琦（1008—1075）指出那样："郑诗已取相酬赠，不见诸经载牡丹。"芍药成名远在牡丹之前，其说未免不符合常理。史学家郑樵曾有这样的感慨："芍药著于三代之际，风雅所流咏也。牡丹初无名，故依芍药以为名，亦如木芙蓉之依芙蓉以为名也。牡丹晚出，唐始有闻，贵游竞趋，遂使芍药为落谱衰宗。"[③]道出因唐代王公贵族的喜好，使后出的牡丹名声反在芍药之上。

芍药花娇艳明媚，有娇客之称，颇得宋人喜爱。北宋著名理学家邵雍《红芍药》诗称赞它："含露仙姿近玉堂，翻阶美态醉红妆。"宋代洛阳不仅牡丹很有名，芍药种类也不少，周师厚（1031—1087）的《洛阳花木记》中已经记载42个品种，作者认为洛阳栽培的芍药不逊于称甲天下之扬州。

可能缘于气候的合适，宋代扬州大规模栽培芍药。有人记载："维扬，东南一都会也……民间及春之月，惟以治花木，饰亭榭，以往来游乐为事，其幸矣哉。扬之芍药甲天下，其盛不知起于何代。"其后"朱氏之园最为冠绝，南北二圃所种几于五六万株，意其自古种花之盛，未之有也。朱氏当其花之盛开，饰亭宇以待来游者，逾月不绝"。[④]当时栽培之盛，可见一斑。蔡京知扬

---

① 即白居易。
② 北京大学古文献研究所编. 全宋诗：卷67 [M]. 傅璇琮，等主编. 北京：北京大学出版社，1995：765.
③ 郑樵. 通志·二十略：昆虫草木略第一 [M]. 北京：中华书局，1987：1991-1992.
④ 王观. 芍药谱 [M]//生活与博物丛书. 上海：上海古籍出版社，1993：75-80.

州时，曾经学洛阳太守，在扬州举办芍药"万花会"，祸害百姓非浅，后为苏轼所废止。

扬州芍药兴盛后，常有学者比较扬州芍药和洛阳牡丹的高下。当时政治家韩琦认为扬州芍药品格更高，他的《和袁陟节推龙兴寺芍药》写道："广陵芍药真奇美，名与洛花相上下。洛花年来品格卑，所在随人趁高价。……广陵之花性绝高，得地不移归造化。大豪大力或强迁，费尽壅培无艳冶。"晁补之似乎也有相同的见解。他的《望海潮·扬州芍药会作》写道："人间花老，天涯春去，扬州别是风光。红药万株，佳名千种，天然浩态狂香。尊贵御衣黄。未便教西洛，独占花王。"有三位在扬州为官的学者刘攽（1022—1088）、孔武仲和王观（1035—1100）都曾著述过《芍药谱》。史学家刘攽《芍药谱·序》提出这样的见解："天下名花，洛阳牡丹、广陵芍药为相侔埒，然洛阳牡丹由人力接种，故岁岁变更日新，而芍药自以种传，独得于天然，非剪剔培壅灌溉以时，亦不能全盛，其间亦有开不能成，或变为他品者；此天地尤物不与凡品同，必待地利人力天时参并其美，然后一出。意其造物亦自珍惜之耳。"他认为扬州芍药与洛阳牡丹不相上下。

后来词人王观《芍药谱·序》似乎不完全同意刘攽过于强调自然的观点，他认为："天地之功，至大而神，非人力之所能窃胜。惟圣人为能体法其神以成天下之化，其功盖出其下而曾不少加以力。不然，天地固亦有间而可穷其用矣。……今洛阳之牡丹、维扬之芍药，受天地之气以生，而小大浅深，一随人力之工拙，而移其天地所生之性，故奇容异色，间出于人间；以人而盗天地之功而成之，良可怪也。"作者认为，芍药和牡丹在不同地区各自发展，与土地是否适宜，人们是否尽力有莫大关系。实际上，除气候方面的原因外，扬州芍药兴盛的另一个重要原因，可能源于寺庙园林的人工育种。当地的官员记述："花品旧传龙兴寺山子、罗汉、观音、弥陀之四院，冠于此州。"上述芍药谱记载扬州芍药已有近40个品种。宋以后，扬州的芍药栽培不复有往日的繁荣，不过园林中一直有芍药栽培。据《扬州画舫录》记载，清代"筱园"原为花农种芍药的地方；"白塔晴云"园中也栽有芍药十余亩。

除扬州外，各地爱好者栽培也不少。宋代著名诗人苏轼曾在园中栽培芍药花，其《送笋芍药与公择①》诗有："今日忽不乐，折尽园中花。园中亦何有，芍药衮残葩。"宋代浙江栽培芍药的地方不少，杭州也有一些有名气的品种。《咸淳临安志·物产》记载："芍药，今艮山门外范浦镇多植此花，冠于诸邑。有早绯、玉白、缀露、又有千叶白者，土人尤贵之。"范浦镇在今杭州市下城区东北隅部艮山门内。

芍药花艳丽鲜妍，唐宋时期常当切花。五代时期，胡峤写过："瓶里数枝婪尾春"②的诗句。芍药切花不但被用于赠送心爱的人，也被用于供佛。宋代著名书法家蔡襄《和王学士芍药》写道："持之遗佳人，岁久香不息。"这里持赠佳人的显然也是切花。苏轼《玉盘盂二首（并叙）》写道："东武旧俗，每岁四月大会于南禅、资福两寺，以芍药供佛。而今岁最盛，凡七千余朵，皆重跗累萼，繁丽丰硕。中有白花正圆，如覆盂，其下十余叶稍大，承之如盘，姿格绝异，独出于七千朵之上。云得之于城北苏氏园中，周宰相莒公之别业也。"这里提到的东武即山东诸城，言及的白芍药（图5-2）可谓良种。元代学者周伯琦写过"一瓶芍药当荷花"的诗句，也表明芍药被当作切花。

图5-2　白芍药

---

① 即李公择（1036—1093），安徽桐城人，北宋学者。
② 彭定求，沈三曾，杨中讷，等. 全唐诗：续拾卷42卷 [M]. 北京：中华书局，1999：11547.

第三节 后世的传播

如前所述，因为牡丹与芍药的花比较相似，好事者称牡丹为"花王"，称芍药作"花相"。一些学者常将它们加以比较。元代杨允孚《滦京杂咏》有："若较内园红芍药，洛阳输却牡丹花。"诗中还自注："内园芍药，弥望亭亭直上数尺许，花大如斗。扬州芍药称第一，终不及上京也。"诗人认为当时上都开平城的芍药已经胜过扬州所产。它们花期的先后衔接也被一些学者巧妙组合，使园中花开不缀。明代学者王世懋记载："余以牡丹天香国色，而不能无彩云易散之恨，因复刱一亭，周遭悉种芍药，名其亭曰续芳。"很巧妙地在牡丹附近栽培芍药，待牡丹谢了，可以通过芍药"续芳"。后世王公贵族庭园，甚至如今北京很多公园，如天坛、日坛仍沿用这种园艺技法。

牡丹因和芍药的花、叶形态相似，因此被叫作木芍药。不过芍药的花期比牡丹的更长，叶子更富有光泽，因此在园林中更显得美丽动人。明朝皇宫内院也栽培芍药以供观赏。明代诗人有不少这方面的吟咏。李东阳《内阁赏芍药》有："次第红芳又绿阴，好花留向玉堂深。"王鏊《内阁赏芍药》也写道："玉殿东头紫阁阴，仙葩香煖五云深。"文徵明（1470—1559）的《禁中芍药》也称道："仙姿绰约绛罗绅，何日移根傍紫宸。月露冷团金带重，天风香泛玉堂春。"当时的私园和佛寺院落也常栽培芍药。王世贞《游金陵诸园记》记载南京"杞园"："从牡丹之西窦而得芍药圃，其花盖三倍於牡丹，大者如盘白于玉，赤于鸡冠裛露迎飐，娇艳百态。茉莉复数百本；建兰十余本，生色蔚浡可爱。傍一池，云有金边白莲花，甚奇，时叶犹未钱也。"当时，无锡"寄畅园"也栽培不少牡丹。王涣《昭庆寺看芍药》有："一半春光过牡丹，又开芍药遍禅关。"

芍药在园林中可成片栽培，也可作为牡丹园的配置材料。芍药花鲜艳美观，古代有不少学者认为强于牡丹。除上面提到的韩琦等人外，南宋学者刘子寰《醉蓬莱·访莺花陈迹》也写道："访莺花陈迹，姚魏遗风，绿阴成幄。

尚有余香，付宝阶红药。淮海维阳，物华天产，未觉输京洛。"刘子翚在词中认为，芍药不比牡丹差。明代学者谢肇淛认为："芍药虽草本，而一种妖媚丰神，殊出牡丹之右。"指出芍药有强于牡丹之处。清代画家邹一桂《小山画谱》认为芍药花形比牡丹更为"绰约"；他似乎也注意到，芍药在北方长得更好。认为"此花京师为最，南方瘦弱不及也"。[①]曹雪芹显然也很喜欢这种花，其"憨湘云醉眠芍药裀"，是《红楼梦》里给佳人布置的个性场景之一。高士奇认为：芍药"花含晓露，袅娜欹颓，大有美人扶醉之态"。[②]对于牡丹和芍药，他持这样一种看法："繁香艳态，亚于牡丹；缕金匀粉，种类较夥。"他在自己的"北墅"中，"别一院落，阶砌下尽种此花，带雨笼烟，最堪悦目"。[③]

与牡丹相似，后世芍药的重要产区也在变化。明清时期，江浙一带园林多有牡丹、芍药栽培，有些还有专门的"芍药圃"，如太仓弇山园、扬州影园、南京随园和苏州逸园等。清初陈淏子指出，芍药以扬州产的著称，但"四方竞尚，俱有美种"。他的《花镜·花草类考》罗列了85个品种。清代高士奇《北墅抱瓮录》记载："芍药之种，古推扬州，今以京师丰台为盛。浙中虽无佳种，惟培溉有方，花亦颇大。有红、白、紫数色，深浅不同。曲院短垣下叠石砌，排比种之，灿烂满目。"北京丰台草桥一带是著名的芍药产区。明代《帝京景物略》记载：袁宏道写下"惠安伯园芍药开至数十万本，聊述以纪其盛"。[④]袁还写道：惠安伯园中最后面是一座亭，"亭周遭皆芍药，密如韭畦，墙外有隙地十余亩，种亦如之"。[⑤]清代记述北京风土人情的《日下旧闻考》也记载："右安门外西南，泉源涌出，为草桥河，接连丰台，为京师养花之所。……丰台在右安门外八里，居民尚以艺花为业。芍药之盛旧数扬州，刘贡父[⑥]谱三十一品，孔常父[⑦]谱三十三品，王通叟[⑧]谱三十九品，亦云瑰丽之观

① 潘文协. 邹一桂生平考与《小山画谱》校笺 [M]. 杭州：中国美术学院出版社，2012：102.

② 高士奇. 北墅抱瓮录 [M] // 生活与博物丛书. 上海：上海古籍出版社，1993：331.

③ 陈植，张公驰. 中国历代名园记选注 [M]. 陈从周，校阅. 合肥：安徽科学技术出版社，1983：328.

④ 刘侗，等. 帝京景物略：卷5 [M]. 北京：北京古籍出版社，1981：199.

⑤ 孙承泽. 春明梦余录：卷65 [M]. 北京：北京古籍出版社，1992：1266.

⑥ 即刘敞。

⑦ 即孔武仲。

⑧ 即王观。

矣。今扬州遗种绝少，而京师丰台连畦接畛，倚担市者日万余茎，惜无好事者图而谱之。"^①编者感慨没人给丰台的芍药写谱。著名画家邹一桂也认定："芍药以京师为最，菊花以吴下最佳。"

芍药仍是国人非常喜爱的花卉，是国内尤其是北方园林常见栽培的花卉。据说现在拥有栽培品种最多的是山东菏泽地区，拥有400多个品种。^②扬州仍是著名的芍药栽培地。此外，四川中江、苏州的一些公园，北京天坛、日坛、景山公园等都成片栽培有这种美丽的花卉，而且品种不少。20世纪80年代中期，北京就有芍药品种90个。另外，芍药在河北、河南等地的公园都有很多的栽培。

芍药近代也传到国外，并受到西方园艺学家的欢迎。比利时画家雷杜德的植物花卉画中就包括芍药。^③他们从19世纪开始在中国引入不少芍药品种。基于不断的杂交育种，很快就有大量的栽培品种被开发出来，20世纪初已出现300个单瓣和重瓣的品种。^④

① 于敏中. 日下旧闻考：卷90[M]. 北京：北京古籍出版社，1985：1535-1536.

② 郭先锋，黄莲英. 部分芍药种质资源的 RAPD 分析 [J]. 园艺学报，2007，34（5）：1321-1326.

③ Pierre-Joseph Redouté. Choix des plus belles fleurs[M]. Paris: Ernest panckoucke. 1827：124.

④ 布伦特·埃利奥特. 花卉——一部图文史 [M]. 王晨，译. 北京：商务印书馆，2018：310-313.

第六章

蔷薇类花卉

蔷薇类观赏花卉在当今世界环境美化方面举足轻重。蔷薇、玫瑰、月季、木香等皆为世人耳熟能详的花卉。它们都有悠久的栽培历史，经众多花匠园丁之手，培育出璀璨多姿的数以万计的著名品种。早在宋代的《洛阳花木记》中，就记载刺花达37种，基本上都是蔷薇类的花卉，包括蔷薇、月季、长春、金沙、宝相、荼蘼、玫瑰等。蔷薇又分黄蔷薇、千叶白蔷薇、刺红、蔷薇（单叶）、二色蔷薇、千叶蔷薇、锦被堆、黄蔷薇、马蓬花、粉团儿[1]等种类。其中提到的黄蔷薇或许就是如今的黄蔷薇（*Rosa hugonis*）。

第一节　蔷薇

一

蔷薇（*Rosa multiflora*，图6-1）古代也叫刺红、蔷蘼、牛勒、营实、买笑、锦被堆、玉鸡苗。宋祁《益部方物略记》指出："锦被堆，花出彭州，其色一似蔷薇，有刺不可玩。俗谓蔷薇为锦被堆花。"可见，锦被堆作为蔷薇的别名出现较早。《三山志》《全芳备祖》都有这种花卉的记载。具有丰富博物学知识的本草学家李时珍认为，它蔓柔靡，依墙援而生，故名蔷蘼；其茎多棘刺

---

① 周师厚. 洛阳花木记 [M]//说郛: 卷26. 北京: 北京市中国书店, 1986: 78-109.

图 6-1　蔷薇

勒人，牛喜食之，故有山棘、牛勒诸名。蔷薇属蔷薇科，原产中国，野生蔷薇也叫多花蔷薇，在中国许多地方都有分布，花的颜色主要有白色和粉红两种。它是中国初夏盛开的一种藤本花卉，花丛繁茂而清丽，是各地常见的一种藤本观赏花木。它是一种常绿攀援灌木，茎褐色，小枝绿色，有像小钩似的小刺。叶椭圆形或长椭圆形，边上有锯齿。开白色或粉红色花，颜色艳丽。

　　和上述牡丹、芍药等一样，这种植物很早就被当作药物，成书于东汉的《神农本草经》有如下记载："营实……一名蔷薇、一名墙麻、一名牛棘"[1]。其后，三国时期的《吴氏本草》记载："蔷薇，一名牛勒，一名牛膝，一名蔷薇。"[2] 它很可能就是作为药物栽培在屋旁篱下，因花开艳丽，逐渐成为观赏植物。

　　在距今 2 000 多年的汉代可能已开始在园林中栽培。传说汉武帝曾与心爱的美人共赏初开的蔷薇。[3] 魏晋南北朝时期，这种花似乎已经颇为贵族喜

---

① 唐慎微. 重修政和经史证类备用本草：卷 7 [M]. 北京人民卫生出版社，1982：182.

② 李昉. 太平御览：卷 998 [M]. 北京：中华书局，1960：4416.

③ 佚名. 贾氏说林 [M] // 说郛三种：第四册. 上海：上海古籍出版社，1988：1464.

爱，常见观赏栽培，种类已经不少。其中比较著名的是梁元帝（508—554）栽培蔷薇的事迹。据说他有一处风景亭园称"竹林堂"，亭前栽培了一些桂竹。"其中多种蔷薇，刘宅紫蔷薇，康家四出蔷薇，白马里蔷薇成百里香，长沙千叶蔷薇，多有品汇。并以长格校其上，使花叶相通。其下有十间花屋，仰而望之，则枝叶交映，迫而察之，则芬芳袭人。"① 文中所述的蔷薇种植规模很大，品种不少，包括重瓣品种。

栽培的增多，使人们更多关注这种花卉。南北朝时期吟咏种植蔷薇、称颂它美丽芬芳的诗篇不少。谢朓《咏蔷薇》写道："发萼初攒紫，余采尚霏红。新花对白日。故蕊逐行风。"② 梁简文帝（503—551）《咏蔷薇》诗对庭园蔷薇的风韵和花香有如下刻画："燕来枝益软，风飘花转光，氛氲不肯去，还来阶上香。"还说："石榴珊瑚蕊，木槿悬星蒕，岂如兹草丽？逢春始发花。"柳恽（465—517）《咏蔷薇诗》也写得很生动："当户种蔷薇，枝叶太葳蕤，不摇香已乱，无风花自飞。"当时的女子似乎还把这种花当作头饰。梁元帝《看摘蔷薇诗》云："墙高攀不及，花新摘未舒，莫疑插鬟少，分人犹有余。"刘缓《看美人摘蔷薇花诗》也称赏："新花临曲池，佳丽复相随。鲜红同映水，轻香共逐吹。……钗边烂熳插，无处不相宜。"鲍泉《咏蔷薇诗》也对蔷薇的栽培和女士摘花作了形象的描述："经植宜春馆，霏靡上兰宫。……佳丽新妆罢，含笑折芳丛。"③ 写出这是一种受欢迎的宫殿庭园花卉。

在唐代，蔷薇被广泛用作观赏栽培，常用于庭院花棚，成为大众喜爱的花卉。诗人笔下多有赞美。李白曾经写下脍炙人口的"不向东山久，蔷薇几度花"。诗人刘禹锡称道蔷薇："似锦如霞色，连春接夏开。"描绘出蔷薇是春夏间盛开的观赏花卉。酷爱栽花的白居易认为蔷薇："似着胭脂染，如经巧妇裁。"④ 在陕西盩厔（周至）任县尉时，他曾经栽培过蔷薇。他的《戏题新栽蔷薇》以诗人特有的幽默写道："移根易地莫憔悴，野外庭前一种春。少府

① 乐史. 太平寰宇记：卷146 [M]. 北京：中华书局，2007：2838.

② 张溥. 汉魏六朝百三家集选 [M]. 长春：吉林人民出版社，1998：421.

③ 欧阳询. 艺文类聚：卷81 [M]. 上海：上海古籍出版社，1982：1397–1398.

④ 白居易. 白居易诗集：外卷上 [M]. 北京：中华书局，1999：1526.

无妻春寂寞，花开将尔当夫人。"他的诗歌还提到蔷薇是唐代重要的棚架花。其《裴常侍以题蔷薇架十八韵见示因广为三十韵以和之》吟道："托质依高架，攒花对小堂。晚开春去后，独秀院中央。……秾因天与色，丽共日争光。剪碧排千萼，研朱染万房。烟条涂石绿，粉蕊扑雌黄。"[①] 生动地吟诵了蔷薇这种藤架花把庭院装饰得端庄秀丽。皮日休的《奉和鲁望蔷薇次韵》也有："谁绣连延满户陈，暂应遮得陆郎贫。"方干《朱秀才庭阶蔷薇》同样有很生动的描述："绣难相似画难真，明媚鲜妍绝比伦，露压盘条方到地，风吹艳色欲烧春。"蔷薇不仅在唐人庭院栽培，城中坊里也处处栽培。李绅《城上蔷薇》对蔷薇在城市绿化方面的作用有形象的吟诵："蔷薇繁艳满城阴，烂熳开红次第深。新蕊度香翻宿蝶，密房飘影戏晨禽。"王毂《红蔷薇歌》更是称颂："红霞烂泼猩猩血，阿母瑶池晒仙缬。晚日春风夺眼明，蜀机锦彩浑疑颣。"[②] 当然，它更是重要的园林花卉。"苦吟诗人"贾岛的《题兴化园亭》，对喜欢筑园享乐的宰相裴度的穷奢极欲进行讽刺时，特意提到蔷薇种植的感受："破却千家作一池，不栽桃李种蔷薇。蔷薇花落秋风起，荆棘满院君始知。"

　　蔷薇也是宋代人们喜爱的装饰花卉。《清异录·百花门》记载："东平城南许司马后圃，蔷薇花太繁，欲分于别地栽插。"[③] 显然，这是贵族喜爱栽培的园林花卉。韩琦《锦被堆》写道："碎剪红绡间绿丛，风流疑在列仙宫。朝真更欲熏香去，争掷霓裳上宝笼。"当时人们显然已经知道以蔷薇蒸馏香精。

二

　　蔷薇花丛纷披多姿，作为棚架花卉，"倚墙当户"深受古人喜爱。唐以来品种日益增多，古人对它的品种也有不少诠释。前面提到梁元帝栽培了多个品种的蔷薇。唐代李德裕在其平泉山居已经栽培"百叶蔷薇""重台蔷薇"两个品种的蔷薇，从名称看都是重瓣品种。宋代著名田园诗人范成大的《吴郡志·土产》记载："蔷薇，有红白杂色，陆龟蒙诗所谓'倚墙当户，一端晴绮'

---

① 白居易. 白居易集: 卷31 [M]. 北京: 中华书局, 1999: 696.
② 彭定求, 沈三曾, 杨中讷, 等. 全唐诗: 卷694 [M]. 北京: 中华书局, 1999: 8058.
③ 陶谷. 清异录: 卷上 [M] // 宋元笔记小说大观. 上海: 上海古籍出版社, 2007: 38.

者，红蔷薇也，皮日休《泛舟》诗所谓'浅深还看白蔷薇者'则是野蔷薇耳。水边富有之。红花又有金沙、宝相、刺红、玫瑰、五色蔷薇等；白花又有金樱子、佛见笑等，皆蔷薇类也。又有黄蔷薇一种，格韵尤高。"[1] 这里提到的蔷薇类植物大体无误，不过现代植物分类将蔷薇区分为与玫瑰、金樱子不同的种。五色蔷薇应该是一种色彩丰富且受喜爱的品种。刘敞（1019—1068）《五色蔷薇》称："解向人间占五色，风流不尽是蔷薇。"佛见笑可能是酴醾的白花品种。李时珍认为在各种蔷薇中，佛见笑花最大。黄蔷薇显然因其不凡的风韵而深受欢迎。刘敞感叹："何人解赏倾城态，一笑春风与万金。"宋代的志书多有收录。《赤城志·土产》记载蔷薇"又有黄色者"。南宋《三山志》记载："蔷薇枝干有刺，花红紫色，盛开如锦。亦有黄蔷薇，如棠棣，金色。有淡黄蔷薇，鹅黄色。"南宋末的《格物总论》有蔷薇较详细的形态记述："蔷薇花一名牛勒，一名牛棘，一名刺红，一名蔷蘼。藤身蒲萄相似，叶类槐，茎青多刺。花白色或紫或黄，开时连春接夏不绝，清馥可人。或者号为野客，此又一种谓野蔷薇也。"[2]

　　受近代外来花卉文化的影响，古人栽培的蔷薇品类名称，有些今天已经不复使用。其中包括一个叫宝相的品种。宝相也可能是古人对于某种蔷薇属植物的称谓。古代南北方都有栽培。宋代《洛阳花木记》记载了宝相（千叶）有卢川宝相、黄宝相、单叶宝相等种类。梅尧臣的《宋次道家摘宝相花归清平里》有如下描述："主人为我特殷勤，架底深深掇孤秀。密枝阴蔓不争开，薄红细叶尖相斗。"范成大的《宝相花》则有："为君也著诗收拾，题作西楼锦被堆。"或许"锦被堆"即宝相的别名。南方福州的方志《三山志·土俗类三》记载："宝相：藤生，花类长春。"《赤城志·土产》也记载说宝相"蔓生类长春"。《咸淳临安志·物产》则记有："蔷薇，园圃多用以编篱屏，有宝象、月季等名。"明代《竹屿山房杂部》也记有的所谓"宝相"。可见古代的所谓"宝相"是蔷薇一种，亦即藤本的蔷薇。从上述范成大的记载来看，也是红花品种。

　　① 范成大. 吴郡志：卷30 [M]. 南京：江苏古籍出版社. 1999：451.
　　② 谢维新. 古今合璧事类备要·别集：卷30 [M]//四库全书：第941册. 台北：商务印书馆, 1983：171.

明清时期，南方各地园林普遍栽培五色蔷薇等多种蔷薇，黄蔷薇尤其受欢迎。明代，黄仲昭《八闽通志》记载，福州府有多种蔷薇。书中写道："蔷薇，枝干有刺，花红紫色，三月盛开如锦。亦有黄蔷薇，花如棠棣，金色。有淡黄蔷薇，鹅黄色。又有野蔷薇，香亦清冽。……宝相，藤生，花类酴醾，而秀整过之。"[①] 王世懋《学圃杂疏·花疏》记载："蔓花、五色蔷薇俱可种，而黄蔷薇为最贵，易蕃亦易败，余圃中特盛。"其友人顾大典的"谐赏园"中有处名为"烟霞泉石"的景观，周围"遍植蔷薇、荼蘼、木香之属，骈织为屏，芬芳错杂，烂然如锦，不减季伦步障也"。[②] 其兄王世贞在江苏太仓经营的弇山园，面积达七十余亩，"入门则皆织竹为高垣，傍蔓红白蔷薇、荼蘼、月季、丁香之属。花时雕缋满眼，左右丛发，不飋而馥。取岑嘉州语，名之曰：'惹香径'。"[③] 园艺家文震亨（1585—1645）指出："有一种黄蔷薇，最贵，花亦烂漫悦目。"[④] 足见此品种受欢迎程度。周文华《汝南圃史·条刺花部》提到多种蔷薇，其中一种花大而赤红色的"猪肝蔷薇"，最先开放。书中还记载："今有花堆，千叶如刺绣所成，开最后。又有五色蔷薇，叶多而小，一枝五六朵，有深红、浅红之别。又有十姊妹，一云七姊妹，一枝七朵，红白相间，千叶，形似蔷薇而小。……佛见笑，初开甚富丽，稍久则烂熳不足观。诸种唯红蔷薇、五色蔷薇、荷花蔷薇三品最佳。"他还写道："今有荷花蔷薇，千叶桃红，比之佛见笑稍觉紧束，形如荷花，疑即宝相也。"他显然不认识宝相，推测当时的荷花蔷薇即"宝相"。

浙江人高濂《遵生八笺·燕闲清赏笺下》记载野蔷薇有红白二种，还记载："黄蔷薇，色蜜花大，亦奇种也。剪条插种，近广于昔，态娇韵雅，蔷薇上品。"[⑤]《遵生八笺》中也对蔷薇品种和形态作出描述："蔷薇花：同类七种"包括："蔷薇：有大红、粉红二色，喜屏结，肥不可多。脑生莠虫，以煎银

① 黄仲昭. 八闽通志：卷25[M]. 福州：福建人民出版社，1991：719, 722.

② 陈植，张公驰. 中国历代名园记选注[M]. 陈从周，校阅. 合肥：安徽科学技术出版社，1983：110.

③ 陈植，张公驰. 中国历代名园记选注[M]. 陈从周，校阅. 合肥：安徽科学技术出版社，1983：134-135.

④ 文震亨. 长物志：卷2[M]//生活与博物丛书. 上海：上海古籍出版社，1993：403.

⑤ 高濂. 遵生八笺：卷16[M]. 北京：人民卫生出版社，1994.

店中炉灰撒之则虫尽毙。正月初，剪枝长尺余，扦种。以下数种类此花，可蒸茶。宝相：较蔷薇朵大而千瓣，塞心，有大红、粉色二种；十姊妹（图6-2）：花小而一蓓十花，故名。其色自一蓓中分红紫白淡紫四色，或云色因开久而变，有七朵一蓓者，名七姊妹云，花甚可观，开在春尽。金沙罗[①]：似蔷薇而花单瓣，色更红艳夺目。黄蔷薇：色蜜花大，亦奇种也，剪条扦种。近广于昔，态娇韵雅，蔷薇上品。金钵盂：似沙罗而花小，夹瓣如瓯，红鲜可观；间间红：花似蔷薇，色红瓣短，叶差小于薇。"[②]据其所述，黄蔷薇花朵大；粉团、宝相、金钵盂、金沙罗可能也是现今蔷薇的不同种类或品种。

图6-2　十姊妹

　　明末，王象晋的植物类书《群芳谱·花谱》收录了较多的蔷薇种类。书中写道："蔷薇，一名刺红，一名山枣，一名牛棘，一名牛勒，一名买笑藤，身丛生，茎青多刺，喜肥，但不可多，花单而白者更香，结子名营实，堪入药。其类有朱千蔷薇，赤色多叶，花大叶粗，最先开。荷花蔷薇，千叶，花红状似荷花。刺梅堆，千叶，色大红，如刺绣所成，开最后。五色蔷薇，花亦多叶而

---

① 可能即金沙。
② 高濂. 遵生八笺：卷16[M]. 北京：人民卫生出版社，1994：616.

小，一枝五六朵，有深红、浅红之别。黄蔷薇，色蜜花大，韵雅态娇，紫茎修条，繁夥可爱，蔷薇上品也。淡黄蔷薇，鹅黄蔷薇，易盛难久。白蔷薇，类玫瑰。又有紫者，黑者，出白马寺。肉红者，粉红者，四出者，出康家。重瓣厚叠者，长沙千叶者。开时连春接夏，清馥可人，结屏甚佳。别有野蔷薇，号野客，雪白、粉红香更郁烈，法于花卸时，摘去其蒂，如凤仙花法，花发无已。……他如宝相、金钵盂、佛见笑、七姊妹、十姊妹体态相类，种法亦同。"足见栽培品类之丰富。七姊妹或者十姊妹这种蔷薇很多地方皆栽培，清乾隆《云南通志·物产》也收录"十姊妹"这种花卉。《闽县乡土志·花属》也记载："蔷薇有丽春、长春、月春、月桂、宝相、十姐妹、七姐妹之别。"另外，佛见笑、十姊妹、金沙罗、金钵盂等可能皆为蔷薇的不同栽培品种。

清代陈淏子延续了高濂的一些品种分类观点，他认为十姊妹又名七姊妹，一簇十花或七花，因而得这两个名称。陈认为蔷薇的花不太可观，但香如玫瑰，适宜于编篱。清代艺人认为蔷薇很适合作花屏，认为："结屏之花，蔷薇居首。其可爱者，则在富于种而不一其色。大约屏间之花，贵在五彩缤纷。"[1]一些名流园艺爱好者与上述观点相似，提出如下见解："黄蔷薇韵胜于香，刺花中当为第一。最俭陋者莫过野蔷薇，而香乃擅奇，可作篱落用。"[2]高士奇在其别墅的"晚花轩"中栽培了不少蔷薇。其《江村草堂记》载："轩前后多蔷薇，其一缘古树，高数丈，老干蟠虬，细枝婀娜，花开枝头，红鲜可爱。"花缠高树，颇具意境。

从唐代开始，蔷薇也是受欢迎的绘画对象。唐代的"引路菩萨图"（约9世纪中）有类似蔷薇的图案。宋代著名画家马远作过"白蔷薇图"，其形态与现在的蔷薇似有些差别。清代的钱维城曾经绘过不少植物画，其中十二幅有乾隆的题诗，名为《题钱维城花卉十二帧》，除了梅、洞、紫藤、桃、鱼儿牡丹（荷包牡丹）外，还有黄蔷薇和酴醾。钱维城绘的酴醾是黄色重瓣花，类似黄蔷薇或黄刺玫。

五代时，人们已经知道蔷薇可用于蒸馏香精。《新五代史·四夷附录第

---

① 李渔. 闲情偶寄 [M]. 上海：上海古籍出版社，2000：309.
② 曹溶. 倦圃莳植记：卷上 [M]//续修四库全书：第 1119 册. 上海：上海古籍出版社，2003：265.

三》记载，外国向中国进贡"蔷薇水"，书中写道："蔷薇水，云得自西域，以洒衣，虽敝而香不灭。"上面提到韩琦的诗中已经述及"薰香"，或许是受域外技术的启发。杨万里《和张功父送黄蔷薇并酒之韵》写道："海外蔷薇水，中州未得方，旋偷金掌露，浅染玉罗裳。"似乎说明当时这种蒸馏香精的技术并未在国内应用。《南宋市肆记》记述的"酒水"中有"蔷薇露"。[①] 不知是否用蔷薇水于酿酒。

中国蔷薇在 18 世纪末传到西方，它与月季和香水月季等一起，在西方现代月季的育种中起过非常重要的作用。比利时著名花卉画家雷杜德（Pierre-Joseph Redouté）曾经绘过黄蔷薇、百叶蔷薇[②]和小果蔷薇（*Rosa cymosa*）。专供香料工业提取精油用的蔷薇有突厥蔷薇（即大马色月季 *R. damascena*）、法国蔷薇（*R. gallica*）、百叶蔷薇（*R. centifolia*）。其中突厥蔷薇精油含量高，适宜于蒸馏提取，栽培最多。保加利亚为主产国，土耳其也有生产。法国蔷薇在法国南部栽培较多，百叶蔷薇在法国和德国栽培较多。

第二节　月季

一

月季（*Rosa chinensis*）俗称月月红（图 6-3），又名长春、胜春、斗雪，属蔷薇科。它的茎直立，上面有粗壮的钩刺，成灌木状。叶子卵圆形，暗绿色。它的嫩枝与香椿相似，发红而且可食。野生种在山坡沟壑旁很易生长。花常数朵开在一块，原种通常为深红、淡红或白色；杂交培育出的种类有黄色等其他颜色，气味芳香。月季花开，云霞散绮，绚丽非凡，各地城乡普遍栽培。近代以来，现代月季品种繁多，花色娇媚旖旎，深受喜爱，故在西方誉为"花中皇后"。

---

① 周密. 武林旧事：卷6[M]. 北京：中国商业出版社，1982：125.

② Pierre-Joseph Redouté. Choix des plus belles fleurs[M]. Paris: Ernest panckoucke. 1827: 62, 65, 79.

图6-3　月月红

月季原产中国长江流域的湖北、四川和贵州等中西部省份，福建也产。①
秦岭地区可能也有分布，古籍记载，甘肃的天水等地也出。性喜阳光充足、
温暖、湿润的气候。月季受到人们的喜爱，与它超长的花期有关。诚如宋代
诗人徐积（1028—1103）《长春花》所云："曾陪桃李开时雨，仍伴梧桐落后
风。费尽主人歌与酒，不教闲却卖花翁。"诗中很诙谐地写出月季作为一种商
品花卉的经济价值。这或许是西方人花费大气力培育出大量优良品种，使其
成为举世闻名的四大切花的重要原因之一。

月季这个名称出现较晚，可能与它是南方原产花卉有关。另外，早期也
可能被当作蔷薇的一种。上面提到的《咸淳临安志》即说蔷薇有宝相、月季
等别名。它非常容易栽培，以前山村农家小院常见其芳踪。何时开始栽培，
已难确考。中国约从唐代开始见于文献记载。唐代韦元旦的《早朝》诗中提
道："震维芳月季。"南唐张翊的《花经》提到"月红"。这里的月红，可能是
月月红的简称。唐代周繇（841—912）《送人尉黔中》有："峡涨三川雪，园
开四季花。"魏野（960—1020）的《东观集》有："更输属邑钱希圣②，四季花

① 中国科学院中国植物志编辑委员会. 中国植物志：37 卷 [M]. 科学出版社, 1985: 422.
② 即钱惟演。

前共唱酬。"这里的"四季花"不知是否即为月季。北宋著名史学家和官员宋祁（998—1061）的《益部方物略记》首先记述"月季花"："此花即东方所谓'四季花'者，翠蔓红葩，蜀中少霜雪，此花得终岁，十二月辄一开。"宋祁指出月季在东部地区称为"四季花"。他的《四季花》诗写道："群葩各分荣，此独贯时序。聊披浅深艳，不易冬春虑。"突出其"贯时序"的特征。其后，苏轼也写过《次韵子由月季花再生》的诗歌。

"月月红"这个名称在宋代已经出现，因它常见为粉红色，四季花开，终年翕艳。郑刚中（1088—1154）《长春花》诗自注："俗谓月月红者是也。"[①]《赤城志·土产》记载："长春，红色，一名月月红。"至今闽西等许多南方地区仍称月季为月月红。王象晋《群芳谱·花谱》在李时珍等前人的资料上进一步提出："月季，一名长春花，一名月月红，一名斗雪红，一名胜春，一名瘦客。灌生，处处有，人家多栽插之。……花有红、白及淡红三色，白者须植不见日处，见日则变而红。逐月一开，四时不绝。花千叶厚瓣，亦蔷薇之类也。"因为月月开花，也叫月桂。元代程巨夫题画诗《月桂图》有："本是尧蓂荚，翻为月月红。"在闽广一些地方月季仍称月桂或月贵[②]。屈大均在《广东新语》记述："月贵，有深浅红二色，花比木芙蓉差小，盖荼蘼之族也。月月开，故名月贵，一名月记。宋子京云：花亘四时，月一披秀，故又名月月红。"[③] 对其名称和形态作了进一步的解释。清代画家邹一桂认为："月月红……花色粉红，每月花开，又谓月季花。又有深红者为月桂，白者为月白。"[④] 他认为"月桂"特指深红色的月季品种，与下面我们要提到的南宋学者看法不同。

月季花期长，花色鲜艳，又得胜春、长春等别名。宋代诗人说它"花落花开无间断，春来春去不相关。牡丹最贵惟春晚，芍药虽繁只夏初"。[⑤] 杨万里《腊前月季》也说："只道花无十日红，此花无日不春风。一尖已剥胭脂笔，四破犹包翡翠茸。别有香超桃李外，更同梅斗雪霜中。折来喜作新年看，

---

① 北京大学古文献研究所编. 全宋诗：1696 [M]. 北京：北京大学出版社，1995：19113.
② 月季称作月桂，可能是古代音相同的缘故。在闽西客家人的语言中，月季、月桂和月贵其实同音。
③ 屈大均. 广东新语：卷25 [M]. 北京：中华书局，1997：644.
④ 潘文协. 邹一桂生平考与《小山画谱》校笺 [M]. 杭州：中国美术学院出版社，2012：100.
⑤ 陈景沂. 全芳备祖前集：卷20 [M]. 北京：农业出版社，1982：624.

忘却今晨是季冬。"《三山志·土俗类》记载："长春，花亦四时有之。"又说："斗雪红，闽中近有之。花如玫瑰，而香色逊之，四时常芳，不随群卉凋茂，亦名胜春。"明代诗人张新《月季花》称："惟有此花开不厌，一年长占四季春。"因为花期长而得"长春"之名。

二

月季在宋代是比较常见栽培的花卉，《洛阳花木记》记载多个品种；《梦粱录·暮春》也记载了这种花卉。当时不少学者推崇这种花，张耒（1052—1112）《月季》称颂道："月季只应天上物，四时荣谢色常同。可怜摇落西风里，又放寒枝数点红。"宋代一些诗人在庭院中栽培此种花卉。苏辙写过《所寓堂后月季再生与远同赋》。韩琦也写过《东厅月季》："何似此花荣艳足，四时长放浅深红。"吟诵的都是庭院栽培的月季。

南宋时期，不少学者酷爱月季，评价极高。诗人陈与义（1090—1138）《微雨中赏月桂独酌》称："天下风流月桂花。"[1] 这里的月桂就是月季。南宋诗人舒岳祥的《和正仲月季花·小序》写道："此花以四时季月开，亦名长春。一种白色，又名月桂。陈简斋诗所谓'人间跌宕简斋老，天下风流月桂花。一壶独向丛边尽，细雨霏霏湿暮雅雀'者是也。"[2] 他说开白色花也叫月桂。舒岳祥还有诗云："风流天下真难似，惜赊篱边砌下栽。"著名女诗人朱淑真《长春花》有如下感慨："一枝才谢一枝妍，自是春工不与闲。纵使牡丹称绝艳，到头荣瘁片时间。"在诗人的眼中，牡丹虽然艳丽，但很快就凋零，不像月季四时不绝。因受喜爱，它在宋代是一种比较常见的绘画题材。《宣和画谱》记有一些"月季花"的绘画。

月季花期长，容易栽培，一向为人们喜爱。明代王世懋《学圃杂疏·花疏》指出："花之四季开者，兰、桂而外，有月桂、长春菊，……月桂，闽种为佳。"如上所述，这里的月桂即月季。高濂在《遵生八笺》中认为："月季，

---

① 北京大学古文献研究所编. 全宋诗：卷1757[M]. 北京：北京大学出版社，1995：19572.
② 北京大学古文献研究所编. 全宋诗：卷1757[M]. 北京：北京大学出版社，1995：40994.

俗名月月红。凡花开后，即去其蒂，勿令长大，则花随发无已。二种虽雪中亦花，有粉白色者，甚奇。……按月发花，色相妙甚。"① 显然，高濂喜欢这种花卉，在栽培管理方面颇具心得。李时珍《本草纲目》中指出月季属蔷薇类花卉，对其形态作了描述："处处人家多栽插之，亦蔷薇类也。青茎长蔓硬刺，叶小于蔷薇，而花深红，千叶厚瓣，逐月开花，不结子也。"② 道出这是一种各地栽培很普遍的观赏花卉。

三

从相关文献看，宋代以来，月季的品种发展不是很快。周师厚《洛阳花木记》（1082 年）收录多种月季：密枝月季、千叶月桂（粉红）、黄月季、川四季、深红月季、长春花、日月花、四季长春等种类。③ 但直到明末栽培品种并不多。明晚期，王象晋《群芳谱》记述的基本为前人陈言。清代江浙一带似乎发展较快，这种花也越发受到国人的喜爱。时为朝廷重臣的钱维城（1720—1772）绘有月季（长春），形态颇为准确。其配诗曰："自天皆重露，何地不长春。"值得一提的是，清代评花馆主的《月季花谱》记载了"蓝天璧""水月妆"等 34 个名贵月季品种。作者认为："月季花先止数种，未为世贵。是以考诸花谱，种法未明。近得变种之法，遂愈变愈多，愈出愈妙。始于清淮，蔓延及大江南北，且得高人雅士为之品题。花则尽态竭研，名亦林新角异。而吴下月季之盛，始超越古今矣。种数之多，足与菊花并驾。尝谓菊花乃花中之名士，月季为花中之美人。名士多傲，故但见赏于一时；美人工媚，故得邀荣于四季。因而人之好月季者，更盛于菊。"④ 似乎当时江浙一带，喜欢月季的人已经多于喜欢菊花的。

顺便指出，西方通常将 1867 年前的月季品种称为"古老月季"，其后杂交育成的称为"现代月季"。南方福建等地农村院落常见栽培不太需要管理

① 高濂. 遵生八笺：卷 16 [M]. 北京：人民卫生出版社，1994：621.
② 李时珍. 本草纲目：卷 18 [M]. 北京：人民卫生出版社，1977：1267.
③ 周师厚. 洛阳花木记 [M] // 说郛：卷 26. 北京：北京市中国书店，1986：78−109.
④ 评花馆主. 月季花谱 [M] // 生活与博物丛书. 上海，上海古籍出版社，1993：91.

的传统月季就是古老月季。现代月季（图6-4）不仅是西方普遍栽培的花卉，也是中国园林中最常用的花木之一。它花繁艳丽，植株秀丽，四季花开不绝，处处保持绚丽风光。而且因为有刺不宜受人为损坏，是城市不可多得的美化植物。国内常见的栽培品种约有1 000多个。它可成片栽培成月季园，也可盆栽或作切花，受欢迎程度远超牡丹等传统花卉。现代都市青年男女，当作爱情信物互相赠送的"玫瑰"就是现代月季，北京等城市将月季当作"市花"。

图6-4　现代月季

月季还有一个近亲叫香水月季，原产中国云南一带。香水月季的花蕾更加秀美，花朵的形态更为优雅，而且也是四季开花，花的颜色艳丽且特别芳香，还能提取香精。它也是园林中的著名花木，变种变形特别多，现在园林中栽培的月季大多是香水月季和其他种的杂交种。它们花色多样，种类繁多，把各大城市装点得姹紫嫣红、美不胜收。

长期在中国进行花卉引种的英国园艺学家威尔逊（E. H. Wilson）认为，西方的茶香玫瑰"tea roses"的亲本是中国月季（monthly rose），即月季（*Rosa indica*），它是中国古老的栽培花卉，其野生种在中国的中西部仍可见。它经班克斯的努力，于1789年引入欧洲。香水月季也在同一时期传入欧洲。欧洲的花卉专家用它们与同样是从中国引种的多花蔷薇等杂交，经过他们长期的辛勤努力，至2000年培育出了24 000个月季栽培品种。由于品种多而艳丽，所以月季又被西方人誉为"花中皇后"。

受西方送花文化的影响，近代年轻男士常会给心仪的女子送现代月季。耐人寻味的是，以往月季这种"不可把玩，艳以妍整"的刺花，成为爱情的信物。因西方人将蔷薇属的花卉通称rise，而早期中国学者又将其翻译成"玫瑰"，结果现代月季在社会上又被称作"玫瑰"，而传统的玫瑰反而逐渐不太为人所知。这或许与古代的花名流转有类似之处。

第三节　酴醾（木香）

一

中国古代有一种叫酴醾[①]的花，这种花名原是酒的名称，《旧唐书》记有这种酒名。唐代《景龙文馆记》记载："上幸两仪殿命侍臣昇殿食樱桃，……饮酴醾酒。"[②]后来因为这种花的颜色与酴醾相似，因此得名。因为同音的缘故，酴醾也写作荼蘼、荼蘼。它也叫琼绥带、雪缨络、独步春，据说还叫佛见笑、百宜枝杖、白蔓君、雪梅墩（图6-5）、沉香密友。此花分布于西南，古人已经注意到那一带有野生种分布。四川诗人苏轼的《和文与可洋川园池三十首·荼蘼洞》称："长忆故山寒食夜，野酴醾发暗香来。"其弟苏辙也写过："蜀中酴醾生如积，开落春风山寂寂。……半垂野水弱如坠，直上长松勇无敌。"诗中反映四川野酴醾很常见。首先栽培此花的地方极有可能就是四川。宋祁《益部方物略记》记载四川有两种酴醾："蜀酴醾多白，而黄者时时有之，但香减于白花。"指出酴醾的花色有白、黄两种。他的《咏荼蘼》诗称："来自蚕丛国，香传弱水神。析醒疑破鼻，并艳欲留春。"这里的"蚕丛国"即益州，也就是四川。诗中还指出，荼蘼在春暮或夏初开花。酴醾在古代是柔美、清婉的象征。四川应该是其原产地。

---

① 或称荼蘼。

② 李昉. 太平御览: 卷969[M]. 北京: 中华书局, 1962: 4298.

图 6-5　清代画家余省所绘雪梅堆（墩）

酴醿这个花名似乎出现在唐代，唐人《题壁》诗中已有："禁烟佳节同游此，正值酴醿夹岸香。"从文献记载来看，此花无疑在宋代已经开始栽培。宋人普遍喜爱酴醿这种香花，常于庭院搭架栽培。陶谷（903—970）《清异录》中提道："酴醿木香，事事称宜，故卖插枝者云'百宜枝杖'。"[①]欧阳修的《酴醿》诗称："清明时节散天香，轻染鹅儿一抹黄。"也道出酴醿为黄色花卉。长江中游的两湖和江西等地栽培的史实，常见诗人笔下。宋祁的《赋成中丞临川侍郎西园杂题十首·酴醿架》诗有："媚条无力倚风长，架作圆阴覆院凉。"记述酴醿是搭花棚的好材料。苏轼则对酴醿充满喜爱。他的《杜沂游武昌以酴醿花菩萨泉见饷》写道："酴醿不争春，寂寞开最晚。……不妆艳已绝，无风香自远。"

当时，河南开封、洛阳等地也栽培酴醿。梅尧臣的《志来上人寄示酴醿花并压砖茶有感》写道："京师三月酴醿开，高架交垂自为洞。"元代《诚斋杂记》记载："范蜀公[②]居许下，于长啸堂前作荼蘼架，每春季花时，宴客其

① 陶谷. 清异录：卷上 [M]//宋元笔记小说大观. 上海：上海古籍出版社，2007：43.
② 即范镇（1007—1088）。

下。"①周师厚《洛阳花木记》记有："荼蘼、千叶荼蘼、金荼蘼。"李格非的《洛阳名园记》提到从春园"丛春亭出酴醾架上"。可见酴醾常被作花篱或在花架上栽培。司马光写过《修酴醾架》："贫家不办构坚木，缚竹立架擎酴醾。"韩维《酴醾》诗有："平生为爱此香浓，仰面常迎落架风。"北宋文学家张耒的《咸平县丞厅酴醾记》提到："丞居之堂庭有酴醾，问之邑之老人，则其为枢密府时所种也。既老而益蕃，延蔓庇覆，占庭之大半。其花特大于其类，邑之酴醾皆出其下。"②上述记述都是时人用酴醾这种架花美化生活环境的真实写照。

　　至于江南的江浙乃至福建一带，酴醾栽培更是兴盛。杨万里的《走笔谢张功父送白酴醾》有："三月尽头四月首，南湖香雪今谁有。"叶适《赵振文在城北厢两月无日不游马塍作歌美之请知振文者同赋》诗有："酴醾缚篱金沙墙，薜荔楼阁山茶房。"南宋方志《三山志·土俗类》这样描述酴醾形态："酴醾，花白而香，春时极盛。……又有檀心而紫者尤香。"陆游《东阳观酴醾》写下："福州正月把离杯，已见酴醾压架开。吴地春寒花渐晚，北归一路摘香来。"它在春暮夏初开，花期晚于蔷薇等同类花卉，故宋代诗人朱淑贞《咏酴醾》有这样的描述："花神未许春归去，故遣仙姿殿众芳。白玉体轻蟾魄莹，素纱囊薄麝脐香。"还有诗人有所谓"开到荼蘼花事了"的感慨，言外之意即春天花季已过。《乾道临安志·物产》也记有这种花。《梦粱录·暮春》记载当时杭州城的花卉有木香、酴醾。《格物总论》对它有更细致的描述："酴醾花，藤身青，茎多刺，每一颖着三叶，品字样，叶面光绿，背翠，多缺刻，青跗红萼，及开时花变白，带浅碧，多叶，其香微而青。种之者用大高架引之盘曲而上。二三月间烂熳可观也。又一种黄花，同时而开。字本作稌穈，后加酉，或又曰酴醾酒名，世以所开花颜色似之故取名焉。"③从其描述来看，这是攀援灌木，小叶三个，花白色或黄色，应该是木香花。

　　酴醾无疑是宋人非常喜爱的棚架花，众多诗人笔下多见且不吝赞美。宋

　　① 周达观. 诚斋杂记 [M]//说郛：卷31 上. 北京：北京市中国书店，1986.
　　② 吕祖谦. 宋文鉴：卷84 [M]. 北京：中华书局，1992：1196.
　　③ 谢维新. 古今合璧事类备要·别集：卷31 [M]//四库全书：941 册. 台北：商务印书馆，1983：172.

祁《酴醾洞》称颂："无华真国色，有韵自天香。"韩维（1017—1098）《酴醾》写道："平生为爱此香浓，仰面常迎落架风。"黄庭坚写过《张仲谋家堂前酴醾委地》。陈与义《酴醾》这样写道："雨过无桃李，唯余雪覆墙。青天映妙质，白日照繁香。影动春微透，花寒韵更长。"著名理学家朱熹《浣溪沙·次秀野酴醾韵》也记下有关酴醾栽培："压架年来雪作堆，珍丛也是近移栽。"刘克庄《酴醾》诗也称："青蛟蜕骨万条长，玉架盘云护晓窗。外面看来些子叶，中间著得许多香。"卢祖皋《酴醾》："雪干云条一架春，酒中风度梦中闻，东风不是无颜色，过了梅花便是君。"

二

宋代不少学者记述酴醾即木香。生活在南北宋之交的学者张邦基，在其《墨庄漫录》中写道："酴醾花或作荼蘼，一名木香。有二品：一种花大而棘长条，而紫心者为酴醾；一品花小而繁，小枝而檀心者为木香。题咏者多。"[①]在作者看来，酴醾即木香，只是两个不同品种而已。上述《清异录》将酴醾木香并列或许就是这个缘故。其后《赤城志·土产》（1223 年）也有："酴醾，一名木香。有花大而独出者，有花小而丛生者，丛生者尤香。旧传洛京岁贡酒，其色如之。江西人采以为枕衣。黄鲁直诗所谓：'风流彻骨成春酒，梦寐宜人入枕囊'是也。"朱弁《曲洧旧闻》记载："木香有二种，俗说檀心者，号酴醾，不知何所据也。京师初无此花，始禁中有数架，花时民间或得之，相赠遗，号'禁花'，今则盛矣。"[②]大约这种花从西南四川传出，北宋时期在中原的开封等地依然不多。明代《姑苏志·土产》也记载："木香，细朵淡黄色，垂条匝地，一名酴醾。"从上述这些表述看，酴醾应该为木香的一个檀心或黄色的品种。

明代，它也是南方常见的棚架花。黄仲昭《八闽通志》记载福州府："酴醾蔓生，承之以架。花白而香，春晚极盛。又有檀心而紫色者尤香。"[③]记述

① 张邦基. 墨庄漫录：卷9[M]//宋元笔记小说大观. 上海：上海古籍出版社，2007：4739-4740.
② 朱弁. 曲洧旧闻：卷3[M]//宋元笔记小说大观. 上海：上海古籍出版社，2007：2979.
③ 黄仲昭. 八闽通志：卷25[M]. 福州：福建人民出版社，1991：719.

当时酴醾是福州常见的棚花。高濂《遵生八笺》也记载："酴醾，大朵，色白，千瓣而香，枝梗多刺。诗云：'开到酴醾花事尽。'为当春尽时开耳。外有蜜色一种。"[1]周文华《汝南圃史》中认为："酴醾，蔓生，绿叶青条，承之以架。有大小二种。小者有黄、白二色。……今人呼大者为酴醾，小者为木香。《允斋花谱》云：木香虽小而香味清远，酴醾似不及，然观古人诗推许郑重。"基本延续张邦昌的说法。他还指出："按《格物论》所载酴醾形状，藤身，青茎多刺，每一颖著三蕊品字，青跗红萼，及开变白，香微而清，盘曲高架。正与今所呼木香同。《姑苏志》云：木香，一名酴醾。又诸书中并无木香，可引为证，则苏、王所咏直是今之木香耳。"[2]认为酴醾就是木香。《群芳谱·花谱》中，收录的"酴醾"有这样的描述："藤身，灌生，青茎多刺，一颖三叶如品字形，面光绿，背翠色，多缺刻，花青跗红萼，及开时变白带浅碧，大朵千瓣，香微而清，盘作高架，二、三月间烂熳可观，盛开时折置书册中，冬取插鬂犹有馀香，本名荼蘼，一种色黄似酒，故加酉字。"从二者的形态描述看，形态显然接近木香。郑元勋在扬州创构的"影园"也有荼蘼花。酴醾花香，有如玫瑰[3]，古人常用于拌茶、兑酒和食用佐料。有人认为荼蘼是空心泡（*Rubus rosaefolius*），说它也叫沉香密友等名称。不过从古书的描述和古代的画来看，可能性很小。

《中国植物志》悬钩子蔷薇条提到，有人认为荼蘼应该是香水月季（也叫芳香月季 *Rosa odorata*）。还认为，《植物名实图考》中的"黄酴醾"即"香水月季"。[4]另外，书中还说重瓣空心泡也有荼蘼的别名。[5]但上述看法似乎与古人说的不太相符，古人笔下的酴醾更可能是木香（*Rosa banksiae*）的不同品种。

---

① 高濂. 遵生八笺：卷16[M]. 北京：人民卫生出版社，1994：619.

② 周文华. 汝南圃史：卷8[M]//续修四库全书：第1119册. 上海：上海古籍出版社，2003：109.

③ 乾隆《山东通志·物产志》记载："荼蘼，花如月季而大，深红有香，又名玫瑰。花瓣、皆可采食。"直接将荼蘼说成玫瑰，在古籍中似乎是一特例。

④ 中国科学院中国植物志编辑委员会. 中国植物志：37卷[M]. 北京：科学出版社，1985：432.

⑤ 中国科学院中国植物志编辑委员会. 中国植物志：37卷[M]. 北京：科学出版社，1985：432.

三

木香（*Rosa banksiae*，图6-6）原产中国西南和秦巴山区等地。此花也分布于中国西南的四川和云南等地。木香原来是香料或菊科药物名称，《神农本草经》已有收录，原本与蔷薇科植物木香无关。木香用作花名约在唐代出现。当时侍中马燧（726—795）曾建"木香亭"。诗人邵楚苌《题马侍中燧木香亭》写道："春日迟迟木香阁，窈窕佳人褰绣幕。……横汉碧云歌处断，满地花钿舞时落。"木香这个花名于宋代已经流行。

图6-6　木香花

木香花是中国最著名的藤花之一，尤其在中国南方。古人也叫它锦棚儿。北宋刘敞（1019—1068）也有《木香》诗云："粉刺丛丛斗野芳，春风摇曳不成行。只因爱学官妆样，分得梅花一半香。"张舜民《木香》诗有："庭前一架已离披，莫折长枝折短枝。要待明年春尽后，临风三嗅寄相思。"与上面的酴醾花期似乎类似。文学家晁咏之（字之道，1055—1106）[①]咏《木香花》诗歌也有："唤得梅蕊要同韵，羞杀梨花不解香。""朱帘高槛俯幽芳，露浥烟霏玉褪妆。月冷素娥偏有态，夜寒青女不禁香。"记述北宋都城风土人情的《东京梦华录》也记载当时市场有木香花："是月季春，万花烂漫。牡丹、芍药、棣堂、

① 晁补之从弟。

木香，种种上市，卖花者以马头竹篮铺排，歌叫之声，清奇可听。"①

不过古代的学者记述比较粗疏，不同于现在有明确的种与品种的概念，常出现同物异名。如前所述《清异录》就将木香和酴醾并列。《咸淳临安志·物产》也记载："木香、酴醾，以上二种皆柔条，有黄白二种，白而心紫者尤香。"乾隆《福建通志·物产》则将酴醾和木香并列，书中记载："木香，叶茎俱似酴醾花差小，其香尤清。又有一种花黄色，无香。"还说"蔓生承之以架，花白而香，春晚极盛。又有檀心而紫色者，尤香"。从描述来看，酴醾只是木香的一个花较大的品种。

明清时期江南园林多有木香栽培，当时的物产志也不乏木香的记述。《竹屿山房杂部·树畜部二》记载木香"灌生，条长，有刺，花香甚清远"。王世懋在《学圃杂疏·花疏》中认为："木香惟紫心小白者为佳，圃中亦有架，宋人绝重荼蘼香，今竟不知何物，疑即是白木香耳，今所谓荼蘼白而不香，定非宋人所珍也。"他推测宋人认为的酴醾可能就是白木香。明代嘉靖年间江苏士绅安国在无锡经营的"嘉荫园"中有："跨涧斑竹千竿，翠欲滴。依涧或棚木香，或架蔷薇，或古树绊朱藤。"②《八闽通志》记载："木香茎叶俱似酴醾，而花差小，其香尤清。又有一种，花黄色，无香。"③从其记述来看，酴醾和木香的差别仅仅在于花的大小。《遵生八笺》记载了三个品种的木香和栽培技术，作者也认为花紫心的最好。书中云："花开四月。木香之种有三：其最，紫心白花，香馥清润，高架万条，望若香雪。其青心白木香、黄木香（图6-7）二种，皆不及也。"清代曹溶认为："白木香有二种，紫心而小者为胜，宋人所谓荼蘼定此花也。"④同样认为紫心的白木香就是宋人的酴醾。

① 孟元老. 东京梦华录：卷 7 [M]. 北京：中国商业出版社，1982：51.
② 陈植，张公驰. 中国历代名园记选注 [M]. 陈从周，校阅. 合肥：安徽科学技术出版社，1983：123.
③ 黄仲昭. 八闽通志：卷 25 [M]. 福州：福建人民出版社，1991. 766.
④ 曹溶. 倦圃莳植记：卷上 [M] // 续修四库全书. 第 1119 册. 上海：上海古籍出版社，2003：262.

图6-7　黄木香

清代官员钱维城绘的酴醿是黄色重瓣花，类似黄蔷薇或黄刺玫。陈淏子的《花镜》也收录了木香；高士奇《北墅抱瓮录》记载："木香灌生，长条易茂，编篱引架，芬芳袭人。白花紫心者香更清远。又有黄色一种，香少逊而色颇妍。"这些记述表明木香是江南园林常见的棚架花。当时的不少《园志》也表明这一点。

清代苏州徐白所建"水木明瑟园"中栽培了不少木香和蔷薇。何焯的《题潭上书屋》记述园中："接木连架，旁植木香、蔷薇诸卉，引蔓覆盖其上，花时追赏，烂然如绣。"[1] 园艺学家李渔还提出了木香和蔷薇的配置方法。他认为："藤本之花，必须扶植。扶植之具，莫妙于从前成法之用竹屏。或方其眼，或斜其槅，因作葳蕤柱石，遂成锦绣墙垣，使内外之人，隔花阻叶，碍紫间红，可望而不可亲，此善制也。"[2] 他还认为："木香花密而香浓，此其稍胜蔷薇者也。然结屏单靠此种，未免冷落，势必依傍蔷薇。蔷薇宜架，木香宜棚者，以蔷薇条干之所及，不及木香之远也。"陈元龙在海宁经营的"遂初园"，也有"木香满架，架旁翠竹，幽荫深秀"。木香花繁而香味清雅，适于南

① 陈植，张公驰. 中国历代名园记选注 [M]. 陈从周，校阅. 合肥：安徽科学技术出版社，1983：318.
② 李渔. 闲情偶寄 [M]. 上海：上海古籍出版社，2000：308.

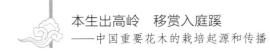

方栽培，这也是江浙一带的园林中常有木香攀援花架的原因。木香花绽放时，流芳溢彩，飞瀑含香。栽植庭院，颇具佳致。

　　古代还有一种名为"金沙"的蔷薇类花卉，花红色或紫红，形态或与酴醾有相似之处，古代园林常栽培。这个花名亦见于张翊《花经》。宋代诗人王安石《题金沙》称："海棠开后数金沙，高架层层吐绛葩。"显然，这是一种棚架花，与酴醾不同的是，其花紫红色。周必大《玉堂杂记》记载："东阁窗下甃小池……傍植金沙、月桂之属。又有海棠、郁李、玉绣球各一株。"[1] 杨万里《雨中问讯金沙》有这样的描述："金沙道是殿群芳，不道荼蘼输一场。十里红妆踏青出，一张锦被晒晴香。"诗中所云亦为红色花。董嗣杲《金沙花》有："暖倚青墙揉紫绵，绛葩淡染露花鲜。花遗颜色只如此，名借酴醾得并传。"从上述诗句来看，这是一种开紫红色花的植物。梁克家的《三山志·土俗类》记载："金沙，玫瑰之流也，香不及之。"记述该花为紫色而有香味。《赤城志·土产》记载："金沙，有紫色者。黄鲁直诗所谓：'紫绵揉色染金沙'是也。"明代《竹屿山房杂部·种畜部二》也记载："金沙花，灌生，有刺，红色，微香。"也证实上述说法。乾隆《福建通志·物产》记载："金沙，亦玫瑰之流而香不及也。"似乎也是沿袭了《三山志》的说法。

第四节　玫瑰

　　玫瑰这个名称在《上林赋》中就出现，指的是美玉，后人为了强调玫瑰花的珍贵，于是将玫瑰用作其花名。玫瑰花古代也称"徘徊花"，据《西湖游览志余·委巷丛谈》所说，因为宋代宫中多用玫瑰花杂脑麝结为香囊，芬氲不绝，故名。玫瑰是落叶灌木。它茎粗壮，直立丛生，密生刺毛和倒刺，在古代又被称为"刺客"。叶子卵圆形，表面亮绿色，背面灰绿色。花开于当年长出的新枝端头，花的颜色大多为紫红色、粉色和白色，很芳香，娇艳芬馥，为古代

---

① 周必大. 淳熙玉堂杂记：卷下 [M]// 全宋笔记：第5编第8册. 郑州：大象出版社，2012：305.

一种著名的观赏植物。玫瑰（Rosa rugose，图6-8）野生种群分布于中国华北的山东，以及东北辽宁沿海沙滩和吉林图们江河谷，在朝鲜、日本及俄罗斯亦有分布。①

图6-8　玫瑰

《西京杂记·乐游苑》记载，汉代"乐游苑，自生玫瑰树。树下多苜蓿"。玫瑰原产中国北方，在北方园林首先栽培。《西京杂记》的记述表明，人们早已认识这种花卉。它在唐代的庭院中常见，至少有1 000多年的栽培史。唐代天宝年间诗人卢纶（约739—约799）写过《奉和李舍人昆季咏玫瑰花寄赠徐侍郎》，其中有："旧阴依谢宅，新艳出萧墙。"长孙佐辅《宫怨》写道："窗前好树名玫瑰，去年花落今年开。"温庭筠也有"杨柳萦桥绿，玫瑰拂地红"的诗句。李肇《翰林志》记载翰林院："院内古槐、松、玉蕊、药树、柿子、木瓜、庵罗、峘山桃、李、杏、樱桃、紫蔷薇、辛夷、蒲萄、冬青、玫瑰、凌霄、牡丹、山丹、芍药、石竹、紫花芜菁、青菊……杂植其间，殆至繁隘。"记述玫瑰是当时庭院的栽培花卉。《酉阳杂俎·支植》记载："嵩山深处有碧花玫瑰，而今亡矣。"唐末文学家徐夤写过《司直巡官无诸移到玫瑰花》："芳菲移自越王台，最似蔷薇好并栽。秾艳尽怜胜彩绘，嘉名谁赠作玫瑰。"玫瑰是受国人喜爱的一种传统名花，较早就被当作绘画题材，五代著名画家徐熙曾经画

---

① 金飞宇，等. 玫瑰种群生物学研究进展 [J]. 生态学报，2016，36（11）：3156-3166.

过玫瑰花图。[①]

在宋代，南北方各地皆有玫瑰栽培。《洛阳花木记》记载洛阳有：玫瑰、穿心玫瑰和黄玫瑰。书中还记载，春分时节栽"紫条玫瑰"，可以"接玫瑰"。这里的紫条玫瑰应该就是通常的紫玫瑰。另外，当时已经通过玫瑰嫁接培育良种。朱弁（1085—1144）的《栽花》诗也有："环池又栽数品花，蜀葵玫瑰与石竹。"一些地方志也多有这方面的记载。梁克家《三山志·土俗类三》记载："紫玫瑰，亦名徘徊花。郡人翁承赞[②]诗：'三株红芍药，一架紫玫瑰'。"据《赤城志·土产》记载：玫瑰的花有紫色和白色两种。白色的玫瑰叫"雪玫瑰"，紫色的叫"徘徊花"。《咸淳临安志·物产》提道："徘徊，此花极香，宫苑以杂脑麝，为佩带珠。"记述玫瑰已被当作香料。

王世懋《学圃杂疏·花疏》对于园林中玫瑰的地位有如下见解："玫瑰非奇卉也，然色媚而香，甚旖旎，可食可佩，园林中宜多种。又有红、黄刺梅二种，绝似玫瑰而无香，色瓣胜之，黄者出京师。"指出玫瑰是一种适合于园林中广泛栽培的柔美香花。黄刺梅因为太像玫瑰了，所以也被王世懋归为"玫瑰"。周文华似乎更喜欢玫瑰一些，他的《汝南圃史·木本花部下》有："花类蔷薇而色紫香腻，艳丽馥郁，真奇葩也。"苏州拙政园有处名为"玫瑰柴"的景观，栽培了不少玫瑰。清代学者沿袭了这种分类。邹一桂指出："刺梅，有红、黄二种，花叶刺俱似玫瑰。"后来"黄刺梅"又写作"黄刺玫"。乾隆时期《盛京通志·物产》记载："玫瑰，红者可入食品。黄者花微小，俗通呼'刺玫'。野开者，花皆单瓣，色红，子赤，名'山刺玫'。"至今仍是北京园林中常见的花卉。

清代艺术家李渔对玫瑰情有独钟，称："群花止能娱目，此则口眼鼻舌以至肌体毛发，无一不在所奉之中。可囊可食，可嗅可观，可插可戴，是能忠臣其身，而又能媚子其术者也。花之能事，毕于此矣。"[③]指出玫瑰可供食用，可以观赏，还可作香料，以及用作装饰。《燕京岁时记》也记载："玫瑰，其色

---

① 宣和画谱：卷17 [M]. 长沙：湖南美术出版社，1999：357.

② 翁承赞，唐代学者。

③ 李渔. 闲情偶寄 [M]. 上海：上海古籍出版社，2000：311-312.

紫润，甜香可人，闺阁多爱之。四月花开时，沿街唤卖，其韵悠扬。晨起听之，最为有味。"显然，这是清代京城人们喜爱的一种商品花卉。

玫瑰有色有香，可观可嗅，古人很早就将其当作香料和提取香精。南宋杨万里《红玫瑰》诗云："非关月季姓名同，不与蔷薇谱谍通。接叶连枝千万绿，一花两色浅深红。风流各自燕支格，雨露何私造化功。别有国香收不得，诗人熏入水沈中。"从诗人所言来看，似乎时人已经通过玫瑰提取香精了。明代《竹屿山房杂部·养生部二》记载，当时有玫瑰膏、蔷薇膏和桂花膏。显然，当时玫瑰已经用来制作各种香料。高濂《遵生八笺·燕闲清赏笺》也指出这是可食用且观赏价值很高的香花。书中记载："玫瑰花二种。出燕中，色黄，花稍小于紫玫瑰。种紫玫瑰多不久者，缘人溺浇之即毙。种以分根则茂，本肥多悴，黄亦如之。紫者，干可入囊，以糖霜同捣，收藏，谓之玫瑰酱。各用俱可。"陈正学的《灌园草木识》则记载："花紫红色，缀以黄心。亦熬为露，香甜稍逊番蔷薇。"[①] 这里的"番蔷薇"可能是外来蔷薇种。园艺家文震亨在其《长物志》中甚至认为玫瑰"宜充食品，不宜簪戴。吴中有以亩计者，花时获利甚夥"。上述史料表明，可能宋人已经开始食用这种花卉，并用它制作香精和香料，明代已有较大规模的商品栽培。乾隆时期《甘肃通志·物产》记载，兰州、张掖产玫瑰花。

时至今日，国人依然喜爱这种香花。华北山东平阴、北京鹫峰以产玫瑰著称；西北兰州的郊区县也以产"苦水玫瑰"著称。甘肃和北京一些地方还种植玫瑰提炼高级香料——玫瑰油。它的花瓣可以与糖腌制为玫瑰酱或晒干为食品着色，鲜花可用于泡酒或窨茶。如今黑龙江将玫瑰定为省花，兰州将其定为市花。

附：黄刺玫

《洛阳花木记》记载了"黄玫瑰"，不知是否即后世的黄刺玫。黄刺玫（*Rosa xanthine*，图6-9）原产于中国华北和东北，原先叫"刺梅"。上面提到，在明

---

① 陈正学. 灌园草木识：卷1 [M] //续修四库全书：第1119册. 上海：上海古籍出版社，2003：199.

代学者王世懋的《学圃杂疏·花疏》中已经出现。冯梦龙的白话小说《灌园叟晚逢仙女》也有提及。可能后来谐音称"刺玫"。或许其花似酴醾，故又称刺蘼。周文华《汝南圃史》记载："刺蘼，叶细，多刺，四月中开花，比蔷薇、木香诸花最后。其花粉红色，亦有白者，类玫瑰而无香。或指玫瑰为刺蘼，误也。"[1] 这里的"刺蘼"应该是山刺玫 (*Rosa davurica*)。

图6-9　黄刺玫

清代，高士奇的《北墅抱瓮录》记载："京师有刺蘼，即玫瑰之黄者。惜大江以南不能致之。"[2] 注意到它不适于南方栽培。清代不少北方地方志都有它的记述。《日下旧闻考》记载："玫瑰花有二种，其一种色黄，出燕中，花稍小于紫玫瑰。朱昆田[3] 原按：黄玫瑰，京师目为'刺梅'者是也。"[4] 乾隆《山东通志·物产志》记载："刺梅，出利津县。"同一时期的《陕西通志·物产二》也记载："黄刺梅，结子如马乳；黄花有刺。"记述东北黑龙江方物的《龙沙纪略·物产》同样提道："花有……长春、刺梅。"

清代画家常以刺玫作为绘画题材。邹一桂《小山画谱》卷上记载："刺梅，有黄白二种，花叶刺俱似玫瑰。高可三五尺，有色无香，亦四月开。"《绘事备

① 周文华. 汝南圃史：卷8[M]//续修四库全书：第1119册. 上海：上海古籍出版社，2003：108.
② 高士奇. 北墅抱瓮录[M]//生活与博物丛书. 上海：上海古籍出版社，1999：332-333.
③ 朱昆田（1652—1699），画家，著名学者朱彝尊之子。
④ 于敏中. 日下旧闻考：卷149[M]. 北京：北京古籍出版社，2001：2383.

考》记载有："游蜂刺梅图。"《式古堂书画汇考》也记有："游蜂刺梅图。"

黄刺玫适应性强，既耐寒，又耐旱，适宜栽培在阳光充足、通风良好的地方，各地普栽培。北京的花期在4月下旬，花开如流光飞瀑，颇有可观，可作花篱或花坛栽培。

中国还有一种花形与玫瑰颇为相似的花卉，即缫丝花（*Rosa roxburghii*）。它也叫刺蘸或刺梨，在长江流域很多地方和陕西甘肃都有分布。缫丝花形态与玫瑰相近，明清时期常见园林栽培。明代的《遵生八笺》写道："花叶俨似玫瑰，而色浅紫无香，枝生刺针，时至煮茧，花尽开放，亦以根分。"道出其所以称缫丝花的原因。

第五节　蔷薇类花卉在西方的传播

西方从中国引进的重要园林花卉中，蔷薇类花卉是他们非常重视的一个类群，尤其是一年四季都开花的月季。月季在西方的园林和家庭装饰中所起的作用可谓举足轻重。

前面提到，月季是中国非常古老的一种观赏花卉，在南方四季都开花，花期很长。因为"逐月一开，四时不绝。"因此叫月季，俗称月月红。月季是近代西方从中国引种的著名花卉之一，在当今西方园林界被誉为"花中皇后"，栽培的品种据说达24 000多个。[①] 这似乎是西方人对蔷薇属植物情有独钟的结果。[②] 根据美国植物学家里德（H. S. Reed）的说法，西方栽培的月季和蔷薇属植物主要来源于中国的三个种。[③] 第一种是月季（*Rosa chinensis*）。它于17世纪被英国东印度公司的职员引进印度，1781年再经印度被引到荷兰，因此曾被误认为原产印度。1789年，英国的班克斯把月季带回英国栽培；差不多与此同时，它也被引到奥地利的维也纳植物园栽培。另一个种是多花蔷薇（或

---

① 月季、蔷薇、玫瑰只是我国的区分法，实际上，它们在西方都称为 rose 或 rosa。
② 英国人和西班牙人把蔷薇当作国花或可看成他们之中的典型。
③ REED H S. A Short History of the Plant Science. New York: The Ronald Press Comp, 1946: 123.

称野蔷薇 *R. multiflora*）。这个种的标本在 1793 年的时候曾由英国来华使团的一个随员采得。1804 年它的一个变种被引进到英国。还有第三个种便是芳香月季（*R. odorata*）①，1808 年被引入英国。基于这三个种的定向杂交和培育，西方得到众多千姿百态的现代月季或"玫瑰"。

当然，由于中国是蔷薇属植物现代分布的中心，西方人从中国引入的与月季同属的蔷薇属植物远不止这三个种。1792 年，英国使团的随员曾在中国采得硕苞蔷薇（*R. bracteata*）带回英国。1807 年，又有白色重瓣的木香花（*R. bankisiae*）由丘园派出的雇员科尔（W. Kerr）引入英国。1824 年，英国园艺学会派出的采集员帕克斯（J. D. Parks）又把黄色重瓣的木香花引入英国。他还带回一种黄色香水月季回到英国。西方 1864 年育成著名的马雷夏尔·尼尔就是其杂交后裔之一。1823 年，英国园艺学会派来的采集者又从中国引进过一些玫瑰的新品种。其后由同一机构派来中国采集园艺植物的福乘又在厦门和上海采集得不少蔷薇属植物种苗送回，其中包括他从宁波收集到一种当地人叫"五彩蔷薇"的品种。此后，英国和其他欧洲国家继续源源不断地从中国引种蔷薇属观赏植物。有学者指出，在西方，花园就意味着栽培"玫瑰"（实为现代月季），他们年复一年栽培这种花卉。

19 世纪后，欧美曾从北京引种黄刺玫。美国的园艺专家利用它培育出非常漂亮而且耐寒的黄玫瑰，在新英格兰数州很受欢迎。它在美国的马里兰于 1914 年首次开花。

当时，蔷薇属的黄蔷薇也被引种到欧美。天主教牧师斯柯蓝（Hugo Scallan）于 1899 送黄蔷薇的种子到大英博物馆。其后，1907 年，应美国农业农村部外国作物引种处负责人费尔柴德（D. Fairchild）的要求，丘园送给他数株这种黄蔷薇，黄蔷薇从一开始就受这个美国人的喜爱，它是开花最早的蔷薇之一。后来，这种可爱的黄蔷薇被分给数以千计的家庭种植。美国园艺学者利用这种黄蔷薇和其他中国蔷薇培育出许多很好的新品种，不少很快作为

---

① 亦称香水月季。

商品推广。①

　　明清时期也有一些外国优良品种蔷薇传入。陈正学《灌园草木识》记载一种外来种："番蔷薇，此花从夷国来。短条多刺，花开香烈甜媚。千叶包裹，娇红深浅，意态自佳，非玫瑰所敢拟也。……其干与肥皂同捣，盥洗尤香。可熬露，寄远，数年如新，日用将露滴汤酒果馅中，甚有韵致。"② 这里的番蔷薇显然是花更芳香好看、含挥发油更多的品种。

---

① FAIRCHILD. D. The world was my Garden[M].New York: Charles Scribner's Son. 1938: 433.

② 陈正学. 灌园草木识: 卷1[M]//续修四库全书: 第1119册. 上海: 上海古籍出版社, 2003: 199-200.

第七章

菊　花

第一节　栽培起源

菊花属菊科，古代也叫鞠、治蘠、日精、傅延年、帝女花，为当今世界品种最多和栽培最广的花卉之一，也是国人挚爱的晚秋花卉。它是洁身自爱、孤芳自持、贞洁的象征。菊花原产中国，野菊（*Chrysanthemum indicum*，图7-1）在中国分布极广，是南方田塍、山坡草地常见的杂草。花开在枝顶，主

图 7-1　野菊

要为黄色，花开时鲜黄夺目，又被认为有养生作用，故古人称之为"日精"、延年。它有一种特殊的气味，乡民认为这种野花有清热祛毒的作用。古代栽培的菊花主要是黄色，古人常用"黄花"指称菊花。史正志《菊谱》称："菊以黄为正，故概称黄华。"所以"黄花"又几乎成了菊花的别称。典型的如宋代著名女词人李清照有"东篱把酒黄昏后，有暗香盈袖。莫道不销魂，帘卷西风，人比黄花瘦"的吟颂。菊花也有白色、红色或紫色等其他颜色，它绽放时秋高气爽，在传统中被赋予脱俗、高洁、内敛不张扬的品德。而《九歌》中"春兰兮秋菊"点提一时之秀美等诗句，显示诗人对菊花之推崇。伟大诗人屈原和陶渊明的诗歌对后人欣赏菊花发挥了开风气的作用。

这种花可能很早就被国人关注。中国有些考古工作者在探索中国文明起源的过程中，提出新石器时期的陶器有菊花和月季纹饰。不过，从其所列的图纹来看，似乎想象的成分居多，缺乏说服力。①

菊花在南北各地常见，很早被国人关注似乎没有疑义。农民很早就根据它的开花时令安排农业生产。中国古代记有大量物候的历书——《夏小正》，在记述九月的物候时就有"荣鞠"。《礼记·月令》记载："季秋之月，菊有黄华。"这里的所谓"季秋之月"也就是九月，人们注意到野外菊花开了。《尔雅·释草》记载："蘜，治蘠。"郭璞注："今之秋华蘜也。蘜，音菊。"西晋周处《风土记》记载："日精，治蘠，皆菊之花茎别名也。"从中可以看出，菊原先作蘜，之所以叫蘜，是因为菊花开过之后，没有其他花了，故此得名，原意指最后。它喜欢凉爽，自古以来一直是秋天的时令花卉。菊花花期长，容易栽培。秋高气爽时，各地均有它的英姿。菊花被栽培后，人们在九月初九重阳节的时候，常常开心赏菊。它开花的季节正值寒秋，在北方地区几乎没有什么别的花，因此非常抢眼，一直是中国古人非常关注的物候现象。

菊花很早被关注，可能与它的野生种有清热解毒之功，很早就被当作药物有关，并因此被栽培于菜圃篱下。它无疑是中国最早栽培的花卉之一，至迟从战国时期就开始栽培菊花，2 000多年来它一直深受国人的喜爱。从战国

---

① 苏秉琦. 中国文明起源新探 [M]. 北京：三联出版社，1998：25-26.

的屈原起，中国历代的很多著名文人学者都爱赏菊或种菊。其中屈原《离骚》中有"朝饮木兰之坠露兮，昔餐秋菊之落英"。诗人认为菊花可以食用。屈原《九章》有"播江蓠与滋菊兮"。诗句中的"播"即种、"滋"即莳的意思，可以看出作者已经栽培菊花。换言之，长江中下游的湖南、江西等地是其最早栽培地之一。而它被作观赏栽培，很可能因为人们逐渐注意到它"色香态度纤妙闲雅，可为丘壑燕静之娱"。

菊花由药物、蔬菜逐渐成为重要的观赏插花，后人的相关记述也可验证。苏辙诗中有："春初种菊助盘蔬，秋晚开花插满壶。"范成大《范村菊谱》提到人们常用"菊比君子"，"虽寂寥荒寒，而味道之腴不改其乐者也。神农书以菊为养性上药，能轻身延年。……医国惠民，亦犹是而已。"①随园林艺术的发达，菊花受到广泛的喜欢。诚如范成大所说："人情舒闲，骚人饮流亦以菊为时花，移槛列斛。……爱者既多，种者日广。"道出菊花由药物向观赏花卉转化的历程。

第二节　菊花被推崇

菊花盛开于秋天风霜渐行、草木摇落之时，故被视为具卓尔不群、傲睨霜露之操，加上花可以养生、可供食用，很早就被古人推崇。屈原在诗中提到自己食用菊花，或用于养生。曹丕就认为，屈原食用菊花就是为了健体延寿。不仅如此，菊花有特殊的气味，古人认为用作药物能消灾除病，延年益寿，故又有"寿客"之称。从汉代开始，人们还开始饮菊花酒，认为可以长寿。《西京杂记》记载，汉初时，宫中于"九月九日，佩茱萸，食蓬饵，饮菊华酒，令人长寿"。②或许就是这种疗疾养生需求促使菊花进入栽培，逐渐成为人们喜爱的秋天观赏植物。古代有关将菊花当作长生保健药的记述很多。《神农本草经》说："久服，利血气，轻身……延年。"这也是其后被称为"傅延

① 范成大. 范村菊谱 [M]//生活与博物丛书. 上海：上海古籍出版社，1993：147.
② 葛洪. 西京杂记校注：卷3 [M]. 周天游，校注. 西安：三秦出版社，2007：146.

年"的原因。①

东汉《风俗通》记述了一个广为流传的故事:"南阳郦县,有甘谷,谷水甘美,云其山上有大菊,水从山上流下,得其滋液,谷中有三十余家,不复穿井,悉饮此水,上寿百二三十,中百余,下七八十者,名之大天,菊华轻身益气故也。司空王畅、太尉刘宽、太尉袁隗为南阳太守,闻有此事,令郦县月送水二十斛,用之饮食,诸公多患风眩,皆得瘳。"②这个传说,竟像一个广告,让南阳成为药用菊花的地道产地。南北朝时盛弘的《荆州记》则有这样的记载:"郦县北五十里有菊谿……两岸多甘菊。""郦县菊水,太尉胡广,久患风羸,恒汲饮此水,后疾遂瘳,年近百岁,非唯天寿,亦菊延之,此菊甘美,广后收此菊实,播之京师,处处传埴。"郦县产的大菊变成了甘菊,而且在洛阳开始广为栽培。时过境迁,这种主要出现在文学家的笔下的描述似乎并未影响医者的用药,中医开药方用的却是"滁菊"和"杭白菊"。用作"菊花茶"的主要是产自南方的"甘菊"。后来人们喝的"菊花"茶主要也是甘菊,宋代已经流行。苏辙有:"南阳白菊有奇功,潭上居人多老翁。叶似旛蒿茎似棘,未宜放入酒杯中。"黄庭坚《戏答王观复酴醾菊》也称:"谁将陶令黄金菊,幻作酴醾白玉花,小草真成有风味,东园添我老生涯。"

据说曹丕曾将菊花作为礼物送给太傅钟繇,并作一书,其中提道:"岁往月来,忽复九月九日,九为阳数,而日月并应,俗嘉其名,以为宜於长久……至於芳菊,纷然独荣,非夫含乾坤之纯和,体芬芳之淑气,孰能如此!故屈平悲冉冉之将老,思食秋菊之落英,辅体延年,莫斯之贵,谨奉一束,以助彭祖之术。"③很显然,这位作者认为菊花有延年益寿的功效。

不仅如此,一些古人甚至认为食用菊花不仅能消灾辟邪,还能让人得道成仙。周处《风土记》称其为:"俗尚九日而用候时之草也。"④陶渊明提道:"酒能祛百虑,菊解制颓龄。"⑤《续齐谐记》记载,道士费长房教人九月九日

① 唐慎微. 重修政和经史证类备用本草: 卷6 [M]. 北京: 人民卫生出版社, 1982: 144.
② 欧阳询. 艺文类聚: 卷81 [M]. 上海: 上海古籍出版社, 1982: 1390-1391.
③ 范成大. 范村菊谱 [M]//生活与博物丛书. 上海: 上海古籍出版社, 1993: 84.
④ 徐坚. 初学记: 卷27 [M]. 北京: 中华书局, 1962: 665.
⑤ 陶渊明. 陶渊明集校笺: 卷2 [M]. 龚斌, 校笺. 上海: 上海古籍出版社, 1999: 70.

戴茱萸绛囊，饮菊花酒可以避祸。而东晋的《名山记》则记载："道士朱孺子服菊草，乘云升天。"①《尔雅翼·释草》综述前人的传说写道："崔实《月令》②以九月九日采菊，而费长房亦教人以是日饮菊酒以禳灾，然则自汉以来尤盛。"葛洪《神仙传》称："康风子服甘菊花、柏实散，得仙。"③九月重阳节的登高、喝菊花酒的民俗显然源于上述传说的影响。唐代，皇帝甚至把饮用菊花酒当成祝寿仪式。《新唐书·李适传》记载："凡天子飨会游豫，唯宰相及学士得从。……秋登慈恩浮图，献菊花酒称寿。"缘于这种仪式，菊花不受重视都难。

　　菊花上述功能固然被夸大太多，不过它确实是传统的一味药材，中医认为它有清热明目的功能，亦可食用。古代用作药材的菊花有不同品种。宋代《图经本草》有较为详细的产地和形态记述："菊花，生雍州川泽及田野，今处处有之，以南阳菊潭者为佳。初春布地生细苗，夏茂、秋花、冬实。然菊之种类颇多，有紫茎而气香，叶浓至柔嫩可食者，其花微小，味甚甘，此为真。有青茎而大，叶细作蒿艾气味苦者，华亦大名苦薏，非真也。南阳菊亦有两种：白菊，叶大似艾叶，茎青根细，花白蕊黄；其黄菊，叶似茼蒿，花蕊都黄。然今服饵家多用白者。南京又有一种开小花，花瓣下如小珠子，谓之珠子菊，云入药亦佳。"④寇宗奭的《本草衍义》进一步指出药用的种类："菊花，近世有二十余种，唯单叶、花小而黄绿，叶色深小而薄，应候而开者是也。……又邓州白菊，单叶者亦入药。"⑤现在常用的菊花还有所谓"滁菊"和"杭白菊"之分。

　　菊花被认为有养生祛病之功效，又有鲜艳的花朵，很自然就成为人们喜爱的观赏花卉。汉以后，屈原的赏菊情怀得到广泛的认同。汉武帝刘彻曾感怀"兰有秀兮菊有芳"。三国时期，魏国将领钟会写下《菊花赋》，对菊花之美大发感慨："何秋菊之奇兮，独华茂乎凝霜，挺葳蕤於苍春兮，表壮观乎金商。延蔓蓊郁，缘坂被岗，缥干绿叶，青柯红芒。芳实离离，晖藻煌煌，微风

---

① 徐坚. 初学记：卷27 [M]. 北京：中华书局，1962：665.

② 即《四民月令》。

③ 陶渊明. 陶渊明集校笺：卷2 [M]. 龚斌，校笺. 上海：上海古籍出版社，1999：1391.

④ 唐慎微. 重修政和经史证类备用本草 [M]. 北京：人民卫生出版社，1982：144.

⑤ 寇宗奭. 本草衍义：卷7 [M]. 北京：人民卫生出版社，1990：47.

扇动，照曜垂光。于是季秋初九，日数将并，置酒华堂，高会娱情。百卉彫瘁，芳菊始荣，纷葩鞾晔，或黄或青，乃有毛嫱西施，荆姬秦嬴，妍姿妖艳，一顾倾城。擢纤纤之素手，宣皓腕而露形，仰抚云髻，俯弄芳荣。"申言菊花有五种美德。"故夫菊有五美焉：圆花高悬，准天极也；纯黄不杂，后土色也；早植晚登，君子德也；冒霜吐颖，象劲直也；流中轻体，神仙食也。"晋代名臣傅玄写的《菊赋》更是认为："掇以纤手，承以轻巾，服之者长寿，食之者通神。"他对菊花是如此推崇，以至于后世有人将菊花称作"傅公"。当时的文学家潘尼《秋菊赋》也称颂菊花："垂采炜於芙蓉，流芳越乎兰林，……王母接其葩，或充虚而养气，……既延期以永寿。亦蠲疾而弭痾。"晋王淑之《兰菊铭》曰："兰既春敷，菊又秋荣，芳薰百草，色艳群英，孰是芳质，在幽愈馨。"[①]歌颂了菊花的芬芳和艳丽。

同一时期，还有不少学者如孙楚、潘岳以及刘宋时期的卞伯玉也写过菊赋，对菊花多有称颂。晋代著名学者罗含曾在庭院中栽培菊花。其后大诗人陶渊明隐居山中，种过不少菊花。自称："余闲居，爱重九之名，秋菊盈园。"[②]其《问来使》吟下："我屋南窗下，今生几丛菊。""秋菊有佳色，裛露掇其英。""采菊东篱下，悠然见南山。""怀此贞秀姿，卓为霜下杰。""三径就荒，松菊犹存"的千古名句，更是让人感受到诗人之爱菊和从容，以及菊花的坚贞、幽雅、秀洁的娇姿和意境。陶潜的隐士身份认同，他喜爱的菊花也被人们视为孤芳自赏、悠然自得隐逸象征。后人因有"偏宜处士居，不种朱门下"的看法。"东篱"也逐渐成为后世诗文中菊花生境的代称。而其于秋天开放，被视为保持晚节。故后人尊重陶潜："我重此花全晚节，剩栽三径伴闲身。"唐代诗人李商隐则夸赞菊花为："陶令篱边色，罗含宅里香。"

晋代以后，它作为观赏植物进一步受人喜爱。南北朝时期，菊花是寺庙园林的重要美化植物。洛阳大觉寺原为洛阳贵族的宅院，其中景色是："林池飞阁，比之景明。至于春风动树，则兰开紫叶；秋霜降草，则菊吐黄花。"[③]

---

① 欧阳询. 艺文类聚：卷81[M]. 上海：上海古籍出版社，1982：1390-1391.

② 陶渊明. 陶渊明集校笺：卷2[M]. 龚斌，校笺. 上海：上海古籍出版社，1999：70.

③ 杨衒之. 洛阳伽蓝记校释：卷4[M]. 周祖谟，校释. 北京：中华书局，1963：172.

南朝文学家王筠（482—550）也曾在园中种菊，写下《摘园菊赠谢仆射举》。

在唐代，菊花已是有名的装饰花卉，深受社会各界喜爱。上至皇宫禁署，下至私家庭院都有栽培。白居易《禁中九日对菊花酒忆元九》写出宫中也栽培菊花；他的《和钱员外早冬玩禁中新菊》更写出了宫中菊花的美丽："禁署寒气迟，孟冬菊初坼。新黄间繁绿，烂若金照碧。仙郎小隐日，心似陶彭泽。秋怜潭上看，日惯篱边摘。"[①]初唐文学家杨炯写的《庭菊赋》有："日子贞矣，於彼重阳；菊之荣矣，於彼华坊。……纯黄象於后土，故采桑而菊衣；轻体御於神仙，故登山而菊酒。……仁闲庭之旷邈，对凉菊之扶疏。人生行乐，孰知其余？"道出当时庭院栽培菊花的雅兴。盛唐诗人杜甫也写过《叹庭前甘菊花》的诗歌。写过《菊圃记》的元结非常喜欢菊，曾将菊花引入舂陵种植。还写过种菊心得："谁不知菊也，方华可赏，在药品是良药，为蔬菜是佳蔬。纵须地趋走，犹宜徙植修养……于是更为之圃，重畦植之。"[②]唐代诗人元稹《菊花》诗中，有一首因抒发自内心的感慨而脍炙人口的诗篇："秋丛绕舍似陶家，遍绕篱边日渐斜。不是花中偏爱菊，此花开尽更无花。"菊花最晚绽放，也成诗人爱怜的重要因素。

唐代还有许多著名的诗人在自己的花园或庭院栽培菊花，这在他们的诗文中有充分的体现。喜欢种花的诗人白居易常在吟咏中提到菊，如《重阳席上赋白菊》："满园花菊郁金黄，中有孤丛色似霜。"[③]《东园玩菊》称："唯有数丛菊，新开篱落间。"杜牧也写过："陶菊手自种，楚兰心有期。"诗人陆龟蒙《杞菊·并序》记载："天随生宅荒少墙屋，多隙地，著图书所，前后皆树以杞菊。"郑谷的《恩门小谏雨中乞菊栽》更是浪漫地吟诵道："握兰将满岁，栽菊伴吟诗。"韦庄的《庭前菊》更是不无夸张地写道："为忆长安烂漫开，我今移尔满庭栽。"黄巢也留下："飒飒西风满院栽，蕊寒香冷蝶难来"的诗句。当时山僧寺院也常栽培菊花，僧人皎然有："九日山僧院，东篱菊也黄。"

① 白居易. 白居易诗集：卷13 [M]. 北京：中华书局，1999: 280.

② 董浩，等. 全唐文：卷382 [M]. 北京：中华书局，1983.

③ 白居易. 白居易诗集：卷27 [M]. 北京：中华书局，1999: 620.

　　刘禹锡等人的诗歌反映当时不少人栽培白菊花（图7–2）。刘禹锡的《和令狐相公玩白菊》写出友人令狐楚栽培的白菊花非常美丽。诗中写道："家家菊尽黄，梁国独如霜。莹静真琪树，分明对玉堂。"李郢《寄友人乞菊栽》则记下自己在药栏中栽培白菊。他写道："药阑经雨正堪锄，白菊烦君乞数株。潘岳赋中芳思在，陶潜篱下绿英无。"[①] 著名诗人姚合则反映当时人喜欢在住所旁边栽培菊花。他的《病中辱谏议惠甘菊药苗因以诗赠》写道："萧萧一亩宫，种菊十余丛。"李商隐也写过《和马郎中移白菊见示》。从当时作者留下的诗文来看，当时栽培的菊花主要是黄菊和白菊，五代的诗人韦庄提到紫菊。唐代学者的普遍栽培，给后来留下了丰富的种质资源，为后世菊花育种的繁荣奠定了基础。

图7–2　白菊花

　　进入宋代，人们认为菊花形态高雅，又不与群芳共艳，所谓："菊性介烈高洁，不与百卉同其盛衰。"[②] 当时权贵富绅都爱在庭院花园栽培菊花。学者多有题园菊的诗篇。宋初钱惟演等几个名流都写过《枢密王左丞宅新菊》，可见在居宅种菊是很风雅的事情。诗人苏舜钦《和圣俞庭菊》提道："不谓花草稀，实爱菊色好。"欧阳修也写过《西斋手植菊花过节始开偶书奉呈圣俞》

　　① 彭定求，沈三曾，杨中讷，等. 全唐诗，卷：884[M]. 北京：中华书局，1999：10065.
　　② 史正志. 史氏菊谱 [M]//生活与博物丛书. 上海：上海古籍出版社，1993：144.

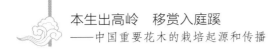
《希真堂东手种菊花十月始开》。梅尧臣的《甘菊》诗写道："世言此解制颓龄，便当园蔬春竞种。"司马光的诗中也写道："秋风太仓里，黄菊满庭隅。"南宋诗人范成大结合自己园中的菊花栽培写下《范村菊谱》。陆游也写过："买菊穿苔种。"杨万里更是不无得意地写道："老夫山居花绕屋，南斋杏花北斋菊。"隐士艺人也不乏爱菊者。高翥（1170—1241）喜欢种菊，其《菊花》称："亲向东篱手自栽，夕阳小径重徘徊。花应得似人乖角，过了重阳烂漫开。""我重此花全晚节，剩栽三径伴闲身。""新分菊本自锄山，手缚枯藤作矮栏。"诗中体现了诗人希望菊花像自己的性格一样，不迎合世俗自由开放。为显示自己对菊花的喜爱，他还自号'菊磵'。

《东京梦华录》记载北宋都城东京（开封）的种菊、赏菊习俗："九月重阳，都下赏菊。有数种：其黄白色蕊若莲房，曰"万铃菊"；粉红色曰"桃花菊"；白而檀心曰"木香菊"；黄色而圆者曰"金铃菊"；纯白而大者曰"喜容菊"，无处无之。酒家皆以菊花缚成洞户。"[①] 江南栽培菊花也非常兴盛。《吴兴园林记》记载：赵氏菊坡园"蓉柳夹岸，数百株照影水中，如铺锦绣。其中亭宇甚多，中岛植菊至百种，为菊坡"[②]。当时四川民众也非常爱种菊。《牧竖闲谈》记载："蜀人多种菊，以苗可入菜，花可入药，园圃悉植之。"[③] 很大程度在于实用。南宋杭州城的赏菊又有不同。《梦粱录》记载："今世人以菊花、茱萸，浮于酒饮之，盖茱萸名'辟邪翁'，菊花为'延寿客'，故假此两物服之，以消阳九之厄。年例，禁中与贵家皆此日赏菊，士庶之家，亦市一二株玩赏。"[④]

宋人对花卉钟爱，也促使人们对菊花的观察和记述有了更多的兴趣。钱钟书提到，李壁《王荆文公诗笺注》卷四八《残菊》："残菊飘零满地金"，《注》："欧公笑曰：'百花尽落，独菊枝上枯耳'，戏赋：'秋英不比春花落，为报诗人仔细看！'荆公曰：'是定不知《楚辞》夕餐秋菊之落英，欧九不学之

---

① 孟元老. 东京梦华录：卷9[M]. 北京：中国商业出版社，1982：56.

② 周密. 癸辛杂识：前集[M]. 北京：中华书局，1988：9.

③ 史铸. 百菊集谱：卷3[M]//生活与博物丛书. 上海：上海古籍出版社，1993：177.

④ 吴自牧. 梦粱录：卷5[M]. 北京：中国商业出版社，1982：27.

过也！'落英指衰落。"这里说的是欧阳修笑王安石的诗句中咏菊不确，菊花一般是在枝条上枯萎的，而王安石则以欧阳修没有看过《离骚》的"秋菊之落英"解嘲。钱钟书指出："不徵之目验，而求之腹笥，借古语自解，此词章家膏肓之疾：'以古障眼目'（江湜《伏敔堂诗录》卷八《雪亭邀余论诗，即以韵语答之》）也。嗜习古画者，其观赏当前风物时，于前人妙笔，熟处难忘，虽增契悟，亦被笼罩，每不能心眼空灵，直凑真景。诗人之资书卷、讲来历者，亦复如是。安石此掌故足为造艺者'意识腐蚀'（the corruption of consciousness）之例。……指摘者固为吹毛索瘢，而弥缝者亦不免于凿孔栽须矣。"① 苏轼因此有"荷尽已无擎雨盖，菊残犹有傲霜枝"的吟咏。女诗人朱淑真也借花的这种习性言志，在其《黄花》诗中有："宁可抱香枝上老，不随黄叶舞秋风。"缘于人们喜欢菊花，宋代涌现了大量的菊花专著。宋代菊花爱好者史正志更是断言："菊……苗可以菜，花可以药，囊可以枕，酿可以饮。所以高人隐士，篱落畦圃之间，不可一日无此花者。"② 居然借前人赞竹的口吻称道菊花。

九月是菊花盛开的月份，重阳九月九又是赏菊的好日子，为此，古代将九月称作"菊月"。《乾淳岁时记》记载宋代人们重阳以簪菊辟邪。南宋临安城还有规模盛大的花卉活动。时人记载："临安西马塍园子，每岁至重阳谓之斗花，各出奇异，有八十余种。"③ 这种追求奇花异卉的活动，对育种的推动非常有力。

宋以后，作为"高士"象征的菊花，仍是各地常见栽培的园林花卉。元代诗人何中喜欢栽培菊花，写下："我耕不半亩，黄花列千丛。"安徽庐州人王翰（1333—1378）《题菊》也记述："我忆故园时，绕篱种佳菊。"明清时期，江南园林常设"菊圃"以"寄傲"。明代有些文人把菊花当作"九月花盟主"。菊花中的甘菊尤受人喜爱，广为栽培。诗人陈鸿的《买西园菊至招同社徐兴公商孟和诸人花下小酌》写道："几处菊花残，西园余数亩。"可见时人种菊

---

① 钱钟书. 管锥篇：第二册 [M]. 北京：中华书局，1999：587-588.
② 史正志. 史氏菊谱 [M] // 生活与博物丛书. 上海：上海古籍出版社，1993：144.
③ 史铸. 百集菊谱：卷3 [M]. 生活与博物丛书. 上海：上海古籍出版社，1993：168.

之多。乔长史也写道："带将春色三分艳，散作秋阴满院香。"清代曹溶认为，"吾菊事未精，而独勤甘菊之役，以其可茶、可汤、可酒、可生嚼、可糖食、可入药、可为枕，直足称朴于貌而优于才者。是以老饕加意而遍插焉。乃至其叶作汤，犹上可代茗饮，而下可熏浴池，菊之报老圃，其亦不素餐号者欤！黄、白二甘皆真种子也，吾所植黄也，而白三之。"①高士奇在余姚营造的别墅，特设"菊圃"，栽培了不少菊花。李斗《扬州画舫录》记载："傍花村居人多种菊，薜萝周匝，完若墙壁。南邻北垞，园种户植，连架接荫。"②可见栽培菊花的确是一时风气。

人们对菊花的喜爱，还不断由观赏而上升至意象的精神层面。首部《菊谱》的作者、北宋的学者刘蒙认为，菊花品第高下，"先色与香而后态"。范成大《菊谱·序》中指出："山林好事者或以菊比君子，其说以为岁华晚晚，草木变衰，乃独烨然秀发，傲睨风露，此幽人逸士之操。"③而清代的文学家曹雪芹借林黛玉之口吟出"一从陶令平章后，千古高风说到今"。正是这种精神的推崇，使菊花的魅力与日俱增。更因为陶渊明的缘故，蒲松龄在其小说《聊斋志异》编造了一个名为"黄英"的菊花精故事。"黄英"即黄花，就是菊花。故事中黄英还有同为菊花精的一个弟弟"陶生"，他潇洒、嗜饮、放浪形骸而善于艺菊，自然是影射嗜酒如命的陶渊明。有"诗史"之称的杜甫曾写过"每恨陶彭泽。无钱对菊花。如今九日至，自觉酒须赊"。而蒲松龄故事中的菊花精不但具绝世之美，而且种花很快能致富。在小说、野史中，作者发挥丰富想象力为身处饥寒竭蹶中的陶渊明"翻案"，真是不得不佩服古代"异史氏"颠倒乾坤的艺术功力。艺术家的加持，无疑对促进菊花栽培发展有深远影响。

① 曹溶. 倦圃蒔植记：总论卷上 [M]//续修四库全书：第 1119 册. 上海：上海古籍出版社，2003：261.
② 李斗. 扬州画舫录：卷 1 [M]. 北京：中华书局，1997：23.
③ 范成大. 范村菊谱 [M]//生活与博物丛书. 上海：上海古籍出版社，1993：147.

第三节　菊花育种的进步

屈原《离骚》对其栽培菊花的叙述过于笼统，难以辨别其种类。从东汉本草著作记述的菊花"味苦、甘"且有延年益寿的功效来看，甘菊（*Chrysanthemum lavandulifolium*）可能在汉代已经栽培，应该是最早的栽培种类之一。现代学者注意到，野菊与甘菊接近，在共同分布区内有杂交的现象。随即人们还依据其食用、药用以及当茶饮用功能，区分为真菊、家菊和茶菊等类别。东晋陶渊明是爱菊的著名田园诗人。他曾经写道："秋菊有佳色，裛露掇其英。汎此忘忧物，远我遗世情。"他栽培的品种很可能也是甘菊。北宋刘蒙《菊谱》认为："甘菊……余窃谓古菊未有瑰异如今者，而陶渊明、张景阳、谢希逸、潘安仁等，或爱其香，或咏其色，或采之于东篱，或泛之于酒斝，疑皆今之甘菊花也。"[①]据宋代文保雍《菊谱》小甘菊诗："茎细花黄叶又纤，清香浓烈味还甘。"甘菊是一种小黄菊。不过南宋史铸认为陶渊明提到的菊花是"九华菊"，其依据大约是陶渊明写的《九日闲居并序》中："余闲居，爱重九之日。秋菊盈园，而持醪靡由，空服九华，寄怀于言。"不过这里的"九华"可能仅仅是"重九之华"的简称，亦即菊花之意。后来的所谓"九华菊"可能由好事者敷衍而成。浙江一带有与九华同种、单瓣也叫"大笑菊"的白色菊花。[②]黄仲昭《八闽通志》记载，漳州产一种"大笑，青苞，粉蕊，白英，香闻数十步。有四时者，其花差小而香嫩"。[③]说的则可能不是菊花。南北朝时期，王筠写的《摘园菊赠谢仆射举》诗中提到"园菊"，可能就是后来的"家菊"，亦即甘菊。药学家陶弘景提到，药用的菊花有两种，其中"一种茎紫气香而味甘，叶可作羹食者为真"。[④]明代王象晋的《群芳谱·花谱》

---

① 刘蒙. 菊谱 [M]//生活与博物丛书. 上海：上海古籍出版社，1993：155.

② 史铸. 百集菊谱：卷2[M]//生活与博物丛书. 上海：上海古籍出版社，1993：171.

③ 黄仲昭. 八闽通志：卷25[M]. 福州：福建人民出版社，1991：750.

④ 唐慎微. 重修政和经史证类备用本草：卷6[M]. 北京：人民卫生出版社，1982：145.

提道："甘菊，一名真菊，一名家菊。"因此，陶弘景所说"味甘"的这种应该就是甘菊。田园诗人范成大认为："名胜之士，未有不爱菊者，到渊明尤甚爱之，而菊名益重。""甘菊，一名家菊，人家种以供蔬茹，凡菊叶皆深绿而厚，味极苦，或有毛。惟此叶淡绿柔莹，味微甘，咀嚼香味俱胜，撷以作羹及泛茶，极有风致。"① 显然，这是一种可供药用又作菜茹的品种。李时珍也认为："大抵惟以单叶味甘者入药。菊谱所载甘菊、邓州黄、邓州白者是矣。甘菊始生于山野，今则人皆栽植之。其花细碎，品不甚高。"②

如上所述，唐代菊花栽培已经很常见，栽培的菊花以黄、白色为主，偶有紫色。宋代无疑是菊花育种非常有成就的一个朝代，花色也增添了粉红色等其他颜色的品类。从季节分类来看，北宋已经出现了"寒菊"，画家赵昌曾经画过寒菊。从韩琦等人的诗文来看，金铃菊似乎是当时人们颇为喜爱的一个栽培品种。许多名人学者，如欧阳修、梅饶臣、孔平仲、范成大、陆游、杨万里、刘克庄都爱种菊。欧阳修曾在其诗文中提到"手植菊花""手种菊花"；还称："九日欢游何处好，黄花万蕊雕栏绕。"孔平仲的《对菊有怀郎祖仁》则写道："庭下金铃菊，花开已十分。"杨万里《买菊》诗称："吾家满山种秋色，黄金为地香为国。"陆游称颂菊花："高情守幽贞，大节凛介刚。"评价非常之高。

苏东坡也很喜欢菊，他的《赠朱逊之诗并引》写道："元祐六年（1091）九月，与朱逊之会议于颍。或言洛人善接花，岁出新枝，而菊品尤多。"提到洛阳人善于接花，培育出许多菊花新品种。还说："近时，都下菊品至多，皆智者以他草接成。不复与时节相应，始八月，尽十月，菊不绝于市，亦可怪也。"可见当时菊花嫁接育种颇有成就。刘蒙也曾考虑了菊花新种不断涌现的原因，指出："尝闻于莳花者云，花之形色变易，如牡丹之类，岁取其变者以为新。今此菊亦疑所变也。"显然，当时的花农通过选择变异不断培育出新品种。此期间，菊花新品种大量涌现，不少文人学者纷纷加以记述，从而出现不少《菊谱》。刘蒙的《菊谱》记载了 35 个菊花品种，南宋的《史氏菊谱》和《范村菊

① 范成大. 范村菊谱 [M] // 生活与博物丛书. 上海：上海古籍出版社，1993：147-148.

② 李时珍. 本草纲目：卷15 [M]. 北京：人民卫生出版社，1978：929.

谱》分别记载了菊花品种28个和36个。一些大花型菊花已经涌现。刘蒙记述当时叫"银盆"的品种，花朵有如盆大；范成大记述的"金杯玉盘"花径已达约十厘米。《咸淳临安志·物产》记载："菊，品最多，要当以黄者为正。"《梦粱录》也说：杭州"其菊有七八十种，且香而耐久，择其尤者言之，白黄色蕊若莲房者，名曰'万龄菊'；粉红色者名曰'桃花菊'；白而檀心者名曰'木香菊'；纯白且大者名曰'喜容菊'；黄色而圆名曰'金铃菊'；白而大心黄者名曰'金盏银台菊'：数本最为可爱。"① 沈竞《菊谱》记载："临安西马城（一作塍）园子，每岁至重阳，谓之斗花，各出奇异，有八十余种。"② 这些资料都反映出当时杭州菊花品种不少。与杭州毗邻的湖州，艺菊爱好者也很多，菊花品种似乎多于杭州。周密《吴兴园林记》提到"赵氏菊坡园……中岛植菊至百种，为菊坡。"③ 另外，建阳马楫所作《菊谱》也记载菊花品种百个。到南宋末年史铸的《百菊集谱》记载的菊花品种已达到163个。

当时菊花品种、花型、花色、瓣形之繁多，还可从《格物总论》的记述中看出。书中写道：

"菊，按尔雅名蘠蘜，凡数种。瞿麦为大菊，马蔺为紫菊，乌喙苗为鸳鸯菊，旋覆花为艾菊，又有所谓筋菊，有所谓白菊，有所谓黄菊，或名日精，或名周盈，或名傅延年。又有紫茎气香而其味美者，又有青茎而大、气味苦不堪食者。自昔品名为最多，前贤谱之者或谓有二十七种，或谓有三十五种，或谓有三十六种，且犹以为未备也。今据耳目之所接者言之，有淡黄者，有深黄者，有鹅黄者，有郁金黄者，有正黄色者，且不止此；或纯白或外白内黄，或黄心白叶，或深红或粉红，或浅紫犹未也，白单叶，白多叶，白五出，白双纹；或不过六七叶，或叶卷为筒，或叶细如茸；有铃叶者，有铎叶者，又有不如铃则如铎者，抑未也；或以五月开，或以六月开，如此之类，亦不待于秋

① 吴自牧. 梦粱录：卷5[M]. 北京：中国商业出版社，1982：27.
② 史铸. 百集菊谱：卷2[M]//生活与博物丛书. 上海：上海古籍出版社，1993：168.
③ 周密. 癸辛杂识：前集[M]. 北京：中华书局，1988：9.

而后着花。自古及今品名之多，孰有加于此花者哉。遽数之不能终
其物，欲觊缕而数之，虽更仆未可也，姑述其大概云。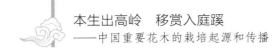①

　　菊花是中国古代秋天尤其是九月（农历）的主要花卉，人们常把采菊当成
一种娱乐活动。《武林旧事》记载："把菊亭采菊。"②它也是重要的绘画题材。
宋代有流传至今的丛菊图页以及菊丛飞蝶图③。

　　宋代时，人们已经进行嫁接育种。前面提到苏东坡已有记述他在海南时，
自己也种了不少菊花，发现当地气候暖和，菊花至冬天才盛开。范成大《吴
郡志·土产》记载，苏州一带菊花栽培极多。指出"所在固有之，吴下尤盛，
城东西卖花者所植弥望。……人力勤，土又膏沃，花亦为之屡变"。其《范村
菊谱》提道："顷见东阳人家菊图多至七十种。"农书《分门琐碎录》也记载
菊花嫁接技术。元代，郝经栽培过一丛颇为新奇的朱砂牡丹菊。

　　明人在菊花栽培育种方面也异常用心，对菊花新种的追捧非常痴迷。尤
其在江浙一带，爱好者众多，品种极繁。《学圃杂疏·花疏》记载："菊，至江
阴、上海、吾州而变态极矣，有长丈许者，有大如碗者，有作异色、二色者，
而皆名粗种。其最贵乃各色剪绒，各色幢，各色西施，各色狼牙，乃谓之细
种，种之最难，须得地得人，燥湿以时，虫蠹日去，花须少而大，叶须密而鲜，
不尔，便非上乘。"④提到剪绒、西施、狼牙等多种瓣形。高濂《遵生八笺·菊
花谱》收录了185个品种。《五杂组·物部二》记载："《月令》曰：'菊有黄
华。'黄者，天地之正色也。凡香，皆不以色名，而独菊以黄花名，亦以其当
摇落之候而独得造化之正也。然世人好奇，每以绯者、墨者、白者、紫者为
贵，至于黄，则寻常视之矣。菊种类最多，其知名者不下三十余种。其栽培
之方，亦甚费力。余在复州，见好事家，菊花有长八尺者，花巨如碗，后为吴
兴司理偶得佳种，自课植之，芟其繁枝，去其旁蕊，只留三四头，洎秋亦高七

　　① 谢维新. 古今合璧事类备要·别集：卷39[M]//四库全书：第941册. 台北：商务印书馆，1983：195.
　　② 周密. 武林旧事：卷10[M]. 北京：中国商业出版社，1982：188.
　　③ 宋画全集编辑委员会. 宋画全集：卷1第5册[M]. 杭州：浙江大学出版社，2008：2.
　　④ 王世懋. 学圃杂疏[M]//生活与博物丛书. 上海：上海古籍出版社，1993：318.

尺许，大亦如之。过此不能常在宅中，即有其种，不复长矣。庚戌秋，在京师始习见以为常，盖贵戚之家善于培植故也。"记述当时栽培的菊花有黄、白、绯、墨和紫色等各种花色。谢肇淛以自己的切身体验证明花卉管理的重要。明代还有《德善斋菊谱》，通过工笔画细致地描绘了100个菊花品种。

清代各地菊花的品种也很多，有学者做过总结，认为清代总共有35种菊谱。[①] 清前期《花镜》收录了153个品种，中期叶天培的《菊谱》收录145个菊花品种。计楠的《菊说》（1802）则记载菊花品种230多个。根据志书记载，中国南北方各地菊花的品种众多，其中江浙一带尤其多，山东历城区也有菊花品种百个。《闽产录异·花属》记载："福建有施氏菊，高至丈余，花大如盘。"[②]提到有些地方的菊花品种能开至十一月。还有所谓的汤盪菊，枯了则用汤盪之，"复鲜"。该书记有一种"汉宫秋"，说它花色金黄，略似滴金而美，春末夏初开，至十月仍可开。估计应是一种菊花。

古代菊花的命名有不同的方式，南宋的《赤城志·土产》记载："菊有四十余种。今可记者曰黄曰白曰紫曰御袍曰金银荔枝之类，则取其色；曰甘则取其味；曰球子曰玉绣球曰金盏银台则取其形之类；曰酴醾曰桃花曰茉莉则取其花之同；至是而独头开者曰佛罗菊，状似婴儿者曰孩儿菊，高与篱落等者曰东篱菊，自海外得种者曰过海菊，余不可胜载云。"该记载指出宋代已根据花色、花形和花的味道来给菊命名，也从一个侧面证明品种之多。到明代，杨循吉的《菊花百咏》对菊花命名的方式作了进一步的总结。

菊花形态变化很大，野菊的花都是小花，但栽培的菊花花朵变化极大，有的花朵很大，花瓣的变化也很多。清代学者李渔有一段非常富有人生哲理的感悟，他指出菊花之新以花色和花型琳琅满目，全靠人工的驯化和培育。他写道：

> 牡丹、芍药之美，全仗天工，非由人力。植此二花者，不过冬溉

---

① 王子凡，张明，戴思兰. 中国古代菊花谱录存世现状及主要内容的考证 [J]. 自然科学史研究，2009：28（1）：77-80.

② 郭柏苍. 闽产录异：卷4[M]. 长沙：岳麓书社，1986：163.

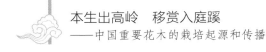

以肥，夏浇为湿，如是焉止矣。其开也，烂漫芬芳，未尝以人力不勤，略减其姿而稍俭其色。菊花之美，则全仗人力，微假天工。艺菊之家，当其未入土也，则有治地酿土之苏，既入土也，则有插标记种之事。是萌芽未发之先，已费人力几许矣。迨分秧植定之后，劳瘁万端，复从此始。防燥也，虑湿也，摘头也，掐叶也，芟蕊也，接枝也，捕虫掘蚓以防害也，此皆花事未成之日，竭尽人力以俟天工者也。即花之既开，亦有防雨避霜之患，缚枝系蕊之勤，置盎引水之烦，染色变容之苦，又皆以人力之有余，补天工之不足者也。为此一花，自春徂秋，自朝迄暮，总无一刻之暇。必如是，其为花也，始能丰丽而美观，否则同于婆婆野菊，仅堪点缀疏篱而已。若是，则菊花之美，非天美之，人美之也。""予尝观老圃之种菊，而慨然于修士之立身与儒者之治业。使能以种菊之无逸者砺其身心，则焉往而不为圣贤？使能以种菊之有恒者攻吾举业，则何虑其不摄青紫？乃士人爱身爱名之心，终不能如老圃之爱菊，奈何！"①

清代，高士奇曾不无得意地在《北墅抱瓮录》记述了自己栽培的菊花种类的繁夥和花色的众多。书中写道："菊花种类甚多，园中栽菊作圃，得数百本，有黄、紫、红、白、藕、蜜诸色，每色又各有深浅，并有一本两色者。其朵瓣亦种种不同，或如球、或如盘、或如剪翎、或如擘缕、或如松粒、或如柳芽，穷极变态。友人知余嗜菊，多有自远载送者……而种色之妙，以余圃所栽者为最盛。"文中提到的花色基本包含现今能见的诸种花色，以及球型、平盘型等花型，以及翎管、璎珞、松针和雀舌等瓣形。

菊花被古人称为"花中四君子"（梅兰竹菊）之一，至今仍然是国人非常喜爱的名花之一。菊的类型很多，除常见的黄花外，还有如雏菊、白菊、红菊等。到21世纪，中国约有菊花栽培品种5 000个。菊花可以当作药物和饮料，滁菊是常用的药菊，杭白菊常用作"菊花茶"，现今很多地方都大面积栽培。如湖北麻城就栽培有数万亩的菊花，产值达5亿元。南方的菜园常见栽

---

① 李渔. 闲情偶寄 [M]. 上海：上海古籍出版社，2000：324-325.

培药菊，年长的妇女还常将其插在头上作为装饰。从 1983 年开始，河南开封还举行"中国开封菊花花会"，2013 年升格为国家级节会，更名为"中国开封菊花文化节"。现今北京把菊花和月季这两种观赏价值不分轩轾的名花当作市花。

第四节　菊花的外传

大约在唐代的时候，中国的菊花就传到朝鲜和日本等邻国。大约在宋代的时候，也有一些邻国的品种传入中国。刘蒙《菊谱》记载一种可能来自日本、名为"新罗"的品种，说它："一名玉梅，一名倭菊，或云出海外国中。"[①]如上所述，中国古代已有许多菊花品种，近代以来又涌现出更多非常美丽的新品种。17 世纪菊花传入西方，在 18 世纪受到英、法等国园林界的重视。他们不断派人从中国和日本收集菊花品种，并在此基础上培育出大量新的品种群。如今菊花已成为世界上商业价值最大的观赏植物之一，与现代月季同为栽培品种最多的著名观赏花卉。菊花的种类和品种都很多，品种可能超过3 万个。

据中国菊花育种专家戴思兰反映，中国菊花的遗传基因与野菊亲缘关系很近，而日本菊花与日本野菊的遗传基因很密切。菊花起源中国，日本人在菊花的本地育种方面做了大量出色的工作。

近代西方人曾在中国大规模引种园林植物，其中菊花就是最重要的一类。在西方早期引种的中国花卉中，菊花、月季、杜鹃和山茶花无疑是最为引人注目的。菊花和月季这两种花都是中国栽培非常普遍的花，不但花色鲜艳，而且品种繁多。顺便提一句，如今北京也正是栽培普遍的缘故，将它们当作市花。有意思的是，自始至终对中国花卉情有独钟的英国人，在 19 世纪中叶以前特别注重从中国引种菊花。

---

① 刘蒙. 菊谱 [M] // 生活与博物丛书. 上海：上海古籍出版社，1993：151.

　　上面述及，菊花至迟在战国时期已有栽培，中国至少有两三千年的栽培历史。它盛开于秋高气爽的农历九月前后，由于那个时令很少其他花卉而独显芳容。因此，它是国人心目中代表秋天时令的花卉之一。上面提到，中国人民甚至以它常见的花色——黄花，作为它的代名词，历来深受人们喜爱。由于历代的不断选择和培育，所以种类也特别多，到宋代的时候已经出现大量记述菊花的专门著作，记载的菊花品种数以百计。后来由于赏菊被进一步当作高雅的娱乐，品种在不断地增多。在约8世纪的时候，中国栽培的菊花传入日本，[①]到20世纪上半叶的时候，在那里被培育出约5 000个品种，后来到东方经商的欧洲人很快为中国千姿百态的菊花种类所吸引。

　　大约在1688年，荷兰就引进了6个漂亮的菊花品种，花的颜色分别为淡红、白色、紫色、淡黄、粉红和紫红。随后英国东印度公司医生肯宁海（J.Cunning ham）在舟山采集到两个重瓣的小菊花品种的标本。1751年，林奈的学生奥斯贝克（P.Osbeck）从澳门带回一种野菊花到欧洲，1764年，英国园艺学者米勒（P.Miller）得到这种菊花，随即栽培在切尔西植物园中。1789年，班克斯又重新引进中国的菊花，据说其后英国栽培的菊花主要由此种培育而来[②]。

　　同在1789年，法国马赛的一个商人从中国输入三个花色分别为白色、紫罗兰色和玫瑰色品种。前两个品种没有成活，后一个不但成活，而且被迅速培育出大量的种苗并风行法国南部地区。后来法国一个植物学家把这种开"紫红色花朵"的植物定名为 *Anthemi sgrandiflora* 或 *Chrysanthemum molifolium*（＝*Dendranthema molifolium*）后面这个名称后来成为所有栽培菊花的通用学名。菊花栽培种从法国传入伦敦，又出现一类管状小花泛白或深红和白色相间的品种。在1798年到1808年间又有8个新的品种被直接引到英国。

　　1804年，英国一些精干的园林艺术家成立了"伦敦园艺学会"。这个学

　　① 有人认为菊花是顺治年间（17世纪）传入日本的，而在此前的12世纪，菊花即已传入英国和荷兰。见刘慎谔. 说菊 [M]//刘慎谔文集. 北京：科学出版社，1985：22.

　　② HAWKS E. Pioneers of Plant Study[M]. New York: Libraries Press（reprinted），1969：30.

会的成立对西方世界尤其是英国在华收集观赏植物包括菊花起了很大的促进作用。因为此前西方在华的茶花、牡丹、芍药、月季、菊花、石竹和翠菊等众多花卉的引种，以及他们对中国园林的观察，使英国人不但对中国花卉植物之丰富而绚丽多彩留下了极为深刻的印象，而且对中国园林中的花卉布置和设景充满了新奇之感。一个英国学者曾经写道："早期欧洲的收集者不可能考察这个国家和用容器收集野生植物，只能在几个开放的港口城市获得园林花卉。这些植物与我们自己的完全不同，不仅仅体现在植物的类别，而且还体现在其被使用的方式和安排它们时显露的美学价值。欧洲人看到菊花、芍药、杜鹃和茶花的奇妙景观，这种景观在当时对欧洲人的园林观念而言完全是别具一格的。到18世纪末的时候，中国的东西成了一时的流行时尚。"①正因为这样的缘故，这个学会从成立开始，就对引种中国花卉充满了浓厚的兴趣。稍后，这个学会在广州的热心成员雷维斯即成为中国花卉的狂热收集者，他与当时园艺学会的重要人物班克斯和萨本（Joseph Sabine）等人保持着非常密切的联系，不断地从中国收集园林植物送回英国，其中也包括不少菊花。

　　菊花受到西方人重视的一个重要原因是，菊花盛开于秋天众花寂寥之时，灿烂的黄花鲜艳雅洁；不但品种繁多，而且花期长达一个月以上。更因为菊花开过后，时值冬令，没有别的花卉再开花。前面提到，唐代诗人元稹所谓"不是花中独爱菊，此花开后更无花"吟诵的就是这样一种现象。作为一种时令花卉，其观赏价值十分突出。精明的英国园林花卉苗木商早早就发现了这一点。当时园艺学会的秘书萨本在他给会员们作的关于菊花的一篇报告文章中指出：原产中国或日本的菊花，除紫色的品种之外，都是新近引入的。它给众花凋零的秋日园林带来了璀璨的美，同时也使我们十一二月的温室仍然充满花卉的芬芳。因此它特别值得园艺界人士的注意。目前，园艺学会的植物园里虽已栽有12个菊花品种，但根据有关资料，中国还拥有大量的菊花品种，很多为我们所未知，非常有必要做进一步的收集。一些精明的园林花卉

---

① COX E H M. Plant-hunting in China[M]. London: Collins, 1945: 13.

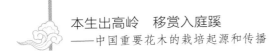

商很快看出这种花卉的潜在商业价值。因此，他们除想方设法培育新品种外，还雇用收集人员到中国引进新品种。1815年，英国来华的第二个外交使团就有一个随员为商人所雇，为其收集包括菊花在内的花卉品种。但要说对菊花品种的收集和培育作出最出色贡献的人物，还是萨本。

通过萨本的努力，园艺学会先后于1821年和1823年派出鲍兹和帕克斯到中国引进菊花新品种和其他一些花卉。鲍兹运气欠佳，船只出了意外，将收集到的40个品种的菊花全丢失了。相比之下，帕克斯却很走运，他非常顺利地送回去30个菊花新品种和黄色的木香花、茶花等大量其他观赏植物。经形态方面的观察、研究，萨本认为这些菊花栽培种与林奈命名的野菊花不同，因此把它们命名为 *Chrysanthemum sinense*。由于在广州的雷维斯等人的不断引进，从1821至1826年，萨本描述了不下68个菊花品种。稍后广东沿海较好的菊花品种几乎全被引进英国。但第一次鸦片战争之后，英国人在新开放的口岸，如上海等地收集菊花新品种的热情依然不减。

如果说前几位的所得主要来自广州的花市，收集的范围有较大的局限性的话，则1843年第一次鸦片战争后，由园艺学会派出的福乘（R. Fortune）已在很大的程度上突破了这一局限。福乘来华前，园艺学会曾给了他一份要他特别留心加以采集的植物清单。后来他从香港、厦门、福州、舟山、宁波、杭州、上海和苏州等地给西方引去了包括牡丹、芍药、山茶、银莲花、杜鹃、蔷薇、忍冬、铁线莲等190个种和变种园林植物和经济植物，其中有120种是西方前所未有的。仅牡丹就有40个品种，菊花的品种也很多。不仅如此，他从舟山引进的一个菊种——"舟山雏菊"，经西方园艺学家之手，后来培育出著名的菊花焰火（Pompoms）新品系。[1]

"舟山雏菊"于1846年由福乘送回英国，开始时，当地人觉得太不起眼，并没有引起重视。但这种花传到法国后被认为不同寻常，在它被引进后不久，迅速于1847年在法国大受欢迎。这种菊花后来成为培育新品种的亲本。在那以后的20年中，这种小花培育出各类普遍栽培的焰火品系。福乘引进"舟

---

[1] COX E H M. Plant-Hunting in China[M]. London: Collins, 1945: 86.

山雏菊"被认为在菊花育种史上开了新纪元。①福乘对中国人的菊花栽培艺术充满钦佩。他写道："在菊花栽培方面，他们无与伦比。那种花卉途中常见，人们可以让其长成随心所欲的样子。我曾看见有的种类被培育成动物的形状，有的像马或鹿，有的则被培育得似一座塔，这种情形在这个国家非常常见。无论它们被选择成那些别出心裁的形态，或仅仅让它们像灌木那样自由生长，它们都在秋天或冬日郁郁葱葱，叶片碧绿，花满枝头。"②这个英国人注意到，上海、浙江一带的菊花比广州栽培得更好，菊花被广泛用于妆点庭院、厅堂和寺庙。

因为受重视的缘故，西方在菊花的育种方面进展神速，而且成就很大，到19世纪中叶以后，一些由西方人培育出的菊花新品种，已经非同寻常，和原先从中国引入的品种相比，大有青出于蓝而胜于蓝之势。此后，通过数代园艺学家的不懈努力，菊花品种不断增多，如今，它是深受世界各国人民喜爱的四大切花种类之一，③成为商业价值最高的花卉之一，④当然也是栽培最普遍的花卉之一。

① BRETSCHNEIDER E. History of European Botanical Discoveries in China[M]. London: Sampson Low and Marston, 1898: 468.

② FORTUNE R. *A Journey to the Tea Countries of China*. London: John murray, 1852: 123−124.

③ 另三种分别是月季、唐菖蒲和香石竹。

④ 中国生物多样性国情研究报告编写组. 中国生物多样性国情研究报告 [M]. 北京: 中国环境科学出版社, 1998: 138.

第八章

兰 花

第一节　早期兰字的内涵

兰花（建兰 *Cymbidium ensifolium*，图 8-1）古代号为香祖、第一香，属兰科兰属植物，中国传统兰花除建兰外，还有春兰、蕙兰和墨兰等地生兰，是一类形态优雅而花朵芳香的花卉，它们分布于中国南方地区。[①] 不过，兰在中国古

图 8-1　明代《十竹斋书画谱》中的建兰

---

① 陈心启. 吉占和. 中国兰花全书 [M]. 北京: 中国林业出版社, 1998: 88-89.

代是非常著名的香草，它通常生长于人迹罕至、背阴潮湿的岩石上，花开时有宜人清香，很容易让人联想到幽雅、恬淡。在传统中，以幽香、高洁为人称道，是耿介高洁、不求闻达、卓尔不群的象征。

古代有学者认为，唐代以前文献所载的兰并非兰花。今天的植物学家也有不同的观点。实际上，后世对传统观念和动植物名称的解读会因时过境迁而产生歧义。一如作物和中药名称，在不同历史时期和不同地域中，同名异物现象普遍存在，兰在南北地区也可能指不同植物。据说孔子曾作琴曲《猗兰操》，其中谓："兰当为王者香。"[1] 屈原称道的"春兰秋菊"成为后世非常喜爱的花卉。不过，他们说的可能是不同的花草。三国的陆机等古代学者认为之前人们称颂的兰都是兰香草。[2] 根据《齐民要术》的记述，兰香就是罗勒（*Ocimum basilicum*）这种唇形科芳香植物。换言之，孔子《猗兰操》提到的兰是"兰香草"的简称。从分布的情形来看，罗勒为兰香草[3] 的说法应比较可信。

兰在南方被栽培比较早，屈原《离骚》曾称："余既滋兰之九畹兮，又树蕙之百亩。"他说的栽培面积或有夸张，但小规模栽培可能存在。屈原所处的楚国应该是兰最早栽培地之一。不过，尚难判断种的是兰香草还是现在的兰花。

汉代，人们对兰、蕙的喜爱显而易见，当时的皇宫设有"兰林殿"和"蕙草殿"。[4]《冉冉孤生竹》有："伤彼蕙兰花，含英扬光辉。"张衡有《怨篇》，其中写道："猗猗秋兰，植彼中阿，有馥其芳，有黄其葩，虽曰幽深，厥美弥

---

① 欧阳询. 艺文类聚：卷 81 [M]. 上海：上海古籍出版社，1982：1390-1391.

②《毛诗草木鸟兽虫鱼疏》卷上："蕳即兰香草也。《春秋传》曰'刈兰而卒'，《楚辞》云'纫秋兰以为佩'，孔子曰'兰当为王者香草'，皆是也。"《齐民要术·种兰第二十五》又有："兰香者，'罗勒'也。中国为石勒讳，故改，今人因以名焉。且兰香之目，美于罗勒之名。故即而用之。"提出兰香就是罗勒，因避讳而改名。

③ 现今所说的兰香草（*Caryopteris incana*）属马鞭草科，主要分布在长江流域和华南，不像罗勒（也有兰香和零陵香的别名）在北方也有广泛的分布而且很早就被种植。所以古代的兰香草应该不是那种马鞭草科植物，而是罗勒。

④ 何清谷. 三辅黄图校注 [M]. 北京：中华书局，2006：163.

嘉。"《说文解字》也有："兰，香草也。"[1] 曹植形容洛神的风范称："微幽兰之芳蔼兮。"至于"蕙"，根据三国时期的《广雅·释草》："熏草，蕙草也。"[2] 从《本草拾遗》的记载来看，蕙似乎就是零陵香。《政和本草》记载："李（当之）云：是今人所种，似都梁香草。"陈藏器记载："生泽畔，叶光润，阴小紫，五月、六月采阴干，妇人和油泽头，故云兰泽。李云都梁是也。……《广志》云：都梁香出淮南，亦名煎泽草。盛洪之《荆州记》曰：都梁县有山，山下有水清浅，其中生兰草，因名为都梁，亦因山为号也。"[3] 宋代著名辨药师寇宗奭也认为蕙是零陵香，他写道："零陵香至枯干犹香，入药绝可用。妇人浸油饰发，香无以加。此即蕙草是也。"[4] 应该也是零陵香类的植物。

　　作为一种香草，兰一直受到古人的称颂。隋唐时期著名历史学家颜师古（581—645）《幽兰赋》称："惟奇卉之灵德，禀国香于自然；洒嘉言而擅美，拟自操以称贤。咏秀质于楚赋，腾芳声于汉篇；冠庶卉而超绝，历终古而弥传。若乃浮云卷岫，朗月澄天。"[5] 显然，这个著名的学者因为激赏而将兰推上了"国香"的宝座。

第二节　兰花栽培的兴起

　　晋代以后，随政治、文化中心的逐渐南移，原产南方的建兰等地生兰，逐渐为学者所关注。兰的含义由原先的兰香草逐渐向兰花（图8-2）转化。陶潜似乎在住处栽培了兰，其诗写道："幽兰生前庭，含薰待清风。""荣荣窗下兰，密密堂前柳。"这是否今天的兰花，还有待考证。任昉《述异记》记载："红兰花，一名大草。"提到一种开红花的兰。陈朝周弘让《山兰赋》写道："爰有奇特之草，产于空崖之地，仰鸟路而裁通，视行踪而莫至。挺自然之高

---

　　① 许慎. 说文解字：卷1下[M]. 北京：中华书局，1981：16.

　　② 王念孙. 广雅疏证：卷10[M]. 北京：中华书局，2004：315.

　　③ 唐慎微. 重修政和经史证类本草：卷7[M]. 北京：人民卫生出版社，1982：186.

　　④ 寇宗奭. 本草衍义：卷10[M]. 北京：人民卫生出版社，1990：66.

　　⑤ 徐坚. 初学记：卷27[M]. 北京：中华书局，1962：664.

介,岂众情之服媚?"① 从其生境的描述来看,这正是生长在山岩石壁的兰属兰花,表明人们开始欣赏与木兰有类似香气的南方地生兰。② 华东南有很多建兰等古人栽培的地生兰野生种。可能跟后世一样,常有农民从山中挖掘回来在园中栽培,进而驯化为大众喜爱的一种花卉。

图 8-2 兰花

唐代,出现了更多称颂兰花的文献记述。李世民《赋得花庭雾》写道:"兰气已薰宫,新蕊半妆丛。色含轻重雾,香引去来风。"写出了兰花初开时的香气馥郁。其《芳兰》诗又称:"春晖开禁苑,淑景媚兰场。映庭含浅色,凝露泫浮光。日丽参差影,风传轻重香。"③ 进一步道出春天兰花开放时的芬芳宜人。陈子昂《感遇诗》有"兰若生春夏,芊蔚何青青"的诗句。著名诗人李白《自金陵溯流过白璧山玩月达天门寄句容王主簿》吟道:"寄君青兰花,惠好庶不绝。"湖州诗人钱起(710?—782?)有:"采兰花萼聚,就日雁行联。"以兰花的花序和花形来对应秋雁等地队形,非常的形象和逼真。据

① 欧阳询. 艺文类聚: 卷 81 [M]. 上海: 上海古籍出版社, 1982: 1390-1391.
② 陈心启等认为, 唐末唐彦谦的《咏兰》是描述今天兰花的最早诗篇, 未必准确。
③ 彭定求, 沈三曾, 杨中讷, 等. 全唐诗: 卷 1 [M]. 北京: 中华书局, 1999: 15, 16.

说王维"贮兰蕙必黄磁斗，养以绮石，累年弥盛。"[1] 似乎已将兰花当作案头清供。

唐代有数位学者都写过《幽兰赋》，他们在赋中有些对兰花生境和形态的描述，在一定程度中也可看出，时人栽培的兰花就是现在的兰花。这些学者常把兰花称为"国香"。仲子陵（744—802）的《幽兰赋》中写道："兰惟国香，生彼幽荒。贞正内积，芬华外扬。"他对兰的称颂，言简意赅，历来为人称道。值得注意的是赋中还描绘了兰花的生境和形态："况乃崖断坂折，蹊分石裂，山有木而转深，径无人而自绝。柔条独秀，芳心潜结。"[2] 其中"柔条独秀，芳心潜结"非常的逼真，无疑就是今天的兰属植物。陈有章的《幽兰赋》同样沿袭了颜师古兰为国香的说法。他写道："翘翘嘉卉，独成国香，在深林以挺秀，向无人而见芳。幽之可居，达萌芽於阴壑；时不可失，吐芬香於春阳。……况众英聚集，传香气而相袭；佳色葱茏，带烟翠而攒丛。"[3] 这里的"带烟翠而攒丛"说的也应该是当今兰属植物的形态。唐代另一学者韩伯庸[4] 也写过《幽兰赋》称兰为国香。赋中写道："惟彼幽兰兮，偏含国香。"唐代的学者已经认可兰花为"国香"。

唐代，兰花可能为庭院常见栽培的香花。白居易的《问友》诗中亦有"种兰不种艾"的诗句。晚唐文学家杨夔写过《植兰说》，文中提道："贞哉兰荃钦？迟发舒守其元和，虽瘠而茂也。假杂壤乱其天真，虽沃而毙也。"[5] 似乎也了解兰花的栽培适宜于不肥沃的"瘠"壤。实际上兰花通常都生长在贫瘠的石壁风化土之上。浙江僧人贯休（832—912）《古意九首》有："兰花与芙蓉，满院同芳馨。"杜牧有诗："兰溪春尽碧泱泱，映水兰花雨发香。楚国大夫憔悴日，应寻此路去潇湘。"值得注意的是，上述诗人直接提"兰花"，可见这种花卉已经有比较普遍的栽培。唐代咸通间诗人唐彦谦（？—893）的《兰二首》则很形象地描述了兰花的形态："清风摇翠环，凉露滴苍玉。美人胡不

① 冯贽. 云仙散录 [M]. 张力伟, 点校. 北京：中华书局, 2008：64.

② 董浩, 等. 全唐文：卷 515 [M]. 北京：中华书局, 1983：5239.

③ 冯贽. 云仙散录 [M]. 张力伟, 点校. 北京：中华书局, 2008：9787.

④ 生卒年不详, 贞元年间（785—806）进士.

⑤ 冯贽. 云仙散录 [M]. 张力伟, 点校. 北京：中华书局, 2008：9085.

纫，幽香蔼空谷。谢庭漫芳草，楚畹多绿莎。于焉忽相见，岁晏将如何。"①
当时，兰花非常受人喜爱。《曲江春宴录》说："霍定与友生游曲江，以千金
募人窃贵侯亭榭中兰花，插帽兼自持，往绮罗丛中卖之。妇女争买，抛掷金
钗。"②以千金买兰花，可见它受人喜爱的程度。

在唐末这种花异军突起，被人极度推崇。罗虬的《花九锡》中认为兰、蕙
是很好的插花。五代后蜀画家黄居寀曾经绘过兰花。《清异录·百花门》中说：
南唐张翊戏制《花经》，将花分为九品九命，兰居首位，可见地位之高。古人因
兰花花期长而芳馥，称之为"香祖"。宋初学者陶谷（903—970）写道："兰虽吐
一花，室中亦馥郁袭人，弥旬不歇，故江南人以兰为'香祖'。"又称："兰花第
一香。兰无偶，称为第一。"③这里强调兰的花香，与以前不少学者强调兰为香
草有较大的差别。而且从中可以看出，江南首先将兰花称为"香祖"。这个名
称可能从唐代就开始流行了。大约从那时开始，兰花被誉为"第一香"。

北宋辨识动植物颇具造诣的药材辨验官寇宗奭，在其《本草衍义》中对
兰花生境和形态有比较准确的描述："兰草，诸家之说异同，是曾未的识，故
无定论。叶不香，惟花香。今江陵、鼎、澧州山谷之间颇有，山外平田即无。
多生阴地，生于幽谷，益可验矣。叶如麦门冬而阔且韧，长及一、二尺，四时
常青，花黄，中间叶上有细紫点。有春芳者，为春兰，色深；秋芳者为秋兰，
色淡。秋兰稍难得，二兰移植小槛中，置座上，花开时满室尽香，与他花香又
别。唐白乐天有'种兰不种艾'之诗，正为此兰矣。"④这里提到的地域正是
屈原所处的两湖地区，记述的正是今天栽培的兰花。而且作者还认为白居易
栽培的兰正是兰花。

宋代吕大防（1027—1097）《辨兰亭记》有一段很有趣的关于兰的考证：
他写道："蜀有草如虌（萱），紫茎而黄叶，谓之石蝉，而楚人皆以为兰。兰
见于诗、易，而著于《离骚》，古人所最贵，而名实错乱乃至于此，予窃疑之。

---

① 彭定求，沈三曾，杨中讷，等. 全唐诗：卷671 [M]. 北京：中华书局，1999：7727.

② 冯贽. 云仙杂记 [M]. 张力伟，点校. 北京：中华书局，2008：87.

③ 陶谷. 清异录：卷上 [M]//全宋笔记：第一编第2册. 郑州：大象出版社，2003：39-41.

④ 寇宗奭. 本草衍义：卷8 [M]. 北京：人民卫生出版社，1990：54.

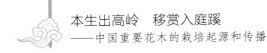

乃询诸游仕荆、湘者，云：'楚之有兰旧矣，然乡人亦不知兰之为兰也'。前此十数岁，有好事者以色、臭、花、叶验之于书而名著，况他邦乎？予于是信以为兰。考之楚辞又有石兰之语，盖兰、蝉声近之误。其叶冬青，其华寒。其生沙石瘠土，而枝叶峻茂。……乃为小庭种兰于其旁，而名曰'辨兰'无使楚人独识其真。"① 这位学者指出，四川的"石蝉"就是两湖一带所称的兰花，两湖兰花有悠久的历史，只不过一般百姓也不知兰就是兰花。此前不久有人根据植物的形态、颜色、香味和颜色做了考证，才使兰花渐渐出名。为了让四川人也能辨识兰花，他特地营造一个小亭，旁边种上兰花。用心可谓良苦。

宋代花卉爱好者、文学家黄庭坚对兰和蕙做了自己的定义。他在《书幽芳亭》中认为："兰之香盖一国则曰国香。……兰蕙丛生，初不殊也。至其发华，一干一华而香有余者兰；一干五七华而香不足者蕙。蕙之虽不若兰，其视椒榝则远矣。世论以为国香矣。"② 黄庭坚作为当时著名的学者，他沿袭了唐代学者的"国香"说法，并作了进一步的阐述，后来得到广泛的认同，他的推崇无疑使兰花奠定了其高雅的名花地位。在其语境中，蕙无疑也是与兰花一类的花卉。

宋代的博物学家罗愿对兰花有清晰的认识。他在《尔雅翼》中，对兰有如下辨析。指出："兰是香草之最，而古今沿习，但以兰草当之。陆玑解《溱洧》所秉之蕑，以为蕑即兰也。茎叶似泽兰广而长，节节中赤，高四五尺。……二家所说，皆是兰草，一名都梁香，一名水香。以之解'秉蕑'可也，何关古之所谓兰乎？予生江南，自幼所见兰蕙甚熟。兰之叶如莎，首春则茁其芽，长五六寸，其杪作一花，花甚芳香。大抵生深林之中，防风过之，其香蔼然达于外，故曰'芝兰生于深林，不以无人而不芳'，又曰'株榝除兮兰芷睹，以其生深林之下'，似慎独也，故称幽兰。与蕙甚相类，其一干一花而香有余者兰；一干五六华而香不足者蕙。"③ 罗愿沿袭了黄庭坚的观点："蕙大

① 袁说友. 成都文类：卷27[M]. 北京：中华书局，2011：550.

② 黄庭坚. 书幽芳亭[M]// 全宋文：第107册. 上海：上海辞书出版社，2006：219.

③ 罗愿. 尔雅翼：卷2[M]. 合肥：黄山书社，1991：16.

抵似兰花，亦春开，兰先而蕙继之，皆柔荑，其端作花，兰一荑一花，蕙一荑五六花，香次于兰。"指出陆机在解释"方秉蕳兮"时，将蕳解释兰草，亦即都梁香是可以的，但与古人所说的兰无关。罗愿认为以前古籍中的兰就是当时人熟知的兰花。不过，宋代著名理学家朱熹《咏蕙》诗有："今花得古名，旖旎香更好。"认为古今所谓"兰"不是一类东西，宋代的兰（花）比前人所说的兰草更加婀娜多姿而芬芳。

而同一时期《格物丛话》则记载："兰，香草也。丛生山谷，与泽兰相似，紫茎赤节，绿叶光润，一干而一花，花两三瓣幽香清远可挹，然花亦数品，或白或紫，或浅碧间，亦有一干而双头者。花时常在春初，虽冰霜之余，高洁自如尔。至于蕙，亦有似于兰而叶差大，一干而五七花，花时常在夏秋间，香不及兰也。彼有所谓幽兰，有所谓猗兰，如此之类，又此花之别种，识者辨之尤不可不审矣。"[1] 其编者谢维新显然不熟悉兰花，不过撮集前人的文句胡编而已，混淆了兰草和兰花。

兰是宋代学者喜爱栽培的花卉，不少著名学者都记述过当时兰的栽培。苏辙的《种兰》诗吟道："兰生幽谷无人识，客种东轩遗我香。知有清芬能解秽，更怜细叶巧凌霜。根便密石秋芳早，丛倚修篁午荫凉。"罗畸（约1056—1124）《兰堂记》写道："元佑四年（1089），予出而仕司法于滁。五年春作堂于廨宇之东南，堂之前，植兰数十本，微风飘至，庭槛馥然。"[2] 显然也是一个兰花爱好者。刘克庄《兰》诗也有："深林不语抱幽贞，赖有微风递远馨。""两盆去岁共移来，一置雕阑一委苔。我拙扶持令叶瘦，君能调护遣花开。"他无疑也种了兰花。兰花也是南宋都城杭州冬季和暮春的重要观赏花卉，以及秋冬季节的插花。[3]

对兰花的移植驯化一直在进行，宋以来，不少学者都有这方面的记载。宋代诗人王柏《兰》诗曾经写下："早受樵人贡，春兰访旧盟。"这里的兰，很可能是砍柴人从山中所挖。方岳《买兰》也非常风趣地写道："几人曾识离骚

① 谢维新. 古今合璧事类备要·别集：卷27[M]//四库全书：第941册. 台北：商务印书馆，1983：162.
② 曾枣庄，刘琳编. 全宋文：卷2563[M]. 上海：上海辞书出版社，2006：233.
③ 吴自牧. 梦粱录：卷2[M]//东京梦华录（外四种）. 上海：古典文学出版社，1956：151，245.

面，说与兰花枉自开。却是樵夫生鼻孔，担头带得入城来。"元代诗人岑安卿《盆兰》也有："猗猗紫兰花，素秉岩穴趣。移栽碧盆中，似为香所误。"另一诗人揭傒斯《题信上人春兰秋蕙二首》写道："深谷暖云飞，重岩花发时。非因采樵者，那得外人知。"这些都说明，宋元时期有不少人栽培的兰花仍然是从山中得来的。

宋人对兰花有更清晰的认识，对这种花的推崇较唐代学者而言，有过之而无不及。南宋《金漳兰谱·跋》中说："余于循修岁之暇，窗前植兰数盆，盖别观其生意也。……非徒悦目，又且悦心怡神。其茅茸，其叶青青，犹绿衣郎挺节独立，可敬可慕。迨夫开也，凝情瀼露，万态千妍，熏风自来，四坐芬郁，岂非真兰室乎！岂非有国香乎！"[1] 作者写出了自己对"国香"的深刻感悟。

明清时，江浙一带园林，如苏州吴时雅所筑"依绿园"等，都栽培兰花。据《八闽通志》记载，福建各地产兰。江浙的园林多有兰花栽培。清代名士高士奇在余姚营建的"江村草堂"，设有"兰渚"的景点，自称"幽兰被壑，芳杜匝阶"。[2] 著名文人袁枚在南京修建的"随园"中也栽培兰、蕙。

值得一提的是，在宋代，兰花已经是重要的审美对象。南宋画家赵孟坚画出精致的"墨兰图"[3]；马麟的《兰花图》也很形象。诗人杨万里《兰花》有这样的称颂："雪径偷开浅碧花，冰根乱吐小红芽。"

兰花春天开放，故明代《百花历》说："正月兰蕙芳，瑞香烈，樱桃始葩。"明清年间，人们已经积累的兰花栽培经验非常丰富。谢肇淛认为："兰最难种，太密则疫，太疏则枯；太肥则少花，太瘦则渐萎；太燥则叶焦，太湿则根朽；久雨则腐，久晒则病；好风而畏霜，好动而恶洁；根多则欲剧，叶茂则欲分；根下须得灰粪乱发实之，以防虫蚓，清晨须用栉发油垢之手摩弄之，得妇人手尤佳，故俗谓兰好淫也。须置通风之所，竹下池边，稍见日影，而不受霜侵，始不夭折。"[4] 或许因为上述原因，更因植株秀丽幽雅，兰花被古人视为

① 懒真子. 金漳兰谱：跋 [M]//生活与博物丛书. 上海：上海古籍出版社，1993：16.
② 陈植，张公驰. 中国历代名园记选注 [M]. 陈从周，校阅. 合肥：安徽科学技术出版社，1983：322.
③ 浙江大学中国古代书画研究中心. 宋画全集：卷1第5册 [M]. 杭州：浙江大学出版社，2008：14.
④ 谢肇淛. 五杂组：卷10[M]. 北京：中华书局，1959：284-285.

具阴柔内敛之性。明代陶望龄（1562—1609）的《养兰说》有如下看法："会稽多兰，而闽产者贵。养之之法，喜润而忌湿，喜燥而畏日，喜风而避寒，如富家小儿女，特多态难奉。"表述得非常形象生动。清代陈大章《诗传名物集览》提到："《淮南子》：男树兰美而不芳。说者以为兰女类。《左传》称女为季兰。……则兰之为女类其说旧矣。"

清代著名戏剧艺术家李渔则认为兰花是清新雅洁的仙品，认为栽培兰花，"居处一室，则当美其供设，书画炉瓶，种种器玩，皆宜森列其旁。但勿焚香，香熏即谢，匪炉也，此花性类神仙，怕亲烟火"。把兰花当成不食人间烟火之物。高士奇认为："兰香最幽，迥出群卉之上，号称香祖。"他认为建兰："含风受露，异香茂发，夏秋之季，清韵殊多。"[1]也把兰花尤其是建兰，视作清新脱俗的不凡香花。

兰花是古代诗文和绘画艺术经常表现的题材（图8-3）。建兰等兰花优雅碧绿的叶子和芬芳宜人的芳香一直深受古人的珍视，更有文人誉它们为"天下第一香"。故宫博物院收藏有宋代遗留至今的《秋兰绽蕊图》页。福建一些地方的民众还把其花当作茶点。谢肇淛记载："闽建阳人多取兰花，以少盐水渍三四宿，取出洗之，以点茶，绝不俗。"[2]

图8-3　清代画家蒋廷锡所绘兰花

① 高士奇. 北墅抱瓮录 [M] // 生活与博物丛书. 上海：上海古籍出版社，1993：335.
② 谢肇淛. 五杂组：卷10[M]. 北京：中华书局，1959：295.

第三节　兰花品种的增多

　　中国最早的兰谱也是在福建的学者所撰。南宋时期有赵时庚和王贵学各自撰写的《兰谱》，前者记载建兰的品种20多个，从其名称来看，似乎主要来源于人名；后者显然参考了前书，记述兰花品种（或种）40余个，其中包括建兰。建兰原产福建、浙江等地，这个名称在宋代的《格物粗谈》中已经出现①。王贵学《兰谱》记载："建兰，色白而洁，味芎而幽。叶不甚长，只近二尺，深绿可爱，最怕霜凝日晒，则叶尾皆焦。爱肥恶燥，好湿恶浊。清香皎洁，胜於漳兰。"②约有1 000多年的栽培史。福建西部山区仍有很多建兰等野生兰花。建兰在宋代时就非常受人喜爱，后来品种不断增多，现有的栽培品种也不少。

　　荪是《离骚》中提到的香草。元代《昌国州图志》的作者认为："荪，即秋兰也。"而高濂在《遵生八笺》则记述："瓯兰，……开花紫白者，名荪，叶较兰稍阔。"③认为荪是瓯兰的一个品种。《遵生八笺》中"草花三品说"提出："上乘高品若幽兰、建兰、蕙兰、朱兰。"认为幽兰、建兰等是上品兰花。明代园艺家文震亨认为："兰出自闽中者为上，叶如剑芒，花高于叶，《离骚》所谓：'秋兰兮青青，绿叶兮紫茎'者是也。赣州者亦佳。"④王象晋在《群芳谱》中根据前人的资料有这样的总结："兰幽香清远，馥郁袭衣，弥旬不歇。常开于春初，虽冰雪之后，高深自如，故江南以兰为香祖。又云兰无偶，称为第一香。"这个学者强调了前人的"香祖"和"第一香"的说法。

　　建兰一直受中国艺术家的称赏。明代著名画家文徵明写过《建兰》诗："灵根珍重自瓯东，绀碧吹香玉两丛。"王世懋《闽部疏》记载："兰以建名，

---

① 苏轼. 格物粗谈：卷上 [M] // 丛书集成初编. 上海：商务印书馆 1935–1937：7.

② 王贵学. 王氏兰谱 [M] // 生活与博物丛书. 上海：上海古籍出版社，1993：8.

③ 高濂. 遵生八笺 [M]. 成都：巴蜀书社，1992：643.

④ 文震亨. 长物志：卷2 [M] // 生活与博物丛书. 上海：上海古籍出版社，1993：407.

而福兴四郡尤盛。民家无大小皆传种之。然绝不生山间，不知种所自来。大都以玉魫为最，四季开者为珍。"① 这里的玉魫即《金漳兰谱》中称为"白兰之奇品"的鱼魫兰。他说的"建兰"，似乎为福建产的兰花。他在《学圃杂疏·花疏》认为：建兰以福建产的最好，他还认为"闽花物物胜苏杭"。明代官员朱国桢（？—1632）指出："勾践种兰渚山，王右军兰亭是也。今会稽山甚盛。……自建兰盛行，不复齿及。然移入吴越辄凋，有善藏善植者，售之辄得高价，而香终少减。""蕙……今惟闽为最盛，遍于江南，有谱。"② 他的言论似乎在说，勾践所种的兰，并非后世的兰花。浙江的兰花从福建引入。

而福建学者谢肇淛则指出："兰，闽中最多，其于深山无人迹处，掘得之者，为山兰，其香视家兰为甚。人家所种，紫茎绿叶，花簇簇然。若谓一干一花，而香有余者为兰，一干数花，而香不足者为蕙，则今之所种皆蕙耳，而亦恐未必然也。即山谷中绝香之兰，未见有一干一花者。吾闽，兰之种类不一，有风兰者，根不着土，丛蟠木石之上，取而悬之檐际，时为风吹，则愈茂盛，其叶花与家兰全无异也。有岁兰，花同而叶稍异，其开必以岁首，故名。其它又有鹤兰、米兰、朱兰、木兰、赛兰、玉兰，则各一种，徒冒其名耳。"③ 他不同意黄庭坚关于兰和蕙的区分，也指出一些有"兰"名实非兰花的种类。王象晋《群芳谱·花谱》记载："建兰，茎叶肥大，苍翠可爱，其叶独阔，今时多尚之，叶短而花露者尤佳。"明末学者方以智《物理小识·草木类》中提道："兰，庐山幽兰有一干十二花者。王逸以楚辞之兰为都梁，朱子从之；方虚谷④定为醒头香，濒湖从之。传曰：兰有国香，而以醒头草专之乎？今贵建兰一干九花、以叶直起者为上，其斜披者章兰也，二月割去，以茅烧之，令其再发，则直起而青润矣。"⑤ 他提到历史上一些学者认为兰是"都梁香"的看法，不过他质疑方回所说的醒头草怎么能称作"国香"，指出建兰是受人推崇的花卉。

① 王世懋. 闽部疏 // 丛书集成初编. 上海：商务印书馆，1935–1937：16.
② 朱国桢. 涌幢小品：卷27 [M] // 明代笔记小说大观. 上海：上海古籍出版社，2005：3744.
③ 谢肇淛. 五杂组：卷10 [M]. 北京：中华书局，1959：284–285.
④ 宋元间文人方回（1227—1307），字万里，号虚谷。安徽歙县人。
⑤ 方以智. 物理小识：卷8 [M]. 长沙：湖南科学技术出版社，2019：677.

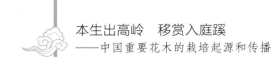

清初，《徐园秋花谱》的作者认为建兰也叫剑兰，书中写道："剑兰，叶短者佳，背有剑脊。或云，因产福建，是名建兰。抽茎发花，一茎多者十数蕊，素瓣卷舒，清芬徐引，如对美人高士，恨不解语同心。"足见建兰之受人喜爱。另外，《花镜·花草类考》这样记述建兰："建兰产自福建而花之名目甚多。或以形色，或以地里，或以姓氏得名。若年久苗盛盈盆，至秋分后可分种。"书中罗列兰花35种。当时闽西的兰花已颇具名气。《闽杂记》记载："建兰近最著称，出龙岩山中。"[①]《闽产录异·花属》记载，春天开花的叫兰，也叫春兰，夏秋开的叫蕙，其中素心者亦称素心兰，以龙岩产的第一，俗呼龙岩素。素心兰至今仍为国人公认的著名兰花品种。

因为福建产的兰花观赏价值高，香气馥郁，常常传到北面的江浙一带栽培。明代谢肇淛的《五杂组》写道：福建一带"兰则自春徂冬，无不花者。故有四季兰之名，其它相踵而发者，固不可一二数也。"当时苏州学者周文华认为：当地栽培的兰花有来自福建的，也有来自江西的。"闽少而优，赣多而劣。凡叶阔厚而劲直，色苍润者，闽也；叶隘薄而散乱，色灰燥者，赣也。闽花大，葶多而香韵有馀，赣花小，葶少而香韵不足。"他在书中提到一些代表性的品种：

旧谱有玉魫兰，一曰玉干，一曰鱼魫，总名玉魫。其花皓皓，纯白瓣上轻红一线，心上细红数点，莹彻无滓如净琉璃，花高于叶六七寸，故别名出架。白叶短劲而娇细，色淡绿近白，香清远超凡，旧谱以为白兰中品外之奇。有金棱边，花茎俱紫，其色鲜妍，夐出他紫之上，一干十二葶，花质丰腴而娇媚动人，香清而郁，胜于常品数倍。叶苍翠劲健，自尖起分两边各缘一黄纹，直至叶中，映日鲜明如金线，可爱。旧谱以此为紫花中品外之奇。有朱兰，花茎俱红赫如渥赭，光彩耀日，短叶婀娜，一干九葶，香倍他花。有四季兰，叶长劲苍翠，干青微紫，花白质而紫纹，自四月至九月相继繁盛。闻诸闽人云，此种在彼处隆冬亦常有花，要不甚贵，盖其所长独勤于花耳。若宜兴、

① 施鸿保. 闽杂记 [M]. 福州：福建人民出版社，1985：176.

　　杭州皆有本山兰蕙，土人掘取以竹篮装售，吾苏几案间皆以盆植之，

其花香与闽埒，但质则一妍一癯而远不逮矣。^①

似乎闽产兰花得到当时的园艺者普遍认可。

　　明清时期，云南和广东兰花种类逐渐引起人们的重视。明代段宝姬写有
《南中幽芳录》，记录云南兰花38种。清初屈大均的《广东新语》也记载了数
十种兰。清乾隆《云南通志·物产》记载："兰有七十余种，雪兰为胜。"清
代袁世俊《兰言述略》据说记载了兰蕙品种97个。而《艺兰新谱》记录兰蕙
品种达154个。兰花至今仍为国人普遍喜爱，但栽培较难，品种发展较慢。
20世纪末，李少球等人编著的《中国兰花》介绍了300多个品种及其分布。

　　兰花现在栽培的约有40多种，较常见的有20多种。春天开花的有春兰
和台兰；夏季开花的有惠兰；秋季开花的有建兰和漳兰；冬季开花的有墨兰和
寒兰等。其中墨兰又叫报春兰，在春节前后开花，一枝9朵，清香淡雅。中
国台湾向来以兰花栽培品种众多著称于世，有"兰花王国"的美称。

　　建兰现在仍为普遍栽培的一种代表性兰花，它也叫素心兰。根长而粗像
海绵质，茎短。叶片细长，剑形，深绿。通常在夏、秋开花，花茎有鞘状的鳞
片，每茎开花5~9朵，花瓣绿黄色，有红斑或褐斑，花香清烈。适合在园林
中盆栽观赏。现今福建连城建有中国最大的国兰主题景区，园中有兰花品种
1 100余个，计400多万株。兰花的驯化栽培在持续进行，实际上，前些年还
常有农民从山中采挖兰花贩运各地甚至域外。兰花向来受国人喜爱，前些年，
浙江还把兰花定为省花。

---

① 周文华. 汝南圃史: 卷9[M]//续修四库全书, 1119册. 上海: 上海古籍出版社, 2003: 112-113.

第九章

荷 花

第一节　栽培起源

　　荷花（*Nelumbo nucifera*，图 9-1）古代称芙蕖，也叫莲、芙蓉，属睡莲科。它在中国南北池沼湖泊极为常见。中国是荷花的原产地，不但东北的黑龙江省仍有不少野生荷花分布，[①] 华北河南也有不少野生荷花，[②] 湖南岳阳更有成

图 9-1　荷花

---

① 王其超，等. 黑龙江野生荷花资源考察 [J]. 中国园林，1997（4）：39-42.
② 李娜，等. 河南省野生荷花资源的现状与保护 [J]. 河南科学，2011，29（10）：1190-1193.

片分布达 5 000 多亩的野生荷花。可能因为花朵艳丽，莲藕和莲子皆可食用，它很早就为人们注意和利用，浙江余姚河姆渡新石器时代的文化遗址曾出土过距今 7 000 多年前的古莲子遗物。山东日照南屯岭新石器文化遗址也出土过莲子。[①] 荷的地下茎和种子，可能是原始人类很早就采集的食物，中国古人可能在开始农耕的时候就管理、进而栽培这种植物。换言之，它应该是农耕初期栽培的作物，至今有 7 000 年以上的栽培史。

荷不仅经济价值高，而且花大而娇艳，叶碧绿而澄鲜，在湖水中摇曳生姿，超凡脱俗，花期又长达一个多月，观赏价值极高，很自然成为古人心目中的夏日当家花卉。故此，李白的《悲清秋赋》写下："荷花落兮江色秋，风袅袅兮夜悠悠。"它浑身是宝，古人认为它是花中君子；"房藕俱洪，而色味兼美，尤是佳品，此适用而可赏者也。"[②] 和梅一样，它可能是最早的观赏花卉之一。

荷花是中国最早见于文献的花卉之一。《毛诗·陈风·泽陂》中有："彼泽之陂，有蒲与荷"；《毛诗·郑风·山有扶苏》中也有："山有扶苏，隰有荷华。"上述民歌都唱出陂池或低湿地里生长着荷花。其后，生活在水乡泽国、荷花盈野的楚国著名诗人屈原，在其《离骚》中表达了自己对荷花之美的深刻喜爱。他浪漫地幻想着："制芰荷以为衣兮，集芙蓉以为裳"。他的《九歌》也有"荷衣兮蕙带"这种美丽衣饰的想象。缘于屈原的诗歌，人们又知晓楚地人们将荷花称作芙蓉。这可能是长江中下游地区对荷的称谓。晋代博物学家郭璞曾指出江东人把荷花称作芙蓉。

它是如此受人重视，中国最早的字典《尔雅·释草》中，对荷的解释可谓是植物中最详细的。书中称其："荷，芙渠。其茎茄，其叶蕸，其本蔤，其华菡萏，其实莲，其根藕。"[③] 可见其受人们重视和熟悉的程度。芙蕖可能是芙蓉转化而来的，莲原称荷的果实，后来与荷同义。

莲子和藕向来是中国人的重要食物和养生药物。汉代《神农本草经》记

[①] 陈雪香. 山东日照两处新石器时代遗址浮选土样结果分析 [M]. 南方文物，2007（1）：92-94.

[②] 曹溶. 倦圃蒔植记：总论卷上 [M]//续修四库全书：第 1119 册. 上海：上海古籍出版社，2003：26.

[③]《群芳谱》记载："花已发为芙蕖，未发为菡萏。"

载：莲子"主补中养神，益气力，除百疾。久服轻身耐老，不饥延年。一名水芝丹"。说它能强身健体，提高身体免疫力，称之为"水芝丹"，由此可见，古人对这种食物评价之高。作为一种生产活动的记述，历代有许多采莲诗。汉代就出现《江南可采莲》这样专门描写采莲的诗歌。诗中有："江南可采莲，莲叶何田田。"晋以后，有更多的学者还注意到采莲这种南方常见的生产方式。在他们眼中，这是非常浪漫的一种活动。简文帝、萧绎都写过《采莲赋》。①不少都带有浪漫的生活色彩。如南北朝时期的《采莲诗》就有："莲香隔浦渡，荷叶满江鲜。"唐代很多著名诗人都写过采莲曲。号称唐初四杰之一的王勃，其采莲曲写道："采莲归，绿水芙蓉衣。"而王昌龄的《采莲曲二首》这样写道："来时浦口花迎入，采罢江头月送归。"

第二节　汉以后的观赏栽培

入汉以后，荷花逐渐成为中国最著名的观赏花卉之一。它的地下茎横生水底，生长迅速，荷叶伸出水面，极有风致。花单生于花梗顶端，大而清香，粉红色或白色，婀娜多姿。果实结在海绵质的花托里，带果实的花托叫莲蓬，果实叫莲子。随着江南大地的开发，这种水生花卉日益受到大众的关注。司马相如《子虚赋》中称颂云梦泽（两湖湖区）："激水推移，外发芙蓉、菱华。"三国时期文学家吴闵鸿《芙蓉赋》对荷花更是赞颂有加："乃有芙蓉灵草，载育中川，竦修干以凌波，建绿叶之规圆，灼若夜光之在玄岫，赤若太阳之映朝云。"② 很形象地描绘了荷叶形态的优美和荷花之艳丽。

这种美丽的花卉已在汉代宫苑和各地园林作观赏栽培，有些苑囿甚至常设"芙蓉园"。《三辅黄图》记载："建章宫北，池名太液，周回十顷，有采莲女鸣鹤之舟。"又称："琳池，昭帝始元元年，穿琳池，广千步，池南起桂台以望远，东引太液之水。池中植分枝荷，一茎四叶，状如骈盖，日照则叶低荫

---

① 欧阳询. 艺文类聚：卷82[M]. 上海：上海古籍出版社，1982：1401.
② 欧阳询. 艺文类聚：卷82[M]. 上海：上海古籍出版社，1982：1402.

根茎：若葵之卫足，名曰低光荷。"① 这里的分枝荷不知是否为真实存在的品种。《西京杂记·黄鹄歌》记载："始元元年，黄鹄下太液池，上为歌曰：'黄鹄飞兮下建章，……喽喋荷莕，出入蒹葭。'"可见太液池中栽培荷花已经非常可观。《述异记》则记载："芙蓉园在洛阳，汉家置之。"② 文中记述汉代已经出现"芙蓉园"。东汉著名学者张衡在《南都赋》中称道自己家乡："于其陂泽……芙蓉含华。从风发荣，斐披芬葩。"闵鸿的《芙蓉赋》也称"芙蓉丰植，弥被大泽"。左思（约250—约305）《魏都赋》称颂当地："丹藕凌波而的皪，绿芰泛涛而浸潭。"荷花是如此受人喜爱，很快被当作装饰的图案。《西京杂记·常满灯》记载："长安巧工丁缓者，为'常满灯'，七龙五凤，杂以芙蕖莲藕之奇。"

缘于喜爱，当时的文人学者对其形态也有更多的关注。东汉名将张奂的《芙蓉赋》对芙蓉有比较诗意的描述："绿房翠蒂，紫饰红敷；黄螺圆出，垂蕤散舒。缨以金牙，点以素珠。"《古今注》作者崔豹也说："芙蓉，一名荷华，生池泽中，实曰莲，花之最秀异者。一名水芝，一名水花。色有赤、白、红、紫、青、黄，红白二色著多，花大者至百叶。"可见，当时的人们已经将它看作最美丽的花卉。晋孙楚写道："有自然之丽草，育灵沼之清濑……尔乃红花电发，晖光烨烨，仰曜朝霞，俯照绿水。"诗人的描述虽然充满艺术夸张，但也体现了自己的真实感受。

东晋后，中原士族大量南徙，更多学者注意到荷花是南方湖泊常见的美丽景观。南朝傅亮（374—426）《芙蓉赋》认为："考庶卉之珍丽，寔总美于芙蕖，潜幽泉以育藕，披翠莲而挺敷。"③ 把莲花说成是集各种花卉秀美于一身的鲜花。著名学者江淹写过《莲花赋》《芙蓉赋》。④ 那时，人们已经把并蒂莲当成祥瑞。谢灵运《山居赋》有："虽备物之偕美，独芙蕖之华鲜。播绿叶之郁茂，含红敷之缤翻。怨清香之难留，矜盛容之易阑。"鲍照《芙蓉赋》

---

① 何清谷. 三辅黄图校释：卷4[M]. 北京：中华书局，2005：264，273.

② 任昉. 述异记：卷下[M]//丛书集成初编. 中华书局，1985：24.

③ 欧阳询. 艺文类聚：卷82[M]. 上海：上海古籍出版社，1982：1401.

④ 欧阳询. 艺文类聚：卷82[M]. 上海：上海古籍出版社，1982：1401.

也称赞荷花："冠五华于仙草，超四照于灵木。"诗人学者的推崇之高，又为它的观赏栽培增添了动力。

第三节　园林栽培的发展

东汉以后，佛教在华发展迅速，晋代南北朝时期，随佛教的兴盛和私园的发达，荷花成为寺庙林园、池泽普遍栽培的水生花卉。佛教本身与莲花有密切的关系。据《大智度论》称："莲所表示，白，净也；青，喜也；赤，觉也，因时开敷，悦可众心，是谓妙法莲华。"[1] 晋代洛阳有许多寺庙园林，荷花是常见栽培的水生花卉。其中宝光寺有园林，"园中有一海，号'咸池'。葭葰被岸，菱荷覆水，青松翠竹，罗生其旁。"[2] 南北朝时期，洛阳城南景明寺园林水池中："萑蒲菱藕，水物生焉。或黄甲紫鳞，出没于繁藻，或青凫白雁，浮沈于绿水。"[3] 据王羲之的《柬书堂帖》，当时人们已开始用盆栽荷花。南北朝时期，江淹称："余有莲华一池，爱之如金。"可见私园也常栽培荷花。

进入隋代以后，荷花仍是历代都城用于美化环境的著名水生花卉，成就许多著名景观。隋代大兴城、唐代长安城都有大量栽培荷花。隋代大兴城的"芙蓉苑"、唐代长安城大明宫北部的"太液池"、唐代曲江池的芙蓉园都是赏荷胜地。芙蓉苑可能也叫"芙蓉园"。《太平寰宇记》记载："芙蓉园，隋文帝之离宫也，在敦化坊南，周迴七十里。"[4]《开元天宝遗事》记载城中太液池有"千叶白莲"。《剧谈录》则记载曲江池："入夏则菰蒲葱翠，柳阴四合，碧波红蕖，湛然可爱。好事者赏芳辰，玩清景。"[5] 卢照邻、韩愈等学者都有相关的吟诵。宋代开封的"御道"两边："宣和间尽植莲荷，近岸植桃李梨杏，杂花相间，春夏之间，望之如绣。"朱雀门外的"迎祥池，夹岸垂杨，菰蒲

① 陈正学. 灌园草木识：卷 1 [M]//续修四库全书：第 1119 册. 上海：上海古籍出版社，2003：205.

② 杨衒之. 洛阳伽蓝记：卷 4 [M]. 北京：中华书局，1963：153.

③ 杨衒之. 洛阳伽蓝记：卷 4 [M]. 北京：中华书局，1963：114.

④ 乐史. 太平寰宇记：卷 25. 北京：中华书局，2007.

⑤ 康骈. 剧谈录：卷下 [M]//唐五代笔记小说大观. 上海：上海古籍出版社，1986：1495.

莲荷，凫雁游泳其间"。[①]当时观赏荷花的种类不少，宋代著名药物辨识家寇宗奭写道："粉红千叶、白千叶者，皆不实……其根唯白莲为佳。今禁中又生碧莲，亦一瑞也。"[②]显然，当时已经栽培重瓣的红荷和白荷花，宫城内还有碧莲。

浙江杭州城在唐代已经栽培有大面积的荷花。白居易在其《余杭形胜》中称赞"余杭形胜四方无，州傍青山县枕湖。绕郭荷花三十里"，已经勾勒出此地为菡萏千顷的众香国。白居易喜欢荷花，在荷花品种的传播中，还有过自己突出的贡献。在苏州刺史一职被免后，他将苏州的白荷花和折腰菱带到河南洛阳的履道里家园中栽培。自称："紫菱白莲，皆吾所好，尽在吾前。"[③]他特别喜欢白莲花（图9-2），其《东林寺白莲》这样称颂："白日发光彩，清飙散芳馨。泄香银囊破，泻露玉盘倾。我惭尘垢眼，见此琼瑶英。"[④]诗人认为白莲比红莲更为素雅。他的《种白莲》还诙谐地写道："吴中白藕洛中栽，莫恋江南花懒开。万里携归尔知否，红蕉朱槿不将来。"[⑤]诗歌委婉，意近祈

图9-2 白莲花

① 孟元老. 东京梦华录：卷2[M]. 北京：中国商业出版社，1982：12-13.
② 寇宗奭. 本草衍义：卷19[M]. 北京：人民卫生出版社，1990：131.
③ 陈植，张公驰. 中国历代名园记选注[M]. 陈从周，校阅. 合肥：安徽科学技术出版社，1983：6.
④ 白居易. 白居易诗集：卷1[M]. 北京：中华书局，1999：27.
⑤ 白居易. 白居易诗集：卷1[M]. 北京：中华书局，1999：564.

祷，还遗憾地表达南方喜热的朱槿和美人蕉无法在北方的洛阳栽培。诗人的痴情苦心，终于得到回报。他的《六年秋重题白莲》写道："素房含露玉冠鲜，绀叶摇风钿扇圆。本是吴州供进藕，今为伊水寄生莲。移根到此三千里，结子经今六七年。"① 其《白莲池泛舟》写下："谁教一片江南兴，逐我殷勤万里来。"而《感白莲花》又得意地写道："白白芙蓉花，本生吴江濆。不与红者杂，色类自区分。谁移尔至此，姑苏白使君。"喜悦之情，充满笔端。程大昌（1123—1195）《演繁露》记载："洛阳无白莲花，白乐天自吴中带种归，乃始有之。"② 说的就是上述史实。

宋代的临安城，西湖荷花更是远近闻名的著名风光。柳永《望海潮·东南形胜》在形容杭州的繁华和美景时，有脍炙人口的"烟柳画桥，风帘翠幕，参差十万人家。……重湖叠巘清嘉，有三秋桂子，十里荷花"。如此的旖旎风光，何等让人难以忘怀！以至于有学者认为正是这里的美景，引发金人觊觎，进而南侵。到南宋，"曲院风荷"逐渐成为西湖的一处著名景观。西湖的荷花美景确非浪得虚名。著名诗人杨万里《晓出净慈寺送林子方》有这样的赞叹："毕竟西湖六月中，风光不与四时同。接天莲叶无穷碧，映日荷花别样红。"不知是否受上述柳永和杨万里的影响，宋人期盼的四季游赏是"春游芳草地，夏赏绿荷池；秋饮黄花酒，冬吟白雪诗"。

南京玄武湖是著名的荷花观赏地，这里很早就是观赏荷花的名胜。《南唐近事》记载："金陵城北有湖，周回十数里，幕府、鸡笼二山环其西，钟阜、蒋山诸峰耸其左。名园胜境，掩映如画。六朝旧迹，多出其间。每岁菱藕罟网之利不下数十千。《建康实录》所谓玄武湖是也。"③ 从其中菱藕之利，不难看出荷花之盛。祝穆《方舆胜览·瑞安府》记载："自百里坊至平阳屿一百里，皆荷花。王羲之自南门登舟赏荷花，即此地也。"周密的《癸辛杂识·吴兴园圃》记载浙江湖州府城内园林："莲花庄，在月河之西，四面皆水。荷花盛开

---

① 白居易. 白居易诗集：卷 1 [M]. 北京：中华书局，1999：601.
② 程大昌. 演繁露：卷 9 [M]//中国科技典籍通汇·综合卷：第 5 册. 郑州：大象出版社，1995：316.
③ 郑文宝. 南唐近事 [M]//宋元笔记小说大观. 上海：上海古籍出版社，2007：268.

时，锦云百顷，亦城中之所无也。"① 栽培荷花之多，可见一斑。

明清时期，江浙一带私园众多，湖泊众多，园林中荷花景观很常见。苏州明代正德年间兴建的"拙政园"以水景为中心，有"芙蓉榭"等景点。"沧浪亭"在清代栽培不少荷花，建有景观"藕花水榭"。王心一在拙政园旁兴建"归田园居"，也栽培了不少荷花。至今苏州的拙政园、网师园、留园都有大面积的荷花。另外清代扬州乔莱修建的"纵棹园"、郑侠如的"休园"、汪玉枢"南园"、程梦星的"筱园"等都栽培了不少荷花。其中筱园，"外垦湖田百顷，遍植芙蕖，朱华碧叶，水天相映"。中国许多地方都有以"莲花池""莲池"命名的荷花观赏地。

宋以后，作为一种传统，御花园太液池种荷花影响深远。长期作为首都的北京，也有不少著名的荷花景观。城西的莲花池是较早大面积栽培荷花的地方。其后城中的北海、城郊的颐和园这些皇家园林都栽培有大片的荷花。无论是白塔还是佛香阁前面的荷花，都是这两处皇家园林的标志性景观。颐和园中的昆明湖，明代称西湖，当时有人记载："玉泉山下湖环十余里，荷蒲菱芡与沙禽水鸟隐映云霞中，真佳境也。"② 清代的圆明园，有名为"竹深荷静""芰荷深处"的著名景点。圆明园后被外国侵略者毁之一炬，建筑物只剩少量断壁残垣，但至今仍生长着大面积的荷花。一个园林有泛着涟漪的碧水，便有了自己的灵气，而有了荷花就有了仙气。北京不少贵族家园林中也栽培荷花。明代，北京著名的私园"勺园"（故址在今北京大学校园西南部），栽培有许多白莲花。③ 城北的"定国公园"也有垂柳高槐，一池荷花。

此外，一些著名都市名胜及私家园林都栽培有大量的荷花。据《大明一统志·保定府》记载，当地的名胜"莲花池"从元代开始即为一处以荷花景观著称的美丽景观。济南号称"泉城"，古代水域众多，常见栽培荷花。历史名胜大明湖，在唐代称"莲子湖"。段成式《酉阳杂俎·广知》记载："历城北二里，有莲子湖，周环二十里，湖中多莲花。红绿间明，乍疑濯锦，又渔船掩

① 周密. 癸辛杂识：前集 [M]//宋元笔记小说大观. 上海：上海古籍出版社，2007：5703.
② 王路. 花史左编：卷 2 [M]//续修四库全书：第 1117 册. 上海：上海古籍出版社，2003：20.
③ 陈植，张公驰. 中国历代名园记选注 [M]. 陈从周，校阅. 合肥：安徽科学技术出版社，1983：240.

映，罦罿疏布，远望之者，若蛛网浮杯也。"元好问《遗山集·济南行记》也提道："水西亭之下，湖曰大明，其源出于舜泉，其大占府城三之一，秋荷方盛，红绿如绣，令人渺然有吴儿舟渚之想。"毫无疑问，大明湖所以成为著名风景区，很大程度缘于其"四面荷花三面柳，一城山色半城湖"之美景。

荷花深受人们喜爱，历代培育的观赏种类也逐渐增多。史籍记载，汉代已经出现了一些珍奇的品种。有人写道："荷，汉明帝时，池中有分枝荷，一茎四（一曰两）叶，状如骈盖。子如玄珠，可以饰珮也。灵帝时，有夜舒荷，一茎四莲，其叶夜舒昼卷。"[①]这里所记的品种夜舒荷，观赏价值很高。唐代《开元天宝遗事·解语花》已有"千叶白莲"的记述，还出现著名品种"重台莲"。李德裕写过《白芙蓉赋并序》《重台芙蓉赋并序》，认为吴兴产的重台芙蓉，"奇秀芬芳，非世间之物"。李绅也写过《重台莲》诗。宋代《洛阳花木记》收录了十几个品种莲花。江南是中国普遍种植荷花的地方，品种也多。《乾道临安两志》记有："佛头莲、千叶莲。"[②]《会稽志·草部》记载："山阴荷最盛，其别曰大红荷、小红荷、绯荷、白莲、青莲、黄莲、千叶红莲、千叶白莲、大红荷多藕，小红荷多实，白莲藕最甘脆多液，千叶莲皆不实，但以为玩耳。出偏门至三山多白莲，出三江门至梅山多红莲，夏夜香风率一二十里不绝，非尘境也，而游者多以昼故，不尽知。"[③]《赤城志·土产》记载当地的观赏品种有"碧莲、府莲、朝日莲"。《咸淳临安志·物产》也记载："聚景园后湖中者名绣莲，极贵。"周密的《乾淳起居注》提到五花同干的莲花品种。

明代重要的园艺著作都收录了大量的荷花品种。《学圃杂疏》《遵生八笺》记载了一些品质较好的观赏品种及其栽培技术。《学圃杂疏·花疏》写道："莲花种最多。苏州府学前种，叶如伞盖，茎长丈许，花大而红，结房曰百子莲，此最宜种大池中。旧又见黄、白二种，黄名佳却微淡黄耳。千叶白莲，亦未为奇；有一种碧台莲，大佳，花白而瓣上恒滴一翠点，房之上复抽绿叶，似花非花，余尝种之，摘取瓶中以为西方品。近于南都李鸿胪所复得一种，曰

---

① 段成式. 酉阳杂俎：卷19[M]. 北京：中华书局，1981：190.

② 周淙，施谔. 南宋临安两志[M]. 杭州：浙江人民出版社，1983：35.

③ 施宿. 嘉泰会稽志：卷17[M]//宋元方志丛刊. 北京：中华书局，1990：7029.

锦边莲，蒂绿花白，作蕊时绿苞已微界一线红矣，开时千叶，每叶俱似胭脂染边，真奇种也，余将以配碧台莲，凳二池对种，亦可置大缸中，为无前之玩。"这里记述的百子莲、碧台莲和锦边莲都是观赏价值极高的品种。《遵生八笺》记载了六种荷花，作者写道："红白之外，有四面莲，千瓣四花。两花者，名并蒂，总在一蕊发出。有台莲，开花谢后，莲房中复吐花英，亦奇种也。有黄莲。又云以莲子磨去顶上些少，浸靛缸中，明年清明取起种之，花开青色。有此法而未试。"[1] 明代还有书籍记录衣钵莲、黄莲、金莲、分香莲、分枝荷、夜舒荷、睡莲、四季荷花，书中还记有山莲（草花）等大量品种。[2]《群芳谱·花谱》也收录了较多的荷花品种，书中记有重台莲、并头莲、一品莲、四面莲、洒金莲、金边莲、衣钵莲、千叶莲、黄莲、金莲、分香莲、分枝荷、夜舒莲、红莲、四季莲，他如佛座莲，金镶玉印莲、斗大紫莲、碧莲、锦边莲诸品尤为绝胜。同一时期，《灌园草木识》记有青莲、红莲、锦边莲和白莲。清代的《花镜·花草类考》中也收录了荷花22个品种。各地地方志记载的荷花品种更多，如湖南石门县有佛座莲、十八瓣金边大红、白莲，青莲、品字莲、黄莲、台莲、并头莲、太液莲。山东招远有四明、千叶等品种；江苏江宁有锦边楼子、六面等品种；常熟有锦边、双头重楼等；安徽歙县有学士莲、罗汉莲；据说现今圆明园遗址公园中的荷花品种达数百个。

第四节　前人眼中的芙蓉之美

上面已经提到一些文人对荷花之美的描摹。不过，后世对荷花美的观念，很大程度上由一些著名学者"画龙点睛"式的启发。闵鸿称赞荷花："有阳文修婷。倾城之色。"刘宋时期学者傅亮则认为："考庶卉之珍丽，实总美于芙蕖。"江淹更是称道："检水陆之具品，阅山海之异名，珍尔秀之不定，乃天地

---

① 高濂. 遵生八笺 [M]. 成都：巴蜀书社，1992：657.

② 慎懋官. 华夷花木鸟兽珍玩考：卷 2 [M] // 中国科学技术典籍通汇：生物卷 4. 郑州：河南教育出版社，1994：352–353.

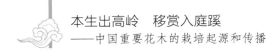
之精英。"唐初四杰的王勃，见到鄱阳湖荷花娇媚可人，前人描述尚有不足，于是写下自己的《采莲赋》，称颂荷花："况洞庭兮紫波，复潇湘兮绿水。……黛叶青跗，烟周五湖；红葩绛蘤，电烁千里。""芳华兮修名，奇秀兮异植，红光兮碧色，禀天地之淑丽。"①当然，人们更多会想到的是"青莲居士"李白所谓："清水出芙蓉，天然去雕饰。"唐代罗虬也认为莲是高雅的花卉。他的《花九锡》写道："花九锡亦须兰、蕙、梅、莲辈，乃可披襟。若芙蓉、踯躅、望仙、山木、野草，直惟阿耳，尚锡之云乎。"可见荷花与兰、蕙、梅已成唐代学者非常认可的名花，也是主要的插花种类。

宋人喜爱荷花的高标清绝，称它"青茎翠盖原相映，缟袂霞裾各自芳"。对荷花的赞赏，宋代周敦颐的《爱莲说》可谓千古名篇。文中的表述近乎膜拜："予独爱莲之出淤泥而不染，濯清涟而不妖，中通外直，不蔓不枝，香远益清，亭亭净植，可远观而不可亵玩焉。……予谓菊，花之隐逸者也；牡丹，花之富贵者也；莲，花之君子者也。"因其颂扬，莲花赢得"花中君子"美称，也是清净雅洁、脱俗出尘的象征。而卢梅坡的《芙蓉》诗也标榜莲花："云袂飘摇翠佩环，仙姿绰约紫霞冠。"

明代的学者对荷花也称誉有加。养生家高濂有如此赏荷体会："桥据湖中，下种红白莲花，方广数亩，夏日清芬，隐隐袭人。霞标云彩，弄雨欹风，芳华与四围山色交映。"②王象晋在《群芳谱·果谱》称颂它："凡物先华而后实，独此华实齐生。百节疏通，万窍玲珑，亭亭物表，出污泥而不染，花中之君子也。"同样认为荷花卓尔不群。

清代文学家李渔激赏荷花，称："自荷钱出水之日，便为点缀绿波，及其劲叶既生，则又日高一日，日上日妍，有风既作飘飘之态，无风亦呈袅娜之姿，是我于花之未开，先享无穷逸致矣。迨至菡萏成花，娇姿欲滴，后先相继。……乃复蒂下生蓬，蓬中结实，亭亭独立，犹似未开之花，与翠叶并擎。"③认为荷花从出叶到结实都美得不可方物。而现代文学家朱自清的《荷

① 董浩，等. 全唐文：卷177[M]. 北京：中华书局，1983：1802.

② 高濂. 遵生八笺[M]. 成都：巴蜀书社，1992：143.

③ 李渔. 闲情偶寄[M]. 上海：上海古籍出版社，2000：318.

塘月色》对荷花的推崇，也使众多的读者久久难以忘怀。

　　荷花是如此秀丽，三国时期，文人已经开始用它比喻美人，曹植就将心目中的女神——洛神比作荷花，称其："灼若芙蕖出绿波。"[①] 其《芙蓉赋》称颂她："览百卉之英茂，无斯华之独灵。……竦芳柯以从风，奋纤枝之璀璨。其始荣也，皎若夜光寻扶桑；其扬晖也，晃若九阳出汤谷。"把荷花称作百花中最出类拔萃者。古人曾以芙蓉形容美人的脸色。《西京杂记》载：卓文君"眉色如望远山，脸际常若芙蓉。"[②] 更著名的也许是清代小说家曹雪芹以芙蓉象征林黛玉，表现她可望而不可及的清高和"洁来洁去"，因绝世而独立而带来之"风露清愁"。

　　莲子的寿命极长，中国科研人员曾将辽宁出土的 1 000 多年前的古莲子用来栽培，结果照样能发芽生长。它仍然受国人的普遍喜爱，如今中国的一些城市，如济南、肇庆还把荷花当作市花。它性喜强光和温暖气候，也能耐寒。中国各地广泛栽培。优良品种很多，有一梗两花的"并蒂莲"；有一梗四花、两两相对的"四面莲"；还有一年开花数次的四季莲。荷花是一种很好的观赏植物和经济作物。它在池塘、湖泊种植既能美化环境，又能收获莲子和莲藕供食用。它是鱼米之乡的代表性花卉之一，现今湖南将其当作省花，澳门将其作为市花。

---

① 萧统. 文选 [M]. 上海：上海古籍出版社，1998：137.
② 何清谷. 西京杂记校注：卷 2 [M]. 西安：三秦出版社，2006：83.

第十章

百合和山丹

第一节　百合栽培起源考察

百合花（图10-1）的花丛亭亭玉立，叶片翠绿而秀雅，花朵含风裛露，非常漂亮，很早为古人所关注。随国人对插花、花束、花篮等装饰花卉需求的日益增长，如今百合花与月季和菊花一样，是中国最重要的切花之一。中国是百合属植物的分布中心之一，种类繁多，在长江流域和黄河流域山区都有许多野生种分布。

图10-1　麝香百合花

近代西方的植物考察者、园艺学家威尔逊已经注意到，四川的大渡河谷是许多美丽百合的故乡。每一个山谷都有数种或数个属于自己的变种。在六月下旬和七月的时候，人们可以在这些美丽的花卉占主导地位、名副其实的野外花园中徜徉数日。在岷江流域有很多王百合（岷江百合 *Lilium regale*）；在大渡河流域有通江百合,此种百合的花瓣被当地人当作蔬菜食用。卷丹和它的一个近缘种川百合(*L. thayerae*)的球茎也被食用。这里的山谷还有许多其他百合,包括滇百合(*L. bakerianum*)和一些未被命名的种类。

传统文献中的百合(*Lilium brownii* var. *viridulum*),古人也称重迈、重箱、中庭(花)、[①]中逢花、百合蒜、摩罗春、强瞿、蒜脑薯。关于其名称,宋代博物学者认为:"百合蒜,近道处有。根小者如大蒜,大者如碗,数十片相累,状如白莲花,故名百合,言百片合成也。人亦蒸食之,味极甘,非荤辛类也。……根上一干特起,叶皆环列干上,至杪则结花,花有两种,其一如萱草花,红斑而小,故一名连珠,其一种白花者极芳香。花重常倾侧,连茎如玉手炉状,亦捣为面。"[②]古人认为其球茎似大蒜,味道像山薯,又称为蒜脑薯。百合属百合科,与玉簪、桂花、兰花、水仙、栀子、玫瑰一样,是著名的芳香观赏花卉。

中国南北都分布有百合,它是多年生草本植物。地下长有肉质的球形鳞茎,小瓣多层,可食用,味道有点苦。地上茎直立。叶椭圆或长椭圆形,叶端尖。花大,通常单生茎的顶端,喇叭形,乳白色或带褐色。它可能很早就被栽培,东汉著名学者张衡的《南都赋》有:"若其园圃,则有……蕮蔗姜蟠。"[③]这里的"蟠",据吴其濬解释,就是百合。[④]如其解释可靠,那么百合在东汉就是在园圃中栽培的蔬菜。至今已有约 2 000 年左右的历史。南北朝时期的养生家、药学家陶弘景记载百合球茎被用作食物。汉代,百合也被当作药物。东汉时期的本草著作《神农本草经》和稍后的《名医别录》都有百合的记载,张仲景的《伤寒论》也记载用百合治病。

这种植物可能在汉代就开始在庭院中观赏栽培,其花丰腴多姿,芳香袭人,故在《吴普本草》有"中庭"之名。南北朝时期,梁宣帝(519—562)咏《百合》诗曰:"接叶有多重,开花无异色,含露或低垂,从风时偃抑。"[⑤]唐

---

① 欧阳询. 艺文类聚:卷82 [M]. 上海:上海古籍出版社, 1982: 1383.

② 罗愿. 尔雅翼:卷5 [M]. 合肥:黄山书社, 1991: 53.

③ 萧统. 文选:卷4 [M]. 上海:上海古籍出版社, 1998: 25.

④ 吴其濬. 植物名实图考:卷3 [M]. 北京:中华书局, 1962: 58.

⑤ 欧阳询. 艺文类聚:卷82 [M]. 上海:上海古籍出版社, 1982: 1383.

代的《新修本草》记载了两种百合，一种叶细，花红白色；一种叶大，花白色。[①] 当时它已是人们非常喜爱的花卉，在一些著名的园林中已出现名贵的观赏品种。李德裕的平泉山居已经栽培"碧百合"。唐王勔《百合花赋》称道："荷春光之馀煦，托阳山之峻趾。比萱荚之能连，引芝芳而自拟。"[②] 把百合当作绘画题材至迟在唐代就出现。唐末画家滕昌佑曾经绘过百合。[③] 陕西出土过百合的壁画。[④]

隋朝有人栽培百合当作药材。孙思邈在《千金翼方》记述了细致的百合栽培方法。他写道："种百合法：上好肥地加粪熟斸讫，春中取根大者，擘取瓣，于畦中种，如蒜法，五寸一瓣种之，直作行，又加粪灌水。苗出，即锄四边，绝令无草。春后看稀稠得所，稠处更别移亦得，畦中干即灌水，三年后甚大如芋然，取食之。又取子种亦得，或一年以后二年以来始生，甚迟，不如种瓣。"[⑤] 栽培技术已经非常成熟。农书《四时纂要》、徐锴《岁时广记》[⑥] 也有它的栽培记述。随用途的开发，栽培日广。

第二节　栽培种类的涌现

宋代学者对百合有深刻的认识，当时的著作对其形态有较准确的描述。辨别药材专家寇宗奭有如下记述："百合……茎高三尺许，叶如大柳叶，四向攒枝而上。其颠即有淡黄白花，四垂向下覆，长蕊。花心有檀色，每一枝颠，须五六花。子紫色，圆如梧子，生于枝叶间。每叶一子，不在花中，此又异也。根即百合，其色白，其形如松子壳，四向攒生，中间出苗。"[⑦] 寇宗奭在文中所说的子，实际上是珠芽，所说的根现在称为鳞茎。《格物总论》的作者

---

① 苏敬，等. 新修本草：卷8[M]. 合肥：安徽科学技术出版社，1981：224.

② 董浩，等. 全唐文：卷176[M]. 北京：中华书局，1983：1797.

③ 宣和画谱：卷16[M]. 长沙：湖南美术出版社，1999：339.

④ 徐光冀. 中国出土壁画全集：第6集[M]. 北京：科学出版社，2012：247，250，253，267-268，330.

⑤ 孙思邈. 千金翼方校释：卷14[M]. 李景荣，等校释. 北京：人民卫生出版社，1998：220.

⑥ 唐慎微. 重修政和经史证类备用本草：卷8[M]. 北京：人民卫生出版社，1982：204.

⑦ 寇宗奭. 本草衍义[M]. 北京：人民卫生出版社，1990：60.

也对百合形态做了比较细致的描述："百合花，春生，苗高数尺，干粗如箭，四面有叶如鸡距，又似柳叶，青色，叶近茎微紫，茎端碧白。四五月开红白花，如石榴嘴而大。根如胡蒜重迭生，二三十瓣，人蒸食之益气。"①

宋代栽培的种类逐渐增多，川百合的名称开始出现。周师厚的《洛阳花木记》记有红百合、黄百合。这里的红百合可能是山丹或卷丹。书中还记载，春分时节，可以"灌百合"，说明城中栽培百合。《梦粱录·花之品》记载，当时的临安城也栽培百合。郑樵《昆虫草木略·草类》记载："强瞿曰重迈，曰中庭……即百合也。……根如胡蒜，根美食，花美观。"② 当时，南方闽浙等地的一些地方志已经提到川百合。南宋时期，福州地方志《三山志》有："百合：茎特生而直上，亦名倒仙，花白。一种斑红，谓之川百合。"《赤城志·土产》也说："川百合先实后花，杏黄色，上有黑点如洒墨然。"注意到川百合花瓣上有黑斑点。一些著名诗人也喜欢栽培百合。陆游就曾经种过一种香百合。他曾记述自己"窗前作小土山，艺兰及玉簪，最后得香百合并种之"③。这里的香百合可能就是后来的麝香百合。

明代学者对百合的种类有更多的认识，麝香百合成为人们喜爱栽培的种类。黄仲昭在前人认识的基础上，进一步指出："百合茎高三尺许，叶如柳，四面攒枝而上，四五月开白花，长蕊下覆，花心有檀色。根入药，亦可蒸食，或以为粉。子生枝叶间，不附花，此又异也。一名强瞿，俗呼倒仙，又呼玉手炉。一种花斑红，名川百合。又一种茎、叶俱小，花深红色，俗呼鹤顶红。"④ 文中说到的子，同样是珠芽。现今的百合花少有深红色的，不知其鹤顶红指的是哪种。

明清时期，麝香百合颇受园艺家的重视。王世懋认为："百合中名麝香者，人谓即夜合花，根甜可食，宜多种圃中，间取佳者为盆供。宜兴山中最多，人取其根馈客，香不如家园所种。"⑤ 提出麝香百合也叫夜合花。养生家

① 谢维新. 古今合璧事类备要·别集：卷31 [M] // 四库全书：第941册. 台北：商务印书馆，1983：175.

② 郑樵. 通志·二十略 [M]. 北京：中华书局，1994.

③ 陆游. 剑南诗稿校注：卷29 [M]. 钱仲联，校注. 上海：上海古籍出版社，1985：1994.

④ 黄仲昭. 八闽通志：卷25 [M]. 福州：福建人民出版社，2006：721.

⑤ 王世懋. 学圃杂疏 [M] // 生活与博物丛书. 上海：上海古籍出版社，1993：318.

高濂对麝香百合也很有兴趣，他认为："夜合花，红纹香淡者，名百合；蜜色而香浓，日开夜合者，名夜合，分二种。根可食，一年一起，取其最大者供食，小者用肥土排之，则春发如故。"[1] 园艺家周文华记载：白百合"名天香，中有檀心，花色初青黄，既而纯白，花形如锦带而巨丽无比，每向晚则芳香袭人，昼则稍敛，故又名夜合花，此百合之最上乘也。又有一种名麝香，其花叶与天香相似，但短而繁，麝香开于四月，天香开于六月。别有荆溪一种，则花叶俱小，香韵亦劣，开花亦后。吴中人取其根蒸熟，用以点茶，味甚甘美。最下者为虎皮百合，形如萱花，红斑而小，子缀枝叶间如珠，故又名连珠，香与色俱无取，其根最毒，不可食。"[2] 这里所谓"天香"可能是栽培百合的一个品种，而所谓的虎皮百合应该为卷丹。医药学家李时珍还对百合、山丹和卷丹做过辨异。

　　清代官僚曹溶进一步指出："麝香百合有早、晚两种，早者香浓，晚者稍让。"[3] 清初，广东罗浮山的百合似乎颇具名气。屈大均做了如下记述："百合，罗浮最盛，根如葫蒜而大，重叠二三十斤[4]，相合如莲瓣，故合百合。色白，和肉煮之，或作粉，益人。五六月一本一花，花红白如文殊兰。种常倾侧名天香，中有檀心。"[5] 屈大均所说的球茎似乎有夸张之处，他对"天香"的特点的描述可能是自己的看法。陈淏子《花镜》写道："夜合，一名摩罗春，一名百合。……蜜色紫心，花之香味最浓。日舒夜敛，花大头重，常倾侧，连茎如玉手炉状，又名天香。"而宦迹半天下的吴其濬也在自己的书中记下了多种百合。其中："山百合生云南山中，根叶俱如百合花，黄绿有黑缕，又有深绿者，尤可爱。"[6] 还记述了红百合、绿百合。

　　百合除在园林中栽培外，还可作案头清供，也是古代重要的绘画题材。清代画家邹一桂认为："百合，草本。白花者为檀香百合。一茎独挺，高三四

① 高濂. 遵生八笺 [M]. 成都：巴蜀书社，1992：661.

② 周文华. 汝南圃史：卷 10 [M]//续修四库全书. 上海：上海古籍出版社，2003：135-136.

③ 曹溶. 倦圃莳植记：卷上 [M]//续修四库全书. 上海：上海古籍出版社，2003：265.

④ 似应作片。

⑤ 屈大均. 广东新语：卷 27 [M]. 北京：中华书局，1997：717.

⑥ 吴其濬. 植物名实图考：卷 6 [M]. 北京：中华书局，1962：142.

尺，叶叶对节，四面交生。花开于顶，六出，无苞蒂，花瓣分档，须六出，末紫点横斜，中抽青茎，反瓣及蕊，有赭墨癍，花大如碗，香气清冽。红花者为虎皮百合，瓣狭长，上有黑点，亦六出。开足花下垂，瓣翻卷。叶细狭尖长，心、须与檀香略似，有色无香。"① 这里记载的檀香百合应该是麝香百合，虎皮百合和周文华记载的一样，应为卷丹。吴其濬《植物名实图考》记载，云南人常将百合作为切花。

现在百合花仍是中国的重要观赏花卉。它花朵艳丽、芬芳，名称寓意吉祥，为中国最重要的切花之一。云南生产的百合切花在 20 世纪初即达 2 700 万枝②，玉溪是其生产基地之一。福建南平延平区王台镇也是百合花切花的主要产地，百合花栽培面积超过万亩。广东博罗县罗浮山下是南方重要的百合花产地，栽培面积达数百亩。陕西将其定为省花，福建南平将其定为市花。

现在常见栽培的有白百合以及花纯白、基部带绿晕而具浓香的麝香百合；还有收获鳞茎当蔬菜、花橙红色的川百合变种——兰州大百合（*L. davidii* var. *willmottiae*，图 10-2）等。在国外，据说百合是法国的国花。自 18 世纪以来，

图 10-2　兰州大百合（冯虎元摄影）

① 潘文协. 邹一桂生平考与《小山画谱》校笺 [M]. 杭州：中国美术学院出版社，2012：107.
② 王燕. 我国百合产业现状及其发展对策 [J]. 湖南农业科学，2007（5）：150-152.

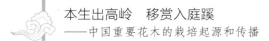

本生出高岭 移赏入庭蹊
——中国重要花木的栽培起源和传播

西方从中国引进过许多百合种类，其中岷江百合（也叫王百合 *L. regal*）、卷丹、泸定百合深受西方园林界的欢迎，[①] 并被广泛栽培。

第三节 山丹

　　山丹（*Lilium pumilum*）又名细叶百合，花红而艳丽，古人也称之为红百合、红花菜、连珠。得名山丹也与其红花有关。野生种常见于中国北方山区。其花瓣后卷成绣球状，也叫绣球花。山丹抗寒耐旱，唐代已经被栽培。李肇《翰林志》提到翰林院内有山丹，当时已经作为庭院栽培的观赏花卉。宋代周师厚《洛阳花木记》中提到"种山丹"。吴其濬认为《洛阳花木记》中收录的"红百合"也是山丹。从所在地域分析，他的见解应该没有问题。苏辙写过《西轩种山丹》诗："淮扬千叶花，到此三百里。城中众名园，栽接比桃李。"他的《种花》诗有："山丹得春雨，艳色照庭除。"上述史料表明，山丹作为观赏栽培，已有一千多年的历史。

　　南宋时期，福建和浙江等南方地区都有山丹栽培。郑樵《通志·昆虫草木略》提到，百合"其红花者，一名山丹。"林迥诗："叶剪青油药渥丹，春风随众出栏干。"似乎它也有渥丹的名称。《乾道临安志·物产》记有山丹。同一时期，《赤城志·土产》记载："山丹，一岁着一花。"《武林旧事》记载的"赏心悦事"包括：四月"诗禅堂观盘子山丹。"杨万里的《山丹花》吟道："春去无芳可得寻，山丹最晚出幽林。……花似鹿葱 [②] 还耐久，叶如芍药不多深。"写出山丹在夏天开放，花形似萱草。

　　高濂的《遵生八笺》记载山丹有三种，花分别为朱红、黄色和白色。《花史》收录了山丹，书中附有山丹的图画。作者写道："山丹花三种。花如朱红，外有黄色有白色花者二种称奇。"或许作者认为后两种比较少见。陈淏子《花镜·花草类考》综合了前人的资料写下："山丹，一名渥丹，一名重迈，根叶似

---

① FAIRCHILD D. The world was my Garden[M]. New York: Charles Scribner's Son, 1938: 417.

② 即萱草。

夜合而细小。花色朱红，诸卉莫及。茂者一干三、四花，不但不香，而且更夕即谢，相继只数日，性与百合不同。又有黄、白二色，世称奇种。……又有一种番山丹，根叶类百合，红花黑斑。"这里说的"番山丹"似为卷丹。清代，华南和西南地区也都有山丹的栽培。《云南通志·物产》记载："山丹，俗名映山红。"《闽产录异》记载福建产白山丹，当地人管红山丹叫"花虎"①。

山丹也是重要的绘画题材，清代《小山画谱》中有其更为细致的形态描述。书中写道："山丹，草本，亦名沃丹。似百合而小，叶狭长。花六出，大红，须亦六出，瓣上无点，高尺余。六月开。"②作者似乎与《三山志》的作者梁克家一样，把山丹和渥丹（沃丹）当作一种。由余省等绘制的《清宫鸟谱》中绘有山丹，也可证明这一点。顺便指出，现今植物分类学者将山丹和渥丹分为两种，后者的学名为 *L. concolor*。渥丹的花被片较短，不后卷。

明代《救荒本草》提道："百合……一种开红花，名山丹。"说其鳞茎不适于食用。不过，山丹的花蕾可食用，一些地方称之为"红花菜"。李时珍《本草纲目·菜部》提到："燕、齐人采其花跗未开者，干而货之，名红花菜。"清代乾隆《盛京通志·物产》的编者也认同山丹即红花菜，书中写道："山丹，红花六瓣，一名红百合。其跗未开者，干之，即红花菜。"

值得指出的是，明清时期一些花卉书籍和闽广方志中记述的"山丹"通常指外来植物五色梅（*Lantana camara*），五色梅又称马缨丹。王世懋《学圃杂疏·花疏》记载："余后至建宁，见缙绅家庭中花簇红球，俨如剪彩，名曰山丹，乃知是闽卉也，此种亦堪置庭中。"嘉靖《安溪县志·地舆类》："山丹，其花一叶百蕊，状如绣球，深红色。一花四英，四月开花，至八月尚烂熳。又有四时开花者，曰'四季山丹'。"这里的山丹即后世称为山大丹或仙丹的五色梅。而《八闽通志》记载："山丹，其花一蒂百余蕊，如绣球状，深红色，一花四英。东坡所谓'错落玛瑙盘'是也。亦有粉红者，四月开花，至八月尚烂漫。又有四时常开者。"③这里记载的也应该是五色梅。清代吴仪一《徐园

---

① 郭柏苍. 闽产录异：卷4[M]. 长沙：岳麓书社，1986：164-165.

② 潘文协. 邹一桂生平考与《小山画谱》校笺 [M]. 杭州：中国美术学院出版社，2012：107.

③ 黄仲昭. 八闽通志：卷25[M]. 福州：福建人民出版社，2006：719.

秋花谱》指出："山丹，叶似芍药，花似鹿葱，一茎百蕊，一蕊四英，烂若红锦簇毯，迎风摇曳，花心茸茸，金粉欲堕。百合红花者，亦名山丹，别是一种。"作者称上面那种花似"鹿葱"显然不正确，不过他指出那种名为山丹的花卉与百合类的山丹不同，从其描述来看也是五色梅。

附：卷丹

卷丹（*Lilium tigrinum*，图10-3）也叫虎皮百合，野生种南北方皆有分布，广泛分布于中国各地山区，山谷林下常见。笔者曾在位于秦岭北坡的甘肃小陇山看见那里有很多的野生卷丹。它被人们栽培可能较晚。《学圃杂疏·花疏》中所谓"虎斑百合"可能就是上述周文华等人所说的"虎皮百合"，亦即卷丹。高濂曾经记载："番山丹，有二种：一名番山丹，花大如碗，瓣俱卷转，高可四五尺。一种花如朱砂，本止盈尺，茂者一干两三花朵，更可观也。"[①]这里的番山丹应该是卷丹。《群芳谱·花谱》"山丹"条记载："一种高四、五尺，如萱花，花大如碗，红斑黑点，瓣俱反捲，一叶生一子，名回头见子花，又名番山丹。"《花镜》也收录"红花黑斑"的"番山丹"，应该是沿袭《群芳谱》的内容。

图10-3　卷丹

---

① 高濂. 遵生八笺 [M]. 成都：巴蜀书社，1992：627-628.

上述《盛京通志·物产》收录了这种花卉，书中写道："卷丹，六出、四垂，大于山丹，先结子枝叶间，入秋开花于顶，根如百合，可充蔬。"大约当时已将其球茎当蔬菜食用。清人《徐园秋花谱》有更细致的形态描述："卷丹，茎叶皆似柳，根似百合。夏初先结子在枝叶间，入秋始于茎颠发花，花红而黄，六出，四垂，上有黑斑，如归鸦数点，点破霞绮。"[①] 吴其濬指出，北京花圃常栽培此花观赏。他还认为，高濂《草花谱》中的番山丹、《花木记》的黄百合以及《群芳谱》中所谓"珍珠花红有黑点"者，说的都是卷丹。云南称此种花为"倒垂莲"，燕蓟地区称之为"虎皮百合"。苏东坡诗"错落玛瑙盘"吟诵的也是卷丹。[②] 卷丹球茎可作药用和食用，据说江苏宜兴有规模栽培。

1804年，英国丘园雇员科尔（（W.Kerr））搭乘东印度公司的商船，从广州将卷丹等花卉引入英国等地栽培。威尔逊在20世纪初的时候，曾将四川大渡河谷等地产的百合引种到欧美栽培，其中岷江百合被认为是他在华引种的最有价值的花卉之一，后在西方园林普遍栽培。

---

① 吴仪一. 徐园秋花谱 [M] // 丛书集成续编: 83 册. 台北: 新文丰出版公司, 1988, 401–408.
② 吴其濬. 植物名实图考: 卷3 [M]. 北京: 中华书局, 1962: 59.

第十一章

水 仙

第一节 水仙的引入和得名

水仙（*Narcissus tazetta* var. *chinensis*，图11-1）原产地中海沿岸国家，大约在唐代的时候引进中国栽培。[①] 它叶葱翠欲滴，花晶莹皎洁而芬芳，得水则长，清新秀丽，很快赢得国人的喜爱。又称雅蒜、金盏银台、女史花、玉玲珑等。其中雅蒜、金盏银台显然根据花叶外形命名。它为人们喜爱，是因为植株可观，花与兰花类似，有很好闻的清香，开花时又恰为众花凋零的冬季。逐渐地它成为中国的名花之一，是冰清

图11-1　水仙花

① 陈心启，吴应祥. 中国水仙考 [J]. 植物分类学报，198，20（3）：371-379；中国水仙续考 [M]. 武汉植物学研究，1991，9（1）：70-74.

玉洁和端雅、秀丽的象征。

在中国，水仙的最早文献记载见于唐代段成式《酉阳杂俎·广动植之三》中："捺祇，出拂林国。苗长三四尺，根大如鸭卵。叶似蒜叶，中心抽条甚长。茎端有花六出，红白色，花心黄赤，不结子。其草冬生夏死，与荞麦相类。取其花压以为油，涂身，除风气。拂林国王及国内贵人皆用之。"[①] 美国人类学家劳费尔（B. Laufer）指出"捺祇"是中古波斯语 nargi 的音译。[②] 这里描述的"红白色"的水仙与现在流行栽培的白瓣黄心的应该不是一个种，可能是红口水仙（*Narcissus poeticus*）。

唐代可能已经有诗人称道过这种美丽的花卉。南宋陈景沂编纂的植物类书《全芳备祖》收录的《水仙花》七言绝句二首："瑶池来宴老金家，醉倒风流萼绿华。白玉断笄金晕顶，幻成痴绝女儿花。""花盟平日不曾寒，六月曝根高处安。待得秋残亲手种，万姬围绕雪中看。"署名为"豫章来氏"[③]，有人认为是唐末诗人来鹏（？—883）。[④] 来鹏的确为江西豫章人，这种推断不无道理。

水仙这个名称在唐晚期已出现。《北户录》记载的"睡莲条"下有："孙光宪（901—968）续注曰：'从事江陵日，寄居蕃客穆思密，尝遗水仙花数本，如橘置于水器中[⑤]，经年不萎。'"[⑥] 提到寄居的外国商人赠水仙给他。钱易（968—1026）的《南部新书》也有类似记载："孙光宪从事江陵日，寄住蕃客穆思密，尝遗水仙花数本，植之水器中，经年不萎。"[⑦] 唐末宋初的道士陈抟（？—989）写过《咏水仙》："湘君遗恨付云来，虽堕尘埃不染埃。疑是汉家涵德殿，金芝相伴玉芝开。"[⑧] 五代以后，花鸟之美逐渐风行于绘画艺术。水

---

① 段成式. 酉阳杂俎：卷18[M]. 北京：中华书局，1981：180.

② LAUFER B., Sino-Iranica.[M]. Chicago：Poblication of Field museum of Natural History, Anthropological Series 1919, Vol. XV. No. 3：427.

③ 陈景沂. 全芳备祖前集：卷21[M]. 北京：农业出版社，1982：640.

④ 彭定求，沈三曾，杨中讷，等. 全唐诗续拾：卷33[M]. 北京：中华书局，1999：11390.

⑤ 陆心源刻本作"如摘之于水器中"。

⑥ 段公路. 北户录：卷3[M]. 吴兴：陆氏十万卷楼光绪六年（1880）刻本.

⑦ 钱易. 南部新书[M]//宋元笔记小说大观. 上海：上海古籍出版社，2007：390.

⑧ 陈景沂. 全芳备祖前集：卷21[M]. 北京：农业出版社，1982：638.

仙婀娜娇艳的身姿很快见于著名画家笔下。后蜀四川著名画家黄居寀（933—约993）的《花卉写生册》①、赵昌的《岁朝图》都绘有许多水仙花丛。从它们所绘的水仙来看，当时栽培的水仙与现在的品种相同。

水仙这个颇为神似的名称出现后，得到普遍的认可。王世懋在《学圃杂疏·花疏》说："得水则不枯，故名水仙，称其名矣。"高濂也认为这种花"花性好水，故名水仙"。更夸张的是，清代戏剧家李渔认为："妇人中之面似桃，腰似柳，丰如牡丹、芍药，而瘦比秋菊、海棠者，在在有之。若如水仙之淡而多姿，不动不摇而能作态者，吾实未之见也。以'水仙'二字呼之，可谓摹写殆尽，使吾得见命名者，必颓然下拜。"②足见水仙一名之贴切和为人认可之程度。"柰祗"这个音译的名称很快就被人遗忘。

水仙生在水中，亭亭玉立，婀娜多姿，清香宜人。室内栽培，漱石枕流，有如不食烟火的凌波仙子。宋代著名诗人黄庭坚称之为："得水能仙天与奇，寒香寂寞动冰肌。"他的"得水能仙"可能道出了其水仙名称的来由。黄庭坚很喜欢水仙，讽诵不已，用冰肌玉骨形容它的芳姿。同一时期他写的《王充道送水仙花五十枝，欣然会心，为之作咏》称："凌波仙子生尘袜，水上轻盈步微月。"诗人径将水仙比拟成"洛水女神"。因其名声的影响，水仙因此也被誉为"凌波仙子"。他的观点为后人广泛认同。

从水仙这个名称不难看出古人对这种花的喜爱，学者给它在众香国的地位排得很高。黄庭坚这样称许它："含香体素欲倾城，山矾是弟梅是兄。""何时持上玉宸殿，乞与官梅定等差。"将它与梅花并列。南宋诗人杨万里甚至认为："矾弟梅兄品未公。……凌波仙子更凌空。"戏谑地对黄庭坚的看法提出异议，认为水仙品格更高。著名理学家朱熹《赋水仙花》也对它称颂有加："纷敷翠羽帔，温艳白玉相。黄冠表独立，淡然水仙装。弱植晚兰荪，高操擢冰霜。"认为它不但形态典雅，还显示出不畏严寒的贞操。

① 黄居寀. 五代黄居寀花卉写生册 [M]. 天津：天津人民美术出版社, 2002.

② 李渔. 闲情偶寄 [M]. 上海：上海古籍出版社, 2000: 317.

第二节　宋代水仙的传播和发展

这种香花引入后，迅速在各地传开。后蜀画家黄居寀的绘画表明，水仙传入后，很快就被引入西南栽培。其后周师厚《洛阳花木记》也提到："水仙花，一名金盏银台。"不过，稍后的张耒则称"水仙花叶如金灯而加柔泽，花浅黄，其干如萱草，秋深开至来春方已。虽霜雪不衰，中州未尝见，一名雅蒜。"[1] 他显然见过水仙，但似乎没在河南看到。它有雅蒜之称，可能根据鳞茎命名。

水仙显然是一种非常受宋人喜爱的花卉，江南水乡比较常见。北宋刘攽等著名诗人都吟诵过水仙花，其中钱勰的水仙花诗有："碧玉簪长生洞府，黄金杯重压银台。"黄庭坚的《刘邦直送早梅水仙花》有："钱塘昔闻水仙庙，荆州今见水仙花。"他的《次韵中玉水仙花二首》还写道："可惜国香天不管，随缘流落小民家。"[2] 陈与义的《咏水仙花五韵》有："吹香洞庭暖，弄影清昼迟。"似乎湖南也常见水仙。当时长江流域地区水仙栽培已经常见。

黄庭坚、张耒对水仙的记述影响很大。《剡录·草木禽鱼上》记载："水仙自鲁直、文潜诗得名。"记载当地有水仙，但说水仙因黄庭坚、张耒诗歌才得名则显然错误。不但孙光宪的记述在其前，周师厚的记录也当在其先。《会稽志》记载："水仙本名雅蒜，元祐间始盛，得名黄鲁直、张文潜，皆极称之。鲁直初以为可比梅，故曰'乞与江梅定等差'。"[3]《赤城志·土产》也说："水仙本云雅蒜。"这里的"雅蒜"显然源自张耒。

南宋时期，福建学者刘学箕的《水仙说》记载："此花最难种，多不着花。惟建阳园户植之得宜。若葱若薤，绵亘畛陌，含香艳素。"[4] 当时福建南平一

---

① 北京大学古文献研究所. 全宋诗：卷 1117 [M]. 北京：北京大学出版社，1995：13287.

② 吴自牧. 梦粱录：卷 2、13 [M]. 北京：中国商业出版社，1982：13，111.

③ 施宿. 嘉泰会稽志：卷 17 [M]// 宋元方志丛刊. 北京：中华书局，1990：7028－7029.

④ 刘学箕. 方是闲居士小稿：卷下 [M]// 四库全书：第 1176 册. 台北：商务印书馆，1983：611.

带栽培之盛，可见一斑。从《梦粱录》《武林旧事》等书中，不难看出水仙是杭州城中普通的观赏花卉，市场上常见交易。

水仙有单瓣和重瓣之分，通常单瓣的更香，古人通常称金盏银台。有趣的是，诗人杨万里则认为重瓣的是真水仙。他的《咏千叶水仙花》写道："世以水仙为金盏银台，盖单叶者，其中有一酒盏，深黄而金色，至千叶水仙，其中花片捲皱密蹙，一片之中，下轻黄而上淡白，如染一截者……要之单叶者，当命以旧名，而千叶者乃真水仙云。"重瓣的古人通常称作玉玲珑。

南宋学者也颇为喜爱水仙，浙江官员高文虎（1134—1212）《水仙诗》有如下称颂："朝朝暮暮泣阳台，愁绝冰魂水一杯。巫峡云深迷昨梦，潇湘雪重写余哀。菊如相得无先意，梅亦倾心敢后开。恼彻会心黄太史，他花从此不须栽。"①

南宋时，人们已经开始将水仙制作盆景观赏，成为古代名人雅士喜爱的清玩。许开的《水仙花》有："定州红花瓷，块石艺灵苗。方苞苴水仙，厥名为玉宵。适从闽越来，绿绶拥翠条。"曾极也有"黄琮白璧缀幽花，珍重高人为叹嗟"的诗句。水仙也是常见的绘画题材，赵孟坚的水仙图也绘制得相当准确逼真。宋代《格物总论》对其形态做了比较细致的描述："水仙花，金盏银台类也。丛低，叶似薤，根似葱，茎首着花，白盘开五尖瓣，上承黄心，宛然盏样，此名金盏银台也。今一种千叶，与酒杯不相类，是名为水仙，识者所必辨。"②它被古人认为"度白云而方洁"，是为幽雅的花卉。明人认为它接蜡梅，迎江梅，是岁寒之友。它逐渐成为人们春节期间几案之重要清玩。

第三节　明清时期形成的主要水仙产地

进入元代以后，水仙逐渐在全国传播开来。元大德《昌国州图志·叙物产》记述了浙江舟山地区的物产，其中收录了"水仙"。入明以后，从各地方

---

① 高似孙. 剡录：卷9[M]//宋元方志丛刊. 北京：中华书局，1990：7261.
② 谢维新. 古今合璧事类备要·别集：卷39[M]//四库全书：941册. 台北：商务印书馆，1983：199.

志可以看出，水仙已经在全国广泛栽培，以南方的江浙和福建一带居多，逐渐成为中国水仙的主要产区。明代，沿海的浙江已是水仙主要产区，文人常用盆栽，以当清玩。高濂《遵生八笺·燕闲清赏笺》记载："有二种，单瓣者名水仙，千瓣者名玉玲珑；又以单瓣者名金盏银台，因花性好水，故名水仙。单者叶短，而香可爱，用以盆种上几。……杭之近江水处，菜户成林，种者无枝不花。……惟土近卤咸则花茂。"如果盆栽，"冬以四窑方圆盆种短叶水仙，单瓣者佳。"他的记述表明，杭州水仙已是重要商品花卉。因为有经济效益，它的栽培技术也开始出现在农书中。《便民图纂》记载栽培要点："六月不在土，七月不在房，栽向东篱下，开花朵朵香。"清代高士奇在余姚经营别墅"江村草堂"，曾经大规模栽培水仙，也有很多种植心得。他的《北墅抱瓮录》记载："水仙腊蕊春花，能傲冰雪，寒香冷艳，莹净不凡。石脚陂陀之处杂种无次，清疏可玩。性喜得水，离土亦活。尝以古瓷盆满贮清泉，置花数苗。"不难看出栽培之盛。乾隆年间的《浙江通志·物产》记载浙江多地产水仙花，书中有："水仙，《名胜志》：海宁县钱山产水仙花。"上面提到的名胜志应该为曹学佺的《舆地名胜志》；《浙江通志》还记载："水仙，《玉环志》：遍吞丛生，清芬袭人。"这里提到的《玉环志》应该为雍正十年（1732）编纂的地方志。上述方志史料表明浙江嘉兴、舟山和台州等沿海地区都有水仙，玉环县可能已有逸为野生的水仙。

明代江苏南部地区也是盛产水仙之地。弘治年间王鏊编定的《姑苏志·土产》收录了水仙花，可能当时苏州一带已盛行栽培水仙。《学圃杂疏·花疏》记载："凡花重台者为贵，水仙以单瓣者为贵，出嘉定，短叶高花，最佳种也。"周文华《汝南圃史》进一步指出："吴中水仙唯嘉定、上海、江阴诸邑最盛。"[1] 清代李渔《闲情偶寄》则记载，南京秣陵产水仙曾经比较有名。喜欢水仙几近痴迷的李渔写道："予之家于秣陵，非家秣陵，家于水仙之乡也。"认为：水仙"至买就之时，给盆与石而使之种，又能随手布置，即成画图，皆风雅文人所不及也。"[2] 可见水仙当时就深受文人雅士的喜爱，成为重要的装

---

① 周文华. 汝南圃史：卷9[M]//续修四库全书：第1119册. 上海：上海古籍出版社，2003：130.
② 李渔. 闲情偶寄[M]. 上海：上海古籍出版社，2000：317-318.

饰盆花。当时江苏的水仙花还作为商品花卉输出到岭南的广东等地。屈大均记载："水仙头，秋尽从吴门而至，以沙水种之，辄作六出花。隔岁则不再花，必岁岁买之，牡丹亦然。予诗：'冬尽人人争买花，水仙头共牡丹芽。'"[①] 显然，水仙在"花城"市场上非常受欢迎。

福建自南宋时期就盛产水仙，明代依然是东南沿海的重要水仙产地，从清前期开始，漳州一带逐渐成为新兴的水仙生产重镇。明黄仲昭《八闽通志》记载福州、泉州栽培的花卉中有水仙。其形态为："叶如蒜，一茎数花，花白，中有黄心如盏状，故俗呼金盏银台。"[②] 其后，漳州也开始栽培水仙花。长期生活于漳洲的学者陈正学在《灌园草木识》（1634 年）中记载："水仙花，漳南冬暖，多不作花。"[③] 似乎在明代，栽培技术较差，当地的水仙不怎么开花。后来可能得益于种植技术的进步，水仙很快成为当地的一项新兴产业。清前期黄叔璥（1680—1758）《台海使槎录》记载："水仙，岁底盛开。……广东市上标写台湾水仙花头，其实非台产也，皆海舶自漳州及苏州转售者。苏州种不及漳州肥大。"[④] 似乎当时漳州的水仙已经销售到外地，而且品质较苏州产的更优。另据清前期《龙溪县志·物产》（1762 年）记载："闽中水仙以龙溪为第一，载其根至吴越，冬发花时人争购之。"[⑤] 可见清中期时，漳州的水仙已经行销江浙一带。

水仙花丛青幽娟秀，花姿绰约芬芳。传入以来，一直为国人喜爱，尤其是它在寒风料峭的春节中，为千家万户增添了赏心悦目的清供和宜人的芬芳。现今被国人视为名花之一。清晚期以来，福建漳州逐渐成为国内最主要的水仙产地。为此，福建省将水仙定为省花，漳州则将其定为市花。它是春节期间全国各地非常重要的室内点缀的花卉。

① 屈大均. 广东新语：卷 27 [M]. 北京：中华书局，1997：700.

② 黄仲昭. 八闽通志：卷 25 [M]. 福州：福建人民出版社，2006：721，745.

③ 陈正学. 灌园草木识：卷 1 [M] // 续修四库全书：第 1118 册. 上海：上海古籍出版社，2003：209.

④ 黄叔璥. 台海使槎录：卷 3 [M]. 台北：大通书局，1984：54.

⑤ 吴宜燮. 龙溪县志：卷 19 [M]. 台北：成文出版社，1967.

第十二章

桃花和杏花

第一节　桃花的观赏栽培起源

桃（*Amygdalus persica*）和上述梅一样，原本是一种起源于中国西北或华北的果树，故此被古人认为是"西方之木"。中国有多种野生桃树，它们因花色艳冶，后来成为国内最著名而习见的花木种类之一。古人很早就注意到："仲春之月，桃始华。"很显然，这种花艳果鲜的植物早就引起了人们的关注，还认为"桃李不言，下自成蹊"。它花团锦簇，烂漫芳菲，鲜艳妩媚，为春天最为醒目的景物之一。"桃红柳绿"是中国春色标志性的景观，"桃红李白"则是春天最怡人的美景。人们常用于形容春色的万紫千红，也主要由桃花呈现。理学家邵雍曾写下："万紫千红处处飞，满川桃李漫成蹊。"南宋学者在《格物丛话》中指出："桃花何处独无之，不择地而蕃，不待培壅而滋茂，漫山填谷，容易成林。"① 这种花木容易生长，很容易形成美丽的自然景观。它或许因此缘故被古人视为仙木，看作是"能制百鬼"的"五木之精"，历来为文人骚客颂扬。

它是中国古老的果子花之一。早在周朝，《毛诗·魏风》就有："园有桃，其实之肴。"那时桃花娇艳颇受人们称赏，诗人写下了："何彼秾矣，华如桃

① 谢维新. 古今合璧事类备要·别集: 卷26[M]//四库全书: 第941册. 台北: 商务印书馆, 1983: 150.

李"；因桃花繁鲜妍，故诗人称"桃之夭夭，灼灼其华"。后人常用"夭桃"来形容桃花的艳丽。观赏栽培也很早。《吕氏春秋·下贤》记载，郑国子产任郑国丞相时，栽培的桃李果实下垂，赶路的人也不伸手摘。说明当时街道旁边已经栽培桃李。汉代也有诗歌提到桃李作为行道树，东汉宋子侯《董娇饶》写道："洛阳城东路，桃李生路旁。花花自相对，叶叶自相当。"《西京杂记》则记载，汉代御苑上林苑栽培有各种桃。

汉以后，它是园林庭园常栽培的花木。《晋宫阁名》记载：华林园栽培了大量的桃树。古代喜欢用桃花美化环境的达官显贵和著名学者不少。潘岳（257—300）任河阳县令时，在境内大量栽植桃李花，[①] 被称为"桃花县令。"庾信《枯树赋》因之有："若非金谷满园树，即是河阳一县花。"陶渊明《归田园居》也提到自己家："榆柳荫后檐，桃李罗堂前。"梁简文帝《咏初桃》诗称颂："初桃丽新采，照地吐其芳。枝间留紫燕，叶里发轻香。飞花入露井，交干拂华堂。若映窗前柳，悬疑红粉妆。"

桃花是如此姹紫嫣红，灿烂如霞，很早就被当作美好的象征。晋代诗人陶渊明（约365—427）生活中超然物外，把自己想象中的理想国称为"桃花源"。而他写的《桃花源记》所提到的武陵（源），则成为桃花的"故乡"，古人常以之"武陵春色"暗喻桃花景观。生活在桃花源的人们，远离尘世纷扰，"有良田美池桑竹之属。……怡然自乐"；"不知有汉，无论魏晋。"描绘出与世隔绝的乌托邦生活场景。陈朝的诗人更是称桃花："芬芳难歇，照曜无俦。舒若霞光欲起，散似电采将收。"道出万紫千红的盎然春色，在很大程度源于桃花的勃发。缘于喜爱和育种的进步，至迟在刘宋时期，桃花已经出现了重瓣品种。[②]

南北朝时期，作为观赏栽培的桃花还有山桃（*Amygdalus davidiana*），别名花桃，广泛分布于中国北方和西南，它是花颇为漂亮的乔木。江淹《山桃颂》这样赞颂桃花："惟园有桃，惟山有丛。丹葩擎露，紫叶绕风。引雾如电，映烟成虹。伊春之秀，乃华之宗。"诗人已经将桃花视作春天最艳丽的花卉。李德裕的《平泉山居草木记》中，记述自己的"平泉庄"栽培了"茅山之

---

① 叶廷珪. 海录碎事：卷12[M]. 北京：中华书局，2002：652.
② 李时珍. 本草纲目：卷29[M]. 北京：人民卫生出版社，1978：1746.

山桃"。他种的或许就是现今观赏栽培的山桃。

第二节 唐宋年间的兴盛

唐代，桃花无疑是最重要的观赏花卉之一，深受诗人学者之喜爱。李白有："会桃花之芳园，序天伦之乐事。"白居易看见村间桃花盛开，诗兴大发。称："村南无限桃花发，唯我多情独自来。"都城长安等地广泛栽培，其中有不少重瓣的品种。《开元天宝遗事》记载了"御苑新有千叶桃花"。不难看出，御苑栽培有各种类型的桃花，其中有重瓣桃花。杨凭的《千叶桃》诗称："千叶桃花胜百花，孤荣春晚驻年华。"至迟在唐代，可能就出现观赏的碧桃（图12-1），诗人想象美好的果花是"天上碧桃和露种，日边红杏倚云栽"。[①] 唐代也有绯桃观赏栽培。李咸用写过《绯桃花歌》："上帝春宫思丽绝，夭桃变态求新悦。便是花中倾国容，牡丹露泣长门月。"五代文人张翊的《花经》还对千叶桃、碧桃和绯桃分品。

图 12-1 碧桃

---

① 彭定求，沈三曾，杨中讷，等. 全唐诗：卷 668 [M]. 北京：中华书局，1999：7711.

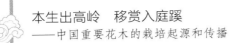

　　桃红柳绿是古人用于表征春色的常用景物。诗人罗隐《桃花》写道："暖触衣襟漠漠香，间梅遮柳不胜芳。数枝艳拂文君酒，半里红欹宋玉墙。"当时，桃花是人们美化宫廷、街道常用的花木。唐代御苑栽培桃花，甚至专辟桃花园。李世民的《咏桃》写道："禁苑春晖丽，花蹊绮树妆。"《景龙文馆记》中说："景龙四年春，上宴于桃花园，群臣毕从。"李峤等文人写有应制诗。白居易也写过《夜惜禁中桃花，因怀钱员外》[①]。《旧唐书·玄宗本纪》记载："开元二十八年，春正月，两京路及城中苑内种果树。"当时很多学者的诗词吟诵，都表明这里的果树主要指桃李。郑审《奉使巡检两京路种果树事毕入秦因咏》写下："圣德周天壤，韶华满帝畿。九重承涣汗，千里树芳菲。"储光义《过新丰道中二十八年有诏种果》写道："诏书植嘉木，众言桃李好。"王表《赋得花发上林》写道："上苑春何早，繁花已满林。"李贺的《凉州歌第一》直接称："汉家宫里柳如丝，上苑桃花连碧池。"[②]应该是反映当时的现实情况。

　　桃花是长安城中主要的美化花木。王建《长安春游》写城中的景色："桃花红粉醉，柳树白云狂。"[③]曹松的《武德殿朝退望九衢春色》称："夹道夭桃满，连沟御柳新。"朱庆余的《种花诗》写道："忆昔两京官道上，可怜桃李昼荫垂。"从当时的诗人笔下看出，当时种桃李甚至走到了某种极端。郑谷曾经这样感慨："禾黍不阳艳，竞栽桃李春，翻令力耕者，半作卖花人。"

　　达官贵人也在居所周围种桃花。白居易寄居忠州（重庆）时，也在小楼旁边种桃花。他的《东坡种花二首》载："持钱买花树，城东坡上栽。但购有花者，不限桃杏梅。"李德裕也在平泉山居中栽培桃花，美化别墅。当时的寺庙也大量栽培桃花。著名的玄都观中栽培了大量的桃树，花开时灿若红霞。诗人张籍写过《兴唐观看花》《九华观看花》诗。刘禹锡《元和十年自朗州至京戏赠看花诸君子》有如下吟诵："紫陌红尘拂面来，无人不道看花回。玄都观里桃千树，尽是刘郎去后栽。"权德舆写的看花诗也有"西垣东观阅芳菲"的

①　白居易. 白居易诗集：卷14 [M]. 北京：中华书局，1999：280.

②　彭定求，沈三曾，杨中讷，等. 全唐诗：卷27 [M]. 北京：中华书局，1999：379.

③　彭定求，沈三曾，杨中讷，等. 全唐诗：卷27 [M]. 北京：中华书局，1999：3387.

句子。桃花各地常见，花开浓艳。白居易因有："最忆东坡红烂熳，野桃山杏水林檎。"因为常见，桃花有时也被人视为比较俗的花卉，杜甫就曾有下面的诗句："颠狂柳絮随风去，轻薄桃花逐水流。"后来，小说家曹雪芹将宝玉的贴身丫鬟袭人喻作桃花也持这种观念。

可能受周围旖旎桃花风光的影响，唐代诗人皮日休的《桃花赋》很客观地写下桃花之美。其赋称："伊祁氏之作春也，有艳外之艳，华中之华，众木不得，融为桃花。厥花伊何，其美实多。儓隶众芳，缘饰阳和。开破嫩萼，压低柔柯。其色则不淡不深，若素练轻茜，玉颜半酡。若夫美景妍时，春含晓滋，密如不干，繁若无枝，娓娓婉婉……近榆钱兮妆翠靥，映杨柳兮颦愁眉。轻红拖裳，动则裹香。"他还认为："花品之中，此花最异。以众为繁，以多见鄙。自是物情，非关春意。若氏族之斥素流，品秩之卑寒士。……我将修花品，以此花为第一。"他的这篇《桃花赋》脍炙人口，在"状花卉，体风物"的同时，阐发了自己感悟，对桃花"以多见鄙"，表达了不平，为后世众多学者认同。

宋代，桃花仍是都市美化的重要花木，描写宋代都城风土人情的《东京梦华录·御街》对景色有这样的描述："宣和间尽植莲荷，近岸植桃李梨杏，杂花相间，春夏之间，望之如绣。"《孙公谈圃》记载，北宋官员、文学家石曼卿任海州通判时，设法在州内大量栽培桃花，花开时，州内满山红遍，灿如锦绣。[①] 学者也不乏喜欢桃花之人。诗人向敏中（949—1020）《桃花》诗称颂它："千朵秾芳倚树斜，一枝枝缀乱云霞。凭君莫厌临风看，占断春光是此花。"谓之"占断春光"，足见评价之高。王禹偁被贬商州时写下《春居杂兴·两株桃杏映篱斜》："两株桃杏映篱斜，妆点商州副使家。"王安石也称自己："舍南舍北皆种桃，东风一吹数尺高。枝柯蔫绵花烂漫，美锦千两敷亭皋。"似乎种过不少桃树。苏轼任杭州知州在疏浚西湖时，修建了一个长堤（后人称苏堤），堤两旁种了桃树和柳树，成为后来一处著名的景观——苏堤春晓。宋代文人还有"柳色浸衣绿，桃花映酒红"的吟诵。

① 陈景沂. 全芳备祖前集：卷8 [M]. 北京：农业出版社，1982：339.

宋人栽培的桃树种类繁多。邵雍吟诵过《二色桃》："施朱施粉色俱好，倾国倾城艳不同。"《洛阳花木记》收录的果子花包括桃花30种，包括千叶缠桃、合欢二色桃、千叶绯桃、千叶碧桃、山桃。《赤城志·土产》提到"碧桃、绯桃"。宋代的碧桃画还有流传至今的。[①] 据《格物丛话》记载，宋代有不少桃花栽培品种："桃，花品以少者为贵，多者为贱。……今有数品或黄或碧，或绛色垂丝者、闪烁者、龙鳞者、饼子者、牡丹者、水蜜者、千叶者，凡中求异不可胜数，好事者亦必为之刮目。"[②]

第三节　明清时期的发展

明代时，江浙一带的园林盛行栽培桃花，观赏的桃花品种众多。碧桃是常见的一种。明初文学家杨荣的《蓟门烟树》写下北京西面蓟门桥附近的风景："蓟门春雨散浮埃，烟树溟濛霁欲开。十里清阴连紫陌，半空翠影接金台。……记得清明携酒处，碧桃花底坐徘徊。"王世贞的弇山园有一处名为"琼瑶坞"的景观："坞内皆种红、白缥梅，四色桃百本，李仅二十之一。琼言红、瑶言白也。"[③] 王世贞的弇山园则栽培了大量的绯桃。《弇山园记》写道："左、正值'东弇'之小岭，皆绯桃，中一白者尤佳，适与敬美春尽过之，尚烂漫刺眼，因名之曰：'借芬'。"[④] 陈所蕴在上海营造的"日涉园"有名为"蒸霞径"的桃花景观。高濂《遵生八笺·燕闲清赏笺》记载："桃花平常者，亦有粉红、粉白、深粉红三色。其外有单瓣大红，千叶红桃之变也，单瓣白桃，千叶碧桃之变也，有绯桃，俗名苏州桃花，如剪绒者，比诸桃开迟，而色可爱有瑞仙桃花，花密。有绛桃，千瓣，有二色桃，色粉红，花开稍迟，千瓣极雅。"明末苏州王心一的"归田园居"也栽培了桃李、牡丹、芍药和海棠。李

① 本社编. 生活与博物丛书. 上海古籍出版社, 1993: 书前彩页.

② 谢维新. 古今合璧事类备要·别集: 卷30[M]//四库全书: 第941册. 台北: 商务印书馆, 1983: 150.

③ 陈植, 张公驰. 中国历代名园记选注[M]. 陈从周, 校阅. 合肥: 安徽科学技术出版社, 1983: 137.

④ 陈植, 张公驰. 中国历代名园记选注[M]. 陈从周, 校阅. 合肥: 安徽科学技术出版社, 1983: 144.

时珍《本草纲目》也提到桃花花色繁多：桃"其花有红、紫、白、千叶，二色之殊。"顾起元《客座赘语》也提到，当时南京也有多种观赏桃，作者写道："南都人家园亭，花木之品多者，如桃则有绯桃、浅绯桃、白桃；又扬州桃，花如碧桃而叶多；又有盒儿桃，以其结实核匾如盒也；又有十月桃，油桃，麝香桃，皆可种。""碧桃有深红者、粉红者、白者，而粉红之娇艳，尤为复绝。"①仅是碧桃的品种就有六种花色，可见当时桃花品种之繁。

当时的苏杭一带栽培了很多桃花。养生家高濂在苏堤赏桃花有如下心得："六桥桃花，人争艳赏，其幽趣数种，赏或未尽得也。若桃花妙观，其趣有六：其一，在晓烟初破，霞彩影红，微露轻匀，风姿潇洒，若美人初起，娇怯新妆。其二，明月浮花，影笼香雾，色态嫣然，夜容芳润，若美人步月，风致幽闲。其三，夕阳在山，红影花艳，酣春力倦，妩媚不胜，若美人微醉，风度羞涩。其四，细雨湿花，粉容红腻，鲜洁华滋，色更烟润，若美人浴罢，暖艳融酥。其五，高烧庭燎，把酒看花，瓣影红绡，争妍弄色，若美人晚妆，容冶波俏。其六，花事将阑，残红零落，辞条未脱，半落半留。兼之封家姨无情，高下陡作，使万点残红，纷纷飘泊，或扑面撩人，或浮樽沾席，意恍萧骚，若美人病怯，铅华销减。六者惟真赏者得之。"②从中可以看出，明清文人赏花可谓心与神游，细致入微。

明晚期植物类书《二如亭群芳谱·果谱二》记载不少桃花品种。书中记述桃："二月开花，有红、白、粉红、深粉红之殊。他如单瓣大红，千瓣红桃之变也；单瓣白桃，千瓣白桃之变也。烂漫芳菲，其色甚媚，花早易植。"其中："绯桃，俗名苏州桃，花如剪绒，比诸桃开迟，而色可爱。""瑞仙桃，色深红，花最密。绛桃，千瓣。二色桃，色粉红，花开稍迟，千瓣极佳。""千叶桃，花色淡，结实少。美人桃，花粉红，千叶，又名人面桃。……鸳鸯桃，千叶深红，开最后。""李桃，花深红。"园艺家文震亨认为："桃为仙木，能制百鬼，种之成林，如入武林桃源，亦自有致。"③

---

① 顾起元客座赘语：卷1[M]. 谭棣华，陈稼禾，点校. 北京：中华书局，1987：17.

② 高濂. 遵生八笺[M]. 成都：巴蜀书社，1992：136.

③ 文震亨. 长物志：卷2[M]// 生活与博物丛书. 上海：上海古籍出版社，1993：403.

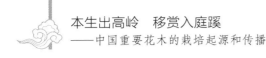

　　它是各地园林春天中最突出的景物，清代兴建的著名皇家园林清漪园（颐和园）、圆明园都栽培了不少桃花。后者著名景观"苏堤春晓""武陵春色""桃花坞"中，都应该栽培有不少的桃花。清代南京著名的"愚园"，"沿塘筑长堤，夹树桃、柳、芙蓉，杂花异卉，春秋佳日，灿若云锦。"[①]清代文学家李渔在桃花的欣赏方面也堪称造诣深厚，他认为："凡言草木之花，矢口即称桃李，是桃李二物，领袖群芳者也。其所以领袖群芳者，以色之大都不出红白二种，桃色为红之级纯，李色为白之至洁……桃之未经接者，其色极娇，酷似美人之面，所谓'桃腮''桃靥'者，皆指天然未接之桃，非今时所谓碧桃、绛桃、金桃、银桃之类也。即今诗人所咏，画图所绘者，亦是此种。此种不得于名园，不得于胜地，惟乡村篱落之间，牧童樵叟所居之地，能富有之。欲看桃花者，必策蹇郊行，听其所至，如武陵人之偶入桃源，始能复有其乐。……色之极媚者莫过于桃，而寿之极短者亦莫过于桃，'红颜薄命'之说，单为此种。"[②]他的议论和见解颇让人耳目一新。《闽产录异·花属》记载有一种高仅尺许、重瓣的花而不实的"矮桃"。同书"木瓜"条底下附记有"木桃"。

　　桃花鲜艳，古人认为它有美容作用。南朝时养生家、本草学家陶弘景提到食用三树桃花，就可使人面如桃花。北朝也有人用天花和雪给小孩洗脸，以期让孩子面容姣好。桃花也用于比喻美人。三国时期，著名诗人曹植诗云："南国有佳人，容华若桃李。"后来人们常用"艳若桃李"来形容女子的美貌。

　　古代桃花被认为是春天美丽喧阗的象征。朱熹《春日》："等闲识得东风面，万紫千红总是春。"这里的万紫千红主要是桃花的景色。春暮时，绿叶欣萌，落英缤纷，亦是诗人感叹的美景。笔者幼年时，故乡春天漫山遍野桃红李白，景色异常壮观。现在，桃花仍然是各地常见花卉。园林常见观赏栽培者有山桃（图12-2）、碧桃、绯桃等。北京的各类公园如中山公园、天坛、日坛以及街区、路旁都有大面积的碧桃、山桃花。春天来临时，姹紫嫣红，远胜古人所谓锦绣步障，给京城带来绚丽的风光。桃树很早就通过丝绸之路传到

　　① 陈植，张公驰. 中国历代名园记选注 [M]. 陈从周，校阅. 合肥：安徽科学技术出版社，1983：432.
　　② 李渔. 闲情偶寄 [M]. 上海：上海古籍出版社，2000：293.

西方，只是西方人错误地认为它来自波斯，故在其拉丁学名上出现所谓的"波斯的（persica）"。

图 12-2　山桃花

第四节　杏花

杏（*Armeniaca vulgaris*）是中国很古老的一种果树，中国华北山区仍有不少野生杏树分布。杏早春开花的时候，娇艳妩媚，把它当作观赏花卉也有很悠久的历史。在传统文化中，它含有娇艳、富贵之意。《庄子·渔父》记载："孔子游乎缁帷之林，休坐乎杏坛之上。弟子读书，孔子弦歌鼓琴。"因为这个典故杏坛就成为讲学场所的譬喻。这里的杏可能就有观赏性质。

从夏小正和《四民月令》可以看出，农民耕种时，常观察杏花的开放时令，决定需要做的农活。宋代罗愿《尔雅翼·释木》指出："五果为五谷之祥，而杏华又候农时。"观察物候很容易发现其花很美观，逐渐进入观赏栽培。《西京杂记》记载，汉代上林苑栽培有"文杏"，大约也是观赏花果。晋代潘岳《闲居赋》吟道自己居处："梅杏郁棣之属，繁荣藻丽之饰。"南北朝时期，庾信的《杏花》诗已经形象地写下："春色方盈野，枝枝绽翠英。依稀映村坞，烂漫开山城。"写出杏花为春天美丽的景色。

唐宋时期，绿杨、红杏更是颇受诗人青睐的早春景物。盛唐诗人钱起称道杏："清香和宿雨，佳色出晴烟。"王涯的《游春曲二首》写道："万树江边杏，新开一夜风。满园深浅色，照在碧波中。上苑何穷树，花开次第新。"[①]也许是它随和煦的春风而开出红艳花朵的缘故。吴融《杏花》诗称颂："粉薄红轻掩敛羞，花中占断得风流。软非因醉都无力，凝不成歌亦自愁。独照影时临水畔，最含情处出墙头。"形象地写出了杏花的婀娜多姿。

唐代，长安城不少地方都栽培杏花，上述曲江池的杏园更是历史上最著名的杏花（图 12-3）景观之一。康骈《剧谈录》记载曲江池："其南有紫云楼、芙蓉苑，西有杏园、慈恩寺。花卉环周，烟水明媚。都人游玩，盛于中和、上巳之节。"贞元年间诗人陈羽《曲江亭望慈恩寺杏园花发》有这样的描述："曲池晴望好，近接梵王家。十亩开金地，千株发杏花。映云犹误雪，照日欲成

图 12-3　杏花

① 彭定求，沈三曾，杨中讷，等. 全唐诗：卷 23 [M]. 北京：中华书局，1999：298.

霞。紫陌传香远，红泉落影斜。"① 白居易《曲江忆元九》有："何况今朝杏园里，闲人逢尽不逢君。"刘禹锡《酬令狐相公杏园花下饮有怀见寄》也称："年年曲江望，花发即经过。"韩愈《杏花》诗也曾感慨："居邻北郭古寺空，杏花两株能白红。曲江满园不可到，看此宁避雨与风。"这些诗歌都非常生动地写出曲江池杏花的美丽和给诗人留下的深刻印象。

从唐代开始，杏花就被赋予了"春风得意"和富贵的人格化含义，这与当时的一种习俗密切相关。唐代科举放榜后，新科进士都会在曲江池的杏园举行宴会庆祝，这就是所谓的"杏园宴"。杏园宴还有一个有趣游戏。李淖《秦中岁时记》记载："进士杏园初会谓之探花宴，差少俊二人为探花使，遍游名园，若他人先拆花，二人皆被罚。"② 不知是否与这种习俗有关，杜牧《杏园》不无调侃地写道："莫怪杏园憔悴去，满城多少插花人。"杏园宴后，还有一个隆重的题名仪式。《唐摭言》记载："神龙已来，杏园宴后，皆于慈恩寺塔下题名。"③ 因为杏园宴的缘故，杏花因此与科举及第和富贵关联。郑谷《曲江红杏》的"女郎折得殷勤看，道是春风及第花"，就是这种心态的真实写照。而高蟾的《落第诗》更是用生动的譬喻写下："天上碧桃和露种，日边红杏倚云栽。"表达了对及第者所获恩宠和有倚恃者的称羡。杏从此多了娇艳、高贵的意蕴。

杏花也是唐代人们喜爱的装饰花卉。杏花似乎很早就成为绘画的题材，五代时期，著名画家徐熙所绘杏花就非常出名。

进入宋代，杏也是各地常见的花卉，且得学者喜爱。《洛阳花木记》记载了16种杏。邵雍有诗称："更把杏花头上插，途人知道看花来。"苏东坡《陈季常所蓄〈朱陈村嫁娶图〉二首》诗有："我是朱陈旧使君，劝农曾入杏花村。如今风物那堪话，县吏催租夜打门。"女诗人朱淑真称道杏花："浅注胭脂剪绛绡，独将妖艳冠花曹。"都城开封植有不少杏树。《东京梦华录·收灯都城人出城探春》写道："次第春容满野，暖律暄晴，万花争出。粉墙细柳，

① 彭定求，沈三曾，杨中讷，等. 全唐诗：卷23 [M]. 北京：中华书局，1999：5329.

② 李淖. 秦中岁时记 [M]//说郛：卷69. 上海：上海古籍出版社，1988：3219.

③ 王定保. 唐摭言：卷3 [M]//唐五代笔记小说大观. 上海：上海古籍出版社，2000：1609.

斜笼绮陌。香轮暖辗，芳草如茵。骏骑骄嘶，杏花如绣。莺啼芳树，燕舞晴空。""柳锁虹桥，花萦凤舸。"一些私人庭院也栽培杏花。范成大的《云露堂前杏花》："蜡红枝上粉红云，日丽烟浓看不真。浩荡风光无畔岸，如何锁得杏春园。"陆游《临安春雨初霁》有"小楼一夜听春雨，深巷明朝卖杏花"，也说明杏是杭州常见观赏花卉。

可能缘于喜爱，宋代学者笔下的杏花呈现一种诗意的朦胧之美。北宋著名史学家宋祁《玉楼春》的"绿杨烟外晓寒轻，红杏枝头春意闹"诗句，以大写意的方式，通过红杏点染出天气乍暖还凉之时，一派春意盎然的景象。他也因此赢得"红杏枝头春意闹尚书"的雅号。[①] 同一时期的王禹偁《杏花》诗有："暖映垂杨曲槛边，一堆红雪罩轻烟"，道出春天特有的迷蒙，却又难遮杏花红英缤纷的一种美，后来文人崇尚的"杏花春雨江南"的意境由此奠定。梅尧臣的《初见杏花》写道："不待春风遍，烟林独早开。浅红欺醉粉，肯信有江梅。"也有接近的涵义。金末文学家元好问一生钟爱杏花，更是称颂盛开的杏花："融霞晕雪一倾倒，非烟非雾非卿云。"

古人认为杏花在清明前后开，开时通常有雨而称"杏花雨"。明代学者认为杏花大片栽培，风景更佳。"杏花烟雨"是古人常在园林中营造的一种意境。所谓"颜色颇妍，多种成林，极有风致"。无锡惠山寺边的"邹园"："含桃、枇杷、梅、杏夹道而列。"[②] 王世懋认为："杏花无奇，多种成林则佳。"换言之，这种花要大面积栽培，才有意蕴。有"万园之园"美称的圆明园，其四十景之一中有"杏花春馆"。明代屠隆《小辋川记》记载钱岱的别业小辋川中有"文杏馆"，其中栽培杏树数十株。王衡的《游香山记》记载，香山卧佛寺周边也有大片的杏花。据《扬州画舫录》记载："静香园"建有"杏花春雨之堂"。杏花也是古代的重要插花。清初陈溟子在《花镜·花木类考》中记载："杏花有二种，单瓣与千瓣。剑州山有千叶杏花，先红后白，但娇丽而不香。树高大而根须最浅，须以大石压根，则花易盛而结实始繁。其核可种，而仁不堪食。"

① 龙榆生，编选. 唐宋名家词选 [M]. 上海：上海古籍出版社，1981：65.

② 陈植，张公弛. 中国历代名园记选注 [M]. 陈从周，校阅. 合肥：安徽科学技术出版社，1983：191.

　　古人对杏花的欣赏，与梅花有相似之处，都源于其早开，而且因其娇艳而认为"闺门之态"。南宋诗人叶绍翁的《游园不值》有"春色满园关不住，一枝红杏出墙来"。将红杏作为春临大地的表征。明代官僚申时行的《题扇头杏花》也写道："记得曲江春日里，一枝曾占百花先。"它在传统文化中也留下很深的印迹。小说《红楼梦》中，曹雪芹因此把杏花当作"瑶池仙品"，作为探春取譬的意象，更加上"日边红杏倚云栽"的隐喻，赋予读者很多遐想。此外，古人还常用"杏眼"来形容美女明眸。著名唐代诗人杜牧在诗中将酒家与杏花村相连，也使这个美丽的村庄成为名酒的故乡。如今一些著名的园林依然以成片栽杏花著称，常游览天坛的人大多知道，天坛西北角的那片大杏林，春天花开时，芬芳一片，美不胜收。八达岭长城附近等处也有不少杏花。

第十三章

茶　花

第一节　早期栽培记载

茶花（*Camellia japonica*，图13-1）也叫山茶花，原产华东，性喜温暖、湿润，野生种主要分布在中国华南和西南四川。著名的观赏茶花还有云南山茶（*Camellia reticulata*），他们皆属山茶科。通常茶花为常绿灌木，云南山茶为乔木，前者叶子亮绿，厚而有光泽。后者深绿，无光泽。两种茶花大而鲜艳，生在叶腋或枝的顶端，有粉红、鲜红、紫、白和黄等多种颜色，花期长。近球形的果实也颇为悦目，为著名的木本观赏花卉。与国人喜爱的观赏花卉牡丹、

图 13-1　茶花

海棠一样，茶花在中国品种繁多。茶花树姿优美，荫稠叶翠，花朵艳丽，花期很长，凌冬不凋，素为南方民众喜爱。它是南方园林、庭院中冬、春两季的重要观赏花木。故而古代诗人《种花诗》有所谓："最爱南荣冬日暖，蜡梅一树映山茶。"花有多种颜色，以红色居多，当浥以夜露，丹葩朝阳之时，轻盈娇艳，美不胜收。历史上西南云南和东南福建产的山茶都很知名。

山茶的叶片、植株外形与茶（*Camellia sinensis*）尤其是油茶（*Camellia oleifera*）很相似，故有"茶"名。有人认为："在云南西部腾冲市境内，有大片上百年的野生红花油茶林，其中有许多半重瓣到重瓣的自然杂交种，经繁殖成为新品种。如大金穗、飞霞、云华茶等。"而通过选择和长期培育，也可形成新品种，传统的一些品种，狮子头、早桃红、蒲门茶等可能就是这样选育出来的。[①]唐代博物学者段成式在其《酉阳杂俎·支植下》这样记述山茶花："山茶叶似茶树，高者丈余。花大盈寸，色如绯，十二月开。"简单描绘了茶花的形态。又说"山茶，似海石榴。出桂州，蜀地亦有。"[②]指出山茶产于中国华南的广西和西南的四川。茶这个字唐代才基本定型而成为定义明确的植物名称，故"茶花"这种花名可能也可能于唐代才出现。[③]古代还有学者因它在冬天开花，将茶花称作雪里娇、耐冬，还有人称之为赤玉环、海红花。也许因为它的花像海石榴，故得"海红"的名称。不过古代"海红"也指海棠。

与许多主要原产南方的花卉一样，茶花在文献中出现较晚。何时开始观赏栽培，难以确考。至迟在唐代，一些王公贵族的园林已有栽培。会稽诗人秦系（约720—约800）的《山中赠张正则评事》写道："山茶邀上客，桂实落前轩。"[④]他的好朋友、官员刘长卿（生卒年不详）的《夏中崔中丞宅见海红摇落一花独开》也写过"何事一花残，闲庭百草阑。绿滋经雨发，红艳隔林看。……共怜芳意晚，秋露未须团。"[⑤]从诗中"百草阑""芳意晚"等语境

① 李溯. 云南山茶花的园艺品种及育种探讨 [J]. 园林科技, 2006（2）: 11–12.

② 段成式. 酉阳杂俎: 续集卷10[M]. 北京: 中华书局, 1981: 287, 281.

③《说郛》收录的《魏王花木志》提到"山茶"，但那书显然是李鬼拼凑的伪书，因其书中出现"卫公平泉庄"即唐代李德裕的别墅，无疑是唐朝之后根据《酉阳杂俎》等书胡编而成。

④ 彭定求, 沈三曾, 杨中讷, 等. 全唐诗: 卷260[M]. 北京: 中华书局, 1999: 2888.

⑤ 段成式. 酉阳杂俎: 续集卷10[M]. 北京: 中华书局, 1981: 1503.

看，这里的海红可能是秋后开放的一种山茶。而且宋前期诗人陶弼（1015—1078）的《山茶花》提道："大曰山茶小海红。"可见古代一些种类的山茶确有"海红"的别称。李德裕《平泉山居草木记》记载其平泉别墅栽培了来自岭南的"番禺之山茶"。李德裕的得意门生卢肇也写过栽培茶花的诗文。他的《新植红茶花偶出被人移去以诗索之》诗写道："最恨柴门一树花，便随香远逐香车。花如解语还应道，欺我郎君不在家。"① 当时茶花似乎已经颇受学者喜爱，所以刚栽培就失窃。诗人非常诙谐地表述出花被窃的郁闷心情。《酉阳杂俎·支植上》已经记载了山茶良种都胜，书中写道："都胜花，紫色，两重心。数叶卷上如芦朵，蕊黄叶细。"上述史料表明茶花至少有 1 300 多年的栽培史。

茶花在唐代已经受到人们的喜爱还可从一些诗人的盛赞中看出。司空图的《红茶花》认为："景物诗人见即夸，岂怜高韵说红茶。牡丹枉用三春力，开得方知不是花。"认为红茶花之美，远在牡丹之上，对茶花的评价之高可见一斑。诗人贯休《山茶花》诗也称颂："风裁日染开仙囿，百花色死猩血谬。"也盛赞茶花颜色之鲜艳在众花之上。值得一提的是，浙江温州瓯海区大罗山至今还留存一株据传为唐代诗人罗隐所栽的古山茶花。② 唐末画家滕昌佑曾经绘下自己栽培的山茶。③ 李德裕和段成式等人的记述表明华东南的两广和江西、浙江，以及西南的四川可能是较早栽培山茶的地区。

古人栽培的茶花中，包括称作茶梅（*Camellia sasanqua*）的一个种类。其实它也是广义上山茶。只因它与梅几乎同时开花，故称"茶梅"。这个花名在宋代已经出现。《洛阳花木记》中已经记有"茶梅"和"千叶茶梅"。不过，作者将它们归于"刺花"，也可能记的是蔷薇科花卉，不一定是现代意义上的茶梅。宋初著名画家赵昌也绘过"茶梅百雀图"，乾隆曾为该画题诗。南宋诗人刘克庄的《九月初十日值宿玉堂七绝》有："窗外茶梅几树斜，薄寒生意已萌芽。"这里以"树"指称的茶梅可能是山茶科植物。另外，上面刘长卿诗

① 段成式. 酉阳杂俎：续集卷 10[M]. 北京：中华书局，1981：6443.
② 吴可鹏，王家云. 温州大罗山千年古山茶花纪略 [J]. 温州农业科技，2018（4）：27–29.
③ 宣和画谱：卷 16[M]. 长沙：湖南美术出版社，1999：307.

中提到的"海红"和《乾道临安志·物产》所记的"海红"，可能都是茶梅的别称。明代，博物学家顾起元编的《说略·卉笺下》记载："茶梅即小样粉红山茶，本名海红花，以其自十二月开至二月与梅同时故曰茶梅。刘仕亨诗：'小院犹寒未暖时，海红花发昼迟迟。半深半浅东风里，好似徐熙带雪枝。'[①] 盖山茶一种数名，花极红而瓣极厚者曰都胜，即今宝珠也，又以其心红簇如鹤顶，故曰鹤顶。色淡而无心者曰玉茗。"顾起元认为茶梅即为原名"海红"的红山茶。如果他的说法可靠，则上述刘长卿所吟诗中的"海红"可能就是茶梅。顺便指出，顾起元在其《客座赘语》还记载过宝珠茶花的形态，书中写道："宝珠，单瓣中碎小红瓣簇起如珠，故名。"[②] 似乎说"宝珠"因花心的形态得名。

王世懋《学圃杂疏·花疏》记载："红、白茶梅皆九月开。"提到茶梅有红、白两种颜色。养生家高濂记述的茶梅开花习性和形态特征则有所不同。他写道："茶梅，开十一月中，正诸花凋谢之候，花如鹅眼钱，而色粉红，心黄，并且耐久，望之雅素。无此，则子月虚度矣。"可见这是时人心目中冬季的重要花卉，颜色与顾起元说的一致，为粉红。《竹屿山房杂部·树畜部二》中记述茶梅的形态时则更笼统一些："茶梅，花萼如山茶而小，凌冬不雕。"周文华的《汝南圃史·木本花部上》指出，茶梅也有白色，还怀疑可能是山茶中的"溪圃"这个品种。方以智《物理小识·草木类》中记载："冯时可《滇记》：'滇多茶花，大于牡丹，木高十丈余。沐府有宝珠楼。又一种茶梅，其萼如山茶而小，凌冬不雕。'"[③] 清乾隆年间编成的《云南通志·物产》中，也有类似的记述："海红，即浅红山茶。自十二月开至二月，与梅同时，故一名茶梅。"据上述史料，古人眼中的茶梅是比山茶花小一些，粉红色的花，也有白色的。不过，乾隆年间刊行的《贵州通志·物产》（卷15）中直接将茶梅说成山茶。书中记载："（镇远府）山茶，出府境，十二月开花至二月，与梅同时，其色淡红，一名茶梅。"

---

① 《广群芳谱》卷24作"刘仕亨咏茶梅花"，刘仕亨大约是明初学者。

② 顾起元. 客座赘语：卷1[M]. 谭棣华，陈稼禾，点校. 北京：中华书局，1987：17.

③ 方以智. 物理小识：卷8[M]. 孙显斌，王孙涵之，整理. 长沙：湖南科学技术出版社，2019：655.

第二节　宋代的发展

进入宋代以后，随园林艺术的兴盛，绚丽多姿的茶花愈发受到众多学者的喜爱，栽培的地域也愈加广泛，已出现一些观赏价值很高的品种。著名地理学著作《太平寰宇记》记载益州（四川）土产："花有山茶，出雅州，类海石榴。"[①] 当时学者笔下有不少山茶花的称颂。梅尧臣有这样的描述："南国有嘉树，花若赤玉杯。曾无冬春改，常冒霰雪开。"陶弼《山茶花》诗曰："浅为玉茗深都胜，大曰山茶小海红。"这里简单地提到几种山茶的形态差别，诗中提到的玉茗是一种白色茶花。洪适《盘洲文集·杂咏上》提道："白山茶亦曰玉茗。"有人进一步指出："玉茗，如山茶而色白，黄心绿萼。"江西抚州宋代建有"玉茗亭"，就因为亭边种有这种花。[②] 诗人谢邁的《玉茗花》写道："佳园昨夜变春容，清晓惊开玉一丛。"诗中提到的"都胜"据说即后人所谓宝珠；"海红"是一种花较小的山茶。另外，著名文学家曾巩《山茶花》诗写道："苍然老树昔谁种，照耀万朵红相围。"其《以白山茶寄吴仲庶见贶佳篇依韵和酬》写出了白山茶的纯洁无瑕和神韵："山茶纯白是天真，筠笼封题摘尚新。秀色未饶三谷雪，清香先得五峰春。琼花散漫情终荡，玉蕊萧条迹更尘。"可见白茶花也深受人们的喜爱。

茶花的兴起，迅速成为宋人庭园中的新贵。曾在苏州构筑"乐圃"的著名诗人朱长文（1039—1098），在其《次韵司封使君和练推官再咏山茶》写道："珍木何年种，繁英满旧枝。开从残雪裏，盛过牡丹时。"认为山茶繁花超牡丹。宋代江苏扬州和泰州都有茶花栽培。曾在扬州为官的苏东坡留下过一些记述。元丰七年（1084）他曾到扬州江都区邵伯镇的梵行教寺看茶花，对那里的山茶花之绚丽留下极其深刻的印象。他的《邵伯梵行寺山茶》写道："山茶相对本谁栽？……烂红如火雪中开。"江苏姜堰区溱潼镇据说还有一株宋代

---

① 乐史. 太平寰宇记：卷 72 [M]. 北京：中华书局，2007：1463.
② 李贤. 大明一统志：卷 54 [M]. 台北：国风出版社影印天顺内府刻本，1965：3411.

栽培距今800多年的古山茶，至今每年仍大量开花。

当时长江中下游的四川、湖南和浙江一带多有栽培。南宋学者有不少这方面的记述。原为北方人的陈与义在《初识茶花》一诗中写道："伊轧篮舆不受催，湖南秋色更佳哉。青裙玉面初相识，九月茶花满路开。"写出湖南一些地方栽培白茶花的盛况。陆游《剑南诗稿》中注有："成都海云寺山茶，一树千苞，特为繁丽。"① 花开时，官员市民争先观赏。《嘉泰会稽志》也记载：山茶"今会稽甚多，昌安朱通直庄有树高三四丈者。"② 从记述来看，浙江绍兴一带栽培山茶很多，包括云南山茶。《赤城志·土产》也记有山茶。当时，福建福州等地也栽培茶花。梁克家《三山志》记载："山茶 花深红色，冬盛开。"可见茶花是华东地区普遍栽培的观赏花卉。

茶花叶绿花浓，十分壮观，宋代不少学者都曾栽培过茶花。诗人王十朋的《族兄文通赠山茶》记下："野性无端喜种花，吾兄得得赠山茶。莺声老后移虽晚，鹤顶丹时看始佳。雨叶鳞鳞成小盖，春枝艳艳首群葩。"陆游也写过自己东园《山茶一树自冬至清明后开花不已》。诗人刘克庄《山茶》诗写下："性晚每经寒始拆，色深却爱日微烘。人言此树尤难养，暮溉晨浇自课童。"生动写出自己栽培花卉和督促童仆管理。

这种美丽妖娆的花木在南方的盛行，也成为持续往北方移植的动力。梅尧臣《山茶花树子赠李廷老》写道："客从天目来，移比琼与瑰。赠我居大梁，蓬门方尘埃。"他在《和普公赋东园·山茶》诗中写道："红葩胜朱槿，越丹看更大。腊月冒寒开，楚梅犹不耐。曾非中土有，流落思江外。"③ 可见人们当时往中原地区移植山茶。可能缘于北宋气候较为暖和的缘故，人们移植的茶花获得成功。周师厚的《洛阳花木记》中收录："山茶、晚山茶、粉红山茶、白山茶"，种类不少。当时河南一些地方的茶花居然开花不少。苏轼的弟弟苏辙《宛丘二咏》曾记下：宛丘城西"开元寺殿下山茶一株，枝叶甚茂，亦数年不开。……至二月中，山茶复开千余朵。"宛丘在今周口市一带。不过，那

---

① 陆游. 剑南诗稿校注：卷16 [M]. 钱仲联，校注. 上海：上海古籍出版社，1985：1253.

② 施宿，等撰. 嘉泰会稽志：卷17 [M]. 北京：中华书局，1990：7036.

③ 梅尧臣. 宛陵集 [M] // 四库全书：1099 册. 台北商务印书馆，1983：123.

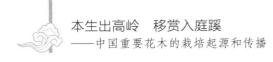

些地方山茶的数量可能不多，故李格非《洛阳名园记》将山茶、茉莉等花归为"远方奇卉"。

　　大众的喜爱还推动育种水平的提升，南宋时期，临安的育种水平已经很高，山茶的品种不断增多。南宋学者徐淡月的《山茶花》诗吟道："山茶又晚出，旧不闻图经。……迩来亦变怪，纷然著名称。黄香开最早，与菊为辈朋。纷红更妖娆，玉环带春醒。伟哉红百叶，花重枝不胜。尤爱并山茶，开花一尺盈。月丹又其亚，不减红带鞓。吐丝心抽须，锯齿叶剪棱。白茶亦数品，玉磬尤晶明。桃叶何处来，派别疑武陵。"①诗中记述的品种已经不少，有红有白。其中黄香即黄花香，玉环即赤玉环。这里的"并山茶"可能南山茶之误。南山茶是受人喜爱的大花品种。范成大《桂海虞衡志》记载："南山茶，葩萼大，倍中州者，色微淡，叶柔薄有毛。"月丹也属于大花的品种。南宋浙江海盐县澉浦镇方志《海盐澉水志·物产》中收录此花名，元代郝经《月丹》诗称："一种是花偏富贵，三冬无物比妖娆。"充分描绘出这种花的艳丽。花朵更大的称照殿红。周密的《武林旧事》记载当时的人们已经拥有"千叶茶花"，可见茶花的优良栽培品种已经不少。

　　记述南宋都城杭州风情物产的《梦粱录》记载，茶花是秋天的插花。书中收录了不少山茶种类。书中记述："山茶、磬口茶、玉茶、千叶多心茶、秋茶，东西马塍色品颇盛。栽接一本，有十色者。有早开，有晚发，大率变物之性，盗天之气，虽时亦可违，他花往往皆然。"②南宋时期《咸淳临安志·物产》也说："今东西马塍色品最盛，陈了斋有接花诗云：花单可使千，色黄可使紫。末意乃归于不能违时，以谓天者卒不可易也。今观马塍栽接有一本而十色者，有早开而晚发者。大率变物之性，盗天之气，虽时亦可违矣。它花往往皆然，惟山茶在今为甚。"③当时茶花育种技术已经达到相当高的水平。同一时期，谢维新的《格物总论》也记载了十多种茶花。书中写道："山茶花，树高者丈余，低者三二尺许。枝干交加，叶硬有棱稍厚，中阔寸余，两头尖

---

①　陈景沂. 全芳备祖：前集卷19[M]. 北京：农业出版社，1982：609.

②　吴自牧. 梦粱录：卷18[M]. 北京：中国商业出版社，1982：157.

③　潜说友. 咸淳临安志：卷58[M]//宋元方志丛刊. 北京：中华书局，1986：3875.

长，三寸许，面深绿，光滑，背浅绿。花有数种：宝珠茶、云茶、石榴茶、海榴茶、踯躅茶、茉莉茶、真珠茶、串珠茶、正宫粉、塞①宫粉、一捻红、照殿红、千叶红、千叶白者不可胜数。叶各不同。海榴茶花青蒂而小，石榴茶中有碎花，踯躅茶、山踯躅样，宫粉茶、串珠茶皆粉红色，其中最佳者宝珠茶也。或又言此花品中有黄者，然亦鲜矣。"②文中所谓云茶，可能即云南山茶。作者用了"不可胜数"，可见品种之多。

第三节　明代茶花的著名产地

明代，南方的园林普遍栽培山茶。毕竟山茶："既足风前态，还宜雪里娇。"换言之，它在百花零落的冬季，尤其是春节前后开花。当时不仅花少，而且芬芳艳丽，颇能为节日增添浓郁的喜庆气氛。诗人称颂："山茶孕奇质，绿叶凝深浓，往往开红花，偏在白雪中。"

本草学家李时珍对山茶形态有较细致的观察，他的《本草纲目》写道："山茶产南方，树生高者，丈许。枝干交加，叶颇似茶叶而厚硬有棱，中阔头尖，面绿背淡。深冬开花，红瓣黄蕊。"彼时南方栽培的山茶中多有优良品种，福建各地都栽培山茶，颇有些著名品种，当时的地方志多有这方面的记述。黄仲昭《八闽通志》记载福建各地都有山茶。闽北山区有种号称绝品的白茶花。书中记载："崇安有一种白色而千叶者，清香可人，盖茶花中之绝品也。"③兴化府有多个品种，其中包括一树开两个不同品种花型的"槟榔茶"。书中有"日丹茶，花深红色，单瓣，大者径三四寸。宝珠茶，花深红而千叶。槟榔茶，一本而日丹、宝珠二花杂开。粉口茶，花大如日丹，而色淡红。蜡蒂，花小如钱，粉红色。"④文中提到的"日丹"，显然是参照上述"月丹"来命名的。嘉靖《安溪县志·土产》记载："山茶，花深红，色有数种：花开单叶而极大者

---

① 可能应作"赛"。

② 谢维新. 古今合璧事类备要·别集：卷30[M]//四库全书：第941册. 台北：商务印书馆，1983：199.

③ 黄仲昭. 八闽通志：卷25[M]. 福州：福建人民出版社，1991：738.

④ 黄仲昭. 八闽通志：卷25[M]. 福州：福建人民出版社，1991：766.

曰'日丹'；单叶而小者曰'钱茶'；类'钱茶'而粉红色者曰'溪圃'；百叶而攒簇者曰'宝珠'；类'宝珠'而蕊白色焦者曰'焦萼'。数种安邑皆有之。岁终，百花摇落，此花始开，故俗重之，岁首必折置花瓶，经月不枯。"文中记载茶花也是一种很好的插花。

曾在福建为提学并非常关注当地物产的王世懋，记载福建有一个由官员带入、观赏价值很高的品种——蜀茶。他写道："吾地山茶重宝珠，有一种花大而心繁者以蜀茶称，然其色类殷红，尝闻人言滇中绝胜。余官莆中，见士大夫家皆种蜀茶，花数千朵，色鲜红，作密瓣，其大如盆，云种自林中丞蜀中得来，性特畏寒，又不喜盆栽。余得一株，长七八尺，异归植澹圃中，作屋幂于隆冬，春时拆去，蕊多辄摘却，仅留二三，花更大，绝为余兄所赏，后当过枝广传其种，亦花中宝也。"[1] 记述了他将蜀茶引入苏州的过程。谢肇淛在《五杂组·物部二》中，也对上述蜀茶的形态和风韵有过记述。他说："闽中有蜀茶一种，足敌牡丹。其树似山茶而大，高者丈余，花大亦如牡丹，而色皆正红。其开以二三月，照耀园林，至不可正视，所恨者香稍不及耳。"这种茶花花繁而鲜艳夺目，诚如王世懋所云，确为园林珍品。明万历年间的《兴化府志》记述了日丹、钱茶、溪圃、宝珠和焦萼等几个品种。

王世懋《学圃杂疏·花疏》还记载了一种"白菱花"，这种茶花也叫茉莉茶，为一种白色山茶花。书中记载："白菱花，纯白而雅，且开久而繁，人云来自闽中，余在闽问之乃无此种，始在豫章得之，定是岭南花也，花至季冬始尽，性亦畏寒，花后宜藏室中。"他这个描述是与茶花连在一块的。关于这点，从高濂《遵生八笺》的记载中似乎可得到进一步证明："白菱花，木本花，如千瓣菱花。叶同栀子，一枝一花，叶托花朵，七八月开，色白如玉，可爱，亦接种也。"文中显示这是一种受欢迎的茶花。顾起元《客座赘语》记载一种山茶："近又有一种白者，花亦如宝珠，色微带鹅黄，香酷烈，胜于红者远甚。"[2] 它可能就是王世懋的《学圃杂疏》、张谦德的《瓶花谱》都提到的"黄白山茶"。

① 王世懋. 学圃杂疏 [M] // 生活与博物丛书. 上海：上海古籍出版社，1993：314.
② 顾起元. 客座赘语：卷1 [M]. 谭棣华，陈稼禾，点校. 北京：中华书局，1987：17.

明代，江浙一带士大夫园林中也喜栽这种木本花卉。其中已有来自云南的山茶良种。对园林花卉多有栽培心得的养生家高濂，在《遵生八笺》记载了多个种类的茶花。他写道："山茶花，如磬口，外有粉红者，十月开，二月方已。有鹤顶茶，如碗大，红如羊血，中心塞满如鹤顶，来自云南，名曰滇茶。有黄红白粉四色为心，而大红为盘，名曰玛瑙山茶，花极可爱，产自浙之温郡。有白宝珠，九月发花，其香清可嗅。"①明末清初，著名诗人吴伟业《咏拙政园山茶花·引》写道："拙政园，故大弘寺基也，其地林木绝胜，有王御史者侵之以广其宫。后归徐氏最久，兵兴为镇将所据。已而海昌陈相国得之，内有宝珠山茶三四株，交柯合理，得势争高。每花时，钜丽鲜妍，纷披照瞩，为江南所仅见。"记述拙政园有花开得非常绚丽的宝珠山茶。同一时期，拙政园旁边的"归田园居"以及扬州的"影园"都有茶花栽培。另外，茶花也是一些著名梵宫、庙观常见栽培的花卉。有人记载："浔阳陶狄祠植山茶花一株，干大盈抱，枝荫满庭。二月三日祭时，花特盛。……绍兴曹娥庙亦有之，止加拱把之半，土人云，千年外物。"②这里所说的陶狄祠据说为唐代所建，在九江的彭泽县东北，祀陶渊明和狄仁杰。

明代植物类书《群芳谱·花谱》抄录了丰富的茶花资料。书中除收录李时珍、高濂所述及的相关资料外，还罗列了其他书中记述的一些品种。王象晋写道："杨妃茶，单叶，花开早，桃红色。焦萼白宝珠似宝珠而蕊白，九月开花，清香可爱。正宫粉、赛宫粉，皆粉红色。石榴茶，中有碎花。海榴花，青蒂而小。菜榴茶，踯躅茶类山踯躅。真珠茶、串珠茶，粉红色。又有云茶、磬口茶、茉莉茶、一捻红、照殿红。郝经诗注云：山茶大者曰月丹，又大者曰照殿。千叶红，千叶白之类，叶各不同。或云亦有黄者，不可胜数。……闻滇南有二三丈者，开至千朵，大于牡丹，皆下垂。称绝艳矣。"从中不难看出，明代时，云南山茶逐渐闻名于世。值得注意的是，不知从哪里传抄来的资料，王象晋称山茶也叫"曼陀罗树"。

云南是中国花卉种类最丰富的地区，被誉为花卉王国。不过，因僻处边

① 高濂. 遵生八笺：卷16[M]. 北京：人民卫生出版社，1994：668.
② 朱国祯. 涌幢小品：卷27[M]. 上海：上海古籍出版社，2005：3743.

陲，历史上，当地纷繁的动植物并不太为内地的学者所熟悉。进入明代以后，一些到过云南的学者对当地山茶种类之多和花发时的壮丽，有刻骨铭心的深刻印象。曾任云南洱海道佥事的顾养谦（1537—1604）此前从未见过像昆明如此繁盛的花事。他在《滇云纪胜书》一文中，对昆明及郊区西山的山茶花有这样的感慨："若花事之盛，此中原所未有。山茶花在会城者，以沐氏西园为最。西园有楼名'簇锦'，茶花四面簇之。数十树，树可三丈，花簇其上。树以万计，紫者、朱者、红者、红白兼者，映日如锦，落英铺地，如坐锦茵，此一奇也。仆尝以花时登簇锦酌之，有：'十丈锦屏开绿野，两行红粉拥朱楼'之句。及登太华，则山茶数十树罗殿前，树愈高花愈繁，色色可念，不数西园矣。"[①] 中原无法见到的烂漫花木，以及百花争艳的景观让作者眼花缭乱。这里的会城即省城昆明，沐氏应为明代开国功臣沐英后代的园林。与此同时，曾任云南副使的旅行家王士性（1547—1597）《泛舟昆明池历太华诸峰记》也记载："余以辛卯（1591年）春入滇，滇迤东西花事之胜，甲于中原，而春山茶尤胜。"太华寺"两墀山茶，八本，高三丈，万花霞明，飞丹如茵，列绣如幄。"茶花之繁盛壮丽，可谓让人叹为观止。

谢肇淛到任云南布政使司左参政期间，对这里美丽的茶花同样难以忘怀。这位对福建茶花非常了解的学者，认为云南茶花在国内首屈一指。他在《滇略·产略》中记述了云南的茶花种类和人们眼中茶花的美妙之处。书中写道："滇中茶花甲于天下，而会城内外尤胜，其品七十有二。冬春之交，霰雪纷积而繁英艳质照耀庭除，不可正视，信尤物也。豫章邓渼称其有十德焉，艳而不妖，一也；寿有经二三百年，犹如新植者，二也；干高疏，大可合抱，三也；肤文苍润，黯若古云气鳟罍，四也；枝条夭矫，状若麈尾、龙形可爱，五也；蟠根轮囷，可屏可枕，六也；丰叶如幄，森沉蒙茂，七也；性耐霜雪，四序常青，有松柏操，八也；自开至落，可历数月，九也；折入瓶中，旬日颜色不变，半含亦能自开，十也。"[②] 茶花的"高风亮节"开始逐渐著称于世。明代著名旅行家徐霞客（1587—1641）曾在云南多地旅行，所著的《徐霞客游记·滇中

① 王宗羲，编. 明文海：卷209[M]. 北京：中华书局影印，1987：2089.
② 谢肇淛. 滇略：卷3[M]//云南史料丛刊：第6册. 昆明：云南大学出版社，2000：684.

花木记》留下云南花木之繁和茶花的壮观记述。他说："滇中花木皆奇，而山茶、山鹃、杜鹃为最。山茶花大逾碗，攒合成球，有分心、卷边、软枝者为第一。省城推重者，城外太华寺。城中张石夫所居朵红楼楼前，一株挺立三丈余，一株盘垂几及半亩。垂者丛枝密干，下覆及地，所谓柔枝也；又为分心大红，遂为滇城冠。"[①] 而太华寺"殿前夹墀皆山茶，南一株尤巨异。"[②]

有趣的是，谢肇淛上文提到邓渼（1569—1628），在云南任巡按时，正逢茶花盛开时节，山茶之奇观璀璨，让他大开眼界，不禁为茶花声名未能远播大为不平。在其《茶花百咏》中感慨："滇茶甲海内，种类之繁至七十有二。其在省城内外者尤佳，予以庚戌岁（1610 年）按部事竣，驻省候代。时值冬末春初，此花盛开名园精舍，闲获寓目，烁日蒸霞，摛文布绣，火齐四照，云锦成帷。信天壤之奇，品物之巨丽也。昔人谓此花有七绝，予以为未尽。……因考唐人以前，此花独不经题咏，以僻远故，不通中土。遂使奇观姿艳质沦落无闻。近代有作，率多不能为此花传神。暇日因戏为百咏诗一首，牵缀比拟，未免儿态庶几为此花吐气。传之四方或有采焉。"这位学者显然要提振茶花名气，为它在"群芳"中争取前列的地位。也从明代开始，开始出现比较专门的茶花记述著作。

民众对茶花的喜爱，促使有关专著的出现。先有明代云南本土学者、书画艺术家张志淳（1457—1538）撰写了《永昌二芳记》。这里的永昌指云南西部，书中的"二芳"指茶花和杜鹃。上卷记述茶花 36 种。[③] 其后，曾任云南布政司右参议的冯时可（约 1541—1621？）又刊布《滇中茶花记》，收录茶花70 余种。书中写道：云南"茶花最甲海内，种类七十有二，冬末春初盛开，大于牡丹。望若火齐云锦，烁日蒸霞。"花丛之烂漫多姿，不难想见。清代前期的《云南通志·物产》："豫章邓渼……为诗百咏。赵璧作谱近百种，以深红

① 徐宏祖. 徐霞客游记校注 [M]. 朱惠荣，校注. 昆明：云南人民出版社，1985：718.
② 徐宏祖. 徐霞客游记校注 [M]. 朱惠荣，校注. 昆明：云南人民出版社，1985：1573.
③ 原书已佚，据纪昀. 四库全书总目提要：卷116[M]. 石家庄：河北人民出版社，2000：3019.

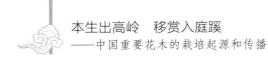
软枝、分心卷瓣为上。"① 这里提到"赵璧作谱近百种",似乎说的是赵璧写过《茶花谱》。清代,曾任云南督学的魏方泰(1656—1727)《秀山茶花行》也称:"滇中四时春不断……绝伦最是秀山茶,仿佛朱霞灿天半。七十二种各妖娆,卷瓣分心作意娇。"秀山在云南玉溪,为云南名胜,茶花栽培之盛,可见一斑。云南各地盛产茶花,一些僧庐仍存有一些古茶花树,著名的如昆明黑龙潭的寺庙中,至今仍存有明代弘治年间栽培的古山茶,丽江玉龙纳西族自治县玉峰寺也有明代古山茶。

第四节　清代茶花的发展和传播

进入清代,东南的福建和江浙一带因栽培茶花历史悠久而普遍,也多有茶花著述。清初,长期在闽南漳州做官的朴静子撰了一部《茶花谱》(1719年),这是留存至今最早的《茶花谱》。书中记有茶花品种43个,除日丹、宝珠、大红山茶、川茶② 等数名种外,别的名称似乎都与其他学者记的不太相同,有些或许为作者自拟的名称。当时,南方山茶品种不断增多。书中包括一些来自日本的品种,如"千龙"等。各花的记述以形态、花色为主。还有54首吟花的七言绝句,和茶花种养方法。朴静子似乎没有见过前人所著的茶花谱,其《序》称:"茶花未见前人遗谱,殊难考订。""云南志载谢肇淛谓茶花有七十二品,赵璧谱有近百种,未传花之名,亦未见其谱。"关于创作缘起,作者自称:"谱花盖有意焉,窥其秉造化之精英,吐枝头之旖旎,殊形变态,斗白争红。"作者认为:"茶花之性,喜暖畏寒,以气候限其地,移去辄悴,非注谱绘图不得以广博物之学。亦且负天地生物之心。"③ 作者认为植物谱录有助于博物知识的推广而著书,实则因为喜爱,——从其将花分所谓分品④ 不难

---

① 北京图书馆古籍出版编辑组. 云南通志(康熙刊本):卷12[M]//北京图书馆古籍珍本丛刊,第44册. 北京:书目文献出版社,2007:225.

② 可能即上文中的蜀茶。

③ 朴静子. 茶花谱·序[M]//续修四库全书:第1116册. 上海:上海古籍出版社,2003:603.

④ 书中将花分为神品、异品、奇品、妍品、佳品、妙品、静品、逸品、淑品等,不难看出作者对花的情感。

窥见，忍不住要向社会推广茶花栽培。毕竟在作者看来，茶花"可自九十月至二三月豁目赏心，畅于群卉"。[①] 得益于气候适宜，福建向来茶花栽培很普遍。19 世纪中叶，有个英国园艺学家指出："福州是中国一个巨大的山茶花花园，我从未在其他地方看到茶花长的如此之美妙和绚丽多姿。"[②]《闽产录异·花属》记载，崇安产白、红、紫三种颜色的山茶花。作者郭柏苍延续前人的说法，称白色的茶花特别香，是茶花中的绝品。书中也提到福建种有"洋茶"，它们来自日本，有多个品种。

康熙年间，浙江园艺家陈淏子的集大成的《花镜·花木类考》描述了常见栽培的山茶 19 种。书中记载："玛瑙茶：产温州，红黄白粉为心大红盘。鹤顶红：大红莲瓣，中心塞满如鹤顶，出云南。宝珠茶：千叶攒簇殷红，若丹砂，出苏、杭。焦萼白宝珠：似宝珠，蕊白，九月开，甚香。杨妃茶：单叶花，开最早，桃红色。正宫粉、赛宫粉：花皆粉红色。石榴茶：中有碎花。梅榴茶：青蒂而小花。真珠茶：淡红色。菜榴茶：有类山踯躅。踯躅茶：色深红，如杜鹃。串珠茶：亦粉红。磬口茶：花瓣皆圆转。茉莉茶：色纯白，一名白菱，开久而繁，亦畏寒。一捻红：白瓣有红点。照殿红：叶大而且红。晚山茶：二月方开。南山茶：出广州，叶薄有毛，实大如拳。"文中表明"茉莉花"即王世懋《学圃杂疏》中记述的白菱花。浙江名士高士奇的《北墅抱瓮录》也记载了多种山茶，他的花园"江村草堂"[③] 多有名品。不仅有"大红宝珠一种，外苞六出，内萼千重，几同剪簇所成，弥旬不落，射以晴阳，浥以宿雨，备增绚丽，尤属奇品。"还有大可围抱的大山茶树数株，花开时，"正红与苍翠相映"[④]。其后，据说江苏学者李祖望可能编撰过《茶花谱》。[⑤]

茶花不仅花期长，而且不惧霜雪，古人认为它有贞操，美姿容，给予很高的评价。清代学者李渔认为："花之最能持久，愈开愈盛者，山茶、石榴是也。

① 朴静子. 茶花谱·序 [M]//续修四库全书：第 1116 册. 上海：上海古籍出版社, 2003：610.

② FORTUNE R. Three Years' Wanderings in the Northern Provinces of China[M]. London, Joiin murrny.1847:387.

③ 即北墅。

④ 陈植, 张公驰. 中国历代名园记选注 [M]. 陈从周, 校阅. 合肥：安徽科学技术出版社, 1983：325.

⑤ 王毓瑚. 中国农学书录 [M]. 北京：农业出版社, 1964：269.

然石榴之久，犹不及山茶；榴叶经霜即脱，山茶戴雪而荣。则是此花也者，具松柏之骨，挟桃李之姿，历春夏秋冬如一日，殆草木而神仙者乎？又况种类极多，由浅红以至深红，无一不备。……可谓极浅深浓淡之致，而无一毫遗憾者矣。得此花一二本，可抵群花数十本。"[①] 将这种花视为"草木神仙"，可见其在园艺者心目中的地位。

山茶花鲜艳俏丽，虽然花期很长，雪中仍开，欲得四时欣赏，在野外自不可得，北方也难以看到，观赏绘画不失为一个好办法。陶弼的《山茶》二首曾写道："江南池馆厌深红，零落空山烟雨中。却是北人偏爱惜，数枝和雪上屏风。"在宋代，山茶已是画家喜爱绘制的花木。宋初画家赵昌的《岁朝图》绘过茶花。南宋李嵩的《花蓝图》（春花）绘有茶花、绿萼梅、水仙、丁香和瑞香。[②] 苏州丝绸博物馆还藏有颇为逼真的南宋缂丝工艺家朱克柔制作的"刻丝山茶"。明代宫廷画家吕纪（1429—1505？）也绘过"梅茶雉雀图轴"等名画。到了清代，甚至连皇帝也对茶花的绘画青睐有加。乾隆帝为当时著名画家钱维城绘制的"茶花"题诗称道："漫议不堪供茗椀，朵擎仙露是流霞。"清代另一著名画家邹一桂为了更确切地表现不同品种花的特征，曾观察过多种茶花，还注意到"洋茶"。他写道："茶花……单叶粉红者名杨妃山茶，破腊开；大红者为蜀茶，正月开；皆五瓣，黄心一簇，如瓣大，白须半寸，苞蒂数层，叶厚尖长有棱；又重台大红者名宝珠山茶；树高花千朵粉色者名玉林山茶。品贵。又洋茶，五色具备，并有洒金二色者，其花平板少韵。"很显然，清前期已有一些外来的山茶品种传入中国。

茶花一直是广受喜爱的园林花木，深受南方民众青睐，云南栽培尤其普遍。据说云南昆明、大理一些地方的春节前后，无论是居民庭园，抑或街区公园都可见开放的茶花。在较大的寺庙中，都有一些高大而古老的茶花树。当地山茶花的品种很多，1920 年，云南学者方树梅著的《云南山茶花小志》记载了当地栽培的茶花品种 72 个。看茶花是人们春游中的重要的主题。朋友

---

① 李渔. 闲情偶寄 [M]. 上海：上海古籍出版社，2000：299.
② 该图藏台北故宫博物院。

间互相馈赠茶花，女孩出嫁用茶花做嫁妆也是当地的重要民俗。[1] 除云南外，江南各地的园林、祠馆精舍也普遍栽培茶花。可以告慰那些曾为茶花鸣不平学者的是，现今茶花为名扬世界的中国名花之一。21 世纪初期，茶花已经成为世界栽培数量最多的花卉之一，品种超过 1.5 万个，中国也有数百个种和品种。[2] 云南将山茶作为省花，云南山茶花有品种 180 多个 [3]；重庆市也将山茶作为市花。另外，福建龙岩把茶花当作市花。龙岩的山茶，花色灿烂多样，有五色茶花、粉红茶花（图 13-2）和深红茶花等。其中粉色的毛香妃茶有很好闻的清香。

图 13-2　粉红山茶

① 俞德浚，冯耀宗. 云南山茶花志·序言 [M]. 北京：科学出版社，1958：1.

② 刘福平. 茶花育种研究现状与趋势 [M]. 广东农业科学，2008，35（6）：815-819.

③ 李溯. 云南山茶花的园艺品种及育种探讨 [J]. 园林科技，2006（2）：11-12.

第五节　茶花的外传

18世纪时，中国的茶花传入西方，很快受到欧美园林界的热烈欢迎。1739年，引入欧洲的第一批山茶已经开花。东印度公司官员斯莱特兄弟（Gilbert & John Slater）通过本公司的商船引进中国的蔷薇、千里光、茶花、木兰、玉兰、绣球等花卉。其中包括1792年约翰·斯莱特从中国引进两种重瓣山茶，一种开白花，一种带条纹。比利时著名植物画家雷杜德（Pierre-Joseph Redouté 1759—1840）曾经画过红色和白色的山茶花[①]。1819年，西方出版《论山茶属》一书的时候，英国已经栽培了29个品种的山茶。[②]

1827年，英国植物学家林德赖（J. lindley）根据伦敦园艺学会帕克斯（J.D.Parks）于1824年引进的一个半重瓣品种命名云南山茶。在此之前，1820年，一位英国船长R. Rawes从中国带回一个半重瓣的南山茶，至今仍用Captain Rawes作为这个品种的名称。昆明植物园曾从日本引回云南给以"归霞"名称，作为纪念。1857年英国东印度公司派出一位园艺学家福乘（R.Fortune）到中国来调查茶叶栽培和生产情况，他也曾从广州带回一盆重瓣南山茶在英国栽培，这个品种在西方就叫Robert Fortune。这个品种和南山茶松子鳞十分相似。1904—1932年英国爱丁堡植物园曾派福雷斯特（George Forrest）长期住在云南采集植物标本和种子。该园从他在腾冲所收集的种子培育出单瓣的云南山茶，定名为 *C. Reticulata* var. *simplex.* 这个变种相当于山茶的原始种，至今已长成了五米以上的大树，现仍培养在爱丁堡植物园的温室中，每年春季开花，颇引人注意。欧洲各国植物园所栽培的南山茶，大多数是由福雷斯特收集的种子培育成的。1948—1950年，在中国植物学家的帮助下，欧美园艺学界又获得中国的一些南山茶品种，20多年后就新育成300多个新品种。西方的威廉姆斯山茶是山茶和怒江山茶（*Camellia*

---

① REDOUTÉ, Pierre-Joseph. Choix des plus belles fleurs[M]. Paris: Ernest panckoucke. 1827: 33, 78.
② 布伦特·埃利奥特. 花卉——部图文史 [M]. 王晨, 译. 北京: 商务印书馆, 2018: 289.

saluenensis）杂交育成的品种，这种茶花耐寒，适应性广，[①] 他们用中国的南山茶和怒江山茶培育出大量的新品种。

1933 年，植物学者左景烈在广西防城采集到金花茶，1948 年，戚经文将其命名为 *Camellia nitidissima*，1998 年出版的《中国植物志》用的就是上述学名。[②] 这种茶花在育种方面有着异乎寻常的重要意义，它让绚丽多姿的茶花中，又多了一个鹅黄耀眼的茶花类群。特别是中国 1960 年重新发现的金花茶传入西方后，更使那里的园林界兴奋异常，因为数个世纪以来他们一直想得到黄色茶花的愿望终于得以实现。

① 俞德浚. 云南山茶花栽培历史和今后的发展方向 [J]. 园艺学报, 1985, 12 (2)：131-136.
② 英文中国植物志 Flora of China 中，其学名被改为 Camellia petelotii。

第十四章

海　棠

第一节　栽培起源

中国观赏的海棠花有多种，除海棠花（*Malus spectabilis*）外，常见的还有西府海棠（*Malus micromalus*，图14-1）和垂丝海棠（*Malus halliana*），以及贴梗海棠（*Chaenomeles speciosa*）。它们皆属蔷薇科，原产中国，在华东和西部地区有较多的分布，都有较长的栽培历史，为中国著名的观赏花木。海棠花

图14-1　西府海棠

大多为落叶小乔木，柔枝条畅，叶子青缥绿色，花蕾红艳，缤纷旖旎，南北园林常见栽培。古人喜爱海棠花"婀娜含娇风韵足"，唐代宰相贾耽[①]（730—805）《百花谱》誉为"花中神仙"。在传统文化中，花色娇媚的海棠为清新脱俗的象征，历代多有名人学者吟诗作赋称颂，尤以苏轼《海棠》诗驰名。

同属的柰和林檎，甚至木瓜属的贴梗海棠（皱皮木瓜）等，或是果树或被当作药物，至少有2000多年的栽培史，《毛诗》中已经有木瓜的记载。《尔雅·释木》也有："楙，木瓜。"木瓜黄润可观，芳香浓郁。任昉《述异记》记载："宜都有吴王……木棠苑。木棠，果名，似梨而甜。"这里的木棠可能就是一种木瓜。其中与木瓜很相似的贴梗海棠，似乎也叫贴梗木瓜，后来也成为一种海棠类的观赏植物。它的枝条有小刺，花几乎贴着茎开，几乎无柄，故称贴梗海棠。因为谐音也叫铁梗海棠。

作为观赏植物的"海棠"见于文献记载则要晚一些，约在隋唐时期才逐渐成为著名的观赏植物，贾耽的称道绝非偶然。杜宝[②]在唐初撰的《大业杂记》中，记载隋代的宫殿中已经栽培海棠。[③]其记述应属可靠。唐朝时有些著名的园林中也有海棠，这种花卉当时已经颇受人推崇。乐史（930—1007）编的《杨太真外传》，记述李隆基将宿醉的杨玉环比作未睡醒海棠这样的故事。李德裕的《平泉山居》收集了许多各地的名花，其中有"嵇山之海棠"，显示他栽培的海棠来自会稽（绍兴）。后来非常著名的四川海棠似乎还未广为人知。曾有古人感慨："此花本出西南地，李杜无诗恨遗蜀。"温庭筠的《题磁岭海棠花》写的可能还是野生海棠花。

古人认为梅花格高，海棠韵胜。除李德裕外，唐代同一时期还有不少学者都栽培过这种花卉，相关的诗篇有所反映。唐代官员李绅（772—846）《新楼诗二十首·海棠》云："海边佳树生奇彩，知是仙山取得栽。琼蕊籍中闻阆苑，紫芝图上见蓬莱。浅深芳萼通宵换，委积红英报晓开。寄语春园百花道，

---

① 贾耽曾任宰相，是唐代有名的学者。

② 此人曾为隋朝"学士宣德郎"、唐代"著作郎"。

③ 韦述. 杜宝. 两京新记辑校、大业杂记辑校 [M]. 辛德勇，辑校. 西安：三秦出版社，2006：8.

莫争颜色泛金杯。"① 可能是名称有海字，诗人因此想象海棠是海边的"佳树"。而比李绅稍小的李德裕则认为以"海"为花名的花卉都从海外传入，不少学者未辨真假，就信以为真。诗人贾岛《海棠》诗写道："名园对植几经春，露蕊烟梢画不真。"② 韩偓的庭院也栽培有海棠，故写下："海棠花在否，侧卧捲帘看。"晚唐诗人罗隐在钱塘任职时，在县衙栽培海棠。宋初文学家王禹偁写《题钱塘县罗江东手植海棠》中有："江东遗迹在钱塘，手植庭花满县香。"这里的"罗江东"即罗隐，他曾经任钱塘令。大约是王禹偁还见过罗栽的海棠，心生感慨写下上述诗篇。③

随海棠逐渐为大家喜爱，唐代晚期，四川产的优质海棠花开始进入学者视野。晚唐诗人薛能（817—880）在其《海棠·并序》写道："蜀海棠有闻，而诗无闻。杜子美于斯，兴象靡出，没而有怀。何天之厚余，获此遗遇，谨不敢让。风雅尽在蜀矣。吾其庶几。"④ 他开始称道四川海棠的芳香秀丽："四海应无蜀海棠，一时开处一城香。晴来使府低临槛，雨后人家散出墙。闲地细飘浮净藓，短亭深绽隔垂杨。"⑤ 郑谷在入蜀路路旁看见海棠盛开，非常感慨地写下："堪恨路长移不得，可无人与画将归。"其《蜀中赏海棠》更是称颂："浓淡芳春满蜀乡，半随风雨断莺肠。浣花溪上堪惆怅，子美无心为发扬。"⑥ 有趣的是，诗人在此感叹杜甫长期客居成都，却从来没有提到过海棠这种名花。他的诗引发长久共鸣，以至于后代文人常为此难以释怀。钱希白为此写道："子美无情甚，郎官着意频。"葛立方也曾疑惑："杜子美居蜀数年，咏吟殆遍，海棠奇艳，而诗章独不及，何耶?"⑦ 王十朋写道："杜陵应恨未曾识，空向成都结草堂。"此花在四川很有名气，但有人觉得奇怪，那就是

① 彭定求，沈三曾，杨中讷，等. 全唐诗：卷 481 [M]. 北京：中华书局，1999：5515.

② 祝穆（？—1255）《古今事文类聚》后集卷 31 引。陈思《海棠谱》(1259) 卷中引此诗，作者作宋代凌景阳，全诗只有个别字的差异。

③ 陈景沂. 全芳备祖：前集卷 7 [M]. 北京：农业出版社，1982：290.

④ 彭定求，沈三曾，杨中讷，等. 全唐诗：卷 560 [M]. 北京：中华书局，1999：6556.

⑤ 陈思. 海棠谱：卷中 [M]//生活与博物丛书. 上海：上海古籍出版社，1993：36.

⑥ 陈思. 海棠谱：卷中 [M]//生活与博物丛书. 上海：上海古籍出版社，1993：36.

⑦ 葛立方. 韵语阳秋：卷 16 [M]//历代诗话. 北京：中华书局，1981：611.

为何杜甫从来就没有写过一首海棠诗。有好事者就杜撰出杜甫的生母叫海棠，故此杜甫没写海棠诗。究竟是当时四川海棠尚未驰名，抑或贫困不堪的杜甫无心关注香花，后人难以究诘。

　　进入宋代后，人们惊奇地发现，四川的海棠之繁盛而秀丽多姿为他处所不及。文学家韩维感叹："濯锦江头千万枝。"北宋四川画家文同《和何靖山人海棠》诗也称："为爱香苞照地红，倚栏终日对芳丛。"乐史的著名地理学著作《太平寰宇记》也特地道出益州产物中，花有"海棠花，此树尤多繁艳。未开时如砵砂烂漫，稍白半落如雪，天下所无也。"① 在四川为官并曾留心当地生物的宋祁（998—1061）认为："蜀地海棠，繁媚有思，加腻干丰条，苒弱可爱，北方所未见。"他的《益部方物略记》记下："海棠大抵数种，又皆小异。惟其盛者则重葩，叠萼可喜，非有定种也。始浓稍浅，烂若锦章，北方所植，率枝强花瘠，殊不可玩。故蜀之海棠诚为天下之奇艳云。"他提出四川海棠"为天下之奇艳"的观点，很快为同时代的学者认同。

　　曾在川西为官的沈立（1007—1078）深感当地海棠的美艳，为此写下《海棠记》。其《序》写道："蜀花称美者，有海棠焉。然记牒多所不录，盖恐近代有之。何者，古今独弃此而取彼耶？尝闻真宗皇帝御制后苑杂花十题，以海棠为首章，赐近臣唱和，则知海棠足与牡丹抗衡，而可独步于西州矣！……惟唐相贾元靖耽著《百花谱》，以海棠为花中神仙，诚不虚美耳。……立庆历② 中为县洪雅，春多暇日，地富海棠，幸得为东道主。惜其繁艳为一隅之滞卉，为作《海棠记》，叙其大概。"作者推崇此花，而向大众推介。他的《海棠百韵》更是写下："岷蜀地千里，海棠花独妍。万株佳丽国，二月艳阳天。"他的海棠诗接着写道："占断香与色，蜀花徒自开。园林无即俗，蜂蝶落仍来。"一句"园林无即俗"，道出海棠在观赏植物中的重要地位。沈立之后，还有陈思③ 编辑了名为《海棠谱》的类书。

---

① 乐史. 太平寰宇记: 卷72 [M]. 北京: 中华书局, 2007: 1463.
② 宋仁宗年号, 1041—1048。
③ 陈思是南宋著名的书商。

南宋时期，周辉指出：四川"海棠富艳，江浙无之。成都燕王宫、碧鸡坊尤名奇特。"诗人陆游更是用生花妙笔加以阐发。他的《张园海棠》写道："洛阳春信久不通，姚魏开落胡尘中。扬州千叶昔曾见，已叹造化无余功。西来始见海棠盛，成都第一推燕宫。池台扫除凡木尽，天地眩转花光红。……蜂蝶成团出无路，我亦狂走迷西东。"[①] 他的《成都行》更写道："成都海棠十万株，繁华盛丽天下无。"[②] 而其《海棠歌》尤为夸张："碧鸡海棠天下绝，枝枝似染猩猩血。……若使海棠根可移，扬州芍药应羞死。"或许四川确为非常适宜海棠生长的地方，因而获得诗人的由衷赞许。从宋代开始，人们似乎公认四川产的海棠最好。《剡录·草木禽鱼上》记载："海棠以蜀本为第一，今山间所有多野棠。"这个浙江地方志编者知道当地多有野生海棠分布，也很清楚不如四川所产之绚丽多姿。

　　在数种海棠花中，尤以产于西南四川、云南和华北的西府海棠观赏价值最高。西府海棠花丛窈窕，花色妍丽，风姿优雅，意态妩媚，伴有淡淡的清香，耐寒而适于北方栽培，历来受人珍视。西府海棠据说古代也称海红，其中的一个优良品种古代叫紫绵。古人形容它："乃西川佳种，脂痕浅抹，逸态嫣然。"[③] 四川的海棠出名，或许因为那里产的西府海棠。宋代的学者持如下的观点："惟紫绵色者，始谓之海棠。按姚立《记》[④]云：'其花五出，初极红，如胭脂点点然，及开，则渐成缬晕，至落，则若宿妆淡粉。'"[⑤] 这里所描述的"紫绵"及其颜色变化，显然即颇具名气的西府海棠良种。它和垂丝海棠等可能因海棠成为著名的观赏花卉后，逐渐被人们进一步区分的结果。从上述资料看，宋人认为"紫绵色者"——西府海棠才是真正的海棠。黄庭坚写过："紫绵揉色海棠开。"或许北宋已有紫绵这个品名。陈与义的《海棠》诗中有："海棠点点要诗催，日暮紫绵无数开。"表明"紫绵"这个品种颇受人

① 陆游. 陆游全集校注：卷 8 [M]. 钱仲联，校注. 杭州：浙江教育出版，2011：79.
② 陆游. 陆游全集校注：卷 8 [M]. 钱仲联，校注. 杭州：浙江教育出版，2011：266.
③ 高士奇. 北墅抱瓮录 [M] // 生活与博物丛书. 上海：上海古籍出版社，1993：230.
④ 应为沈立《海棠记》。
⑤ 胡仔. 苕溪渔隐丛话：卷 22 [M]. 北京：人民文学出版社，1962：163.

喜爱。现代有植物分类学家认为西府海棠是海棠和山荆子的杂交种[1]，不知是否它在宋代才形成。

西府海棠的名称在宋代的《格物粗谈·树木》即已出现，此书旧题苏轼著，但被元代学者视为伪书，具体作者不详，最迟也是南宋的著作。书中记载："梨树接贴梗则成西府。"[2] 作者似乎认为西府海棠为梨树和贴梗海棠嫁接而成。有人认为范成大记载的金林檎就是西府海棠。[3] 宋代流传至今的《海棠蛱蝶图》绘制的似乎也是西府海棠。北宋僧人惠洪（1071—1128）《冷斋夜话》记载："天下海棠无香，昌州海棠独香。"[4] 昌州在今重庆西南的大足一带。沈立《海棠记》有："大足治中，旧有香霏阁，号曰海棠香国。"南宋祝穆《方舆胜览·昌州》记载："昌号海棠香国，土人云地宜此花，易植易蕃。郡治香霏堂一老树，重跗叠萼每花或二十余叶，花气醲郁，余不能及也。"陈景沂引《花谱》称："海棠有色无香，惟蜀中嘉州海棠有香。"不知是否陈景沂将昌州讹称"嘉州"。一般的海棠无香，只有西府海棠有香味。这里提到有香的昌州海棠，可能就是西府海棠。薛季宣（1134—1173）《香棠·序》记下："旧说海棠无香，惟昌州海棠有香。验之蜀道，信然，以为不易之论。乐圃有棠三本，其花亦香，乃知非蜀棠独香，香棠自有种耳。"[5] 薛季宣指出，并非只有产自昌州的海棠才有香气，而是昌州产的那个海棠品种有香气。西府海棠性喜光、耐寒、抗旱。如今各地都有栽培，主要分布在华北和华东地区。

垂丝海棠是观赏海棠中另一著名种类。它在五代时张翊的《花经》已有收录，或许在唐代已经出现。北宋周师厚的《洛阳花木记》中收录"垂丝海棠"。《格物粗谈·树木》记载："樱桃接贴梗则成垂丝"[6]，作者认为垂丝海棠由贴梗海棠（图14-2）嫁接而来。现代植物分类学家认为垂丝海棠（*Malus*

---

① 中国植物志编辑委员会. 中国植物志：卷36 [M]. 北京：科学出版社，1974：386.

② 苏轼. 格物粗谈：卷上 [M] // 丛书集成初编. 上海：商务印书馆，1935：4.

③ 周文华. 汝南圃史：卷6 [M] // 续修四库全书：第1119册. 上海：上海古籍出版社，2003：94.

④ 僧惠洪. 冷斋夜话：卷9 // 笔记小说大观：第8册. 扬州：江苏广陵古籍刻印社，1983：50.

⑤ 北京大学古文献研究所编. 全宋诗：卷2473 [M]. 北京：北京大学出版社，1998：28682.

⑥ 苏轼. 格物粗谈：卷上 [M] // 丛书集成初编. 上海：商务印书馆 1935-1937：4.

halliana）是一个独立的种。《赤城志·土产》记载："海棠，红色，以木瓜头接之则色白。又有二种，曰黄海棠，曰垂丝海棠，垂丝澹红而枝下向。"没有直接说垂丝海棠是否嫁接而来。南宋著名学者洪适和范成大都在诗歌中吟咏过垂丝海棠。杨万里的《垂丝海棠盛开》这样称颂垂丝海棠："垂丝别得一风光，谁道全输蜀海棠。"金松年的《黄海棠》称颂："轻如红豆排冰雪，一拂新鹅色更奇。"这里的黄海棠不知是否为今蔷薇科树木。

图 14-2　贴梗海棠

明代，有人注意到云南有很多野生的垂丝海棠。《元明事类钞·花草门一》引《滇中志》称："垂丝海棠高数丈，每当春时，鲜媚异常。自大理至永昌，沿山历涧往往而是。"不过，明清时期仍有学者坚持认为垂丝海棠系嫁接而成。清代花卉园艺爱好者高士奇认为："海棠以樱桃接之便成垂丝。花瓣丛密，与海棠不同，而色略相似，重英向下，柔蔓迎风，婉变之姿，如不自胜。"可能是作者从《格物粗谈》中沿袭而来的观点，不一定自己实践过。

第二节　宋人对海棠的追捧

宋代，文学艺术和园林艺术都非常发达，海棠与水仙等香花一样，以自身不凡的风韵得到很多王公贵族和学者的青睐。特别是宋朝前期皇帝的喜好，为海棠栽培的盛行起了非常重要的推动作用。宋太宗赵光义曾写下这样一首《海棠》诗："每至春园独有名，天然与染半红深。芳菲占得歌台地，妖艳谁怜向日临。"他的儿子宋真宗赵恒同样喜欢这种花，其《海棠》诗写道："翠萼凌晨绽，清香逐处飘。高低临曲槛，红白闲纤条。"[①]从"春园独有名"句，可以看出赵光义对海棠的评价很高。学者中，也有很多人激赏海棠。王沂孙《水龙吟·海棠》更是称颂："世间无此娉婷，玉环未破东风睡。将开半敛，似红还白，余花怎比？"王十朋也称："诗里称名友，花中占上游。风来香细细，何独是嘉州。"诗中引用了李隆基将杨玉环比作酣睡未醒的海棠之典故，用"无此娉婷""余花怎比"来突出其"花中神仙"的韵味。

皇帝的喜爱，很容易引发大众追随。再加上一些学者的从旁推动，很快让这种花卉在各地风行。沈立《海棠记》记载："海棠虽盛称于蜀，而蜀人不甚重。今京师江淮尤竞植之，每一本价不下数十金。胜地名园目为佳致，而出江南者复称之曰'南海棠'，大抵相类而花差小，色尤深耳。"[②]文中指出，当时人们为了区分四川和浙江等地产的海棠，特称江南产的为"南海棠"。书中说京师各地盛行栽培海棠的说法，得到其他园林书籍的印证。记述北宋御苑艮岳构建和景致的《艮岳记》有："洲上植芳木，以海棠冠之，曰海棠川；寿山之西，别治园圃，曰药寮。""濒水莳绛桃海棠、芙蓉垂杨，略无隙地。"[③]实际上，此前的禁苑已经栽培海棠。北宋学者政治家晏殊（991—1055）写过《奉和御制后苑海棠》《和枢密侍郎因看海棠忆禁苑此花最盛》。北宋时，洛阳为当时的"西京"，周师厚《洛阳花木记》收录海棠多种："川海棠、垂丝海

① 陈思. 海棠谱：卷中 [M]//生活与博物丛书. 上海：上海古籍出版社. 1993：35.

② 陈思. 海棠谱：卷中 [M]//生活与博物丛书. 上海：上海古籍出版社. 1993：33.

③ 陈植，张公驰. 中国历代名园记选注 [M]. 陈从周，校阅. 合肥：安徽科学技术出版社，1983：58-61.

棠、杜海棠、黄海棠"等。其中的川海棠，也叫蜀海棠，或许就是后来的西府海棠。

晏殊本人也栽培过此花。其《海棠》诗写道："濯锦江头树，移根药砌中。"宋祁的《和晏尚书海棠》写道："媚柯攒仄倚春晖，封植宁同北枳移。"理学家邵雍也栽培过海棠，诗人吴中复写过《赏尧夫学士西园海棠》，这里的尧夫即邵雍。范纯仁还著有《和吴仲庶龙图西园海棠》。范诗写道："丹葩翠叶竞夭浓，蜂蝶翩翩弄暖风。濯雨正疑宫锦烂，媚晴先夺晓霞红。"这里的吴仲庶即吴中复。曾在陕西商洛任职的王禹偁，对当地栽培的海棠之多和艳丽，印象极深。他写的《商山海棠》可谓不吝称颂："锦里名虽盛，商山艳更繁。""春里无劲敌，花中是至尊。""不忝神仙品，何辜造化恩。"将其誉为花中"至尊""神仙品"，奉为群芳之首，足见评价之高。

宋代文豪苏东坡也颇为喜爱海棠。他吟诵山中海棠的佳句："也知造物有深意，故遣佳人在空谷。自然富贵出天姿，不待金盘荐华屋。"写出山中海棠的幽雅别致。他的另一咏海棠诗，"只恐夜深花睡去，故烧高烛照红妆。"虽然吟咏的是上述乐史传的李隆基和杨玉环故事，但无意中为海棠扬名建功，成为千古绝唱。后来潘从哲《海棠》诗称："江皋春早饶花木，花品神仙此称独。当年坡老一题诗，到今标格超凡俗。"肯定了贾耽和苏轼在颂扬海棠方面的功绩。

乐史《杨太真外传》和苏东坡的诗给"海棠"留下一个"美人春睡"的标签。以至于《红楼梦》的作者在小说中创作了一个潇洒俏丽的史湘云来象征这种花卉，还要设置场景——这位美丽的女子宴后醉倒而"香梦沉酣"。可见传统的园林艺术和文学艺术相互影响之深。而文学艺术的交融，无疑让这种花卉受到人们进一步喜爱和推广。

不仅如此，苏东坡在江苏宜兴板桥镇闸口村访友时，颇有兴致特地在朋友家种植了一株西府海棠，这株海棠后被称作"永定海棠"。让人意想不到的是，历经千年，它仍然树冠宽大，鲜花盛开。[①] 明代宜兴学者史夏隆《永定

---

① 何小兵. 宜兴一株海棠美了近千年 [N]. 江南晚报, 2016 年 3 月 15 日 8 版.

海棠记》记载："西府以紫绵重瓣者尤佳，吾地不多得。东坡乞居阳羡，携其花至，而天远堂主人邵民瞻与之游园，传其种，而宜邑始有西府海棠，永定传为佳话。因思两间寥廓，赖兹数名人点缀生色，不至与草木同腐，而草木亦吐发英华以相焜耀。"对这种花木的传播作了追述，并抒发了感慨。

苏门四学士之一的张耒也亲手栽培过此种花卉。他写过《问双棠赋·自序》："双棠者，予寓陈僧舍，堂下手植两海棠也。始余以丙子秋，寓居宛丘[①]东门灵通禅刹之西堂。是岁季冬，手植两海棠于堂下，至丁丑之春，时泽屡至，棠茂悦也，仲春且华矣。"[②] 宋代，海棠在江浙一带园林多有栽培。《梦粱录》记载，海棠是杭州暮春的观赏花卉。杨万里《观张功父南湖海棠杖藜走笔》写道："看尽都城种海棠，只将一径引教长。"苏州"四照亭"春季的主要观赏对象就是海棠。[③] 浙江台州学者吴芾为怀念故乡海棠还写下"连年踪迹滞江乡，长忆吾庐万海棠"的诗句。

南宋福建的风景名胜也有西府海棠的栽培。有学者指出："闽中漕宇修贡堂下，海棠极盛，三面共二十四丛，长条修干，顷所未见。每春着花，真锦绣段，其间有如紫绵揉色者，亦有不如此者，盖其种类不同，不可一概论也。至其花落，则皆若宿妆淡粉矣。余三春对此，观之至熟，大率富沙多此，官舍人家往往皆种之，并是弮子海棠，正与蜀中者相似，斯可贵耳。今江浙间，别有一种，柔枝长蒂，颜色浅红，垂英向下，如日蔫者，谓之垂丝海棠，全与此不相类，盖强名之耳。"[④] 文中所述，紫绵因其颜色得名，不同种类形态不同。理学家刘子翚似乎也栽培过海棠，其《海棠花》写道："初种直教围野水，半开长是近清明。几经夜雨香犹在，染尽胭脂画不成。"连绘画都无法状海棠之美，可见海棠在宋人心目中的美妙。

另外，从陆游的"瓶中海棠花，数酌相献酬"诗中，可以想见宋代学人常将海棠插花相酬赠。当时的育花技术也有很大的进步。《物类相感志》记载：

① 又称陈州，今河南淮阳。

② 张耒. 问双棠赋·自序 [M]//全宋文：第127册. 合肥：上海辞书出版社，安徽教育出版社，2006：214.

③ 范成大. 吴郡志：卷6 [M]. 南京：江苏古籍出版社，1999：64.

④ 胡仔. 苕溪渔隐丛话：卷22 [M]. 北京：人民文学出版社，1962：163-164.

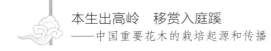
"海棠花用薄荷水浸之则开"[①]。它也曾被称作富贵花。陆游海棠花下饮酒诗有："何妨海内功名士，共赏人间富贵花。"或许因为这个缘故，人们常在园中将它与玉兰、桂花等一同栽植，赋予"玉堂富贵"的寓意。

第三节　后世的发展

宋以后，海棠花受到人们的广泛喜爱，而西府海棠尤为受青睐。明代高濂认为："垂丝海棠、铁梗海棠、西府海棠、木瓜海棠（图14-3）、白海棠，含烟照水，风韵撩人。"[②]《群芳谱·花谱》编者王象晋对海棠花的美也有一段颇具兴味的概括："其株修然出尘，俯视众芳，有超群绝类之势。而其花甚丰，其叶甚茂，其枝甚柔，望之绰约如处女，非若他花冶容不正者比。盖色之美者，惟海棠，视之如浅绛外，英英数点，如深胭脂，此诗家所以难为状也。"他的言论虽颇有夸张，却也点出海棠确有独特之风韵。

图14-3　木瓜海棠

---

① 苏轼. 物类相感志 [M] // 丛书集成初编. 上海：商务印书馆 1935-1937：23.
② 高濂. 遵生八笺：卷16 [M]. 北京：人民卫生出版社，1994：618229.

明代顾起元在其《客座赘语》中，对六种海棠作了如下等级区分："第一为西府，第二为垂丝，第三为铁梗，第四为毛叶，第五为木瓜，第六为秋海棠。西府则天姿国色，绝世无双；垂丝则缥缈轻扬，风流自赏；铁梗有深红、浅红、蜜合、纯白四色，挺拔韶秀；毛叶果称富艳；木瓜独吐奇芬；至秋海棠，翠盖红妆，吟风泣露，依傍檐下，尤倍生怜。总之海棠无凡格也。"[①] 在作者看来，海棠的观赏价值确实不同寻常。有意思的是，他将形态决然不同的秋海棠放在一块讨论，可见古代学者考虑事物很多是从功能着眼的。

清代陈淏子《花镜·花木类考》中记述了多种海棠，也对它们的观赏价值作了一番比较。他写道："海棠有数种，贴梗其一也。丛生单叶，缀枝作花，磬口深红，无香不结子。新正即开，但取其花早而艳，不及西府之娇媚动人。""西府海棠一名海红，树高一二丈，其木坚而多节，枝密而条畅，叶有类杜，二月开花，五出，初如胭脂点点然，及开，则渐成缬晕明霞，落则有若宿妆淡粉。蒂长寸许，淡紫色，或三萼五萼成丛，心中有紫须，其香甚清冽。至秋实，大如樱桃，而微酸。……又一种黄海棠，叶微圆而色青，初放鹅黄色，盛开便浅红矣。""垂丝海棠，海棠之有垂丝，非异类也。盖由樱桃树接之而成者，故花梗细长似樱桃。其瓣丛密而色娇媚，重英向下有若小莲。微逊西府一筹耳。"作者沿袭了前人的说法，认为垂丝海棠是樱桃的嫁接品种。清代画家邹一桂认为，西府海棠有不同的品种。他的《小山画谱》记下："海棠，三月花，五出，多层。蕊丛生，深红。开足正面白，反瓣深红。其瓣狭长而圆末，柄、蒂俱红者，为西府海棠，唐时大内所植，今不易得。柄绿而带红者为多，着花处先有尖圆小叶，青色，而其嫩叶反大而微红。又一种，花叶肥大，重台，梗光润而青者，为河南西府。"[②] 邹一桂认为西府海棠早在唐代即有栽培，不知有何依据。这里所谓的"河南西府"可能作者认为它是西府海棠不同的品种。

① 顾起元. 客座赘语 [M]. 谭棣华，陈稼禾，点校. 北京：中华书局，1987：18.

② 潘文协. 邹一桂生平考与《小山画谱》校笺 [M]. 杭州：中国美术学院出版社，2012：96-97.

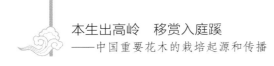

清代《日下旧闻考》的编者也有对不同种类海棠优劣的看法，他认为："海棠，上西府，次铁梗，次垂丝。赝者木瓜。辨之以其叶，木瓜花先叶，海棠叶先花，韦公、慈仁二寺皆京师海棠盛处。"[①]编者认为木瓜不属于真正的海棠。

明清时期，无论江南，抑或华北，海棠花都是园林、庭院中的重要花卉。有关园林栽培的记述很多。宋濂（1310—1381）的《春日看海棠花诗序》有如下描述："春气和煦，海棠名花竞放。浦阳郑太常仲开宴觞客于众芳园。时日已西没，乃列烛花枝上，花既娟好，而烛光映之，愈致其妍。"浦阳在今杭州萧山区。文中述及众芳园海棠花开时，主人招客宴赏盛况。王世懋认为："海棠品类甚多，……就中西府最佳，而西府之名紫绵者尤佳，以其色重而瓣多也，此花特盛于南都，余所见徐氏西园，树皆参天，花时至不见叶。……紫绵，宋小说苕溪渔隐丛话备载之。"王世懋指出，紫绵是西府海棠中最好的品种。王世贞的《游金陵诸园记》中多处提到南京园林中栽培海棠。同一时期，无锡"邹园"、苏州"集贤圃""归田园居"都栽培海棠、樱桃和桂花诸花。明末扬州"影园"有两株高达二丈的大蜀府海棠（西府海棠）。长期居留在漳州的学者陈正学，在其《灌园草木识》也记述了"西府海棠"。《闽产录异·花属》记载有一种"海红"可能是海棠，说唐代就有人吟此花的诗。书中记载有西府海棠、垂丝海棠和贴梗海棠。[②]

清代袁枚在南京营建的"随园"，有"西府海棠两株，花时恍如天孙云锦，挂向窗前。"同为南京名园的"愚园"，设有"春睡轩"，其旁"海棠八九株，花时嫣红欲滴"。海棠花繁秀丽，在春天园林中花团锦簇，十分壮观。清代李渔认为：春海棠颜色极佳，凡有园亭者不可不备。[③]

明清时期，北京地区海棠花栽培亦很常见，园林、庭院有许多年深岁久的这种漂亮花木。相关学者笔记和方物志多有记述。袁宏道《游牡丹园记》记载："时残红在海棠，犹三千余本。"孙国敉《燕都游览志》也有："回龙观

① 于敏中，等. 日下旧闻考 [M]. 北京：北京古籍出版社，2001：2382.

② 郭柏苍. 闽产录异：卷4[M]. 长沙：岳麓书社，1986：165.

③ 李渔. 闲情偶寄 [M]. 上海：上海古籍出版社，2000：297.

旧多海棠，旁有六角亭，每岁花发时，上临幸焉。"文中记载京城北面昌平回龙观地区栽培有不少的海棠。刘侗《帝京景物略》则称，城北"英国公园"栽培有海棠。清代《日下旧闻考》记载，北京海棠花很多。北京的居民不仅在庭院中栽培海棠，也将其用作盆景的树桩，或作切花的材料。时人认为冬至给海棠浇糖水，海棠花就会很鲜艳。

明代，海棠花还被一些名士用于焙茶。孔迩《云蕉馆纪谈》记载："大足县香霏亭海棠花，味倍于常。海棠无香，独此地有香，焙茶尤妙。"大足县香霏亭即宋代昌州海棠的著名栽培地。

这种木本花卉至今仍然是华北和江南城市的重要美化植物，尤其在北京等城市栽培繁盛。北京很多王公府邸，如醇王府（宋庆龄故居）、孚王府都有美丽的西府海棠古树，各街区和大公园常见其俏丽的身影，著称的如天坛的双环亭附近，大片的西府海棠在春天盛开的时候，五彩缤纷，芬芳一片，有如花的海洋，景色十分旖旎，美不胜收，常让游人流连忘返。

第十五章

木　兰

第一节　栽培起源

木　兰（*Yulania denudata*，图 15-1）是我国出现于文献的最早乔木花卉之一。它属木兰科，原产长江中下游的湖南、江西、浙江和贵州等南方山区。魏晋时期的《名医别录》记载它生长于"零陵山谷及太山"。[①] 现在人们将开白花的木兰称作木兰，在古代人们常将开红花的辛夷也称木兰。木兰花大而香，花开时非常壮观，深受各地人们的喜爱，从广州到北京都普遍栽培。木兰也叫玉兰、迎春花、望春花，古代也

图 15-1　木兰

---

① 唐慎微. 重修政和经史证类备用本草：卷 12 [M]. 北京：人民卫生出版社，1982：306.

被称作林兰，还被称作木莲。李时珍认为，其香如兰，其花如莲，因此有上述木兰、木莲之名。可能确为李时珍所云，因其香味与兰有些相似，故名木兰。称作玉兰，大约古人认为它的花朵洁白如玉，香味如兰，有雪肤冰骨之姿。它在春寒料峭的早春，未出叶而先开花，树大花繁，明艳而芬芳，一树绚烂，玉树琼花，蔚为奇观。有些地方为此称之"迎春"。因早春习见，故而又名望春花。

这种花木南北方皆有分布，江浙一带园林栽培尤盛，用之营造香雪琼林的美景。明代有学者指出："三吴最重玉兰，金陵天界寺及虎丘有之，每开时，以为奇玩。而支提、太姥道中，弥山满谷，一望无际，酷烈之气，冲人头眩。"[①] 足见受吴人喜爱的程度。文中还提到福建宁德太姥山支提寺一带栽培木兰花之多，以及开时香气之浓郁。现今上海将其定为市花，可谓对三吴喜爱玉兰花传统的一种传承。

木兰花鲜妍明媚，芳香袭人，观赏价值很高，很早就引起古人关注和兴趣。战国时期，著名楚国诗人屈原在《离骚》中吟到，"朝饮木兰之坠露兮"和"朝搴阰之木兰兮"，抒发了对木兰的好感。木兰花不但可供观赏，也可食用，或许诗人采木兰花就是用作食材。木兰的材质很好，常被用于建筑和家具。他的《九歌·湘夫人》有："桂栋兮兰橑"，其中的兰也应该是木兰。桂和木兰都是香木，古人想象用它们做梁柱建房屋、舟楫也会芳香宜人，一如后来皇宫豪宅喜用楠木。可见，早在先秦时期，木兰就是人们喜爱的一种花木。其后，西汉的《上林赋》也出现过木兰的名称。

木兰可能在春秋时期即被栽培。任昉《述异记》记载："木兰川在寻阳江中，多木兰树。昔吴王阖闾植木兰于此，用构宫殿。七里洲中有鲁班刻木兰为舟，至今在洲中。诗家所云木兰舟出于此。"[②] 似乎人们知道木兰长在江西一带，材质优良，可用于建材。

---

① 谢肇淛. 五杂组：卷10[M]. 北京：中华书局：1959：293.
② 任昉. 述异记：卷下 [M]// 丛书集成初编. 北京：中华书局，1985：21.

木兰用作观赏栽培很早。它树美花香，人们常栽培于园林庭院中。《古今注》记载东汉："孝哀帝元嘉元年，芝生后庭木兰树上。"[①] 这里记述的木兰，应该为庭院观赏花木。西晋《洛阳宫殿簿》也记载：西晋"显阳殿前，有木兰二株。"[②]《晋宫阁名》也记载，华林园有木兰四株。晋代，成公绥（231—273）《木兰赋并序》记载："许昌西园中木兰树，余往观之，遂为赋曰：'览众树之列植，嘉木兰之殊观。……猛寒严烈，峨峨坚冰，霏霏白雪……谅抗节而矫时，独滋茂而不凋。'"[③] 表明木兰为颇受喜爱的园林花卉。在福建任地方官的梁江淹《木莲颂》称颂它："迸采泉壑，腾光渊丘。"不难看出，它是人们心目中非常漂亮的花木。

第二节　唐宋时期的发展

进入唐代，木兰已成为社会各界都喜爱的香花，无论皇宫苑囿，还是高官别墅，甚至官署衙门，都可见其芳踪。据说李隆基曾经"宴诸王于木兰殿，时木兰花发"[④]。著名诗人王维的"辋川别业"中设有名为"木兰柴"的景观。这个"木兰柴"就是以栽培木兰花为名。李德裕在自己的"平泉山居"中也栽培来自岭南的木兰。有趣的是，爱花诗人白居易曾戏谑地将木兰看成妩媚的"女郎花"。他的《戏题木兰花》这样描述："紫房日照胭脂拆，素艳风吹腻粉开。怪得独饶脂粉态，木兰曾作女郎来。"[⑤] 一如后世有人将兰花视作女性。另外李直方的《白蘋亭记》也记述当地有"紫桂翠篁，辛荑木兰"。

段成式《酉阳杂俎》记述了这样一个故事："东都敦化坊百姓家，太和中有木兰一树，色深红。后桂州观察使李勃看宅人，以五千买之，宅在水北，经

---

① 欧阳询. 艺文类聚：卷89[M]. 上海：上海古籍出版社，1982：1545.
② 欧阳询. 艺文类聚：卷89[M]. 上海：上海古籍出版社，1982：1545.
③ 欧阳询. 艺文类聚：卷89[M]. 上海：上海古籍出版社，1982：1545.
④ 鲁迅辑. 唐宋传奇集全译[M]. 程小铭，等译注. 贵阳：贵州人民出版社，2009：366.
⑤ 白居易. 白居易集：卷20[M]. 北京：中华书局，1999：442.

年花紫色。"① 这里的木兰开深红色花，应该为今天的辛夷。这种花显然很受
欢迎。张抟任苏州刺史时，也曾在官署堂前种植木兰花。范成大《吴郡志》
记载："木兰堂，在郡治后。《岚斋录》云：唐张抟自湖州刺史移苏州，于堂
前大植木兰花。当盛开时，燕郡中诗客，即席赋之。"② 方干的《陈秀才亭际
木兰》诗写道："昔见初栽日，今逢成树时。……蝶舞摇风蕊，莺啼含露枝。"
吟诵了栽培在亭台周边的木兰花。

　　木兰也是寺院僧庐常栽培的花木。诗人刘长卿（约709—约789）《题灵
祐上人法华院木兰花（其树岭南移植此地）》写道："庭种南中树，年华几度
新。已依初地长，独发旧园春。映日成华盖，摇风散锦茵。色空荣落处，香
醉往来人。"③ 唐诗人中，李商隐等多有木兰花的吟诵。孟昶的《避暑摩诃池
上作》诗有："冰肌玉骨清无汗，水殿风来暗香满"的吟诵。后晋时，浙江嘉
兴南湖之滨烟雨楼的玉兰花颇具名气。《群芳谱·花谱》写道："五代时，南
湖中建烟雨楼，楼前玉兰花莹洁清丽，与翠柏相掩映，挺出楼外，亦是奇观。"
秀丽的木兰花掩映名楼，更突显此处烟雨凄迷的风光。

　　唐代人们对木兰的分布和形态有更多的记述。李华注意到湖南华容山中
有野生木兰分布。他的《木兰赋并序》："华容石门山有木兰树，乡人不识，
伐以为薪。"④ 文中所说乡民不认识木兰也许并非实情，可能不过是百姓不重
视把它当薪柴而已。

　　木兰显然也是宋代园林中重要花木。宋初诗人徐铉（917—约992）的《木
兰赋有序》提道："铉左宦江陵，官舍数亩，委之而去。庭树木兰，因移植于
宗兄之家。"称道木兰："伊庭中之奇树，有木兰之可悦。外烂烂以凝紫，内
英英而积雪，芬芳兮谢客之囊，旖旎兮仙童之节，许蒲茸之窃比，听兰芽之
并列。"⑤ 宋代重要的本草辨识著作——《图经本草》中有木兰的形态描述，

　　① 段成式. 西阳杂俎：续集卷9, 北京：中华书局，1981：284.

　　② 范成大. 吴郡志：卷6[M]. 南京：江苏古籍出版社，1999：56.

　　③ 彭定求，沈三曾，杨中讷，等. 全唐诗：卷149[M]. 北京：中华书局，1999：1529.

　　④ 董浩，等. 全唐文：卷314[M]. 北京：中华书局，1983：3189.

　　⑤ 徐铉. 木兰赋[M]//全宋文：2册. 上海：上海辞书出版社，合肥：安徽教育出版社，2006：96-97.

不过其描述似乎并不准确。周师厚的《洛阳花木记》收录有木兰、木笔和辛夷花。南宋《会稽续志·鸟兽草木》记载当地产木兰。谢维新的《格物总论》记载："木兰花，树高八九尺，叶气味辛，经寒不凋，花粉红色，香不及桂，二三月间开也。"[①]记载的似乎是二乔玉兰。二乔玉兰（图15-2）据说是木兰和辛夷的杂交种。宋代画家李嵩著名的《花篮图》已经出现玉兰花。

图15-2　二乔玉兰

玉兰这个名称似乎出现得较晚，不过宋代已经出现。南宋词人吴文英《琐窗寒·玉兰》写道"绀缕堆云，清腮润玉，汜人初见。……渺征槎、去乘阆风，占香上国幽心展。"[②]通过对眼前玉兰花的描写，表达对心上人的思念。王世贞认为以前有木兰无玉兰，当时有玉兰而无木兰，推测玉兰即木兰。稍后，高濂在其《遵生八笺·四时花纪》写道："玉兰花……古名木兰。"指出玉兰即前人所说的木兰。李时珍《本草纲目·木部》在记述辛夷时，也提到："亦有白色者，人呼玉兰。"

① 谢维新. 古今合璧事类备要·别集：卷31[M]//四库全书：第941册. 台北：商务印书馆, 1983：172.
② 吴文英. 梦窗词：上编[M]. 上海：上海古籍出版社, 1988：1.

第三节 明清时期各地广植木兰

明清时期，社会官宦士绅、艺术家都颇为喜爱这种美丽的花卉。江浙一带的园林多栽培玉兰花。杰出画家沈周《题玉兰》写道："韵友自知人意好，隔帘轻解白霓裳。"文徵明《玉兰》诗称颂它："绰约新妆玉有辉，素娥千队雪成围。"园艺家文震亨认为："玉兰宜种厅事前，对列数株，花时如玉圃琼林，最称绝胜。"[①] 形象地描绘出了木兰花适宜栽培的所在及构成的美丽景观。清代，苏州的"拙政园""报恩寺""归田园居"等园林多有玉兰的栽培。

王世懋《学谱杂疏·花疏》这样记述这种花木在园林中造景的价值："玉兰早于辛夷，故宋人名以'迎春'，今广中尚仍此名。千干万蕊，不叶而花，当其盛时可称玉树。树有极大者，笼盖一庭。"[②] 其兄王世贞为当时著名文人，同样非常喜爱玉兰，其经营的"弇山园"中有高大的玉兰花。王世贞《弇山园记》这样记述园中玉兰美丽景观："其阳旷朗为平台，可以收全月。左右各植玉兰五株，花时交映如雪山、琼岛。"[③] "玉圃琼林""雪山、琼岛"很贴切地概括了玉兰花开时的明艳壮观。王世贞伯父的山园，也栽培有海棠、辛夷和玉兰。王世贞还记载"杜家桥园"有："玉兰、木樨株可数围。"述及的玉兰花显然是古树，称道玉兰花"神女曾捐珮，宫妃欲施香。""霓裳夜色团瑶殿，露掌清辉散玉盘。"此外，无锡惠山寺旁的"邹园"、苏州"集贤圃"等园林都栽培不少玉兰花。清代，南京著名园林"随园"也栽培了木兰、石榴等木本观赏花卉。

从清前期的地方志可以看出，华南的两广、东南的江浙、西南的云贵以及华北的河南、陕西等地都栽培玉兰。乾隆《江西通志·土产》记载："木兰，会昌有二树，一在雁湖，一在下芦。花似栀子而大，心有红缕，香闻十余里。"

---

① 文震亨. 长物志: 卷2[M]//生活与博物丛书. 上海: 上海古籍出版社, 1993: 402.
② 王世懋. 学圃杂疏[M]//生活与博物丛书. 上海: 上海古籍出版社, 1993: 314.
③ 陈植, 张公驰. 中国历代名园记选注[M]. 陈从周, 校阅. 合肥: 安徽科学技术出版社, 1983: 137.

《江南通志·食货》收录"玉兰"。书中记载，常州府、扬州府等地都产玉兰。其中，常州马迹山紫府观有玉兰，"表里莹白，其香如兰。"颍州产玉兰木："高丈余，花白色，春时芬芳异常。"浙江有名胜称"香山"，以产玉兰闻名。乾隆《浙江通志·物产五》记载：天台山"处处有之，其树有合抱者，士人谓之望春花。"《河南通志·物产》《陕西通志·物产》皆收录"玉兰、辛夷"。不难看出这种花卉在全国受欢迎的程度。

玉兰无疑也是北京各地园林常见的木本花卉。康熙帝就很喜欢这种花，他的《玉兰》诗这样写道："琼姿本自江南种，移向春光上苑栽。试比群芳真皎洁，冰心一片晓风开。"李渔认为："世无玉树，请以此花当之。……千千万蕊，尽放一时，殊盛事也。"[1]至今北京大觉寺还有一株明代栽培、树龄近400年的古玉兰。清代清漪园（颐和园前身）栽培有许多玉兰，乐寿堂后院有一株树龄达200多年的二乔玉兰，可惜在2008年枯死。在长廊东门邀月门南侧仍存有一株清代栽培、树龄180年的白玉兰。明清时期，人们常用木兰嫁接辛夷，形成更好看的粉红玉兰。潭柘寺还生长着明代栽培、有着约400年树龄的二乔玉兰。屈大均的《广东新语·木语》写道："物性虽殊，而不能逃人之智。予尝得其法，以辛夷、木兰合为一。有诗云：'辛夷与玉兰，一白复一紫。二花合一株，颜色更可喜。'"现今各地常见粉红而娇艳的"二乔玉兰"，即木兰和辛夷的杂交种。

清代，云南还栽培了一些其他种类的木兰。乾隆《云南通志·物产》记有"天女花，花似玉兰而白过之。暮春始开，香甚清远"。天女花是如今的天女木兰（*Oyama sieboldii*）的别称。这种花主要产于长江流域和西南，辽宁也有分布，还被定为辽宁省花。现今是中外著名的庭园观赏花木。

《云南通志》还记载"优昙花"，书中说它是南诏时从天竺引入栽培。形态是"叶如婆罗而有九丝，花如芙蓉而开十二瓣"。通常它被认为即山玉兰（*Lirianthe de lavayi*）。不过书中的记述似乎有虚幻的成分，并非灼然可辨。实际上，山玉兰是中国本土树种，它的花瓣九枚，但杯状的乳白色花大而香，树

---

① 李渔. 闲情偶寄 [M]. 上海：上海古籍出版社，2000：298.

冠婆娑，是很好的园林观赏树。在云南等地确有优昙花的别称。山玉兰主要分布于西南的云贵川地区。《云南志》记载："优昙花，在安宁州西北十里，曹溪寺右，状如莲有十二瓣，闰月则多一瓣，色白气香，种来西域，亦娑罗花类也。后因兵燹伐去，遂无其种，今忽一枝从根旁发出，已及拱矣。"明代旅行家徐宏祖曾在自己的《徐霞客游记·滇游日记十》记述自己曾慕名到曹溪寺寻访那株优昙花。据说，现今昆明曹溪寺院内仍有一株优昙花古树。值得注意的是，佛教传入后，一些原产中国的花木如栀子、凤眼果、山玉兰都被添上外国名称，甚至被一些望文生义的迂腐书生认为外来植物。《云南通志·红优昙花记》记载，清前期云南按察使常安认为："优昙之奇逸，又异於诸品，为天下所无。考贝叶经载此花曰优昙钵罗"。优昙花这种植物名称在唐代诗人张谓《送僧》、顾况（727？—816？）的《华阳集》即出现。这种花据说是优昙钵罗花的简称。而优钵罗花则是莲花。

木兰作为传统名花，在中国文化上也留下了自己的烙印。至迟在唐代已经出现"木兰花"（又叫玉楼春、春晓曲、惜春容）这个词牌名。前面提到，古人常把自己的一些良好愿望置于花木中，如将玉兰、海棠、牡丹和桂花栽培在一起，寓意"玉堂富贵"。

木兰现在仍在全国各地城镇广泛栽培。无论是号称花城的广州还是明清古都北京，抑或是以"江南园林"著称的"三吴"，都能看到很多玉兰。广州的很多高校校园和公园，苏州的报恩寺、拙政园，至今仍栽培有各种玉兰花。上海则将白玉兰定为市花。北京旧宫殿庭园、各大公园、街区，现今仍然常见玉兰、辛夷和二乔玉兰，它们在早春静静地开放，为喧阗的城市增添素雅秀丽的色彩，传送着淡淡的沁人芬芳。

近代，西方人来华后，曾经将玉兰等花引种到欧美各地。比利时画家雷杜德曾经绘制玉兰。[①]1848 年前后，居住在上海的英国人已经将荷花玉兰（也称广玉兰，*Magnolia grandiflora*）引入自己在沪的花园。[②] 这种花更大更艳丽，

---

① REDOUTÉ, Pierre-Joseph. Choix des plus belles fleurs[M]. Paris: Ernest panckoucke. 1827: 104.

② FORTUNE, R., A Journey to the Tea Countries of China[M]. London: John murray. 1852: 16.

在岭南至江南都有很多栽培。

附：辛夷

辛夷(*Yulania liliiflora*，图15-3)又名紫玉兰，从名称看与玉兰只是颜色的差别，实际上，古人似乎也未很严格区分它们。它也叫木笔或望春，本草书中亦作辛矧、侯桃，俗呼猪心花，这些名称或因谐音，或因与花蕾形似。它和木兰一样，同属木兰科玉兰属植物。辛夷花红色，开花比木兰晚一些，不如玉兰花香，分布于福建、湖北、四川和云南等南方省区。

图15-3　辛夷

如果说木兰在园林中营造的是一种玉树琼林的观感，辛夷则形成一种灿若红霞的烂漫景观。这种木本花卉非常艳丽醒目，很早就为南方的古人关注，在春秋战国时期的文献中即已出现。屈原在《九歌·山鬼》中吟道："辛夷车兮结桂旗"；《九歌·湘夫人》也有："辛夷楣兮药房。"东方朔的《七谏》中写道："杂橘柚以为囿兮，列新夷与椒桢。"从其表述来看，可能当时已作观赏栽培，至少有2 000多年的历史。

汉代，它又出现了新的别名。四川人扬雄《甘泉赋》提到"新雉"，唐代学者李善注新雉即辛夷。辛夷的花蕾很早就被当作药物，《神农本草经》中已将其收录。南北朝时期，沈约（441—513）的《奉和竟陵王药名诗》提到"阳曎采辛夷"。辛夷很耐寒，花在早春开放时很艳丽，颇受唐宋时期学者的喜爱。陈藏器（约687—757）《本草拾遗》记载："辛夷……此花，江南地暖正月开；北地寒二月开。初发如笔，北人呼为'木笔'。其花最早，南人呼为'迎春'。"解说了两个别名的由来。

　　与木兰一样，它也是古人房前屋后和园林中常见栽培的花木。《新唐书·王维传》记载，王维的"辋川别业"中，不仅有上述的"木兰柴"，还有一处名为"辛夷坞"的景观。他的《辋川集·并序》写道："余别业在辋川山谷，其游止有孟城坳、华子冈、文杏馆、斤竹岭、鹿柴、木兰柴、茱萸泮、宫槐陌、临湖亭、南垞、欹湖、柳浪、栾家濑、金屑泉、白石滩、北垞、竹里馆、辛夷坞、漆园、椒园等。"王维写的《辛夷坞》有："木末芙蓉花，山中发红萼。"裴迪的和诗有："绿堤春草合，王孙自留玩。况有辛夷花，色与芙蓉乱。"描述了诗人眼中美如芙蓉的辛夷花的丰姿。受王维的影响，其后，"辛夷坞"常出现于各地园林中。

　　李德裕在自己的《平泉山居草木记》中，记载其别墅中种有"红笔"。在外地为官时，他的《忆平泉杂咏·忆辛夷》还想象："倚树怜芳意，攀条惜岁滋。"宋代学者韩琦还曾对平泉庄的辛夷花发过感慨："辛夷吐高花，卫公曾手植。根洗今已非，不改旧时色。"诗中的"卫公"即李德裕。段成式《酉阳杂俎·支植上》记载，李德裕的平泉庄还栽培有"黄辛夷"。唐代诗人述及庭园栽培辛夷的篇章不少。韩愈《感春五首》对辛夷花开时令印象深刻。诗中有："辛夷高花最先开，青天露坐始此回。"元稹的《辛夷花·问韩员外》写道："韩员外家好辛夷，开时乞取三两枝。"显然写的是人家栽培的花。李商隐也有："帘外辛夷定已开，开时莫放艳阳廻。"诗人吴融《木笔花》也有："谁与诗人偎槛看，好于笺墨并分题。"它也是精舍寺庙常见栽培的美化树木，白居易《题灵隐寺红辛夷花戏酬光上人》写道："紫粉笔含尖火焰，红胭脂染小莲花。芳情香思知多少，恼得山僧悔出家。"非常形象地描绘出辛夷的艳丽。皮日休和陆龟蒙则写过在扬州看辛夷花的诗篇。

　　入宋以后，这种红艳喜兴的辛夷依然常见于各种庭园。北宋钱惟演的《禁中庭树》写道："紫闼分阴地，凡条擢秀时。高枝接温树，密叶覆辛夷。"写出皇宫内院栽培辛夷的情形。《嘉祐本草》记载：辛夷"今苑中有，树高三四丈……去根三尺已来，便有枝柯，繁茂可爱。正月二月花开，紫白色。花落乃生叶，至夏初还生花，如小笔。经秋历冬，叶花渐大，如毛小桃。至来年正月二月始开。初是兴元府进来，其树才可三四尺，有花无子，谓之木笔花。树种经二十余载，方结实。"记下禁苑中栽培辛夷及其形态。稍后，苏颂的《图经本草》也记载辛夷："生汉中川谷，今处处有之。人家园庭亦多种植。木高数丈，叶似柿而长，正月、二月生；花似着毛小桃子，色白带紫；花落无子，至夏复开花，初出如笔，故北人呼为木笔花。"[1] 提到庭园中多有栽培。其后，《本草衍义》记载：辛夷"先花后叶，即木笔花也。最先春以具花，未开时，其花苞有毛，光长如笔，故取像曰木笔。有红、紫二本，一本如桃花色者，一本紫者。"寇宗奭记述有两个品种，形态描述非常逼真。

南宋时，史学家郑樵《通志·昆虫草木略》记载："辛夷曰辛矧，曰侯桃，曰房木，北人曰木笔，南人曰迎香。人家园庭亦多种植。"[2] 书中指出，当时人们常栽培辛夷。风景秀丽的都城杭州历来花卉繁多，其中包括白居易已经提到灵隐寺栽培的辛夷。《梦粱录·物产·花之品》记有"红辛夷"。[3] 浙江台州地方志《赤城志·土产》记有"木笔"，指出因花蕾形状相似。著名诗人陆游《病中观辛夷花》写道："粲粲女郎花，忽满庭前枝。"沿袭了白居易对于木兰花的戏称。南宋《格物总论》也记述这是当时园林常栽培的花卉，书中写道："辛夷花木高数尺，叶似柿而长，初出如笔，正二月开花，花既落，无子，夏秋再着花，如莲花而小，紫苞红焰，人家园林多种之。一名侯桃。"[4] 元代，人们也在庭院栽培辛夷，文学家张雨写道："谁见新妆出绣帏，辛夷花下六铢衣。"

明清时期，辛夷仍深受园艺家喜爱。李时珍《本草纲目》这样记述："辛夷花初出枝头，苞长半寸，而尖锐俨如笔头，重重有青黄茸毛顺铺，长半分许。

① 唐慎微. 重修政和经史证类备用本草：卷12 [M]. 北京：人民卫生出版社，1982：304.

② 郑樵. 通志·二十略 [M]. 北京：中华书局：1995：2015.

③ 吴自牧. 梦粱录：卷2 [M] // 东京梦华录（外四种）. 上海：古典文学出版社，1956：287.

④ 谢维新. 古今合璧事类备要·别集：卷31 [M] // 四库全书：第941册. 台北：商务印书馆，1983：173.

及开则似莲花而小如盏，紫苞红焰，作莲及兰花香。亦有白色者，人呼为玉兰。"[1] 李时珍显然据花色分辨辛夷和玉兰。高濂在《遵生八笺》中指出：辛夷"花如莲，外紫内白，蕊若笔尖，故名木笔。一名望春，俗名猪心。本可就接玉兰。"[2] 和上述学者的看法不同，这个学者认为辛夷又叫"木笔"，是雌蕊形态与笔尖相似的原因。高濂认为："玉兰花、辛夷花，素艳清香，芳鲜夺目。"[3] 可见，作者非常喜好此花。清代，北方的河南、陕西等地也都有辛夷的栽培。

　　和玉兰类似，辛夷现今是祖国大地上常见的早春花卉。北京等大城市的街区、公园都有大规模的栽培，早春花发时，万紫千红，繁花似锦。

木莲花

　　木莲花（*Manglietia fordiana*，图15-4），也是木兰科的一种花木，产于我国华南和西南。这种花木很美丽，很早为人们注意，是很值得开发的一种园林观赏花卉。南朝江淹在福建任职时，写下的《草木颂》记有此种花，称之为：

图15-4　木莲

---

① 李时珍. 本草纲目：卷34 [M]. 北京：人民卫生出版社，1978.

② 高濂. 遵生八笺：卷16 [M]. 北京：人民卫生出版社，1994：618.

③ 高濂. 遵生八笺：卷16 [M]. 北京：人民卫生出版社，1994：229.

"緗丽碧巘，红艳桂洲。山人结侣，灵俗共游。" 唐代敬括（？—771）写过《木莲赋》，称："蔽芾珍树，森森绮堂。庇根天壤，擢秀春光。"[1] 著名诗人白居易在四川任职时，　曾记述过木莲树："木莲树生巴峡山谷间，巴民亦呼为黄心树。大者高五丈，涉冬不凋。身如青杨，有白文。叶如桂，厚大无脊。花如莲，香色艳腻皆同，房独蕊有异。四月初始开，自开迫谢，仅二十日。忠州西北十里有鸣玉溪，生者浓茂尤异。元和十四年夏，命道士毋丘元志写之。"[2] 不过，他所说的木莲可能并非今天开白花的木莲（*Manglietia fordiana*）。白居易的《画木莲花图寄元郎中》有："花房腻似红莲朵，艳色鲜如紫牡丹。"似乎是开红花的植物，更像是辛夷。段成式《酉阳杂俎·支植》基于白居易的资料记载："木莲花，叶似辛夷，花类莲花，色相傍。出忠州鸣玉溪，邛州亦有。"北宋时期长期在四川为官的宋祁也注意过这种花木。他的《益部方物略》也记有："木莲花，生峨眉山中。诸谷状若芙蓉，香亦类之。木干花夏开，枝条茂蔚，不为园圃所莳。"说木莲花产于峨眉山，当时不为园林栽培。

---

① 董浩，等. 全唐文：卷354[M]. 北京：中华书局，1983：3593.

② 白居易. 白居易集：卷17[M]. 北京：中华书局，1999：381.

第十六章

竹　子

第一节　古人对竹子的认识和利用

　　竹子在中国尤其是南方分布很广，为用途很多的一大类群植物，竹子属禾本科，种类很多，中国约有 500 余种，是国人非常喜爱的观赏植物。它们叶片翠绿，枝条亭亭玉立，让人有翛然出尘之想，为营造幽雅宁静之状最理想的植物类群。根据竹竿和竹鞭（地下茎）的生长形式，可分为三种类型：一类是散生型，如方竹、毛竹、淡竹、紫竹等；另一类是丛生型，如佛肚竹、凤凰竹、慈竹等；还有一类是混生型，如箬竹、苦竹、茶杆竹等。竹子现在主要分布在长江以南地区。许多竹子美观悦目且非常适合园林栽培，如凤尾竹、方竹、佛肚竹（图 16-1）、斑竹（湘妃竹）、罗汉竹、碧竹间（嵌）黄金竹、紫竹等；有的种类不仅美观，而且用途广

图 16-1　佛肚竹

泛，经济价值很高，如毛竹、刚竹、雷竹等。

这类植物很早就被先民广泛利用，曾在中华文明发展进程中发挥了重要作用。它生长快，用途广，有史以来就一直是人们极为重要的生产和生活资料。浙江钱山漾遗址出土的竹篓、谷箩、篮、簸箕、箪等[①]，表明竹子用于国人日常生产、生活至少有五千年以上的历史。

竹子见于文献很早。《毛诗·卫风·淇奥》对初生的竹子有如此赞叹："瞻彼淇奥，绿竹猗猗。"淇园之竹至汉代依然有名。《山海经》中记有一些竹子的分布，古人早就注意到它是主要分布在中国南方的一类美丽的植物。《尚书·禹贡》记载荆州、扬州的贡赋包括竹制品。《史记·河渠书》中记述，汉水上游和西南的竹林丰饶，有"褒斜材木竹箭之饶，拟于巴蜀"。其后南朝的学者戴凯之在《竹谱》中进一步指出："九河鲜有，五岭实繁。""盖竹所生，大抵江东。上密防露，下疏来风。连亩接町，疏散冈潭。"道出其习性和分布特点以及气候原因。

商周时期，黄河流域气候较现在温暖，也有较大面积的竹林。竹子作为经济植物栽培，大概始于先秦。《晏子春秋·内篇·谏下·第二》记载："景公树竹，令吏谨守之。"《史记·货殖列传》也有"齐鲁千亩桑麻；渭川千亩竹"的说法。

竹子与古人的日常生活关系如此密切，以致早在1 500多年前就出现关于它的专著——《竹谱》。根据赞宁《笋谱》的引用，晋代就出现了王子敬写的《竹谱》。这里的王子敬很可能就是著名书法家王献之（344—386），因为他字子敬。东晋名臣、王献之的一位堂兄王彪之（305—377）也写过《竹赋》，他的《闽中赋》也提到多种竹子。不过王子敬的《竹谱》似乎没有流传下来，流传至今的有刘宋时期戴凯之著述的《竹谱》，记载竹类三四十种，对竹类形态、分布有初步记述："条畅纷敷，青翠森肃。质虽冬蒨，性忌殊寒。九河鲜育，五岭实繁。"[②]简单记述了竹子的形态、习性和分布。

唐宋时期的学者对竹子的认识不断加深。宋代黄庭坚在长江中下游地区

---

① 浙江文物管理委员会. 吴兴钱山漾遗址第一、二次发掘报告 [J]. 考古学报，1960（2）：85.

② 戴凯之. 竹谱 [M] // 生活与博物丛书. 上海：上海古籍出版社，1993：295.

做官，对竹子的分布和用途都有更深的认识。他的《山谷集·对青竹赋》写道："竹之美于东南……其在楚之西，郁郁葱葱，连山缭云也。会稽之奇，材任矢石，蕲春之泽，夏簟箫笛。沅湘泪血，邛崃高节。慈竹相守，孝竹冬苗。慈姥嶰谷，笙竽苞篁。长石之山，一节可航。"① 据说他"以为竹种类至多，而著为书如竹谱之类，皆不详，欲作竹史一书，竟不果成"。② 后人对于黄庭坚未能撰成一本详细的竹子专著，表现出很大的遗憾。宋人认识的竹子种类繁多，当时不同类型的著作都有这方面的记述，如植物谱录、赞宁的《笋谱》中记载了数十种笋。南宋官员许纶的《涉斋集·五言绝句》提到方竹、石竹、慈竹、猫头竹、人面竹和斑竹；其后的风俗人情著作《梦粱录》记载竹之品："碧玉、间黄、金笔、淡紫、斑金、苦方竹、鹤膝、猫头。"③ 当时南方的地方志提到的竹类也相当不少。和各种名花类似，历代有关竹子的专著不少。元代学者李衎酷爱画竹，亲自在竹产区对竹的种类做过很多调查，他写的《竹谱详录》图文并茂，不但对画竹的技法有很精到的总结，而且还描述了近300种竹类植物，包括一些名称叫"竹"，实际并非竹的植物。④ 清代学者陈鼎曾在云南、贵州一带长期生活，关注过当地的风土人情，他撰写的《竹谱》记载了西南产的竹数十种。

对于竹子的广泛用途，宋代学者苏轼流放至岭南时有高度概括的一段著名论断。他写道："食者竹笋，庇者竹瓦，载者竹筏，爨者竹薪，衣者竹皮，书者竹纸，履者竹鞋，真可谓不可一日无此君也耶？"⑤ 记述当地民众的生活几乎没有一天能够离开竹子。苏轼的这种言论并非夸大其词，以往居住在南方的人都知道，竹枝可作薪柴；竹竿可以建筑盖房，造船、造车等交通工具，制作桌、椅、床、凳等家具，制作畚箕、簸箕、竹篮、鸡笼、鱼篓等工具，可以做鞋，可以加工帽、笠等衣服用具，可以制作弓箭等武器，也是制作竹简、算

① 黄庭坚. 对青竹赋 [M] // 全宋文，104 册. 上海：上海辞书出版社，合肥：安徽教育出版社，2006：238.

② 施宿. 嘉泰会稽志：卷 17 [M] // 宋元方志丛刊. 北京：中华书局，1990：7027.

③ 吴自牧. 梦粱录：卷 18 [M]. 北京：中国商业出版社，1982：152.

④ 李衎. 竹谱详录 [M]. 杭州：浙江人民出版社，2013：362.

⑤ 苏轼. 苏轼文集：卷 73 [M]. 北京：中华书局，1986：2365.

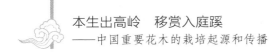

筹、毛笔和纸等文具的基本原料，还是制作笛、箫等乐器和多种工艺品的原料。竹叶、竹沥等是常用的中药；而竹笋则是美味的蔬菜。直到20世纪80年代以前，南方农村的竹制家具和工具仍然占有很大的比例。

竹子不但在古人物质生活中的地位举足轻重，而且在古人精神生活中的地位也非同寻常。据说古代音乐家伶伦（亦作泠伦），相传为黄帝时代的乐官，发明律吕，据以制乐。《吕氏春秋·纪部·仲夏纪》有"昔黄帝令伶伦作为律"的传说：伶伦"取竹于嶰溪之谷，以生空窍厚钧者、断两节间、其长三寸九分而吹之，以为黄钟之宫，吹曰'舍少'。次制十二筒，以之阮隃之下，听凤凰之鸣，以别十二律。"意思就是说，古代乐师伶伦模拟自然界的凤鸟鸣声，选择内腔和腔壁生长匀称的竹管，制作了十二律。一些竹子很早就有了美丽的传说。《博物志》则记载了湘妃竹的传说："舜死，二妃泪下，染竹即斑。妃死为湘水神，故曰湘妃竹。""潇湘"二字从此也多了凄清、哀怨之意。

第二节　古人对竹子的审美

竹子形态优美，虚心劲节，筠色润贞，青翠秀丽，四季常青。风来呈清籁，雨滴发幽声，向来为国人喜爱。早在周代，人们已经感叹"绿竹猗猗"的旖旎之美。古人认为竹是一种高雅的植物，想象力极为丰富的庄子更是认为凤凰非梧桐不栖，非竹实不食。其后，《尔雅·释地》更是称："东南之美者，有会稽之竹箭焉。"到了汉代，人们已经将竹子作为重要的审美对象和重要的美化环境植物。著名文学家东方朔的《七谏》称颂云："便娟之修竹兮，寄生乎江潭。上葳蕤而防露兮，下泠泠而来风。"[①] 这可能是后来人们在水边、窗前种竹，认为它能防露荫凉的"理论基础"。有了竹丛，园林就营造了清幽宁静的意境。著名史学家司马迁在《史记·龟策列传》已经注意到："竹外有节

---

① 洪兴祖. 楚辞补注 [M]. 北京：中华书局，1983：237.

理，中直空虚。"①道出竹子形态独特之美。

汉以后，这类植物逐渐成为重要观赏对象，文人墨客的文学作品有很多反映。晋代文学家左思《吴都赋》称颂当地竹子景观："其竹则篔笪箖箊，桂箭射筒。……橚矗森萃，蓊茸萧瑟。檀栾蝉蜎，玉润碧鲜。"竹子是如此之美，让不少艺术家为之着迷。王献之的五哥、东晋名士王徽之（？—388）为一位非常喜欢竹子的名士，据说他："寄居空宅中，便令种竹。或问其故，徽之但啸咏，指竹曰：'何可一日无此君邪！'"②东晋重臣王彪之《闽中赋》也称颂当地："竹则缃箬素笋，彤竿绿筒；攒冈坻之苓，漫原泽之蓊蒙。"③古人认为竹子是非常独特的一类植物，进而总结道："植类之中，有物曰竹，不刚不柔，非草非木。""竹是一族之总名，一形之偏称也。植物之中有草木竹，犹动品之中有鱼鸟兽也。"

南北朝时期，在福建今浦城一带为官的江淹，也是一位非常喜欢竹子的学者。他的《灵丘竹赋》称："登崎岖之碧巘，入朱宫之玲珑，临曲江之回荡，望南山之葱青，郁春华于石岸，艳夏彩于沙汀。……于是绿筠绕岫，翠篁绵岭，参差黛色，陆离绀影，上谧谧而留间，下微微而停靖。"很形象地描绘了竹林的清幽以及由此造就的环境之美。

毫无疑问，当时人们已经意识到竹子是构建窗前、庭轩美丽环境的重要景物。南齐谢朓在居所窗旁栽培竹子，感觉欣欣然。其《咏竹》称道："窗前一丛竹，青翠独言奇。南条交北叶，新笋杂故枝。月光疏已密，风来起复垂。"④梁江洪《和新浦侯斋前竹》诗写道："本生出高岭，移赏入庭蹊。檀栾拂桂橑，蓊葱傍朱闺。夜条风析析，晓叶露凄凄。"⑤他们的诗词，都形象地描绘出人们在庭院、窗前栽培竹子带来声、光方面美妙的愉悦感受。

尤其值得称道的是，和青松翠柏一样，竹子四季常青，在寒冬仍保持本

---

① 司马迁. 史记：卷128[M]. 北京：中华书局，1959：3237.

② 房玄龄，等. 晋书：卷80[M]. 北京：中华书局，1974：2103.

③ 徐坚. 初学记：卷28[M]. 北京：中华书局，1963：695.

④ 逯钦立，辑校. 先秦汉晋南北朝诗：齐诗卷3[M]. 北京：中华书局，1983：1436.

⑤ 逯钦立，辑校. 先秦汉晋南北朝诗：齐诗卷3[M]. 北京：中华书局，1983：2074.

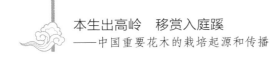

色。南北朝时期，文学家王俭（452—489）《灵丘竹赋》称赞竹："沿淮海而蔚映，带沮漳而萧森，志东南而擅美，在淇卫而流音。"无论何处，都呈现独特之美。陈朝诗人贺循《赋得夹池脩竹诗》云："绿竹影参差，葳蕤带曲池，逢秋叶不落，经寒色讵移，来风韵晚逿，集凤动春枝。"也称颂竹子不但秀美而且坚贞。从上面的史实不难看出进入汉代以后，人们对竹子的审美已经达到了很高的境界。

唐代的人们也秉承了前人的审美。王维潜心经营的"辋川别业"，别出心裁地设置了"竹里馆"。他在《竹里馆》写下其千古绝唱："独坐幽篁里，弹琴复长啸。深林人不知，明月来相照。"很好地抒发了自己在清幽宜人的环境下，闲适恬淡的惬意心情。唐朝李程《竹箭有筠赋》认为竹子："坚刚自持，虽贯四时而莫改；赏玩不足，奚可一日而或无。"认为竹子的贞洁秀美让人须臾难离。白居易的《新栽竹》有："何以娱野性，种竹百余茎。见此溪上色，忆得山中情。……最爱近窗卧，秋风枝有声。"其《竹窗》写道："开窗不糊纸，种竹不依行。……绕屋声淅淅，逼人色苍苍。烟通杳霭气，月透玲珑光。"《思竹窗》又写道："不忆西省松，不忆南宫菊。惟忆新昌堂，萧萧北窗竹。"[1]诗人令狐楚也颇喜竹，曾经写道："斋居栽竹北窗边，素壁新开映碧鲜。……风惊晓叶如闻雨，月过春枝似带烟。"写出窗边栽竹不仅带来美丽的景致，而且还可带来自然的声乐和美妙的光影享受。白居易也曾为友人令狐楚在河南开封住宅移栽竹子写下《和令狐相公〈新于郡内栽竹百竿拆壁开轩且夕对玩〉》："梁园修竹旧传名……百竿青翠种新成。墙开乍见重添兴，窗静时闻别有情。烟叶蒙笼侵夜色，风枝萧飒欲秋声。"[2]

唐代诗人柳宗元、刘言史对用竹子改善环境和美化居室同样有很深的体悟。后者的《竹园》诗称："绕屋扶疏耸翠茎，苔滋粉漾有幽情。……独自君家秋雨声。"李德裕在外为官，也曾想念自己别墅中的竹子。他的《夏晚有怀平泉林居》有："密竹无蹊径，高松有四五。"同时期的刘岩夫也是一个爱在

① 白居易. 白居易集：卷8[M]. 北京：中华书局，1999：151，168.

② 白居易. 白居易集：卷8[M]. 北京：中华书局，1999：586.

庭院栽培竹子的学者，他的《植竹记》记述："秋八月刘氏徙竹，凡百余本列于室之东西轩，泉之南北隅。克全其根，不伤其性，载旧土而植新地。烟翠霭霭，寒声萧然。"看来竹林的摇曳声带来的悠长美感，已经深深地植入了象声字词"潇"或"潇湘"中。另一诗人朗士元的《和王相公题中书丛竹寄上元相公》也对竹子称道有加："多时仙掖里，色并翠琅玕。幽意含烟月，清阴庇蕙兰。"

唐代另一诗人李绅《南庭竹》称颂竹子："东南旧美凌霜操，五月凝阴入坐寒。烟惹翠梢含玉露，粉开春箨耸琅玕。……凤凰终拟下云端。"[①]对竹子的高洁、葱翠清幽和美好都予以赞美。而诗人李涉则为了竹林而移居，他的《葺夷陵幽居》写道："负郭依山一径深，万竿如束翠沉沉。从来爱物多成癖，辛苦移家为竹林。"[②]到了宋代它与松、兰和菊并称君子。[③]

明代官员任卿在江苏南部荆溪边上筑了一个亭园，遍植竹子，不种其他花木，自号"竹溪主人"。他的外甥唐顺之（1507—1560）撰的《任光禄竹溪记》指出："昔人论竹以为绝无声色臭味可好，故其巧怪不如石，其妖艳绰约不如花。子子然有似乎偃蹇孤特之士，不可以谐于俗。"[④]分析了竹子看似平淡无奇，却正因为卓然不群，有不同凡俗之美。明代《群芳谱·竹谱》的编者总结了前人的看法，认为："竹，植物也。非草非木，耐湿耐寒，贯四时而不改柯易叶，其操与松柏等。"

清初李渔认为：竹"移入庭中，即成高树，能令俗人之舍，不转盼而成高士之庐。神哉此君，真医国手也。"[⑤]只要种上竹子，就可以让居室脱俗，竹子在古代艺术家心中之高雅，不难想见。号称扬州八怪之一、清代著名书画大师的郑板桥（1693—1766）一生喜爱画竹、兰。而著名文学家曹雪芹对竹子之幽美更是了然于心。——他营造的"潇湘馆"窗外众多竹丛，苍颜劲节，烛

---

① 彭定求，沈三曾，杨中讷，等. 全唐诗：卷481 [M]. 北京：中华书局，1999：5515.
② 彭定求，沈三曾，杨中讷，等. 全唐诗：卷481 [M]. 北京：中华书局，1999：4767.
③ 刘蒙. 菊谱 [M]//生活与博物丛书. 上海：上海古籍出版社，1993：151.
④ 黄宗羲. 明文海：卷336 [M]. 北京：中华书局，1986：3451.
⑤ 李渔. 闲情偶寄 [M]. 上海：上海古籍出版社，2000：332.

光映影，呈风雨潇湘之优雅。因此给心目中的女神林黛玉命名为"潇湘妃子"。用千百竿翠竹遮映的"潇湘馆"，以衬托林黛玉这位孤高自许、目下无尘、命运多舛的苦命佳人，作者用象征表达的寓意非常贴切。从中还可看出古代的学者在营造园林的时候，常利用竹子的碧绿多荫和随风飘摇的特点来营造一种清幽、苍凉的气氛和意境。

第三节　竹子在园林中的突出地位

竹子秀丽美观，很早就成为园林中的主要观赏植物。它与荷花皆为构建江南园林"清新幽雅"景致的主题花木。翠绿的竹丛让人感受宁静清幽，碧漪中的荷花让人感受清新脱俗。不知是否受淇水竹园古诗兴发之影响，古人非常喜爱在水边栽培竹。春秋时期，齐国申池旁边的竹林就颇有名气。秦汉时期，竹子在园林中已有重要地位。《拾遗记》记述秦始皇筑云明台，收集四方珍奇花木，其中有"云岗素竹"。汉代刘胜（？—前113）的《文木赋》曾提及："修竹映池，高松植巘。"[1]《三辅黄图》则记载，汉长安城有座竹子做的"竹宫"。汉代著名的兔园设有专门的"修竹园"。枚乘《梁王兔园赋》有："修竹檀栾，夹池水旋。"[2]《汉书》也记载，梁孝王兔园中的修竹园种了许多竹子。据说"园中竹木，天下之选"。[3]似乎其中的竹木还是优选的名品。

东汉不少著名的园林都有突出的竹子景观。光武帝刘秀外公樊重也很喜欢栽竹。据说："樊重治家产业，起庐舍，高楼连阁，陂池灌注，竹木成林。"[4]东汉仲长统是一位"欲卜居清旷，以乐其志"的名士，他的理想居住环境是"使居有良田广宅，背山临流，沟池环匝，竹木周布"。[5]三国时期，左思《魏都赋》称当地的园圃有"篁筱怀风"。从中可以看出，在园中栽竹造景，由来

---

① 周天游，校注. 西京杂记校注：卷6 [M]. 西安：三秦出版社，2006：255.

② 欧阳询. 艺文类聚：卷65 [M]. 上海：上海古籍出版社，1982：1161.

③ 李昉. 太平预览：卷159，962 [M]. 北京：中华书局，1962：772，4269.

④ 刘珍，等. 东观汉记校注：卷12 [M]. 吴树平，校注. 北京：中华书局，2008：459.

⑤ 范晔. 后汉书：卷49 [M]. 北京：中华书局，1965：1644.

已久。

魏晋年间，险恶的生存环境使不少读书人为求自保而崇尚清谈。竹子于是成为人们洁身自爱、坚贞的象征。《述征记》记载，嵇康有自己的园宅竹林。[①]当时阮籍、嵇康等七位名士常在竹林之下饮酒、放歌，放浪形骸，世称竹林七贤。彼时，竹子也是士大夫和社会名流园林山居栽植的重要观赏植物。前面提到，王徽之喜欢在房前屋后的空地种植竹子。潘安的《闲居赋》提到自己"爰定我居，筑室穿池，长杨映沼，芳枳树樆，游鳞瀺灂，菡萏敷披，竹木蓊蔼，灵果参差"。为自身的住处修建园林时，栽培了不少竹木。

刘宋时期，谢灵运（385—433）《山居赋》称自己的庄园："曾山之西，孤山之南，王子所经始，并临江，皆被以绿竹。"《山居赋》还有这样一段竹类的描述：

> 其竹则二箭殊叶，四苦齐味。水石别谷，巨细各汇。既修竦而便娟，亦萧森而蓊蔚。露夕沾而凄阴，风朝振而清气。捎玄云以拂杪，临碧潭而挺翠。蔑上林与淇澳，验东南之所遗。企山阳之游践，迟鸾鷟之栖托。忆昆园之悲调，慨伶伦之哀篇。卫女行而思归咏，楚客放而防露作。[②]

历史上"石竹"的名称较早见于此，不过，谢灵运说的是大竹子，显然不是今天所谓的石竹（*Dianthus chinensis*）。其后梁元帝的"竹林堂"也栽培了不少桂竹，号称"竹林弥盛"。当时不少学者都喜欢在窗前和庭院栽培竹子，以感受竹丛的清幽。南朝文学家沈约就在窗前栽培了竹子，他的《檐前竹》："风动露滴沥，月照影参差。得生君户牖，不愿夹华池。"任昉（460—508）则在自己的"静思堂"栽培了不少竹子，他的《静思堂秋竹赋》写道："静思堂连洞房，临曲沼，夹修篁。竹宫丰丽于甘泉之右，竹殿弘敞于神嘉之傍。绿条发丹楹，翠叶映雕梁。"[③]北朝的达官贵人也常在园庭中栽培竹子。北齐萧悫的

① 欧阳询. 艺文类聚：卷89 [M]. 上海：上海古籍出版社, 1982：1552.
② 沈约. 宋书：卷67 [M]. 北京：中华书局, 1974：1761–1762.
③ 欧阳询. 艺文类聚：卷89 [M]. 上海：上海古籍出版社, 1982：1554.

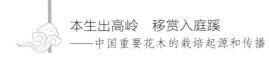
《春庭晚望》也有："窗梅落晚花，池竹开初笋。"

魏晋南北朝时期，竹子不仅在王侯官吏园林中常见栽培，也是当时寺庙园林普遍种植的植物。可能当时气候比现在暖和，南北朝时期，洛阳的庙宇多有竹子栽培。《洛阳伽蓝记·高阳王寺》记载："其竹林鱼池，侔于禁苑，芳草如积，珍木连阴。"竹子的栽培，使庙堂更加幽雅。又如永明寺："庭列修竹，檐拂高松，奇花异草，骈阗阶砌；"[1]凝玄寺："房庑精丽，竹柏成林，实是净行息心之所也。"[2]洛阳城南景明寺："房檐之外，皆是山池，竹松兰芷，垂列阶墀，含风团露，流香吐馥。"[3]竹林和芭蕉一样，能增加梵宫兰若的清幽、静谧，有利于僧侣息心静气之修行。

唐初，竹子亦为长安城皇宫御园重要观赏植物。李世民曾写下《赋得临池竹》称赞竹子："贞条障曲砌，翠叶贯寒霜。拂牖分龙影，临池待凤翔。"[4]据说当时御苑太液池边栽培有不少竹子。[5]大约是想让御园更加秀丽壮观，李治曾派人到江南采集新奇的竹子到园中栽培。[6]唐代许多学者名流都特别喜欢竹子。李峤的《竹》诗这样描绘竹子："白花摇凤影，清节动龙文。叶扫东南日，枝梢西北云。"张说的《东山记》描绘宰相韦嗣立（654—719）的山庄："东山之曲，有别业焉。岚气入野，榛烟出俗，石潭竹岸，松斋药畹。"韦嗣立的这处别业由唐中宗赐名"逍遥谷"，李旦曾经前往游玩，园中水潭边栽培了不少竹子。张九龄《韦司马别业集序》也有："杜城南曲，斯近郊之美者也。背原面川，前峙太一，清渠修竹，左并宣春，山霭下连，溪气中绝：此皆韦公之有也。"[7]从中可看出园中的秀丽风光。

杜甫和白居易都喜欢在住处栽竹。杜甫对池边栽竹之美有深切的感受，其《陪郑广文游何将军山林》曾夸赞眼前美景："名园依绿水，野竹上青霄。"

①　杨衒之. 洛阳伽蓝记校释：卷4[M]. 周祖谟，校释. 北京：中华书局，1963：173.

②　杨衒之. 洛阳伽蓝记校释：卷4[M]. 周祖谟，校释. 北京：中华书局，1963：181.

③　杨衒之. 洛阳伽蓝记校释：卷3[M]. 周祖谟，校释. 北京：中华书局，1963：113.

④　彭定求，沈三曾，杨中讷，等. 全唐诗：卷1[M]. 北京：中华书局，1999：18.

⑤　王仁裕. 开元天宝遗事：卷下[M]//唐五代笔记小说大观. 上海：上海古籍出版社，2000：1744.

⑥　欧阳修，宋祁. 新唐书：卷103[M]. 北京：中华书局，1975：3991.

⑦　董浩，等. 全唐文：卷290[M]. 北京：中华书局，1983：2948.

白居易更有条件自己践行水边植竹，构建翠筠幽居。贞元十九年（803年）在长安置房产的时候，他发现原来房主在房子周围种有竹子，虽然缺乏管理而生长不良，但这位诗人饶有兴致地将园林修葺，将竹林修整、培护好。他的《养竹记》写道："丛竹于斯，枝叶殄瘁……乃芟蘙荟，除粪壤，疏其间，封其下，不终日而毕。于是日出有清阴，风来有清声，依依然，欣欣然，若有情於感遇也。"① 他在东都洛阳的家中也曾栽培大量竹子。其《池上篇并序》写道："十亩之宅，五亩之园。有水一池，有竹千竿。""每至池风春，池月秋，水香莲开之旦，露清鹤唳之夕……又命乐童登中岛亭，合奏《霓裳散序》，声随风飘，或凝或散，悠扬于竹烟波月之际者久之。"其惬意适怀跃然纸上。白居易的园林和竹子，历经鼎革，至宋犹存。《洛阳名园记》记载："大字寺园，唐白乐天园也。乐天云'吾有第，在履道坊。五亩之宅，十亩之园。有水一池，有竹千竿。'是也。今张氏得其半，为会隐园，水竹尚甲洛阳。"② 从中尚能窥出白居易所筑园林的雅致与气派。

宋代的学者和艺术家对竹子的喜爱不在唐人之下。他们在营造苑囿时，非常注重竹景的构建。北宋著名御园"艮岳"有不少竹子营造的美丽景观。《艮岳记》载："循寿山而西，移竹成林，复开小径至百数步。竹有同本而异干者，不可纪极，皆四方珍贡，又杂以对青竹，十居八九，曰'斑竹麓。'""清斯阁北岸，万竹苍翠蓊郁，仰不见天，有胜云庵、蹑云台、消闲馆、飞岑亭，无杂花异木，四面皆竹也。"③ 可见竹子在艮岳中受重视的程度。司马光在洛阳营造独乐园，也在园中栽培了不少竹子。④ 李格非《洛阳名园记》记载，洛阳园林中许多有竹林。其中归仁园"有牡丹芍药千株，中有竹百亩"。苗帅园有竹万余竿，"皆大满二三围。疏筠琅玕，如碧玉椽"。大字寺园有竹千余竿，吕文穆园"木茂而竹盛"。南宋都城杭州的西湖有广化寺：其中"建竹阁，四面栽竹万竿，青翠森茂，阴晴朝暮，其景可爱"。⑤ 可见竹子在宋代寺庙园

① 白居易. 白居易集: 卷43 [M]. 北京: 中华书局, 1999: 937.
② 李格非. 洛阳名园记 [M] // 丛书集成初编. 上海: 商务印书馆, 1935-1937: 14.
③ 张淏. 艮岳记 [M] // 丛书集成初编. 上海: 商务印书馆, 1935-1937: 3-4.
④ 陈植, 张公驰. 中国历代名园记选注 [M]. 陈从周, 校阅. 合肥: 安徽科学技术出版社, 1983: 26.
⑤ 吴自牧. 梦粱录: 卷12 [M]. 北京: 中国商业出版社, 1982: 95.

林中也占有重要地位。

叶梦得《避暑录话》记载："欧阳文忠公在扬州作平山堂，壮丽为淮南第一。……公每暑时，辄凌晨携客往游，遣人走邵伯取荷花千余朵，以画盆分插百许盆，与客相间。……余绍圣初始登第，尝以六七月之间馆于此堂者几月。是岁大暑，环堂左右，老木参天，后有竹千余竿，大如椽，不复见日色。"[1]记下欧阳修在修建扬州平山堂时，栽培了大片的竹林。宋祁《种竹》诗写下了庭院栽竹的美妙："除地墙阴植翠筠，纤枝润叶与时新。"诗人梅尧臣对种竹也饶有兴致，他的《雨中移竹》写道："荷锸冒秋霖，匆匆移翠竹。欲分溪上阴，聊助池边绿。"学者苏舜钦建的苏州沧浪亭有一处著名的景观称"翠玲珑"，据说其名得自他的《沧浪亭怀贯之》诗句："秋色入林红黯淡，日光穿竹翠玲珑。"这处景观也叫"竹亭"，周围修竹成林，栽植有不同种类的竹子，如湘妃竹、罗汉竹、黄金间碧竹等，形成万竿森萧、粉墙竹影的雅致景观。它们和园中高耸的梧桐形成了极好的"竹风梧月"的美妙景观。著名女词人李清照之父李格非在汴京定居时："治其南轩地，植竹砌傍，而名其堂曰'有竹'。"以及将居处称"有竹堂"。叶梦得在湖州城西门外经营"石林"别墅，种了不少竹子，他自己有如下心得记述："山林园圃但多种竹，不问其他景物，望之自使人意潇然。竹之类多，尤可喜者笙竹，盖色深而叶密。吾始得此山，即散植竹，略有三四千竿，杂众色有之，意数年后，所向皆竹矣。"[2]

竹子让人感到宁静，得到幽闲和逸致。宋代科举无望、命途多舛的布衣陈翥，在跻身仕途失败后，在村后植桐种竹以疗神伤。宋人《神童诗》认为理想的家园应该是"庭栽栖凤竹，池养化龙鱼"。南宋名臣洪适私园盘州，山居"两旁巨竹俨立，斑者、紫者、方者、人面者、猫头者，慈、桂、筋、笛，群分派别，厥轩以'有竹'名。"[3]竹子种类之多可见其用心的程度。

宋代学者喜欢竹，进而以竹为绘画的对象。文同知陕西洋州时，所建园圃有竹林，称"篔筜谷"。他喜欢画墨竹，被称作"墨竹大师"，开创了"文湖

---

① 叶梦得. 避暑录话: 卷1// 宋元笔记小说大观. 上海: 上海古籍出版社, 2007: 2582.
② 叶梦得. 避暑录话: 卷1// 宋元笔记小说大观. 上海: 上海古籍出版社, 2007: 2673.
③ 陈植, 张公驰. 中国历代名园记选注 [M]. 陈从周, 校阅. 合肥: 安徽科学技术出版社, 1983.

州竹派"。成语"胸有成竹"就是其表哥苏轼根据其绘画技法概括所出。《画继·轩冕才贤》记载文同的学生程堂绘过各种竹及在不同气候条件下的幽姿，如峨眉山菩萨竹、苦主、象耳竹、雨竹、凤竹，他尤其喜欢绘凤尾竹（*Bambusa multiplex f. fernleaf*）。这种竹子产于中国东南或西南，是常见的栽培种类。明代学者唐文凤的诗中就有"潇潇雨敲凤尾竹"。元代学者画竹风气盛行，上述李衍是水墨竹画的代表人物。后来的学者认为他"善图古木竹石，有王维、文同之高致"。李衍学习文同等人绘竹的技法，曾"深入竹乡，于竹之形色情状，辨析精到。作画竹、墨竹二谱"。对不同地区各类竹的形态、性状做了详细记述，绘画则追求自然而具意蕴，使之有高风亮节的具象。

栽培竹子能让周围变得清秀。明清的园林，尤其南方园林缘于气候适宜，常常以各种形式营造秀丽的修竹景观。一如苏州沧浪亭传承前人的审美，继续在园中栽培众多竹子，著名的拙政园在"水花池"边，有"美竹茜挺"。"谐赏园"有："修竹万竿，清阴蔽日。"[①] 拙政园旁边的"归田园居"也栽培不少竹子。明人周忱有诗云："植物有修竹，独为贞静姿。"著名哲学家王守仁特别喜爱竹子，他的《君子亭记》写道："阳明子既为何陋轩，复因轩之前营，驾楹为亭，环植以竹，而名之曰'君子'。"而由乡宦王世贞在太仓经营的弇山园也有一处竹子景观。他的《弇山园记》记下："入门而有亭翼然，前列美竹，左右及后三方悉环之，数其名将十种。亭之饰皆碧，以承竹映，而名之曰：'此君'取吾家子猷语也。"[②] 松江顾正心创"熙园"，入门有："长杉疏竹，夹植径中。"[③]

王世贞《游金陵诸园记》中记载南京不少园林都大量栽培竹子：如"东园……竹树峭蒨。""西园……修竹数千挺。""万竹园……则碧玉数万挺。""武定侯园，有土垣横亘且里许，其中皆竹……其外皆箊竹，大者如碗。去西[④] 可三十丈而杀，南北总五十丈而赢，东则汗漫无际矣。鸾稍翔空，畏日

---

① 陈植，张公驰. 中国历代名园记选注 [M]. 陈从周，校阅. 合肥：安徽科学技术出版社，1983：110.
② 陈植，张公驰. 中国历代名园记选注 [M]. 陈从周，校阅. 合肥：安徽科学技术出版社，1983：135.
③ 陈植，张公驰. 中国历代名园记选注 [M]. 陈从周，校阅. 合肥：安徽科学技术出版社，1983：198.
④ 文中作"血"，不通，此据《四库全书》本改。

不下。轻飔徐来，戛玉敲金。侯家燕中，岁使人收其羡，可百金。"① 还在跋《山谷老人此君轩诗》自称："吾家小祇园竹万箇，中有轩三楹，不施丹垩纯碧而已。零雨微飔朝暾，夜月峭茜青葱，映带眉睫间，令人神爽。"喜爱之情，跃然纸上。高濂同样喜爱竹子，还曾记载在雪天赏竹的体会。他写道："飞雪有声，惟在竹间最雅。山窗寒夜时，听雪洒竹林，淅沥萧萧，连翩瑟瑟，声韵悠然，逸我清听。"② 对雪花飘洒在竹林中美妙声音动感作了非常生动的描绘。松江顾正心创构"熙园"则有："平冈逶迤，高梧修竹，荫蔽左右。"③ 明末，郑侠如扬州所创"休园"，也"有古树，有修竹，有长柳高梧"。④ 甚至明代北京城东的"曲水园"也有不少竹子。

清代，江浙一带著名园林常有竹子的园区，以竹子的雅称命名。在园林艺术方面有很高造诣的官吏高士奇认为："竹于草木之外，别为一类，植物之仙品。方塘曲径，到处植之，宜月宜风，宜晴日，宜晚雨，宜残雪。至于伏暑方炎，石床蒲几，坐卧密林中，冷翠袭衣，爽籁盈耳，正未知羲皇上人，观此若何。"⑤ 把竹子誉为"仙品"，认为适合各种天气观赏，尤其在盛夏带来的凉阴让人异常惬意。他是如此喜爱竹子，以至于在别墅中尽情种植。他在余姚营建的"江村草堂"，有"修篁坞"，处处皆竹，"修篁蒙密，高下成林"；还在其"岩耕堂"前种了一些凤尾竹。稍后，著名官僚陈元龙的"遂初园"中，则有箭竹丛生的"翠微"景观。张氏所筑"蜀岗朝旭"也有"竹畦万顷"；"静香园"的"清华堂"，"有篔筜数万……摇曳檐际"。苏州名士徐白在灵岩山营建的"水木明瑟园"中"介白亭"，"左则修竹万竿，俨如屏障。"苏州"邓尉山庄"，"南结槿篱为藩蔽，修竹万竿，不露曦影，中藏清凉世界"。⑥ 江南园林这种规模的植竹并非个例，著名文人袁枚在江宁（南京）经营的"随园"也

---

① 陈植，张公驰. 中国历代名园记选注 [M]. 陈从周，校阅. 合肥：安徽科学技术出版社，1983：157-173.

② 高濂. 遵生八笺：卷6 [M]. 北京：人民卫生出版社，1994：207.

③ 陈植，张公驰. 中国历代名园记选注 [M]. 陈从周，校阅. 合肥：安徽科学技术出版社，1983：198.

④ 陈植，张公驰. 中国历代名园记选注 [M]. 陈从周，校阅. 合肥：安徽科学技术出版社，1983：315.

⑤ 高士奇. 北墅抱瓮录 [M] // 生活与博物丛书. 上海：上海古籍出版社，1993：247.

⑥ 陈植，张公驰. 中国历代名园记选注 [M]. 陈从周，校阅. 合肥：安徽科学技术出版社，1983：428.

有"绿竹万竿"，胡恩燮"愚园"则有"竹树蒙密"的"竹坞"，杭州赵昱的"春草园"则有"筼筜径"的景观。

第四节　竹子在古人心目中的象征意义

竹子在古人心目中是清新、幽雅、坚韧、淡泊、忠贞不屈的象征，在传统文化中有丰富的内涵。竹子虽然没有艳丽的花朵，但很早就被种植观赏，成为中国古代园林植物中出类拔萃的存在，与松和梅并称"岁寒三友"，是坚劲、天赋异禀、高尚幽雅的化身，"比德"的重要对象。《毛诗·卫风》中将竹子比作美男子，《韩诗外传》记载："黄帝时，凤凰栖帝梧桐，食帝竹实。"（图16-2）

图16-2　清代《鸟谱》中竹丛鸾（凤凰）图

南齐虞羲《见江边竹诗》赞美它："挺此贞坚性，来树朝夕池，秋波漱下趾，冬雪封上枝，葳蕤防晓露，葱蒨集羁雌，含风自飒飒，负雪亦猗猗。"[1] 赞颂了竹子不惧凛冽寒风、霜雪侵凌，依旧保持坚贞拔、高洁英姿。南朝梁刘孝先《竹诗》也感叹："竹生空野外，梢云耸百寻。无人赏高节，徒自抱贞心。耻染湘妃泪，羞入上宫琴。谁能制长笛，当为吐龙吟。"称赞竹子的高耸入云和坚韧不拔。张翼、江道也写过《竹赋》。后者的赋中称："有嘉生之美竹，挺纯姿于自然，含虚中以象道，体圆质以仪天，……故能凌惊风，茂寒乡，籍坚冰，负雪霜。振葳蕤，扇芬芳。翕幽液以润本，承清露以擢茎，拂景云以容与，拊惠风而回萦。"[2] 其后，简文帝的《修竹赋》也体现了类似的思想。特别是"含虚中以象道，体圆质以仪天"。称颂竹的空心和圆茎为象征虚心和循天道[3] 的美德，将其形态提升到"象道""仪天"的地步。

唐代刘岩夫《植竹记》对竹子的优秀品德做了全面的总结：

> 君子比德于竹焉：原夫劲本坚节，不受霜雪，刚也；绿叶萋萋，翠筠浮浮，柔也；虚心而直，无所隐蔽，忠也；不孤根以挺耸，必相依以林秀，义也；虽春阳气王，终不与众木斗荣，谦也；四时一贯，荣衰不殊，恒也；垂蕡实以迟凤，乐贤也；岁擢笋以成干，进德也；及乎将用，则裂为简牍，于是写诗书篆象之命，留示百代，微则圣哲之道，坠地而不闻矣，后人又何所宗歟？至若镞而箭之，插羽而飞，可以征不庭，可以除民害，此文武之兼用也；又划而破之为笾席，敷之于宗庙，可以展孝敬；截而穴之，为篪为箫，为笙为簧，吹之成虞韶，可以和人神，此礼乐之并行也。夫此数德，可以配君子，故岩夫列之于庭。[4]

将竹子视为集坚贞、忠义、谦逊、恒心、贤德、传圣贤之道等美德于一身之物。与白居易等人不同，刘岩夫甚至把竹子在书简、武器和乐器中制作的用途，

---

① 逯钦立辑校.先秦汉晋南北朝诗：梁诗卷5[M].北京：中华书局，1983：1608.

② 欧阳询.艺文类聚：卷89[M].上海：上海古籍出版社，1982：1552-1553.

③ 古人认为天是圆的。

④ 李昉，等编.文苑英华：卷829[M].北京：中华书局，1966：4375.

也提升到"德"的境界。在其眼中，竹子的美德无与伦比。

著名诗人白居易更在《池上竹下作》中写下："水能性淡为吾友，竹解心虚即我师。"[①] 把竹子呈现的品格当作自己的榜样。他在《养竹记》中还写出了自己喜欢竹的原因："竹似贤，何哉？竹本固，固以树德，君子见其本，则思善建不拔者。竹性直，直以立身；君子见其性，则思中立不倚者。竹心空，空以体道；君子见其心，则思应用虚受者。竹节贞，贞以立志；君子见其节，则思砥砺名行，夷险一致者。夫如是，故君子人多树之，为庭实焉。"[②] 他以竹子的形态来比拟君子的美德，认为竹子承载着丰富的美德，不仅仅有外在的美，还有"灵魂"的美，君子乐于在庭园栽植就是这个缘故。

宋代文豪苏轼对竹子的推崇和表彰可谓影响深远。其诗有："无波真古井，有节是秋筠。"他的《于潜僧绿筠轩》更是表达自己："可使食无肉，不可使居无竹。无肉使人瘦，无竹使人俗。"这位文豪明确认为竹子可以让人变得优雅，强烈地表达了自己对竹的喜爱。而其表兄文同更是推崇竹子："心虚异众草，节劲逾凡木。"不仅著名学者如此认可竹子，当时的布衣陈翥同样认为："竹岁寒不凋，所以坚志性之掺也；桐识时之变，所以顺天地之道也。"[③] 虽然屡试不第，这位落魄儒生还要标榜自己气节不凡，自号"桐竹君"。

南宋经学家罗大经更认为竹子有非凡的品格，故为历代名流喜爱。他认为："松柏之贯四时，傲雪霜，皆自拱把以至合抱，惟竹生长于旬日之间，而干霄入云，其挺特坚贞，乃与松柏等，此草木灵异之尤者。……杜陵诗云：'平生憩息地，必种数竿竹'；梅圣俞云：'买山须买泉，种树须种竹。'信哉！"[④] 这位学者相信，杜甫、梅尧臣喜欢在房前屋后种竹，缘于竹子生长迅速，呈现出坚贞挺拔的高尚精神。元代诗人认为种花和植竹之不同在于："奇花照眼一时红，修竹虚心万年绿。"绘画艺术家李衎在《竹谱详录》卷十曾记述自己对竹子的感悟："竹之比德于君子者，盖禀天地之和，全坚贞之操，虚

① 白居易. 白居易集：卷23 [M]. 北京：中华书局，1999：523.
② 董浩，等. 全唐文：卷676M]. 北京：中华书局，1983：6901.
③ 陈翥. 桐谱：记志第九 [M]. 上海：上海古籍出版社，1993：291.
④ 罗大经. 鹤林玉露：卷4[M]. 北京：中华书局，1983：184.

心劲节，岁寒不变。是宜昔人特号以'此君'，而不敢与凡草木例名之也。"将王徽之无意中对竹子的一个尊称，刻意将其内涵"界定"，可见这位艺术家对它的尊崇程度。

明代著名理学家王守仁又将竹子的"德行"进一步提升。他在自己的居所"何陋轩"前修建一个环植竹丛的亭子称"君子"亭。他释其名曰："竹有君子之道四焉：中虚而静，通而有间，有君子之德；外节而直，贯四时而柯叶无所改，有君子之操；应蛰而出，遇伏而隐，雨雪晦明，无所不宜，有君子之时；清风时至，玉声珊然，中采齐而协肆夏，揖逊俯仰，若洙、泗群贤之交集，风止籁静，挺然特立，不挠不屈，若虞廷群后，端冕正笏而列于堂陛之侧，有君子之容。竹有是四者，而以'君子'名。"[1] 把竹子的外形和习性都归为君子德行和仪表，可谓推崇备至。

清代"扬州八怪"之一的著名画家郑燮欣赏竹子几乎到了痴迷的程度，常常咏竹言志。他称道竹子"未曾出土先有节，及凌云处尚虚心"之昂扬和谦逊；崇尚翠竹的坚贞柔韧："咬定青山不放松，立根原在破岩中。千磨万击还坚劲，任尔东西南北风。"更认定竹子"我自不开花，免撩蜂与蝶"的淡泊。竹子的美就是这样通过古人心目中"德化"，成为中华民族崇高的象征和广泛栽培的观赏植物。上述史实表明，古人很早就将竹子视作坚贞不渝、刚正不阿、有气节而虚心、潇洒出尘的象征。

第五节　竹子的外传

竹子很早就向外传播。汉代输出到印度等地的"邛竹杖"或"笻"，据说就是方竹所制。[2] 近代有不少西方人在华采集过各种花卉植物，他们很快就注意到这类美丽的植物。法国传教士金尼阁（Nicolas Trigault, 1577—1628）

---

① 王阳明. 王阳明全集：卷 23 [M]. 上海：上海古籍出版社, 1992：892.

② LAUFER, B., Sino-Iranica. [M]. Chicago：Poblication of Field museum of Natural History, Anthropological Series 1919, Vol. XV. No. 3：535.

在其 1615 年写的《由耶稣会进行的天主教传入中国史》书中写道："他们有
一种葡萄牙人称作 bambu（竹子）的植物。它几乎和铁一样硬。大的几乎两
手都合围不过来。里面空心外有许多茎节。中国人用它作柱子、长矛杆和其
他 600 种日常用途。"17 世纪中叶，意大利传教士卫匡国（M.Martini）在他的
《中国新图志》（1655 年）一书中，也记载了这类很有经济价值的植物。19 世
纪中叶被英国园艺学会派来的英国园艺学家福乘有一项专门的任务就是调查
中国的竹子及其用途。这个有西方学者很快发现，竹子在中国有着极为广泛
的用途。他认为，竹子是中国最有价值的一类植物，几乎用于所有能想到的
一切目的。"无论是家里还是野外，水上还是陆地，竹子都被广泛应用。"他
甚至认为中国人终其一生都靠竹子支撑，即使死后还要在坟墓上栽培竹子、
柏树和松树来妆点和陪伴。他还认为，很难设想，如果没有竹子，中国作为
一个国家是否能够存在。竹子的确在中华文明发展史上起着举足轻重的作
用。他的看法显然影响了其后的西方学者。李约瑟指出："东亚往往被称为
'竹子'文明。"

　　从园林学者的角度看，福乘认为：没有植物能比茎干挺拔、高洁，飘
逸的竹杪在微风中摇曳的金黄色竹子更漂亮。[①] 他还认为毛竹是世界上最
漂亮的竹子。[②] 他在浙江雪窦山旅行时，曾经看到一些很好看的竹子，他认
为非常值得引进。这个英国人不但引进了不少竹子到其祖国，还曾将中国
的毛竹引进印度，并在当地成功栽培。19 世纪下半叶，英国领事官、汉学
家庄延龄（E. H. Parker）将福建闽西北山区普遍分布的著名观赏植物方竹
（*Chimonobambusa quadrangularis*）幼苗送到丘园。美国人也曾经多次在中国
引种竹子。[③] 1907 年，受雇于美国农业农村部的梅耶（F. N. Meyer）曾从中国
浙江引种过许多竹子，其中包括毛竹（图 16-3）。其后，受雇于美国阿诺德
树木园的威尔逊，也曾于 1910 年，从湖北的房县山区引进一些漂亮的竹子到

---

① FORTUNE R. Three Years Wanderings in the Northern Provinces of China[M]. London: Joiin
murray. 1847: 57.

② FORTUNE R. A Residence among the Chinese: inland, on the Coast, and at Sea., London: John
Murray.1857: 189-192, 266-267, 277.

③ FAIRCHILD D. The world was my Garden[M]. New York: Charles Scribner's Son. 1938: 288, 377.

上述树木园。1923—1927年，同样受雇于美国农业农村部的岭南大学教师莫古礼（F. A. McClure），也从华南的广州送回大量的经济作物种子和竹子到美国。[①]

图16-3　毛竹

竹子茎干挺拔，枝叶翠绿扶疏，风来有声，雨滴有韵，深受各地人们的喜爱。作为一个外来者，福乘的看法绝非过誉之词。在中国东南的闽浙赣一带，成片分布着漫山遍野的毛竹林，美不胜收。笔者有一次从故乡过完春节返回京城，不巧国道被山洪冲坏。无奈客车只好穿行在林间公路之中。不曾想，沿途的修篁翠竹，扶疏耸碧绿，凤尾拂云霄，葳蕤之姿，袅袅之态，清幽秀丽；四野弥漫着洒脱的竹林清韵，清风徐来，振羽叶摇轻柯，翠光流影，让人顿感神清安逸，怡然闲适。真可谓"妙处难与君说"。它们的确是"擅美东南"、不花而艳压群芳的"植物仙品"。

---

① HAAS William J. Botany in Republican China: The Leading Role of Taxonomy. In John Z. Bowers et. Science and Medicine in Twentieth-Century China: Research and Education. Science., Medicine, and Technology in East Asia. 1988: 42.

第十七章

茉莉花

第一节　中亚传入的香花

茉 莉 花（*Jasminum sambac*，图 17-1）是一种常绿灌木或木质藤本园林花卉，属木樨科。有光泽的卵形或椭圆形叶片。花生叶腋，白色，通常在傍晚开，香味浓烈。茉莉花原产伊朗、印度北部等地，约在南北朝时期由海上丝绸之路传入岭南。它喜光，喜温暖、湿润，适宜于中国南方栽培。明代学者杨慎大约根据《翻译名义集》提道："末利……此云柰"的说法，在其《丹铅总录·花木类》中认为《晋书·后妃传下》所记："三吴女子相与簪白花，望之如素柰"中的"如素柰"白花即茉莉。这种说法被后来一些学者沿袭。雍正《山西通志·物产》记载绛州（新绛县及其周边）有："茉莉，州境产，

图 17-1　茉莉花

一名柰花。《晋书》：'都人簪柰花。'"不过，有西方学者并不认可此说法。[①]
古人注意到它经岭南传入，至今约有 1 500 多年的栽培史。自传入后，历来
是园林、庭院、房前屋后常见花木。

茉莉花香气不是很宜人，花丛多时，过于浓烈，有时甚至很冲鼻。不过，
它很快受到不少唐代诗人雅士的喜爱。王维曾不吝吟诗称赞。其《茉莉花》
诗称："欹烟裛露暗香浓，曾记瑶台月下逢。万里春回人寂寞，玉颜知复为谁
容。"还称"香严童子沉熏鼻，姑射仙人雪作肤。谁向天涯收落蕊，发君颜色
四时朱。"[②] 认为，有了茉莉是"寻得天花伴众芳"。当时传入的似乎还有红
色茉莉花。杜甫诗有："庭中红茉莉，冬月始葳蕤。"[③] 显然是庭院中栽培了
红色的茉莉花。李群玉对茉莉的香气更是称道："天香开茉莉，梵树落菩提。"
其后，著名诗人皮日休在寄赠南海友人的诗句也提道："退公只傍苏劳竹，移
宴多随末利花。"

博物学家段成式的《酉阳杂俎》记述了茉莉的产地和用途："野悉蜜，出
拂林国，亦出波斯国。苗长七八尺，叶似梅叶，四时敷荣。其花五出，白色，
不结子。花若开时，遍野皆香，与岭南詹糖相类。西域人常采其花，压以
为油，甚香滑。"[④] 文中的"拂林国"即东罗马帝国，波斯即伊朗。这里的野
悉蜜，据说译自中古波斯语 yāsmīr，也就是今天的茉莉花。[⑤] 茉莉则是梵语
mallika 的音译（也称摩利）。宋代佛教辞书《翻译名义集·百华篇第三十三》
记载："末利，亦云摩利。此云柰，又云鬘华。……广州有其华，藤生。"因
为它自域外传入，宋代诗人写道："名字惟因佛书见，根苗应逐贾胡来。"现
在栽培的茉莉大多为灌木，藤本的较少见。

① 西方学者认为此种为夜花（Nyctanthes arbor-tristis），见《中国伊朗编》，156。

② 陈景沂. 全芳备祖：前集卷 25 [M]. 北京：农业出版社，1982：700.

③ 陈景沂. 全芳备祖：前集卷 25 [M]. 北京：农业出版社，1982：698.

④ 段成式. 酉阳杂俎：卷 18 [M]. 北京：中华书局，1981：180.

⑤ LAUFER B. Sino-Iranica[M]. Chicago：Poblication of Field museum of Natural History, Anthropological
Series 1919, Vol. XV. No. 3：331.

第二节　闽广栽培之兴起

五代时，张翊的《花经》收录了茉莉。从《清异录》相关记载看，当时岭南的地方统治者似乎颇以栽培的茉莉自豪。宋初著名地理学著作《太平寰宇记》记载岭南道土产有："红茉莉、白茉莉。"[①] 因其味芳香，茉莉很受人们喜欢，岭南栽培很多，有关它的记述也比以前多。岭南官员余靖《酬萧阁副惠末利花栽》写道："素艳南方独出群，只应琼树是前身。自缘香极宜晨露，勿谓开迟怨晚春。"被贬居海南的宋代文豪苏轼醉后曾将茉莉戴在头上，戏称它为"暗麝"。[②] 郑刚中《茉莉》吟诵："真香入玉初无信，香欲寻人玉始开。不是满枝生绿叶，端须认作岭头梅。"南宋官员洪适《末莉》诗更是称赞它："肤莹过凝脂，香浓远随步。"

南宋学者张邦基《墨庄漫录》记述了岭南茉莉栽培情形，以及向江南传播的状况。书中指出："闽广多异花，悉清芬郁烈。而末利花为众花之冠。岭外人或云抹丽，谓能掩众花也，至暮则尤香。今闽人以陶盎种之，转海而来，浙中人家以为嘉玩。然性不耐寒，极难爱护。经霜雪则多死，亦土地之异宜也。"[③] 写出福建茉莉栽培之盛，而浙江等地的种植仍较少，而且是以盆花的形式从福建传入。福州地方志《三山志·土俗类三》记载："此花独闽中有之。夏开，白色妙丽而香。方言谓之'末利'。佛经曰：'末丽花香'。又有番末丽，藤生，亦香。"作者认为这是福建特产的香花。学者楼钥（1137—1213）《次韵胡元甫茉莉花》有："主人好事趁时买，买置此地真宜哉。墙间闲地方丈所，几年累甓装层台。……吾闻闽山千万本，人或视此齐蒿莱。"当时福建种植之多，可谓名声远播。南宋张镃（1153—约1235）茉莉词也有："生竺国，长闽山，移向玉城住。"福州人陈善在其《扪虱新话》也提道："闽、

---

① 乐史. 太平寰宇记：卷157 [M]. 北京：中华书局，2007：3012.

② 惠洪. 冷斋夜话：卷1 [M] // 宋元笔记小说大观. 上海：上海古籍出版社. 2007：2171.

③ 张邦基. 墨庄漫录：卷7 [M] // 宋元笔记小说大观. 上海：上海古籍出版社，2007：4713.

广市中，妇女喜簪茉莉，东坡所谓'暗麝著人'者也。制龙涎香者，无素馨花多以茉莉代之。"①从文中可看出，时人已经用茉莉提取香精。

虽然属于栽培起步阶段，南宋时，江浙一带大都市多有茉莉花，《咸淳临安志》甚至提到一处"茉莉园"的地名。记述南宋都城临安风土人情的《梦粱录》《武林旧事》等著作都提到茉莉，可见当时城中栽植茉莉这种香花。不过那时仍属较为珍贵的花卉。著名田园诗人范成大收到友人赠送的茉莉后，曾写过《次王正之提刑韵谢袁起岩知府送茉莉二槛》的诗歌，对茉莉赞颂有加。称之为："燕寝香中暑气清，更烦云鬟插琼英。明妆暗麝俱倾国，莫与矾仙品弟兄。"古人还常用茉莉作室内装饰，以使环境更加优雅宜人。张孝祥甚至认为茉莉是"炎州珍产，吴人未识。"当时临安的妇女也盛行佩戴茉莉作为香饰。《武林记事·都人避暑》有如下记述："而茉莉为最盛，初出之时，其价甚穹，妇人簇戴，多至七插，所直数十券，不过供一饷之娱耳。"

宋代时，北方可能也有少量的茉莉花引种。周师厚《洛阳花木记》收录有"抹厉花"。《洛阳名园记》记述"李氏仁丰园"时提到"茉莉"。张昊记载东京御苑艮岳概况的《艮岳记》有："即姑苏、武林、明越之壤，荆楚、江湘、南粤之野，移枇杷、橙柚、橘柑、椰栝、荔枝之木，金峨、玉羞、虎耳、凤尾、素馨、渠那、茉莉、含笑之草，不以土地之殊，风气之异，悉生成长，养于雕栏曲槛。"②可见负责"花石纲"的那些官吏也曾将其移植于北方。不过，效果可能并不像书中形容的那样出色。直到南宋，陈善在《扪虱新话》中仍然认为茉莉是北方所无的南方花卉。

在气候炎热的岭南，宋人除种植观赏外，茉莉和素馨已作为香料大量栽培。人们收取茉莉花花瓣，用来提取香精和熏茶，是花茶的重要原料。宋代郑域的诗注称："广州城西九里曰花田，尽栽茉莉及素馨。"③《陈氏香谱·蔷薇水》记载："今则采茉莉花蒸取其液，以代（蔷薇水）焉。"陈景沂的《全芳备祖》收录

① 陈善. 扪虱新话：卷15 [M]// 全宋笔记·第五编·第10册. 郑州：大象出版社，2012：118.

② 张淏. 艮岳记 [M]// 丛书集成初编. 上海：商务印书馆，1935-1937：2-3.

③ 陈景沂. 全芳备祖：前集卷25 [M]. 北京：农业出版社，1982：697.

的茉莉花资料有："或以薰茶或烹茶尤香。"[①] 宋代《格物丛话》："茉莉花似蔷薇之白者，丛生，香胜于耶悉茗。叶面微皱，无刻缺，性喜地暖，南人畦莳之。开时在夏秋间，六七月始盛，今人多采之以薰茶，或蒸取其液以代蔷薇，或捣而为末，以和面药。其香可宝有如此者。坡公目为'暗麝'，[②] 亦可谓善平章矣。"[③] "畦莳"足见当时已作商品栽培，并大量用它熏制花茶和提取香精。

第三节　茉莉花在南方各地的商品栽培

上面提到，从宋代开始，福建、广东逐渐成为茉莉花的著名产区。明清时期，福建等地更成为国内茉莉花的主要产地。陈懋仁《泉南杂志》记载："余廨东所植茉莉，其高及檐，尝于暑夜设木榻坐其下，清芬郁烈，可沾眉发。其地易生，如吴中插槿也。"[④] 记载的似乎已是年深日久的花卉。黄仲昭《八闽通志》记载福建各地产茉莉。福州府"茉莉，夏开白色，妙丽而芳郁，此花惟闽中有之。佛经谓之'末丽'。蔡襄诗云：'团圆茉莉丛，繁香暑中折。'又有一种红色，曰'红茉莉'，穗生，有毒"[⑤]。说它"穗生，有毒"，不知是哪种。书中所说的"此花惟闽中有之"，显然是沿袭就说。兴化府（莆田等地）除茉莉外，"又有一种'番茉莉'，叶如茉莉而花如素馨，合二者为一，其香差薄"。[⑥] 还说福建还有茉莉花古树。周亮工记载："余在樵川，见黄孝廉书斋前二茉莉树，高二丈余，掩映三间屋。"[⑦] 这里的樵川，在今邵武市。他记载的茉莉树应该是年代久远的古树，不过长到二丈余的茉莉似乎很少见。

基于对资料的收集，李时珍《本草纲目》对茉莉的形态和用途作了比前人更详细的记述。书中写道："末利原出波斯，移植南海，今滇、广人栽莳之。

---

① 张淏. 艮岳记 [M]//丛书集成初编. 上海：商务印书馆, 1935–1937: 2–3.
② 苏东坡有诗句："暗麝着人簪茉莉。"
③ 谢维新. 古今合璧事类备要·别集：卷36 [M]//四库全书：第941册. 台北：商务印书馆, 1983: 186.
④ 陈懋仁. 泉南杂志：卷上 [M]//丛书集成初编. 上海：商务印书馆, 1935–1937: 4.
⑤ 黄仲昭. 八闽通志：卷25 [M]. 福州：福建人民出版社, 1991. 719.
⑥ 李时珍. 本草纲目：卷14. 北京：人民卫生出版社, 1977: 766.
⑦ 周亮工. 闽小记：卷1 [M]. 上海：上海古籍出版社, 1985: 40.

其性畏寒，不宜中土，弱茎繁枝，绿叶团尖。初夏开小白花，重瓣无蕊，秋尽乃止，不结实。有千叶者，红色者，蔓生者。其花皆夜开，芬香可爱。女人穿为首饰，或合面脂，亦可熏茶，或蒸取液以代蔷薇水，又有似末利而瓣大，其香清绝者，谓之狗牙，亦名雪瓣，海南有之。素馨、指甲，皆其类也。"①王象晋的《群芳谱》中提到：茉莉中"惟宝珠小荷花最贵"。清代陈淏子《花镜·藤蔓类考》也收录了此种"宝珠茉莉"。书中记载："一种宝珠茉莉花，似小荷而品最贵。初蕊时如珠，每至暮始放，则香满一室，清丽可人。"也沿袭了王象晋的说法。

明清期间，茉莉花已成为福建、江西、江浙一带的重要商品花卉。谢肇淛《五杂组》记载："茉莉在三吴，一本千钱，入齐辄三倍酬直。而闽、广家家植地编篱，与木槿不殊。至于蔷薇、玫瑰、荼蘼、山茶之属，皆以编篱，以语西北之人，未必信也。"②可见在福建等地，茉莉是很常见的花卉。气候适宜的台湾栽培茉莉也不少，《台海使槎录》记载："茉莉最易栽植。番茉莉较大，种自柬埔寨来，花径寸，百余瓣。早晚街头，有连十余蕊簪成一枝，有连数十蕊为一串，买置床榻殊有妙香。"③文中的番茉莉似为虎头茉莉。从上文可看出，岛内已将它作为室内置放的香料。明代，茉莉花进一步扩展到江西栽培，《长物志》记载："章江编篱插棘，俱用茉莉。花时，千艘俱集虎丘，故花市初夏最盛。"④这里的章江即江西的赣江。明末官员揭重熙《忆郁孤》也写道："茉莉成畦香满区。"

雍正年间的《江西通志·土产》记载："茉莉，赣产皆常种，业之者以千万计，盆盎罗列畦圃，交通三径九径不足方比，舫载以达江湖，岁食其利。"当时，江西的茉莉花交易兴盛不难想见。浙江诗人方士颖也写过"满市花陈茉莉多"的诗句。茉莉也是清代重要的商品花卉。吴震方《岭南杂志》记载："素馨较茉莉更大，香最芬烈。广城河南花田多种之，每日货于城中不下数百

① 李时珍. 本草纲目：卷14[M]. 北京：人民卫生出版社，1977：895.
② 谢肇淛. 五杂组：卷10[M]. 北京：中华书局：1959：297.
③ 黄叔璥. 台海使槎录：卷3[M]. 台北：大通书局，1984：56.
④ 文震亨. 长物志：卷2[M]//生活与博物丛书. 上海：上海古籍出版社，1993：405.

担，以穿花灯，缀红黄佛桑。其中妇女以彩丝穿绕髻，而花田妇人则不簪一
蕊也。茉莉尤贱，有重台者三台者。又有番茉莉，花大如龙眼，千叶极香，但
鲜有开足者。"这里的"贱"是多、不值钱的意思，可见商品栽培的规模之大。

　　茉莉在南方仍是常见花卉。福建是中国茉莉花重要产区之一，19 世纪中
叶，福州的闽江两岸栽培了许多茉莉花。它们被用作妇女的发饰和装点厅堂，
还被大量输出到其他省份。[①] 这里用大量的茉莉花窨茶，福州的茉莉花茶远
近闻名，行销各地。现今江苏把茉莉定为省花，苏州等城市夏季时，常有茉
莉花鲜花售卖。福州将其定为市花。

---

① FORTUNE, R.*A Journey to the Tea Countries of China*, London: John murray. 1852: 147.

第十八章

梧 桐

第一节　梧桐的早期栽培

梧桐（*Firmiana simplex*，图 18-1）为中国一种栽培历史悠久的观赏树。它碧叶青干，又称青桐。梧桐为落叶乔木，叶大浓阴，花浅黄绿色，无花瓣。果实大，成熟后开裂，形状有如小船。属锦葵科梧桐属植物。它的叶片深秋转黄，在皓月当空，突显树影扶疏，特具秋天韵味。它和菊花形成秋天独有的优雅、高洁的景致，也因此成为古代文学和书画艺术中秋天的代表性景物。周文华《汝南圃史》中甚至写道：梧桐"立秋之

图 18-1　梧桐

刻必脱一叶"。[①] 认为梧桐为能感知立秋的不寻常植物。

梧桐原产中国，性喜阳光和温暖的气候，从南到北皆可见其踪影。《禹贡》《山海经》等古代地学著作都有其分布的记述。《管子·地员》记载，这种树适宜于"五沃之土"上生长。因为常见，古人很早就把它当作安排农作的物候。《逸周书·时训解》载："清明之日，桐始华。……桐不华，岁大寒。"现在北京地区的梧桐一般在六月份开花，或许在周代气候更暖，开花更早。

梧桐树形优美，国人很早就将它视为祥瑞动物凤凰栖息的树木。《毛诗·大雅·卷阿》有："凤凰于飞，翙翙其羽，亦集爰止。……凤凰鸣矣，于彼高冈。梧桐生矣，于彼朝阳。"开始将祥瑞动物凤凰和梧桐放在一起叙述。《韩诗外传》有这样的记述："黄帝即位……凤乃止帝东园，集帝梧桐，食帝竹实，没身不去。《诗》曰：'凤凰于飞，翙翙其羽，亦集爰止。'"[②]《庄子·秋水》篇记载："鹓鶵发于南海，而飞于北海，非梧桐不止，非练实不食。"[③] 据前人的注解，这里的鹓鶵是凤凰一类的鸟，而练实则是竹子的果实。换言之，庄子认为梧桐是凤凰唯一栖止的树木（图18-2）。桐竹、梧竹也由此成为古

图18-2　清代画家绘制的梧桐青鸾（凤凰）图

① 周文华. 汝南圃史：卷11 [M] // 续修四库全书：第1119册. 上海：上海古籍出版社，2003：157.
② 韩婴. 韩诗外传集释：卷8 [M]. 许维遹校释. 北京：中华书局，1980：279.
③ 王先谦撰. 庄子集解 [M]. 北京：中华书局，1987：148.

人心目中高雅树木的表征。晋代博物学家郭璞《梧桐赞》因此吟诵："桐实嘉木，凤凰所栖，爰伐琴瑟，八音克谐。"[①]梧桐不仅是凤凰栖止的美妙树种，而且还可制成琴瑟，和神灵沟通。[②]

梧桐树是凤凰栖止神树，寓意吉祥，在周代被古人视为嘉木，很早就成为中国北方常见的观赏树，在中国约有 3 000 多年的栽培史，可能是中国最古老的绿化、美化树种之一。《毛诗·鄘风》中已有"定之方中，作于楚宫。……树之榛栗，椅桐梓漆"。记述人们营造新宫时，栽培了梧桐等树木。后来它成为庭院和园林中常见栽培的观赏树。任昉（460—508）《述异记》记载：春秋时期，吴国有"梧桐园，在吴宫。本吴王夫差旧园也。一名鸣琴川。"[③]汉代修上林苑时，在园中种植了众多的奇花异木，也包括梧桐。长安城有五柞宫，边上有"青梧观"，植有梧桐树。[④]在晋代，一些官宦庭院也栽培梧桐，夏侯湛（243—291）写道："有南国之陋寝，植嘉桐乎前庭，阐洪根以诞茂，丰脩干以繁生，纳谷风以疏叶。……春以游目，夏以清暑。"[⑤]其后，伏系之也写下："亭亭椅桐，郁兹庭圃，翠条疏风，绿柯荫宇。"[⑥]这里的"前庭""庭圃"都是庭院绿化的生动写照。

南北朝时期，官宦之家栽培梧桐美化家园似乎颇为普遍。沈约的《桐赋》有这样的吟诵："抗兰橑以栖龙，拂雕窗而团露。喧密叶于凤晨，宿高枝于鸾暮。"[⑦]谢朓（464—499）的《游东堂咏桐诗》也有："孤桐北窗外。高枝百尺余。枝生既婀娜。叶落更扶疏。"他们都记述了庭园窗边的梧桐树美丽景观，还认为它可栖龙藏凤。萧纲的《双桐生空井》"晚叶藏栖凤，朝花拂曙乌。"同样记述了生在天井中梧桐的可爱和作者对招来凤凰的美好期望。故事中述及梧桐在井边的诗歌很多，也从一个侧面表明它是重要的庭园美化树种。

① 欧阳询. 艺文类聚：88 [M]. 上海：上海古籍出版社，1982.

②《尚书·尧典》有："八音克谐，无相夺伦，神人以和。"

③ 任昉. 述异记：卷下 [M] // 丛书集成初编. 北京：中华书局，1985：24.

④ 周天游. 西京杂记校注：卷 3 [M]. 西安：三秦出版社，2006：138-139.

⑤ 严可均，辑. 全晋文 [M] // 全上古三代秦汉三国六朝文. 北京：商务印书馆，1999：717.

⑥ 逯钦立，辑校. 先秦汉晋南北朝诗：晋诗卷 15 [M]. 北京：中华书局，1983：951.

⑦ 严可均，辑. 全梁文：卷 25 [M] // 全上古三代秦汉三国六朝文. 北京：商务印书馆，1999：281.

那一时期，梧桐同样为高官巨贾园林的重要观赏树。南朝官僚谢灵运祖父、车骑将军谢玄（343—388）曾写道："于江曲起楼，楼侧悉是桐梓。森耸可爱，居民号为桐亭楼。"[①] 齐豫章王萧嶷提到："于邸起土山，列种桐竹，号为桐山。"[②] 当时人们以桐名亭台楼阁，很显然，梧桐已是非常受重视的一种风景园林观赏树。《南史·齐宗室传》记载："会稽孔珪家起园，列植桐柳，多构山泉，殆穷真趣。"这里的孔珪（447—501）即孔稚珪，是南朝宋、齐时期的官员。在北方，据《洛阳伽蓝记·修梵寺》记载：修梵寺北的永和里是东汉末年董卓的豪宅所在，后成为北朝高官聚居地，这里"斋馆敞丽，楸槐荫途，桐杨夹植"。

它也被当行道树种植。《后汉书·百官志》记载："将作大匠，……树桐梓之类，列于道侧。"不难看出，汉代以后，梧桐逐渐成为一种受欢迎的街道绿化树种。《晋书·苻坚载记下》记述前秦的苻坚在阿房城周边种了大量的竹子和梧桐树，希望招来凤凰。作为一种高洁优雅的象征性树种，梧桐也是庙宇兰若的常见绿化树。

南北朝时的著名农书《齐民要术》有梧桐树的栽培技术记载，并指出："花而不实者曰白桐，实而皮青者曰梧桐；按：今人以其皮青，号曰'青桐'也。"还称"青桐，九月收子。……明年三月中，移植于厅斋之前，华净妍雅，极为可爱。"[③] 文中的记述，体现出这是厅斋普遍栽植的美化树，才会在农书中出现专门技术记述。

第二节　唐宋时期宫廷和园林栽培

隋唐时期延续此前的传统，梧桐依然为宫殿园林美化的重要风景树。《大业杂记》记载隋朝宫殿中栽有"石榴、青梧桐"等观赏花木。[④]《新唐书》记载，

① 郦道元. 水经注校正：卷40 [M]. 陈桥驿，校正. 北京：中华书局，2007：946.

② 李延寿. 南史：卷43 [M]. 北京：中华书局，1975：1082.

③ 贾思勰. 齐民要术校释：卷5 [M]. 缪启愉校释. 北京：中国农业出版社，1999：356.

④ 韦述，杜宝. 两京新记辑校、大业杂记辑校 [M]. 辛德勇，辑校. 西安：三秦出版社，2006：8.

唐高宗龙朔年间（661—663），监造大明宫的官员梁脩仁考虑到白杨生长迅速，可以较快形成遮阴效果，故在各庭院中都栽上白杨树。将军契苾何力参观时，暗示白杨是坟墓上种植的树种。梁脩仁立即下令拔去杨树，改种梧桐。[①] 当时的官署也栽培有梧桐树。《旧唐书·五行志》记载："贞元三年三月，中书省梧桐树，有鹊以泥为巢。"这里的中书省为封建社会皇帝直属的中枢官署。

唐代一般庭园也不乏梧桐的栽培。当时不少诗文都有这方面的吟诵，一些诗人甚至将园林中栽培的梧桐和竹子简称"梧竹"。戴叔伦（732—789）的《梧桐》诗有这样的描述："亭亭南轩外，贞干修且直。"羊士谔（约762—819）《永宁小园即事》也有："萧条梧竹下，秋物映园庐。"白居易《晚秋闲居》也有："秋庭不扫携藤杖，闲踏梧桐黄叶行。"[②] 写出庭中梧桐落叶情形。温庭筠的《会谢公墅歌》也有："四座无喧梧竹静，金蝉玉柄俱持颐。"也写出庄园中栽培梧桐。作为高洁幽雅树木的象征，它也是寺庙僧寮常用的绿化树。李颀《题僧房双桐》诗有："青桐双拂日，傍带凌霄花。绿叶传僧磬，清阴润井华。"另外，梧桐向来被视为秋天标志性景物，唐代诗人多有题咏。著名的如李白《秋登宣城谢朓北楼》诗："晚烟寒橘柚，秋色老梧桐。"

宋代是中国园林发展繁荣时期，宋人很喜爱用梧桐营造亭台楼阁周边的景致，皇宫深院也不例外。宋代经学家陆佃认为："梧……即梧桐也，今人以其皮青，号曰青桐。华净妍雅，极为可爱。故多近斋阁种之。"[③]《东京梦华录》记载，东京开封"宝津楼"附近有"古桐牙道"。司马光的《梧桐》诗："紫极宫庭阔，扶疏四五栽。初闻一叶落，知是九秋来。……群仙倘来会，灵凤必徘徊。"也印证当时的宫殿庭院栽培梧桐。宋代人们似乎非常崇信痴迷"梧桐知秋"。南宋时，杭州城中宫廷衙署为求良好的寓意栽培梧桐。《梦粱录》记载："立秋日，太史局委官吏于禁廷内，以梧桐树植于殿下，俟交立秋时，太史官穿秉奏曰：'秋来。'其时梧叶应声飞落一二片，以寓报秋意。"[④]

---

① 欧阳修，宋祁. 新唐书：卷110[M]. 北京：中华书局，1975：4120.

② 白居易. 白居易诗集：卷13[M]. 北京：中华书局，1999：265.

③ 陆佃. 埤雅：卷14[M]. 杭州：浙江大学出版社，2008：138.

④ 吴自牧. 梦粱录：卷4[M]. 北京：中国商业出版社，1982：22.

当时官员府邸花园庭院栽培梧桐的很常见。《洛阳名园记》记载，"丛春园"中栽培有梧桐、梓树和圆柏等不少观赏乔木。朱长文在《乐圃记》中记述他在苏州经营的"乐圃"中栽培有梧桐、松树、圆柏和白皮松等树木。[①] 徐积（1028—1103）《华州太守花园》有："却是梧桐且栽取，丹山相次凤凰来。"[②] 李清照的寓所周边也栽培着梧桐，其著名《声声慢》一词中："守着窗儿，独自怎生得黑！梧桐更兼细雨，点点滴滴，这次第怎一个愁字了得。"为这位著名女词人的千古名句。"细雨梧桐"也是历代文人常用状写秋天的时令景物。当然，诗人的心境不同，描绘的梧桐意境也会有很大差别。陆游《秋兴》写道："雁行横野月初上，桐叶满庭霜未高。"它构成的秋景非常美妙空旷，写出与李清照很不一样的江南秋景。

梧桐的叶和花都被古人当作药物，相关著作有它的一些特征记述。苏颂《图经本草》提道："或曰梧桐以知日月正闰。生十二叶，一边有六叶，从下数一叶为一月，至上十二月。有闰生十三叶，小余者，视之则知闰何月也。"[③] 对植物观察颇为细致的药材辨验官寇宗奭写道："梧桐四月开淡黄小花，一如枣花，枝头出丝，堕地成油，沾渍衣覆。五六月结桐子，人收炒作果，动风气。此是《月令》'清明之日桐始华'者。"[④] 宋人《格物总论》也有梧桐的记述："桐树，大者数围，空中枝干森竦，叶大圆而尖。梧桐树叶大如掌，所谓椅者是也；梓，《尔雅》：梗，鼠梓也，其材皆中琴瑟，此美木也。"[⑤] 文中前面所说"叶大圆而尖"的桐树似为泡桐。

第三节　后世的园林栽培和梧桐的其他用途

宋以后，梧桐仍是房前屋后的良好绿化树种，受传统传说中凤凰栖息和

① 陈植，张公驰. 中国历代名园记选注 [M]. 陈从周，校阅. 合肥：安徽科学技术出版社，1983：31.
② 谢维新. 古今合璧事类备要·别集：卷33 [M] // 四库全书：第941册. 台北：商务印书馆，1983：43.
③ 唐慎微. 重修政和经史证类备用本草：卷14 [M]. 北京：人民卫生出版社，1982：349.
④ 寇宗奭. 本草衍义：卷15 [M]. 北京：人民卫生出版社，1990：97.
⑤ 谢维新. 古今合璧事类备要·别集：卷33 [M] // 四库全书：第941册. 台北：商务印书馆，1983：180.

吃食习性的影响，不少名流贵族还常常将梧桐和竹子栽培在一处，构建招引凤凰的独特"梧竹"景致。元代文学家顾瑛（1310—1369）在苏州昆山修建的著名私家园林"玉山堂"设有一处名为"碧梧翠竹堂"的景观，以周围种植梧桐和竹子命名，当时和他交游的名流多有题咏。其中，聂镛《题碧梧翠竹堂》有"翠竹罗堂前，碧梧置堂侧"的生动写照。丁鹤年（1335—1424）为凤浦^①方氏所作著名的《梧竹轩》诗："凤鸟曾闻此地过，至今梧竹满丘阿"，也是时人庭园同时栽培梧桐和竹子的写照。

明代官吏翁大立（1517—1597）在其《百泉种树记》记述，自己让人在书院周围植树："命候吏移梧桐二十余本，竹数本植之。书院前桧、柏、椿、杨、榆、楝、桃、杏、榴、枣诸木，视隙地即植之。"很好地美化了周边环境。著名书画家、园林艺术家文震亨在其《长物志》中写下了在庭院种梧桐树的心得，指出："青桐有佳荫，株绿如翠玉，宜种广庭中当日……且取枝梗如画者。若直上而旁无他枝，如拳如盖，及生棉者，皆所不取。"^② 提出栽培的梧桐树形以枝条多且美观的为宜。明代，北京城北的"英国公园"也栽培有梧桐。

王象晋编的《群芳谱·木谱》收集了较为丰富的梧桐资料，书中记述："梧桐，一名青桐。……皮青如翠，叶缺如花，妍雅华净。赏心悦目，人家斋阁多种之。其木无节，直生，理细而性紧，四月开花，嫩黄，小如枣花，坠下如醭。五六月结子，荚长三寸许，五片合成，老则开裂，如箕，名曰囊鄂，子缀其上，多者五、六，少者二、三，大如黄豆。……立秋之日，如某时立秋，至期一叶先坠，故云'梧桐一叶落，天下尽知秋。'"对其形态和相关习俗传说做了全面的整理。

清代，江南园林多栽植梧桐。苏州拙政园和沧浪亭等著名园林中都有不少这种漂亮的观赏树，尤其是拙政园中的那两棵高大挺拔而秀丽的梧桐树，堪称"萋蒨暎庭树，枝叶凌秋芳"，给园中增色不少。高士奇《北墅抱瓮录》

---

① 在今浙江镇海区。

② 文震亨. 长物志：卷2[M]//生活与博物丛书. 上海：上海古籍出版社，1993：406.

对梧桐在古人心目中突显的秋景进行了形象的描绘："梧桐修柯碧叶，纡径之内，种之成列，绿荫蔚然。晓雨夜月时，幽响滴沥，清影扶疏，秋声秋色，尽在于是。"[①]他的别墅"江村草堂"中有"秋柯坪"，其中栽培松柏、梧桐和柿子等树木。

梧桐不但是深受国人喜爱的风景树，还是良好的用材树种。它的木材比较轻软，人们很早就利用梧桐制作器具，尤其是用它制琴的历史非常悠久，古人常用它制造箱匣。桓谭（约公元前 23 年—公元 56 年）《新论》记载："神农氏继而王天下，于是始削桐为琴，绳丝为弦。以通神明之德，合天人之和焉。"[②]神农是否这样做过，不得而知。不过，古人认为梧桐是高尚的树木，认为用它制作琴能"八音克谐"，"通神明之德，合天人之和"应在情理之中。周朝时，人们已经用它制作琴瑟，当属无疑。《毛诗·鄘风·定之方中》记载："椅桐梓漆，爰伐琴瑟。"三国学者陆机《毛诗草木鸟兽虫鱼疏》的释文有："白桐宜为琴瑟。"汉代应劭的《风俗通》记载："梧桐生於峄山阳岩石之上，彩东南孙枝为琴，声甚清雅。"[③]它是传统制琴的良材。

梧桐的种子成熟可炒食或榨油。南北朝时期的本草学家陶弘景提到梧桐子可以食用。[④]明代《灌园草木识》记载："梧桐子，滚水煮极透，令壳软可剥仁。用清水渍之，极清脆，茶供上品也。"[⑤]王象晋《群芳谱·木谱》也记载梧桐子："云南者更大。皮皱，淡黄色。仁肥嫩可生啖，亦可炒食。"这显然是古人喜爱的一种茶点。

梧桐仍是当今人们喜爱的优美绿化树，南北各地都有栽培。北京的公园中如动物园、颐和园、日坛公园等公园，以及不少街区都有梧桐树的靓丽身影。动物园梧桐树和垂柳不少，颇具"碧梧绿柳"之韵。值得注意的是，近代从西方引入二球悬铃木（*Platanus acerifolia*）以后，可能因其树叶略似梧桐

---

① 高士奇. 北墅抱瓮录 [M]//生活与博物丛书. 上海：上海古籍出版社，1993：344.
② 欧阳询. 艺文类聚：卷 44 [M]. 上海：上海古籍出版社，1982：780.
③ 李昉. 太平御览：卷 956 [M]. 北京：中华书局，1962：4244.
④ 重修政和经史证类备用本草：卷 14 [M]. 北京：人民卫生出版社，1982. 320.
⑤ 陈正学. 灌园草木识：卷 1 [M]//续修四库全书：第 1119 册. 上海：上海古籍出版社，2003：199.

而被称作"法国梧桐"[①]（图18-3），在我国南北各大城市街道和公园广泛栽培。人们常常将其也简称"梧桐"，尤其南京城中各主要街道都栽培这种高大挺拔的乔木。不少地方的人们遂以为"法桐"是"梧桐"，渐有"张冠李戴"之势。这也是新物种传进之后，在新旧文化的融合之中常产生的混乱。

图18-3　法国梧桐

---

① 据《中国植物志》记述，二球悬铃木并非真正的法国梧桐，它是一球悬铃木（美国梧桐 *Platanus occidentalis*）和三球悬铃木（法国梧桐 *Platanus orientalis*）的杂交种。

第十九章

木芙蓉

第一节　唐代渐知名

木芙蓉（*Hibiscus mutabilis*，图19-1）是中国栽培历史较为悠久的一种灌木花卉，属锦葵科，原产中国南方地区。木芙蓉树形开散，枝上多毛。叶子大，掌状分裂。花大，单生或数朵簇生于枝顶，刚开时白色或粉红色，后变为深红色。这种观赏花卉大约因与荷花类似，有比较硕大粉色的花朵，因得木芙蓉之名，由木芙蓉进一步衍生出木莲的名称。宋代史学家郑樵在《通志·昆

图19-1　木芙蓉

虫草木略》中认为："牡丹初无名，故依芍药以为名；亦如木芙蓉之依芙蓉以为名。"说它依"芙蓉"得名。李时珍也认为，它有如荷花般鲜艳，故有木芙蓉、木莲这类名称，有时也简称"芙蓉"。因为它在九月霜降这个节气时开，故又名拒霜花，又因为花朵变色，也叫文官花。有人称木芙蓉原产湖南[1]，不知有何依据。它喜暖热环境，虽有拒霜之名，实不耐寒，在长江以南地区广为栽培。这种花至迟在唐代的文献中已经出现，在中国有较为悠久的栽培史。

木芙蓉在唐代逐渐为人们熟悉，在当时的园林中，为一种受重视的花木，南方各地常有栽培。诗人多有这方面的吟诵。唐前期诗人赵彦昭（？—714）写过《秋朝木芙蓉》的诗，诗云："水面芙蓉秋已衰，繁条偏是著花迟。平明露滴垂红脸，似有朝愁暮落时。"[2] 韩愈的《木芙蓉》一诗有更细致的描绘："新开寒露丛，远比水间红。艳色宁相妒，嘉名偶自同。"白居易的《木芙蓉花下招客饮》则提到"水莲花尽木莲开"，诗人们指出木芙蓉花开比芙蓉（莲花）更晚。

永贞元年（805）柳宗元被贬为永州司马，曾暂居"龙兴寺"，期间写过《湘岸移木芙蓉植龙兴精舍》，诗中写道："丽影别寒水，浓芳委前轩。"[3] 应该是移植栽培过这种花。他的《芙蓉亭》写道："新亭俯朱槛，嘉木开芙蓉。"可看出当时人们已经栽培这种花作为特色景观。李德裕《平泉山居草木记》记载自己的别墅栽培了"百叶木芙蓉""同心木芙蓉"以及黄槿（黄芙蓉）等多个重瓣和不同形态的栽培品种。唐末徐铉《题殷舍人宅木芙蓉》诗云："怜君庭下木芙蓉，袅袅纤枝淡淡红。晓吐芳心零宿露，晚摇娇影媚清风。似含情态愁秋雨，暗减馨香借菊丛。"很传神地题写出庭园栽培木芙蓉的娇艳。五代诗人刘兼更是称颂它："是叶葳蕤霜照夜，此花烂熳火烧秋。"当然，文辞充满夸张的口气。

唐代，湖南各地栽培木芙蓉甚多。诗人谭用之《秋宿湘江遇雨》诗有"秋风万里芙蓉国"的句子，后便有好事者称湖南为"芙蓉国"。陶谷《清异录》

---

① 中国植物志编委会. 中国植物志：卷49（2）[M]. 北京：科学出版社，1984：73.

② 彭定求，沈三曾，杨中讷，等. 全唐诗：卷103 [M]. 北京：中华书局，1999：1088.

③ 中国植物志编委会. 中国植物志：卷49（2）[M]. 北京：科学出版社，1984：3965.

记载："许智老居长沙，有木芙蓉二株，庇可亩余。一日盛开……凡一万三千余朵。"[1] 记述芙蓉的确在当地长得树大花多，堪称花繁似锦。五代时，四川成都也栽培了大量的木芙蓉。宋张唐英（1028—1071）《蜀梼杌》记载：广政十三年（950）孟昶在成都"城上尽种芙蓉，九月间盛开，望之皆如锦绣。昶谓左右曰：'自古以蜀为锦城，今日观之，真锦城也。'"[2] 记述五代时期，后蜀的统治者孟昶在四川成都种了许多芙蓉花，花开时城中繁花似锦，成都因此得名"锦城"。稍后《成都记》也记载："孟后主于成都四十里罗城上种此花（木芙蓉），每至秋，四十里皆如锦绣，高下相照，因名曰锦城。"[3] 从此许多诗人一写到木芙蓉，就想起成都这个锦城或芙蓉城。

第二节　宋代良种的涌现

五代时，成都就以栽培木芙蓉著称，宋代这里的一些著名品种的芙蓉花引起了更多的关注。宋祁的《益部方物略记》记载了一种"添色拒霜花"，说它："花常多叶，始开白色，明日稍红，又明日则若桃花然。"文中记述的为变色木芙蓉的一种。这应该是西南和岭南较为常见的一个观赏品种，宋代的广西、福建都有宋祁提到的那种芙蓉花。范成大《桂海虞衡志·志花》记载："添色芙蓉花，晨开，正白，午后微红，夜深红。"梁克家的《三山志·土俗类三》记载："拒霜一名木芙蓉，秋开，色淡红。一种百叶，朝开纯白，午后则渐红如醉。谓之'醉芙蓉'。"甚至江苏镇江也出现类似品种。辛弃疾《水龙吟》有："寄题京口范南伯家文官花。花先白，次绿，次绯，次紫。唐会要载学士院有之。"牟巘《题范氏文官花》也记述："近世盛称邢台范氏文官花，粉碧绯紫见于一日之间，变态尤异于腰金紫。"也因为具有这种变色形态特征，它也被称文官花。[4] 洪适为此也曾吟诵："绿心变却初时白，紫色由来昨

---

① 陶谷. 清异录：卷上 [M]//宋元笔记小说大观. 上海：上海古籍出版社，2007：39.

② 张唐英. 蜀梼杌：卷下 [M]//全宋笔记：第一编第 8 册. 郑州：大象出版社，2003：7.

③ 陈景沂. 全芳备祖：前集卷 24 [M]. 北京：农业出版社. 1982：688.

④ 锦带花因为变色称"文官花"。

夜朱。学得文官何足道，但堪花径骇僮奴。"宋代画家苏汉臣（1094—1172）所绘的"秋庭婴戏图轴"即以此种美丽的花卉为背景。西京洛阳也有多种木芙蓉，包括一些重瓣的品种。周师厚《洛阳花木记》记载有"芙蓉、千叶芙蓉、黄芙蓉"。南宋浙江《赤城志》也记载木芙蓉"有红白二种及百叶者"。

添色木芙蓉在宋代是常见的园林植物。不少学者都喜爱木芙蓉，文豪苏轼也是其中之一。他的《和陈述古拒霜花》写道："千株扫作一番黄，只有芙蓉独自芳。唤作拒霜知未称，细思却是最宜霜。"[①] 慕容彦逢《贡院即事·序》写道："文官花在试厅前。"提到贡院厅前有木芙蓉的栽培。《苕溪渔隐丛话》记载："《上庠录》云：'贡士举院，其地本广勇故营也，有文官花一株，花初开白，次绿次绯次紫，故名文官花。花枯经年，及更为举院，花再生。今栏槛当庭，尤为茂盛。'"[②] 更加全面地记述了贡院的木芙蓉形态及变迁。杭州许多园囿多有这种花卉。周密记载南宋临安风貌的《武林记事》提到，它是杭州九月重要的休闲观赏对象，包括"苏堤上玩芙蓉""芙蓉亭赏五色拒霜"。[③]《梦粱录》记载："木芙蓉，苏堤两岸如锦，湖水影而可爱。内庭亦有芙蓉阁，开时最盛。"周密的《吴兴园林记》记载："端肃和王之家，后临颜鲁公池，依城曲折，乱植拒霜，号芙蓉城。"[④] 田园诗人范成大写过一些赏花诗，他的《携家石湖赏拒霜》写道："渔樵引入新花坞，儿女扶登小锦城。"写下自己携家观赏木芙蓉的喜悦。

司马光注意到，这种花在两湖一带很容易生长，不为人所重视。他的《和秉国芙蓉五章》这样写道："北方稀见诚奇物，笔界轻丝指捻红。楚蜀可怜人不赏，墙根屋角数无穷。"在其文中，木芙蓉在两湖和四川有如野生的蓬蒿。

有趣的是，对花卉资料颇为熟悉的博物学者谢维新，在他的《格物丛话》对木芙蓉的品种和名称有如下考释：

芙蓉之名二，出于水者谓之草芙蓉，荷花是也；出于陆者谓之木

① 北京大学古文献研究所编. 全宋诗：卷791[M]. 北京：北京大学出版社，1991：9162.
② 胡仔. 苕溪渔隐丛话：后集卷35[M]. 北京：人民文学出版社，1962：267-268.
③ 周密. 武林旧事：卷10[M]. 北京：中国商业出版社，1982：188.
④ 陈植，张公驰. 中国历代名园记选注[M]. 陈从周，校阅. 合肥：安徽科学技术出版社，1983：90.

芙蓉，此花是也。此花丛高丈余，叶大盈尺，枝干交加，冬凋夏茂，及秋半始着花。花时枝头蓓蕾不计其数，朝开暮谢，后先陆续，颇与牡丹芍药相类，但牡丹芍药之花不如是之伙且繁也。然此花以色取而无香，有红者、有黄者、有白者、有先红而后白者、又有千叶者，非一种而已，况此花又最耐寒，八九月余，天高气肃，春意自如，故亦有拒霜之名。

详细记述了木芙蓉的形态，以及其种类。宋元时期的画家显然对它有颇为细致的观察，不少以木芙蓉为题材的绘画通常非常逼真，有些珍品流传至今。

第三节　明清园林水边花

人们很早就注意到，木芙蓉虽然是"木"，但"芙蓉"之名也并非凭空得来，这种花古人认为适合于水边种植，也算与水中"芙蓉"沾点边。唐代霍总《木芙蓉》诗称："本自江湖远，常开霜露馀。争春候秾李，得水异红蕖。"[1]谢维新《格物丛话》写道：木芙蓉"世俗多于近水处栽插而茂，或者因号曰木莲，审然矣。"[2]元代杭州诗人白珽《湖居杂兴》这样写道："万树芙蓉两蕊宫，秋风开遍水边丛。白墙遮尽红墙出，只见红墙一半红。"显然，它也是重要的庭园花卉。

明清期间，不少学者都赞同在水边栽植木芙蓉的花卉布置法，南方的园林湖边水际多有木芙蓉。王世懋等学者都认为水边栽培的木芙蓉花显得更为娇艳。《学圃杂疏·花疏》中记载："芙蓉，特宜水际，种类不同，先后开，故当杂植之。"这种栽培方法，无疑使园林的色彩更加丰富。明代申时行称之为："艳态偏临水，幽姿独拒霜。"文震亨在《长物志》中认为："芙蓉宜植池

---

① 彭定求，沈三曾，杨中讷，等. 全唐诗：卷597 [M]. 北京：中华书局，1999：6966.
② 陈植，张公驰. 中国历代名园记选注 [M]. 陈从周，校阅. 合肥：安徽科学技术出版社，1983：90.

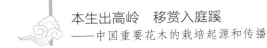

岸,临水为佳,若他处植之,绝无丰致。"①《汝南圃史·木本花部》也记载,木芙蓉应该栽培在池塘的四周。汪玉枢扬州兴建的"南园"有"方沼,种芰荷,夹堤植芙蓉花。"苏州"渔隐小圃","池水湛碧,芙蕖花时,香满庭户。沿池遍植木芙蓉。"高士奇概括了水边栽培木芙蓉的好处。他认为:木芙蓉"性本宜水,特于水际植之。缘溪傍渚,密比若林,杂以红蓼,映于翠荙,花光入波,上下摇漾,犹朝霞散绮,绚烂非常。"② 这些都说明在池边水际栽植木芙蓉是那时的风气。

南方是水乡泽国,气候湿润。明清时期,江浙一带乃至岭南的园林常栽培此种花卉。江南一些著名的园林甚至设有专门的芙蓉景观。苏州拙政园中有处名为"芙蓉隈"的景观,栽培了不少木芙蓉。③ 王世贞《弇山园记》记载其园中有一处名为"芙蓉渚"的景点,栽培有不少木芙蓉。书中记述:"而会吾乡有从废圃下得一石,刻曰'芙蓉渚',是开元古隶,或云范石湖家物,因树之池右。池从南,得小沟,宛转与后溪合,傍皆红、白木芙蓉环之,盖亦不偶云。"④ 清代苏州徐白营造"水木明瑟园"中有"木芙蓉漵",每到秋天,"芙蓉散开,折芳搴秀,宛然图画。"⑤ 清代南京袁枚的随园设景点"芙蓉屏",栽培了很多木芙蓉。

明清时期,各地栽培的品种不一,浙江温州等地有些品种长得很高大,有的甚至长成乔木状。高濂认为:"芙蓉花,有数种,惟大红千瓣、白千瓣、半白半桃千瓣、醉芙蓉,朝白,午桃红,晚改大红者,佳甚。"⑥ 明晚期吴彦匡《花史》记载:"温州江心寺文丞相祠中有木芙蓉盛开,其本高二丈,干围四尺,花几万余,畅茂散漫,有红、白,变色者名醉芙蓉。"⑦ 周文华还记载了一个"处州种",同一株有红、白两种颜色。清初劳大舆的《瓯江逸志》则记载:

① 文震亨. 长物志 [M]//生活与博物丛书. 上海:上海古籍出版社,1993:404.

② 高士奇. 北墅抱瓮录 [M]//续修四库全书:第1119册. 上海:上海古籍出版社,2003:237.

③ 陈植,张公驰. 中国历代名园记选注 [M]. 陈从周,校阅. 合肥:安徽科学技术出版社,1983:100.

④ 陈植,张公驰. 中国历代名园记选注 [M]. 陈从周,校阅. 合肥:安徽科学技术出版社,1983:137.

⑤ 陈植,张公驰. 中国历代名园记选注 [M]. 陈从周,校阅. 合肥:安徽科学技术出版社,1983:318.

⑥ 高濂. 遵生八笺:卷16[M]. 北京:人民卫生出版社,1994,628.

⑦ 古今图书集成所引《花史》,今续四库所存《花史》芙蓉条无此内容。

"温州芙蓉高与梧桐等，八月杪即放花，九月特盛，遍地有之。登楼一望，但见红霞灿烂，亦奇观也。最妙者名醉芙蓉，晨起白色，午后淡红，晚则变为深红。其树宛若梧桐，殊堪玩赏。瓯江又名芙蓉江者，盖谓此也。"文中记载温州不但木芙蓉很多，而且有些长得很高大的优良品种。

黄仲昭《八闽通志》记载福建各地产木芙蓉。陈懋仁《泉南杂志》提道："芙蓉有产于山者，余廨后手插一枝，未半载，扶疏出墙，名曰木芙蓉。花最繁盛，不下数百，大如瓯，其色有朝红暮白者，此则惟粉红一色耳。"[1] 记载泉州产的木芙蓉情形。方以智《物理小识》记载："江北木芙蓉冬槁，浙闽广皆成树，七月开十月止，故名拒霜。有红黄白花，有大红者，四面者。粤西添色芙蓉花，朝开正白，午后微红，夜深红，此则转观花也。"[2] 记述岭南的木芙蓉品种较多，生态型比较高大。《广东新语·木语》也记载："添色芙蓉，广州木芙蓉，其色一日数换，晨正白，午后微红，夜深红。有半红半白者，有先红后白者，名曰添色芙蓉。种之当年成树，高二三丈，其蒂有四花，开其二剖之，复有二花在焉。"[3] 似乎也是花形比较独特的良种。宋代的园艺家还发现，用浸泡过染料的纸包裹花蕾，可以让花开出想要的颜色。

时至今日，木芙蓉仍是中国南方的重要观赏花卉之一。它不仅见于水边种植，实际上，在房屋四周，庭院都适合栽培。笔者故乡所在的中学校园周边曾经栽植了不少木芙蓉，花开时鲜红一片，给乡村校园增色不少。木芙蓉在南方很容易生长，尽管叶片有毛不太美观，仍属不错的美化环境花木，适宜广泛栽培，福建、广东和两湖等地颇为常见。不知是否因为提倡传统文化的缘故，曾有"芙蓉城"之称的成都现在把芙蓉当作市花，四川把它当作省花。芙蓉不仅可在园林中作观赏栽培，它的树皮还是不错的造纸材料。据说唐代才女薛涛用木芙蓉皮作原料，加入芙蓉花汁，制成深红色精美的小彩笺，后人称之为"薛涛笺"。此外，木芙蓉的树皮纤维还可用来加工绳索等。

① 陈懋仁. 泉南杂志：卷上 [M] // 丛书集成初编. 上海：商务印书馆, 1933–1935: 15.
② 方以智. 物理小识：卷9 [M]. 长沙：湖南科学技术出版社, 2019: 673.
③ 屈大均. 广东新语：卷25 [M]. 北京：中华书局, 1997: 667.

第二十章

栀子花

第一节 栽培起源

栀子花（*Gardenia jasminoides var. fortuniana*，图 20–1）在中国南方山区很常见，属茜草科植物。它的叶片亮绿，花瓣洁白而芳香，在我国有悠久的栽培史。它也叫越桃、桶桃、林兰、木丹、黄薝，后来也有人称之为薝匐。这些别名，与其果实的形态、颜色和功能有关，不少也有久远的历史。《神农本

图 20–1 栀子花

草经》记载栀子"一名木丹",《名医别录》记载"一名越桃",大约根据其果实形态命名。《说文》有:"栀,黄木可染者也。"王念孙认为栀与栀同字,一作卮。《广雅·释木》提道:"栀子,桸桃也。"① 谢灵运的《山居赋》则提道:"林兰:支子。"② 本草学家李时珍认为:"卮,酒器也,卮子象之,故名,俗作栀。"③ 他的看法或许有些道理。栀子花瓣厚实如雕玉,润泽而芬芳,香味闻起来很舒服,可谓色香俱胜的一种观赏花卉。这种花卉性喜温暖潮湿的气候和中国南方酸性土壤,常见山地野生。其果实很早就被当作染料和药物,花朵可供食用,可能在南方首先栽培。它的根现仍被民间用作治疗牙疼的药物,果实则用作食品染料。

　　和历史上许多南方产物一样,它在文献中出现较晚,《上林赋》有:"鲜枝黄砾",据西晋史学家司马彪注:"鲜支,支子。"④ 就是栀子,古人有时用同音字作为通假字代替相关的字。栀子橙黄色的浆果被用作染料的历史非常悠久,很早就被当作染料植物栽培。《史记·货殖传》提道:"若千亩卮茜……此其人皆与千户侯等。"⑤ 可见栽培经济效益之高;《汉书·货殖传》也有类似记述:"卮茜千石……亦比千乘之家。"当时,可能已出现专门的栀子园。⑥ 另一方面,它至迟在汉代就被当作药物,上述《神农本草经》的记载即为明证。南北朝时期,著名农书《齐民要术》专门记述了栀子的栽培技术,书中把栀子当染料植物。

　　栀子不但花朵清丽芳香,而且像石榴的果实和亮绿的叶片也颇为美观。它被作为染料和药物栽培后,人们逐渐注意到其观赏价值。司马如《上林赋》描述的栀子可能就有观赏成分,其文为"鲜枝黄砾,蒋芋青蘋,布濩闳泽,延曼太原。丽靡广衍,应风披靡,吐芳扬烈,郁郁斐斐,众香发越。"⑦ 可能在

---

① 王念孙. 广雅疏证:卷10[M]. 北京:中华书局,1983:357.

② 沈约. 宋书:卷67[M]. 北京:中华书局,1974:1761.

③ 李时珍. 本草纲目:卷36[M]. 北京:人民卫生出版社,1977:2048.

④ 司马迁. 史记:卷117[M]. 北京:中华书局,1959:3024.

⑤ 司马迁. 史记:卷117[M]. 北京:中华书局,1959:3272.

⑥ 欧阳询《艺文类聚》卷89引《汉书》曰栀茜园。

⑦ 逯钦立辑校. 先秦汉晋南北朝诗:梁诗卷22[M]. 北京:中华书局,1983:3022.

汉代已经逐渐作为观赏植物栽培。《晋宫阁名》记载："华林园栀子五株。"[①]
南北朝时期，南齐诗人谢朓就有《咏墙北栀子》的诗歌："有美当阶树，霜露
未能移。金蕡发朱采。映日以离离。……余荣未能已。晚实犹见奇。"[②] 稍
后，梁简文帝《咏栀子花》诗写道："素华偏可憙，的的半临池，疑为霜裹叶，
复类雪封枝。"[③] 大约当时已经是南方庭园常见花卉。

第二节　唐宋时期的发展

　　唐代，栀子花也是庭园常见栽培的香花。著名诗人杜甫可能种过这种花
卉。他的《寒雨朝行视园树》有："桃蹊李径年虽故，栀子红椒艳复殊。"[④] 写
的正是园中栀子花。其《江头四咏·栀子》诗又写道："栀子比众木，人间诚
未多。于身色有用，与道气相和。红取风霜实，青看雨露柯。无情移得汝，
贵在映江波。"[⑤] 写出了栀子的果实既有实际用途，又可观赏。刘禹锡《和令
狐相公咏栀子花》写道："蜀国花已尽，越桃今已开。色疑琼树倚，香似玉
京来。且赏同心处，那忧别叶催。"刘禹锡的诗反映出它是颇受人喜爱的花。
其后，文学家韩愈写自己在寺庙中所见："升堂坐阶新雨足，芭蕉叶大栀子
肥。"同一时期，王建写过"闲看中庭栀子花"的诗句。张祜《信州水亭》也
写过："尽日不归处，一庭栀子香。"唐彦谦也写过"庭前嘉树名栀子"的诗
句。他们都写出栀子是庭院前阶边常常栽培的花卉。徐氏《宫词》写下的"栀
子园东柳岸傍"诗句，描述的则可能是作为经济用途的栀子园。

　　随着佛教逐渐在内地普及，外来名称"薝蔔花"也开始流行。此花名在唐
代顾况（约727—约815）《华阳集》中已经出现。正如以前的学者指出的那

①　欧阳询. 艺文类聚：卷89[M]. 上海：上海古籍出版社，1982：1550.
②　张溥. 汉魏六朝百三家集选[M]. 长春：吉林人民出版社，1998：422.
③　逯钦立，辑校. 先秦汉晋南北朝诗：梁诗卷22[M]. 北京：中华书局，1983：1965.
④　彭定求. 全唐诗：卷229[M]. 北京：中华书局，1999：2500.
⑤　逯钦立，辑校. 先秦汉晋南北朝诗：梁诗卷22[M]. 北京：中华书局，1983：2455.

样，它的出现，可能缘于翻译者用汉语向中国人解释梵语名词的结果。[①]唐代段成式《酉阳杂俎·广动植》记载栀子花的花基数为六，书中写道："栀子，诸花少六出者，唯栀子花六出。陶真白言，栀子剪花六出，刻房七道，其花香甚。相传即西域薝蔔花也。"这里的说法似乎表明，随唐代中外交流的深化，人们逐渐发现栀子与西域人所知的薝匐是同一种花。宋代《格物总论》记载："薝匐花一名栀子花，树高二三尺，叶厚深绿，如兔耳，或似柳而短，凡草木花皆五出，惟此花六出，色白，中心黄，春末抽櫱，夏初结花。又一种树高五六尺许，花叶皆差大，谢灵运目为林兰。"[②]这是其后来有"薝匐"别称的缘由，但二者是否确有联系，尚需考证。当时有类似情形的植物还有余甘子（庵摩勒）、凤眼果（苹婆）、柰（苹婆）等。这是当时一种值得注意的现象，即不仅仅佛教文化融入了中华文化，连域外的植物名称也可以整合到中国固有的植物中。

五代时，张翊的《花经》收录了栀子花。当时四川还出现一种红花栀子。张唐英《蜀梼杌》记载：孟昶于广政十二年（949）"十月，召百官宴芳林园，赏红栀花。此花青城山中进三粒子，种之而成。其花六出而红，清香如梅，当时最重之。"[③]似乎为一种观赏价值颇高的优良品种。

宋代，这种香花似乎颇受一些学者的喜爱，他们还亲自栽培栀子。梅尧臣在自己的诗中提道："植栀子树二窠十一本于松侧。"他还称："举世多种檗，而我学种栀。……团团绿阶侧，岂畏秋风吹。"[④]梅尧臣的栀子种在"阶侧"，大约是作观赏栽培。宋代学者对庭中栽种栀子花的好处有很深的感触。诗人杨巽斋写道："薝卜标名自宝坊，薰风开遍一庭霜。闲来扫地跏趺坐，受用此花无尽香。"[⑤]诗中提到跏趺坐，显示作者的思维显然受到佛教的影响。诗人张镃《风入松》写栀子："六花大似天边雪，又几时、雪有三层。明艳射回蜂翅，净香熏透蝉声。晚檐人共月同行，疏影动银屏。"形象地描绘出栀子

① LAUFER, B., Sino-Iranica. [M]. Chicago: Poblication of Field museum of Natural History, Anthropological Series 1919, Vol. XV. No.3: 440.

② 谢维新. 古今合璧事类备要·别集：卷32[M]//四库全书：第941册. 台北：商务印书馆，1983：177.

③ 张唐英. 蜀梼杌：卷下[M]//全宋笔记：第一编第8册. 郑州：大象出版社，2003：56.

④ 朱东润，校注. 梅尧臣编年集校注：卷5[M]. 上海：上海古籍出版社，1979：80.

⑤ 陈景沂. 全芳备祖：前集卷22[M]. 北京：农业出版社，1982：660.

花的雅洁和幽香。著名田园诗人杨万里《栀子花》这样写道："树恰人来短，花将雪样看。孤姿妍外净，幽馥暑中寒。"可见其在诗人心目中是很优雅的一种香花。理学家朱熹收到友人赠送的栀子花后，曾写诗以表谢意："年来衰懒罢书淫，偶向盆山寄此心。何事凉阴老居士，便分幽赏助清吟。"显然它也被当作清供幽赏。

栀子既可当药物，又可作染料，从苏颂《图经本草》等书籍的记述可看出，它仍是一种重要的经济植物。书中写道："栀子，生南阳川谷，今南方及西蜀州郡皆有之。木高七、八尺；叶似李而浓硬，又似樗蒲子；二、三月生白花，花皆六出，甚芬香，俗说即西域'詹匐'也；夏秋结实如诃子状，生青熟黄，中仁深红。九月采实，曝干。南方人竞种以售利。《货殖传》云：卮茜千石亦比千乘之家，言获利之博也。"[①]冒名苏轼的《物类相感志·花竹》记载："养牡丹、芍药、栀子，刮去皮火烧，以盐察之，插于瓶中，或用沸汤插之亦开。"[②]似乎当时也把它当作瓶花。宋人李嵩绘的名画——"花篮图"中，亦有栀子和百合花。

当时浙江有不同的栽培品种，分别是山栀和水栀。《嘉泰会稽志》记载："今会稽有二种，一曰山栀，生山谷中，花瘦长，香尤奇绝；水栀生水涯，花肥大倍于山栀，而香差减。近岁有千叶栀，六月初始盛。"[③]可见当时已经培育出重瓣的栀子花——千叶栀。《赤城志·土产》也记载"近有一种花瓣尤多且大，名川栀"。《梦粱录》记载杭州市场上有栀子花交易。[④]由此不难看出，它确属宋人比较喜爱的香花。

第三节　后世的栽培和传播

栀子一直是经济价值较高的染料植物，到元代依然如此。农书《农桑衣

① 唐慎微. 重修政和经史证类备用本草：卷14[M]. 北京：人民卫生出版社，1982. 320.
② 苏轼. 物类相感志[M]//丛书集成初编. 上海：商务印书馆，1935-1937：23.
③ 施宿，等撰. 嘉泰会稽志：卷17[M]//宋元方志丛刊. 北京：中华书局，1990：7037.
④ 吴自牧. 梦粱录：卷13[M]. 北京：中国商业出版社，1982：111.

食撮要》记载了"移栀子"的技术。明代，四川有些地方大规模栽培栀子。史籍记载："白土平在铜梁县东北六十里，地宜栀子，一家至万株，望如积雪，香闻十余里。"① 从中可看出种植面积极为可观。

明清时期，它是华东一带园林常见栽培的花卉，品种也有所增加。高濂提道："(栀子花)有三种：有大花者，结山栀，甚贱。有千叶者，有福建矮树栀子，可爱，高不盈尺。梅雨时，随时剪扦肥土，俱活。"② 他记述的正是自己的艺花心得。谢肇淛《五杂组·物部二》认为："此花在闽中，极多且贱，与素馨、茉莉皆不择地而生者，北至吴、楚始渐贵重耳。"可见，这种花在福建栽培非常普遍，在江苏、两湖等地比较受重视。《灌园草木识》记载，山栀中"小蕊而千叶"的称"玉楼春"。不过，康熙《台湾府志·风土志》的编者对"玉楼春"这个品种有不同的解释。书中写道："玉楼春，即百叶黄栀。花有香而不结实。"明代诗人陈淳《栀子》对栀子花的美丽和芳香颇为欣赏，称它："竹篱新结度浓香，香处盈盈雪色妆。"《长物志》作者文震亨对栀子花也有较高的评价，认为："蕾卜清芬，佛家所重，古称禅友，殆非虚言。"这位艺术家把栀子当成一种不同凡俗的香花。

王象晋的《群芳谱》综合前人的记述写下：栀子"有两三种，处处有之，一种木高七八尺，叶似兔耳，厚而深绿，春荣秋瘁，入夏开小白花，大如酒杯，皆六出，中有黄蕊，甚芬芳，结实如诃子状，生青熟黄，中仁深红，可染缯帛……一种花小而重台者，园圃中品。一种徽州栀子，小枝、小叶、小花，高不盈尺，可作盆景。"记载栀子可作盆栽清玩。屠本畯《瓶史月表》还记载，栀子花可作插花。

栀子的果实也很有观赏价值。清代曹溶的《倦圃蒔植记》记载：这种花"虽萎犹胜一切花。他花萎即零落，惟栀子花初开洁白，次渐萎黄，后乃干脱，终不飘散，乃知佛无诳语，而花之取重也亦以此。世人或以千叶为尚，我独取单瓣者，秋林霜子，赭黄可玩。"《闽产录异·花属》记载在福建，有老和尚用它焙茶。称重瓣的叫水栀，即"玉楼春"。这里所说的"玉楼春"与上述的

---

① 李贤. 大明一统志：卷69 [M]. 台北：国风出版社影印天顺内府刻本，1965：4340.
② 高濂. 遵生八笺：卷16 [M]. 北京：人民卫生出版社，1994：659.

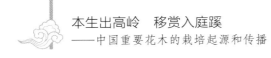

又不同。

栀子花香美观，在传统文化中留下一些有意思的烙印。单瓣花的栀子，在六个花瓣中央有个明显的花心（花柱），很早就成为爱情和友情的象征，美称"栀子同心"。南北朝时期，梁朝女诗人刘令娴（525 年前后在世）《摘同心栀子赠谢娘因附此诗》写道："同心何处切，栀子最关人。"[①] 这种传统在唐代仍被沿袭，大约还有诗人用它来赠送友人。号称大历十才子之一的韩翃诗有："葛花满把能消酒，栀子同心好赠人。"其后，不仅李商隐写过"结带悬栀子，绣领刺鸳鸯"；温庭筠也有"昔邪看寄迹，栀子咏同心"。晚唐诗人唐彦谦《离鸾》更有："庭前佳树名栀子，试结同心寄谢娘。"罗虬也曾因怀念冤死的意中人红儿深沉写下："栀子同心泹露垂，折来深恐没人知。花前醉客频相问，不赠红儿赠阿谁。"南宋学者叶廷珪《海录碎事》则进一步提出"栀子同心，椶枝连理"这种爱情谚语。诗人赵彦端《清平乐·席上赠人》也曾写下脍炙人口的名句："与我同心栀子，报君百结丁香。"后世婚姻中常用的祝颂语或窗花的祷词"永结同心"或发源于此。

这种花广布山野而芳香，又被好事者与佛教的"薝葡"的关联，宋代有文人认为有"禅"味，故称"禅友"。著名诗人王十朋《书院杂咏·薝葡》写道："禅友何时到，远从毗舍园。妙香通鼻观，应悟佛根源。"屠本畯《野菜笺》记载这种花卉可当蔬菜食用。它的花至今仍被闽西赣南山区的客家人偶尔食用。

栀子花如今在中国南方园林常见栽培，北方更多见于盆栽，栽培种通常重瓣而且花香。它如今是四川内江、陕西汉中等城市的市花。

美丽的栀子花在近代很快引起来华西方人的注目，1845 年，英国园艺学会派出的采集员、园艺学家福乘在华东活动期间发现此种花卉，随即引入英国。后来在当地园林常见栽培。[②]

---

① 徐陵. 玉台新咏笺注：卷 10[M]. 穆克宏点校. 北京：中华书局，1999：499.

② FORTUNE, R. A Journey to the Tea Countries of China[M]. London: John murray. 1852：17.

第二十一章

夹竹桃

第一节　传入岭南的"俱那卫"

　　夹竹桃（*Nerium oleander*，图21-1）属夹竹桃科，常绿小乔木或灌木。叶子窄长条形，表面浓绿，背面较淡，颇有可观。茎叶虽然都有毒，但花较大，既有粉红色，也有白色。红花赧艳。白花（初开淡黄色）夹竹桃叶更细长，花丛清逸。书斋轩前，更宜栽培。它们更有香气，加上花期长，从春至秋，夏天和秋天尤为繁盛，故得古人喜爱，为此，福建一些地方称之为"半年红"。

图 21-1　夹竹桃

　　夹竹桃为原产伊朗、印度等地的一种喜温木本花卉，很早就传入欧洲地区。据说古希腊医学家迪奥斯克里斯（Dioscorides 生活于公元 20 年前后）已经知道这种植物，古罗马医生盖伦和阿普流斯（Apuleius）认为它就是博物学家普利尼（Pliny）《博物志》中的"杜鹃"（rhododendron）。普利尼认为这种植物对所有的哺乳动物都有毒。①

　　大约在东晋时期，夹竹桃可能通过海上丝绸之路传到岭南的广西一带。当时已经为中国学者所知。东晋时期《罗浮山记》②记载："求那卫，外国树也，英华粉红，至可爱玩。"③有学者认为"求那卫"可能是印度土语 Ghénéru vayroo 中 Ghénéru 的音译④，应该不无道理。《罗浮山记》明确指出这是种外来植物。⑤唐代称之为"俱那卫"。后来被称为夹竹桃则因为它的花、叶形态。李德裕《平泉山居草木记》记载自己的平泉庄中栽培有"桂林之俱那卫"。唐代《酉阳杂俎·支植上》则有如下解释："俱那卫，叶如竹，三茎一层。茎端分条如贞桐。花小，类木槵。出桂州。"显然，这里的俱那卫就是上述的求那卫。宋代《墨客挥犀》记载："凌霄花、金钱花、渠那异花皆有毒，不可近眼。有人仰视凌霄花，露滴眼中后，遂失明。"⑥此段文字中的渠那异应是俱那卫的另一种译法，从中可以看出，当时的人已经对这种植物的性状有了更多的了解，知道它有毒。

　　曾在广西任职的著名诗人范成大在其《桂海虞衡志·志花》记载："枸那花，叶瘦长，略似杨柳。夏开淡红花，一朵数十萼，至秋深犹有之。"显然他所说的枸那花，应该就是《岭外代答》中的拘那花，⑦即上文中的俱那卫。

---

　　① AINSLIE W. Materia Indica. Vol.2 [M]. London：A. R. Spottiswoode.1826：23.

　　② 作者可能是曾任始兴太守的徐道覆（？—411，见《苏诗补注》，卷38）《水经注》《颜氏家训》都曾引用过此书，此书后来散佚。北宋郭之美（1034—1038 年间进士）于 1051 年也撰写过名为《罗浮山记》的书。

　　③ 李昉. 太平御览：卷 961 [M]. 北京：中华书局. 1962：4265.

　　④ 本所颜宜葳博士的看法。Materia Indica. 一书也是她提供给笔者。

　　⑤ 乾隆《广东通志》卷 52 在引用《桂海虞衡志》"拘那花"条后加注："《罗浮志》：求那卫，外国树也。即夹竹桃。"

　　⑥ 彭乘. 墨客挥犀 [M]. 北京：中华书局，2002：340.

　　⑦ 周去非. 岭外代答校注 [M]. 杨武泉，校注. 北京：中华书局，1999：335.

枸那与俱那谐音，大约是不同的音译。作者已经注意到这种花的花期很长。清乾隆年间《广东通志·物产》在引用《桂海虞衡志》"拘那花"后，加注"《罗浮志》：'求那卫，外国树也。'即夹竹桃。"前面说到宋代的学者还提到另一名称：渠那异。《八闽通志》记载："半年红，曾师建 [①]《闽中记》云，谓之'渠那异'。" [②] 其种来自西域。木高丈余，叶长而狭，花红色，自春徂夏，相继开不绝。又名夹竹桃，谓其花似桃而叶似竹也。《闽中记》收录这种花，说明福建已经栽培。明末学者周亮工（1612—1672）也提道："闽中多夹竹桃，叶微如竹，花逼似桃，柔艳异常。予常谓友人曰：此陶靖节赋闲情时也，千载后犹时时见之。此种闽人不甚贵重，过岭即不生。虎林一郡闻只三数株，金陵间有，然亦无过三五岁者。曾师建《闽中记》：南方花有北地所无者，阇提、茉莉、俱那异皆出西域，盛传闽中。俱那卫即俱那异，夹竹桃也。" [③] 可见明清时期，福建栽培夹竹桃很普遍。

第二节　夹竹桃名称的由来及传播

夹竹桃似乎很快传到西南的四川等地，这个名称似乎在五代时的四川出现。五代南唐时，在四川已有不少画家把这种花卉当作绘画的对象。《宣和画谱》里记有五代西蜀画院画家黄筌（903—965）及其子黄居寀等绘制的不少"夹竹桃花图"。当时居住在四川的徐熙也绘过这种植物，据说他常根据园囿里的植物作画。此外，丘庆余、赵昌等著名画家也画过夹竹桃，说明当时西南的四川已经栽培这种花卉。很可能就是这些画家根据这种植物的形态称之为"夹竹桃"的。

北宋时期，这种花卉显然也传播到了长江中下游地区。梅尧臣《和杨直讲夹竹桃花图》诗云："桃花夭红竹净绿，春风相间连溪谷。花留蜂蝶竹有禽，

---

① 南宋学者。

② 乾隆《福建通志》，卷10引同书作"俱那异"。

③ 周亮工. 闽小记 [M]. 上海：上海古籍出版社，1985：43-44.

三月江南看不足。徐熙下笔能逼真"。诗中道及"三月江南看不足",说明夹竹桃已经在江南栽培。当时江南画家祁序也曾绘过夹竹桃。[①] 而诗人李之仪《次韵夹竹桃花》也有:"因君咏出黄筌笔,从此风光生彩笺。"著名学者李觏写过《弋阳县学北堂见夹竹桃花,有感而书》的诗篇,这里的弋阳县地处江西。宋邹浩(1060—1111)的《移夹竹桃》有:"叶如桃叶回环布,枝似竹枝罗列生。……更移此本家园去,岁岁花时献寿觥。"道出其被称作"桃"的一些原因和自己栽培的情形。据《艮岳记》记载甚至东京的御苑艮岳也曾移植过夹竹桃。值得注意的是,宋代的《乐书》中已经出现了"夹竹桃"的曲牌名。

其后,元代画家李衎(1245—1320)的《竹谱详录·有名而非竹品》也说"夹竹桃自南方来,名拘那夷,又云拘拿儿,花红类桃,其叶略似竹而不劲,足供盆槛之玩。"这里的拘那夷或拘拿儿应该是从《桂海虞衡志》等书的"枸那花"转化而来。上述《罗浮山记》指出夹竹桃是外来花卉,李衎则指出这种花从南方传入内地。明代对花卉园艺情有独钟的王世懋,在其《学圃杂疏·花疏》也提道:"夹竹桃与五色佛桑俱是岭南北来货。夹竹桃花不甚佳而堪久藏,佛桑即谨护,必无存者。"[②] 他指出夹竹桃和扶桑都是岭南传入的花卉,但前者比后者耐寒,故能在江浙一带越冬生长,而扶桑却无法度过那里的冬天。

明代在这种花木的栽培、观赏方面,已经积累了丰富的经验,文献记述不少。《汝南圃史·木本花部下》记载夹竹桃:"此花出于南中,今吴中盛行。"《群芳谱·花谱》记载:"夹竹桃,花五瓣,长筒,瓣微尖,淡红娇艳,类桃花,叶狭长类竹,故名夹竹桃。自春及秋逐旋继开,妩媚堪赏。何无咎云:温台有丛生者,一本至二百馀干,晨起扫落花,盈斗,最为奇品。"可见这种花南方常见栽培,温州等地还有一些较好的品种。清代陈淏子的《花镜·花木类考》则综述了前人的一些看法:"夹竹桃本名拘那,自岭南来。夏间开淡红花,五瓣,长筒,微尖,一朵约数十萼,至秋深犹有之。因其花似桃,叶似竹,故得是名,非真桃也。性恶湿而畏寒。"它的花期很长,借助温室技术,明清时期北京等北方地区也出现它的身影。《帝京景物略》记载:"凡花历三时者,

---

① 宣和画谱:卷14 [M]. 长沙:湖南美术出版社,1999:307.

② 王世懋. 学圃杂疏 [M] // 生活与博物丛书. 上海:上海古籍出版社,1993:316.

长春也、紫薇也、夹竹桃也；香历花开谢者，玫瑰也。"[1] 它的栽培变种还有白花夹竹桃。

　　清代的画家以它为题材的绘画不少，《小山画谱》记载：夹竹桃"顶上分枝作花，花粉红，重台玲珑，白丝间出花心，蕊深红，极繁。"乾隆写过多首题夹竹桃的诗歌。他为钱维城题写的一首夹竹桃诗这样写道："夏中开可至秋阑，叶竹花桃颇耐看。莫诮岭南来冀北，犹非送暖与偷寒。"这种花喜欢温暖气候，诗中提到从岭南传到冀北。清代还有一些人对它情有独钟。《花木小志》作者提到夹竹桃，"山东名柳叶桃，盖其叶似柳而不似竹也。……枝干婆娑，高出檐际，一花数蕊，百枝齐放，周年不绝，一大观也。"[2]

　　近代中国还从美洲热带引进一种叶子纤细、果实呈扁三角形、形态更为美观、花朵鲜艳夺目的黄花夹竹桃（*Thevetia peruviana*，图 21-2），它又叫酒杯花，芳姿深受喜爱，很快在华南和西南的园林流传。夹竹桃原产热带温暖地区，故在中国南方广为栽培，苏州常见沿水边栽培的高大夹竹桃。颇具元人所谓"野桥小立题诗处，夹竹桃花烂漫开"的意境。北方只能在温室越冬。黄花夹竹桃树形优美，花比较娇俏，花色鲜明而娇艳，叶片纤细秀丽，有比粉花夹竹桃更高的观赏价值。

图 21-2　黄花夹竹桃

① 刘侗，于奕正. 帝京景物略 [M]. 北京：北京古籍出版社，1983：120.
② 谢堃. 花木小志 [M]//续修四库全书：第 1117 册. 上海：上海古籍出版社，2003：374.

　　夹竹桃为有毒植物，不宜在池塘、水库等养殖水域和牧场附近栽培。寻常的粉花和白花夹竹桃，花、叶几乎没有特别之处，它在南方广泛栽培，得益于容易生长，管理简单。而且植株花朵很多，颇能营造一种繁花似锦的环境，且花期长，在岭南，几乎四季都能开花。另一方面，它有较强的抗污染作用，对二氧化硫、氯气和烟尘有较强的吸附能力。除可在路旁和园林作观赏栽培外，还可作为工厂园区绿化树种。黄花夹竹桃更可供盆栽观赏。

第二十二章

柳 树

第一节　坚毅而多姿的园林树种

柳树种类很多，最常见于观赏栽培的是垂柳（*Salix babylonica*），也叫官柳，可能还叫金线柳，属杨柳科。温庭筠有诗称："卓氏垆前金线柳，隋家堤畔锦帆风。"它虽然没有鲜艳的花朵，但凭着坚毅而顽强的适应能力、柔美秀丽的身姿、丰富的季相成为中国最常见的园林观赏树木之一，无论是江南的西子湖畔，抑或是塞罕坝上的避暑山庄，都有它摇曳的身姿构成的梦幻景观。

垂柳是生命力很强的观赏树木、绿化树种。性喜光而耐水湿，也能在干旱区生长。主要分布于中国的长江中下游地区和黄河流域，全国大部分地区都有栽培，是国内最常见的树木之一。

缘于耐水湿，因此它是我国园林湖畔、水边最常栽培的观赏树种。尤其在水边，含烟带雾，倒影波呈，给人风流蕴藉之感。历史上有很多著名的柳树景观都是水边湖畔。无论是"隋堤柳"、西安的"灞桥烟柳"、杭州西湖苏堤的"六桥烟柳"，还是颐和园昆明湖的"西堤柳"莫不如此。缠绵柳丝的梦幻倒影和波光粼粼的水面相映成趣，如诗如画，构成了柔美的图景。唐代白居易《有木诗》这样写道："有木名弱柳，结根近清池。风烟借颜色，雨露助华滋。峨峨白雪毛，袅袅青丝枝。渐密阴自庇，转高梢四垂。"很形象地摹写出水边柳树的柔美的形态。

因垂柳（图22-1）适宜于栽于水边，故"长杨映碧沼"是古人非常喜欢营造的一种景观，以至于在园林水域旁大量植柳是中国古代一种常用的造景手法，常常形成"烟柳画桥"等各种如诗如画的景观。柳丝葳蕤，轻拂碧水，形成带雨拖烟的旖旎景观，人称"水木清华"。可以说，没有轻盈柳枝摇曳的水域，就缺少诗意的柔美，这充分体现了古人园林花木布置的智慧。不仅如此，将它种在门旁院边，可以让房屋得到很好的装饰。柳枝犹如流苏屏风，摇曳青琐，使环境变得清幽雅致。晚唐诗人罗隐曾写下"垂杨风轻弄翠带"。他的《柳》诗更吟诵道："一簇青烟锁玉楼，半垂阑畔半垂沟。明年更有新条在，绕乱春风卒未休。"可谓体察入微。宋代寇准的《柳》很生动地描绘出诗人眼中柳荫庭院的美感，他写道："晓带轻烟间杏花，晚凝深翠拂平沙。长条别

图22-1　垂柳

有风流处，密映钱塘苏小家。"蒋捷《洞仙歌》还很细腻地写出柳丝情景交融的美，他写道："移来傍、妆楼新种，总不道江头锁清愁，正雨渺烟茫，翠阴如梦。"

因为栽培容易而常见，柳树也是早春最显眼的景物之一。《大戴礼记》有所谓："正月柳梯。"也就是正月柳树出叶。柳树季相变化丰富，早春柳梢鹅黄吐蕊，浅黄轻绿的纤细柳丝如烟似带，映射出旖旎的春光。"杨柳春风""桃红柳绿"皆为春天最醒目的标志。晋代学者傅玄《阳春赋》这样描绘早春风光："依依杨柳，翩翩浮萍；桃之夭夭，灼灼其荣。"[1] 南北朝时期，梁简文帝有"看春风之入柳"[2] 的说法。他的《春日想上林》称："春风本自奇，杨柳最相宜。柳条恒着地，杨花好上吹。处处春心动，常惜光阴移。"他的《咏柳诗》更生动写道："垂阴满上路，结草早知春，花絮时随鸟，风枝屡拂尘，欲散依依采，时要歌吹人。"

唐宋时期，文学艺术家关于柳树与春色的描绘更多，如唐代王之涣的千古名句："羌笛何须怨杨柳，春风不度玉门关。"刘禹锡《杨柳枝》所吟："迎得春光先到来，浅黄轻绿映楼台。只缘裊娜多情思，便被春风长请揲。"[3] 更是贴切地勾勒出"杨柳春风"呈现的明媚春光。他在诗中还进一步夸赞柳绿花繁春色中的突出地位："南陌东城春早时，相逢何处不依依？桃红李白皆夸好，须得垂杨相发挥。凤阙轻遮翡翠帏，龙池遥望麴尘丝。御沟春水相晖映……轻盈裊娜占年华，舞榭妆楼处处遮。"描绘出桃红梨白得益于柳绿"相发挥"的重要作用。白居易的《杨柳枝》词称道："陶令门前四五树，亚夫营里百千条。何似东都正二月，黄金枝映洛阳桥。依依裊裊复青青，勾引春风无限情，白雪花繁空扑地，丝丝条弱不胜莺。"[4] 杜牧脍炙人口的《江南春》更有："千里莺啼绿映红"壮丽图景，这里的"绿"很大程度上描述的是柳树。诗中以广阔的视角勾勒出一幅很有动感而又色彩缤纷的江南水乡春色。

① 严可均. 全晋文：卷45 [M] // 全上古三代秦汉三国六朝文. 北京：商务印书馆, 1999: 456.
② 张溥. 汉魏六朝百三家集选 [M]. 长春：吉林人民出版社, 1998: 468.
③ 彭定求. 全唐诗：卷28 [M]. 北京：中华书局, 1999: 398.
④ 白居易. 白居易集：卷31 [M]. 北京：中华书局, 1999: 715.

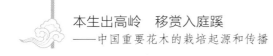
　　苏轼《洞仙歌·咏柳》也曾浅酌低吟："江南腊尽，早梅花开后，分付新春与垂柳。"有趣的是，宋代著名画梅专家宋伯仁还想象早春时节"垂杨已有青青眼，只碍梅花未敢开"。清代园艺家高士奇认为柳树："早春时，嫩绿初萌，柔丝鬖鬖，非烟非雾，浓媚迎人。"现代著名气象学家竺可桢先生指出："杨柳抽青之所以被选为初春的代表，并非偶然之事。第一，因为柳树抽青早；第二，因为它分布区域很广，南从五岭，北至关外，到处都有。"[①] 从物候学的角度解析了人们观柳知春的缘故。

　　到了暮春，柳树的种子成熟，柳絮飘飞，形成一幕"雪花"曼舞的风景，让古代游子不仅联想到离愁别绪，还多了一份春光不再的惆怅。宋代苏轼曾写过"长恨漫天柳絮轻，只将飞舞占清明"的诗句。《红楼梦》的作者曹雪芹借史湘云之口，吟出："岂是绣绒残吐？卷起半帘香雾。纤手自拈来，空使鹃啼燕妒。且住，且住！莫放春光别去！"

　　盛夏，诚如西汉学者孔臧《杨柳赋》所写："蔚茂炎夏，多阴可凉。"柳树的浓荫不但带来荫凉的愉悦，还为鸣蝉提供了栖息地和隐身的场所，招来黄鹂鸟的栖止、鸣叫，无形中带来了夏日自然欢歌的美景。莺又称黄鸟、黄鹂。古人早就注意到柳树的这种生态功能，特意种植它来招莺引蝉，给环境带来美妙的鸟语蝉鸣，营造生动、愉悦的自然声响效果。莺唱翠柳是诗人常书写的景物。先秦的《毛诗·小雅·小弁》有："菀彼柳斯，鸣蜩嘒嘒。"汉代枚乘注意到："蜩螗厉响，蜘蛛吐丝。"而熟练描绘美景的"诗圣"杜甫，有"两个黄鹂鸣翠柳，一行白鹭上青天"的千古名句。后来不少诗人学者都在这方面有良好的发挥。吴融《咏柳》有："自与莺为地，不教花作媒，细应和雨断，轻袛受风裁。"唐末诗人吟出："临水带烟藏翡翠，倚风兼雨宿流莺。"五代南唐诗人李中《柳》诗则有："闲忆旧居溢水畔，数枝烟雨属啼莺。"很显然，地处杭州西湖东南隅湖岸的"柳浪闻莺"，无疑是南宋学者根据柳树和鸟类依存的生态习性营造的风景区，非常成功地建构出一处既带来良好视觉效果，又可得悦耳清音的成功景致。

---

　　① 竺可桢，宛敏渭. 物候学 [M]. 北京：科学出版社，1979：18.

到了秋天，黄色的柳叶彰显了金秋季节的到来。而到了冬季，柳枝"含烟惹雾每依依"，随风飘舞，在疏朗的天空下，俨然一幅幽雅的水墨画，深深地触动人们心灵，留下深长的意韵。杨柳枝是四季皆宜之景，正如刘禹锡所云："城东桃李须臾尽，争似垂杨无限时？"

李渔指出："柳贵于垂，不垂则可无柳。柳条贵长，不长则无袅娜之致，徒垂无益也。此树为纳蝉之所，诸鸟亦集。长夏不寂寞，得时闻鼓吹者，是树皆有功，而高柳为最。总之，种树非止娱目，兼为悦耳。"[①]认为园林种柳只有种植垂柳才有美学价值。种柳树不仅仅为了绿化和美化，而且还可欣赏蝉鸣莺啼。园艺家陈淏子《花镜·花木类考》有这样的概括："柳一名官柳，一名垂柳，本性柔脆，北土最多。……垂柳虽无香艳，而微风摇荡，每为黄莺交语之乡，吟蝉托息之所。人皆取以悦耳娱目，乃园林必需之木也。……昔人因其花似絮，故有：飞绵飞絮寒无用，如雪如霜暖不消。"阐明柳作为一种观赏树木在园林中占有的重要地位。正是垂柳这种顽强而优美的特质，加上它不仅美观而且让人联想到缠绵的情思，数千年来，一直深受国人的喜爱。

第二节　早期的栽培

缘于分布广、易栽培、树形优美，柳树很早就成为人们房前屋后栽培的树木。古人早就发现它很容易无性繁殖，《毛诗·齐风·东方未明》记载："折柳樊圃。"显然当时的人们已经知道柳枝很容易插活，用它做菜园篱笆。或许因为容易种植，古人无心插柳柳成荫，使它成为房前屋后栽培的绿化树。春秋时期，鲁国著名思想家展禽（公元前720—公元前621）因为宅邸种有柳树，加上为人品行高尚，"行德惠"，时人称之为柳下惠。[②]它在中国北方约有3 000余年的栽培史。

---

① 李渔. 闲情偶寄 [M]. 上海：上海古籍出版社，2000：336.
② 陈景沂. 全芳备祖：后集卷 17[M]. 北京：农业出版社，1982：1218.

　　容易栽培，适应性广，很快使柳树成为中国主要绿化树种之一。人们很早就在道旁、池畔、河边及园林中广泛种植，历史上一些地区因栽培柳树成名。《三辅黄图》记载："长安御沟，谓之杨沟，谓植高杨于其上也。"① 这里的杨很可能就是杨柳。后人因有"汉家宫里柳如丝"的吟咏。长安城东的灞桥曾是一处因植柳树驰名的景观，这就是"灞桥烟柳"。《三辅黄图》记载："灞桥，在长安东，跨水作桥。汉人送客至此桥，折柳赠别。"② 说明人们在河畔已经栽培柳树。柳与"留"谐音，古人因此以折柳来表达不舍的情怀。书中的记载表明，"折柳送别"的习俗当时已经存在。古长安东霸城门，俗称青门，汉代人们常在此折柳送别。这种情景一直延续到唐代，故此诗人杨巨源《赋得灞岸柳留辞郑员外》写下："杨柳含烟灞岸春，年年攀折为行人。"③ 白居易《青门柳》也曾生动地写道："青青一树伤心色，曾入几人离恨中。为近都门多送别，长条折尽减春风。"杜牧也有："灞上汉南千万树，几人游宦别离中。"晚唐罗隐《柳》诗写道："灞岸晴来送别频，相偎相倚不胜春。自家飞絮犹无定，争解垂丝绊路人。"上述诗词都说明这里的柳树一直存续着。

　　垂柳树形优美，春天出叶时，青丝万缕，垂条扶疏，婀娜婆娑，自周代以来就是人们的重要审美对象。柳树用作观赏栽培很早。从汉代起，柳树已经是园林台馆栽培的观赏树木。汉代文学家枚乘在梁孝王的"忘忧馆"游玩时写下《柳赋》，其中称道"忘忧之馆，垂条之木。枝逶迟而含紫，叶萋萋而吐绿。……于嗟细柳，流乱轻丝。君王渊穆其度，御群英而玩之。"④ 诗人描绘出自己对柳树之美的深情感受。据说汉代的章台街种有柳树，唐代时人们就称那条街的柳树为"章台柳"。⑤

　　柳树的秀丽清新一直为古人喜爱，魏晋时期，人们常在庭院栽培。三国时期，曹丕曾经种过柳树，并写下《柳赋》加以赞美。他写道："伊中域之伟

　　① 何清谷，校释. 三辅黄图校释：卷6[M]. 北京：中华书局，2005：386.

　　② 何清谷，校释. 三辅黄图校释：卷6[M]. 北京：中华书局，2005：356.

　　③ 彭定求，沈三曾，杨中讷，等. 全唐诗：卷333[M]. 北京：中华书局，1999：3739.

　　④ 周天游，校注. 西京杂记校注：卷4[M]. 西安：三秦出版社，2006：178-179.

　　⑤ 陈景沂. 全芳备祖：后集卷17[M]. 北京：农业出版社，1982：1219.

木，瑰姿妙其可珍。彼庶卉之未动，固肇萌而先辰。应隆时而繁育，扬翠叶之青纯，脩干偃蹇以虹指，柔条阿那而蛇伸。"①很好地写出了柳树的生长习性和柔美。同一时期王粲《柳赋》也有："植佳木于兹庭……览兹树之丰茂，纷旖旎以修长，枝扶疏而覆布。"可见当时人们也将柳树植于庭院。晋代潘岳《金谷集作诗》曰："绿池泛淡淡，青柳何依依。"《闲居赋》有："柳条恒着地，弱柳荫修衢。"则反映出它既用于园池美化，又用于行道绿化。后来，沈约的《玩庭柳》也有这样的联想："轻阴拂建章，夹道连未央。因风结复解，沾露柔且长。"描绘了它作为风景树在宫殿和通衢栽培，以及其随风飞舞的婀娜多姿。

晋代名将陶侃（259—334）则曾在武昌种植柳树。②后人《门柳》诗词因此称："接影武昌城，分行汉南道。"他的曾孙、著名田园诗人陶渊明可能是第一位用柳命名自己的学者，他在住宅旁栽植五株柳树而自称"五柳先生"。其自传写道："宅边有五柳树，因以为号焉。闲靖少言，不慕荣利。……常著文章自娱，颇示己志。忘怀得失，以此自终。"③"五柳"和"东篱"菊后来成为古代隐逸的象征。

南北朝时期，柳树为道旁渠边的重要绿化树。刘宋时期，荆州因为大量栽培柳树绿化而驰名。学者盛弘之《荆州记》记载荆州城："缘城堤边，悉植细柳，绿条散风，清阴交陌。"④缘于易活，古人喜欢随地种植这种树木。《世说新语·言语》记载："桓公北征，经金城，见前为琅邪时种柳，皆已十围，慨然曰：'木犹如此，人何以堪！'"谢朓《入朝曲》则有："垂杨荫御沟。"写出当时南京城中御沟旁多植柳树。那一时期，大型综合性农书《齐民要术》还总结了柳树栽培的技术。

① 欧阳询. 艺文类聚：卷89 [M]. 上海：上海古籍出版社，1982：1533.

② 房玄龄，等. 晋书：卷66 [M]. 北京：中华书局，1974：1668.

③ 陶渊明. 陶渊明集校笺：卷6 [M]. 龚斌校笺. 上海：上海古籍出版社，1999：420−421.

④ 欧阳询. 艺文类聚：卷89 [M]. 上海：上海古籍出版社，1982：1531.

第三节　隋唐时期著名的风景树

　　从隋唐开始，柳树更成为重要的都市绿化树木和园林中构建风景的重要风景树。隋代苑囿也大量栽培柳树。《隋炀帝海山记》记载，隋炀帝"乃辟地，周二百里，为西苑，役民力常百万数。苑内为十六院，聚土石为山，凿池为五湖四海。诏天下境内所有鸟兽草木，驿至京师。……天下共进花卉草木鸟兽鱼虫，莫知其数，此不具载。"当时有人写下"湖上柳，烟里不胜垂。宿露洗开明媚眼，东风摇弄好腰肢。烟雨更相宜。""湖上花，天水浸灵葩。浸蓓水边匀玉粉，浓苞天外剪明霞。只在列仙家。开烂熳，插鬓若相遮。水殿春寒微冷艳，玉轩清照暖添华。清赏思何赊。"①非常形象地描绘了御苑的湖光山色和柳暗花明的美丽风光。

　　隋代不仅在西苑湖边植柳，开凿大运河时，也在河岸边广种柳树，造就史称"隋堤柳"的著名景观。《炀帝开河记》记载，开大运河时，隋炀帝接受谋士建议："用垂柳栽於汴渠两堤上。一则树根四散，鞠护河堤；二乃牵舟之人，护其阴凉；三则牵舟之羊食其叶。上大喜，诏民间有柳一株，赏一缣。百姓竞献之。"②王冷然《汴堤柳》吟诵隋炀帝在运河旁边种柳的盛况："隋家天子忆扬州，厌坐深宫傍海游。……流从巩北河汾口，直到淮南种官柳。"白居易《隋堤柳》也写道："大业年中炀天子，种柳成行傍流水。西自黄河东接淮，绿影一千三百里。大业末年春暮月，柳色如烟絮似雪。"③描绘了大运河清流激越、与依依隋堤柳掩映生辉的壮丽景观。杜牧的《隋堤柳》则称："夹岸垂杨三百里，只因图画最相宜。"写出了隋堤柳的如诗如画。诗人皮日休也有"万艘龙舸绿丝间"的吟诵。韩琮则发出了这样的感慨："梁苑隋堤事已空，万条犹舞旧春风。"

　　唐代长安城中，柳树是主要的观赏树木之一。皇宫御苑、里坊道路，处

---

① 鲁迅，辑. 唐宋传奇集全译 [M]. 程小铭，等译注. 贵阳：贵州人民出版社，2009：308-310.

② 缺名. 开河记 [M]//唐宋传奇集全译. 贵阳：贵州人民出版社，2009：339.

③ 白居易. 白居易集：卷 2 [M]. 北京：中华书局，1999：86.

处都有它的身影。李世明《冬日临昆明池》写道："柳影冰无叶，梅心冻有花。"① 在春天来临时，其《春池柳》这样写道："年柳变池台，隋堤曲直回。逐浪丝阴去，迎风带影来。疏黄一鸟弄，半翠几眉开。萦雪临春岸，参差间早梅。"② 记述城中昆明池边栽培着柳树和梅花等观赏树木。曾任宰相的赵彦昭（？—约714）在《人日侍宴大明宫应制》写道："夹路秾花千树发，垂轩弱柳万条新。"③ 李白《侍从宜春苑奉诏赋龙池柳色初青听新莺百啭歌》写道："池南柳色半青青，萦烟袅娜拂绮城。"生动写出了龙池边初春柳色如烟似带的秀丽景色。唐代长安城中常种槐树和柳树作为行道树。贾至（？—772）《早朝大明宫呈两省僚友》也有这样的描述："银烛熏天紫陌长，禁城春色晓苍苍。千条弱柳垂青琐，百啭流莺绕建章。"④ 刘禹锡《杨柳枝》写道："南陌东城春早时，相逢何处不依依。"诗人余延寿有："大道连国门，东西种杨柳。"李商隐《柳》诗有："清明带雨临官道，晚日含风拂野桥。如线如丝正牵恨，王孙归路一何遥。"

长安城东南隅的风景区曲江池畔栽培柳树很多，故称"柳衙"。⑤ 白居易《曲江早春》有："曲江柳条渐无力，杏园伯劳初有声。"还有"曲江亭畔碧婆娑"的描绘。唐代的大道通衢都栽培了大量槐树，道旁的御沟则栽培了众多柳树。唐代诗人中有不少书写御沟柳的诗。欧阳詹（755—800）的《小苑春望宫池柳色》则称："东风韶景至，垂柳御沟新，媚作千门秀，连为一道春。"写出了城中春临大地、满城青柳的秀丽景色。其后，贾棱《御沟新柳》诗中写道："御苑阳和早，章沟柳色新。……袅袅堪离赠，依依独望频。"曹松《武德殿朝退望九衢春色》有"夹道夭桃满，连沟御柳新"。杜荀鹤的《御沟柳》更生动地写道："律到御沟春，沟边柳色新。细笼穿禁水，轻拂入朝人。"细腻地描绘了弱柳轻拂的宜人春色。

① 彭定求，沈三曾，杨中讷，等. 全唐诗：卷 1 [M]. 北京：中华书局，1999：14.

② 彭定求，沈三曾，杨中讷，等. 全唐诗：卷 1 [M]. 北京：中华书局，1999：15.

③ 彭定求，沈三曾，杨中讷，等. 全唐诗：卷 1 [M]. 北京：中华书局，1999：1087.

④ 彭定求，沈三曾，杨中讷，等. 全唐诗：卷 1 [M]. 北京：中华书局，1999：2592.

⑤ 尉迟偓. 中朝故事 [M]//唐五代笔记小说大观. 上海：上海古籍出版社，2000：1786.

　　唐代，东都洛阳也栽培了不少柳树。杜牧的《洛阳长句》写道："桥横落照虹堪画，树锁千门鸟自还。"扬州自从运河开凿后，一直是著名的植柳名城。杜牧《扬州三首》称"街垂千步柳，霞映两重城"。当时南方城市常栽培柳树美化环境，江南的金陵、苏杭城中也栽培有不少柳树。韦庄的《台城》写道："无情最是台城柳，依旧烟笼十里堤。"以园林和水道著称于世的苏州尤其适宜栽培柳树。白居易《苏州柳》吟诵道："金谷园中黄袅娜，曲江亭畔碧婆娑。老来处处游行遍，不似苏州柳最多。"杭州西湖柳树景观当时逐渐知名。白居易《钱塘湖春行》写道："最爱湖东行不足，绿杨阴里白沙堤。"写出湖畔柳树景色让人流连忘返。

　　在边疆地区，人们也把柳树当成重要的绿化树。唐代中期名将范希朝任振武军节度使时，发现单于城（在今内蒙古自治区呼和浩特市一带）缺乏树木，于是买来柳树籽，"命军人种之，俄遂成林，居人赖之"。[1]

　　柳树不仅是唐代城市重要的绿化美化树，也是私家园林重要的观赏树。诗人王维在其别墅"辋川别业"构建了一处"柳浪"的景观，其《辋川集·柳浪》写道："分行接绮树，倒影入清漪。不学御沟上，春风伤别离。"钟爱栽花植树的白居易在《东溪种柳》写道："野性爱栽植，植柳水中坻。……松柏不可待，梗楠固难移，不如种此树，此树易荣滋。无根亦可活，成阴况非迟。三年未离郡，可以见依依。"[2] 有趣的是，诗人还道出柳树易种易活、生长迅速、可以遮阴等优点。白居易还有一首《种柳》诗，大谈植柳的好处。诗中写道："从君种杨柳，夹水意如何。准拟三年后，青丝拂绿波。仍教小楼上，对唱柳枝歌。更想五年后，千千条曲尘，路傍深映月，楼上暗藏春。愁杀闲游客，闻歌不见人。"[3] 其《题王家庄临水柳亭》更是描绘出一幅池边柳依依，池中水势潆洄、波光粼粼，水边翠鸟游弋，水中鱼戏的动人美景。诗人写道："弱柳缘堤种，虚亭压水开。条疑逐风去，波欲上阶来。翠羽偷鱼入，红腰学

---

　　① 刘昫. 旧唐书：卷151 [M]. 北京：中华书局，1975：4058.

　　② 白居易. 白居易集：卷11 [M]. 北京：中华书局，1999：218.

　　③ 白居易. 白居易集：卷11 [M]. 北京：中华书局，1999：730.

舞回。"① 柳宗元任职柳州时，也曾种柳。他不无戏谑地写道："柳州柳刺史，种柳柳江边。"足见柳树深受诗人的喜爱。

第四节　宋以后的发展

宋代，随中国政治经济中心的南移以及园林的发展，柳树不仅仍为北方水道、园池的风景树，更成为映衬江南水乡旖旎风光的翠幕流苏。东京开封的"琼林苑"标志性景观是"柳锁虹桥，花萦凤舸"。《东京梦华录》记载："东都外城，方圆四十余里，城壕曰护龙河，阔十余丈，濠之内外，皆植杨柳。""城里牙道，各植榆柳成阴。"② 杨柳无疑为城中主要的绿化树。

浙江杭州地处西子湖畔，柳树常见城中各处。柳永《望海潮·东南形胜》写道："烟柳画桥，风帘翠幕，参差十万人家。"描绘出杭州柳树之秀美。《梦粱录·物产》记载："柳，今湖堤最盛。垂者名杨，长条可玩。"书中还记载："苏公堤，元祐年，东坡守杭，奏开浚湖水，所积葑草，筑为长堤，故命此名。……自西迤北，横截湖面，绵亘数里，夹道杂植花柳，置六桥，建九亭，以为游人玩赏驻足之地。"③ "六桥烟柳"的景观由此形成。因柳树最早发芽生叶，后人也称"苏堤春晓"。宋人"称湖山四时景色最奇者有十：曰苏堤春晓、曲院荷风、平湖秋月、断桥残雪、柳浪闻莺"④ 等。其中"苏堤春晓""柳浪闻莺"皆与柳树有关。宋末元初词人陈允平的《探春·苏堤春晓》写道："搔首卷帘看，认何处、六桥烟柳。"其后，高得旸《六桥烟柳》诗云："最爱晴烟柳上浮。"当时，杭州还有一处名为"五柳园"⑤ 的花园。

宋代不仅常用柳树美化城市，也用柳树作行道树。《宋史·辛仲甫传》记载辛仲甫知四川彭州时："先是州少种树，暑无所休。仲甫课民栽柳荫行路，

---

① 白居易. 白居易集：卷 11 [M]. 北京：中华书局, 1999: 711.

② 孟元老. 东京梦华录：卷 1 [M]. 北京：中国商业出版社, 1982: 6–7.

③ 吴自牧. 梦粱录：卷 12 [M]. 北京：中国商业出版社, 1982: 94.

④ 吴自牧. 梦粱录：卷 12 [M]. 北京：中国商业出版社, 1982: 95.

⑤ 吴自牧. 梦粱录：卷 12 [M]. 北京：中国商业出版社, 1982: 163.

郡人德之，名为'补阙柳'"。不知是否慕陶渊明风雅及受其追求洒脱、闲情逸致的影响，一些著名诗人颇爱在庭院中种植柳树。欧阳修在扬州修建平山堂后，曾不无得意地写下："平山栏槛倚晴空，山色有无中。手种堂前杨柳，别来几度春风。"王安石的《移柳》也称："移柳当门何啻五，穿松作径适成三。"诗中留有"五柳先生"的影子。苏辙也写过种植柳树的益处："柳湖万柳作云屯，种时乱插不须根。"张先也曾于庭院栽植柳树，他浪漫地写道："移得绿杨栽后院，学舞宫腰。"不愧为北宋词人婉约派的代表。

早先人们将柳絮视为柳花，如《神农本草经》的作者。唐宋时期，因为受到关注更多，本草学家已经注意到柳絮是柳树的种子。宋代本草学家寇宗奭指出：柳"絮之下连小黑子，因风而起，得水湿处便生，如地丁之类，多不因种植，于人家庭院中自然生出，盖亦如柳絮兼子而飞。陈藏器之说是。"[①]可见，唐代的学者已经知道柳絮是种子的部分。

明代，河流、沼泽众多的江浙一带，柳树更是各地常见栽培的景物。这种传统得到很好的传承。明代御史钱岱在位于江苏常熟城西南虞山之麓，模仿王维"辋川别业"诸景创构名为"小辋川"的别墅。其好友剧作家屠隆作《小辋川记》记述其中景色，文中写道："蓝田别墅前有池，淳泓一碧，左右垂柳交荫，颜曰'水木清华'。"稍后，高濂记述杭州"苏堤观柳"时这样描写："花柳撩人，鹅黄鸭绿，一月二色。长行万枝，烟霭霏霏，掩映衣袂。有素心者，携壶独往。""堤上柳色，自正月上旬，柔弄鹅黄，二月娇拖鸭绿，依依一望，色最撩人。……若截雾横烟，隐约万树；欹风障雨，潇洒长堤。"[②]很形象地写出苏堤柳树之多和垂柳鹅黄转绿的季相之美。王世贞《弇山园记》记载其花园水边多种柳树："前横清溪甚狭，而夹岸皆植垂柳。"[③]扬州"影园"、上海"日涉园"等也多有柳树栽培。在北京，它也是水边重要的风景树。袁宏道《游高粱桥记》有："高粱桥在西直门外，京师最胜地也。两水夹堤，垂杨十余里，流急而清，鱼之沉水底者，鳞鬣皆见。"

① 寇宗奭. 本草衍义：卷 15 [M]. 顾正华，等点校. 北京：人民卫生出版社，1990：96.
② 高濂. 遵生八笺 [M]. 成都：巴蜀书社，1992：126.
③ 陈植，张公弛. 中国历代名园记选注 [M]. 陈从周，校阅. 合肥：安徽科学技术出版社，1983：131.

　　清代，南北各城镇仍盛行种植柳树作为风景树。无论是京城皇家园林还是江南园林都有它的秀丽身影。江苏扬州城自"隋堤柳"成名以来，一直是以柳树绿化著称的淮左名城。王士祯的《浣溪沙·红桥》写下："绿杨城郭是扬州。"或非虚言。清初，有人在北京崇文门外夕照街买空地植柳万株，称"万柳堂"。[①] 最著名的应该是颐和园模仿杭州西湖苏堤"六桥烟柳"构建的"西堤"，堤旁种植的垂柳至今仍矗立在昆明湖畔（图22-2）。每当清晨烟雾萦绕，倒映水中，树影婆娑，尤绮丽多姿，让人仿佛置身江南。曹雪芹在小说《红楼梦》中"营造"的大观园，入口处不远有一"沁芳亭"的景致，题称："绕堤柳借三篙翠，隔岸花分一脉香。"显然是其从当时江南园林中得到启发。当时西直门外也种植了不少柳树。

图 22-2　颐和园西堤柳

　　作为行道树，各地记述不少，最著名的是左宗棠西征时在西北干旱区所种柳树。据说左宗棠进疆平叛时，曾沿途栽种柳树。随行将领写下："新栽

　① 戴璐. 藤阴杂记: 卷6 [M]. 上海: 上海古籍出版社, 1985: 68.

杨柳三千里，引得春风度玉关。"[①]据说甘肃至今仍然有一些他当年栽培的柳树，尤以平凉的柳湖的"左公柳"知名。

第五节　柳树在传统文化留下的烙印

作为中国古代栽培最普遍的观赏树木之一，历代以柳为题材的诗歌、绘画特别多。垂柳分布广，很容易被作为人们抒发情感的景物。柳树飘柔的细长枝和细长叶片常被诗人视作愁绪缠绵的象征物。历史上，它成为古代一种代表离愁别绪、相思和悲伤惆怅的景物。这种表达，从周代就开始了。《毛诗·小雅·采薇》中有："彼我往矣，杨柳依依；今我来兮，雨雪霏霏。"诗句中的"依依"成为形容柳枝飘飞形态的经典词语。诗人借萦绕缠绵的柳枝和雪花抒发的悠长、凄凉的离愁别绪和悲伤惆怅情感，数千年来一直强烈地牵连着人们的心灵。"依依惜别"正是此情景衍生出来的成语。初春新柳鹅黄，丝丝交萦，如烟似带，空濛一片，不禁让人联想到离别和春光易逝的惆怅。南北朝时期，庾信《枯树赋》有："况复风云不感，羁旅无归。……桓大司马闻而叹曰：'昔年种柳，依依汉南。今看摇落，凄怆江潭，树犹如此，人何以堪。'"感慨自己有家难回，岁月易逝。其后许景先（677—730）《折柳篇》也有："春色东来度渭桥，青门垂柳百千条。……折芳远寄相思曲，可惜容华难再持。"李白的《惜余春赋》写下："荡漾恍惚，何垂杨旖旎之愁人？"白居易《杨柳枝》有："人言柳叶似柳眉，更有愁肠似柳丝。"其好友刘禹锡也写下："御陌青门拂地垂，千条金缕万条丝。如今绾作同心结，将赠行人知不知？"[②]

北宋词人在这方面有更凄美、婉约的表述。秦观有"西城杨柳弄春柔，动离忧"；王雱（1044—1076）词中所写"杨柳丝丝弄轻柔，烟缕织成愁。"也常被用来表达人们缠绵的相思情。让人印象最深刻的吟咏是宋代词人柳永

---

① 陈嵘. 中国森林史料 [M]. 北京：中国林业出版社，1982：53.
② 彭定求，沈三曾，杨中讷，等. 编. 全唐诗：卷28[M]. 北京：中华书局，1999：398.

《雨霖铃》中的千古名句："今宵酒醒何处？杨柳岸、晓风残月。"[①] 南宋著名学者罗大经诗也有"竟忘烟柳汴宫愁"。明代诗人感慨暮春："看来最是牵情处，袅娜晴丝百尺垂。"后来类似的表述更是屡见不鲜。

柳树因为枝叶缠绵，加上与"留"同音，古人离别时，往往"折柳送别"，表达希望对方能留下来的愿望。前面提到，大约在汉代的时候即开始流行"折柳送别"的习俗。唐代诗人有关这方面的吟诵颇多。岑参的《题平阳郡汾桥边柳树》有："此地曾居住，今来宛似归。可怜汾上柳，相见也依依。"刘禹锡诗曰"长安陌上无穷树，惟有垂杨绾别离。"王之涣《送别》诗有："杨柳东风树，青青夹御河。近来攀折苦，应为别离多。"感叹因为人们的离别，柳树都被攀折得太厉害了。其后，有些诗人，如白居易等不禁怜悯路旁柳树遭受不幸摧残，吟诗让人手下留情，给路旁的柳树留下一线生机。他的《杨柳枝词》写道："叶含浓露如啼眼，枝袅轻风似舞腰。小树不禁攀折苦，乞君留取两三条。"他的《题路傍老柳树》还有这样的感慨："皮枯缘受风霜久，条短为经攀折频。"李商隐《离亭赋得折杨柳》也有："含烟惹雾每依依，万绪千条拂落晖。为报行人休尽折，半留相送半迎归。"也提出送行的人们要手下留情，给柳树留下一些枝条。

古代，柳枝还在节日中用于怀念前贤、祈求政治清明和作为辟邪物。类似于菖蒲和艾在端午的作用，古人在"寒食节"用柳枝插门纪念介子推（？—公元前 636）。众所周知，寒食节为纪念春秋时期的名臣介子推而设。传说春秋时期晋文公复国后，忘记封赏忠心耿耿为他尽心服务的忠臣介子推，介子推便躲进介休绵山隐居。后来晋文公经人提醒，要重赏介子推，奈何介子推坚决不见。晋文公为逼其出面，放火烧山。介子推宁愿抱着一棵柳树被烧死，也不出来。为了纪念介子推，晋文公将其去世之日定为寒食节，规定当日不得生火。人们为了纪念这个忠臣，就在寒食节的时候，在门上插上柳枝和特制的一些祭祀食品。北宋吕原明《岁时杂记》记载："江淮间寒食日，家家折柳插门。"[②] 据记载北宋开封风土人情的《东京梦华录》："寻常京师以冬至后

---

① 沈祖棻. 宋词赏析 [M]. 上海：上海古籍出版社，1981：26-27.

② 陶宗仪. 说郛：卷 69 [M]// 说郛三种：第 6 册. 上海：上海古籍出版社，1986：3225.

一百五日为大寒食。前一日谓之'炊熟'，用面造枣饲飞燕，柳条串之，插于门楣，谓之'子推燕'。"[1] 其后记述南宋都城临安风土人情的《梦粱录·清明节》也有：宋代"清明交三月，节前两日谓之'寒食'……家家以柳条插于门上，名曰'明眼'。"这些都是通过柳枝来怀念介子推的节日仪式。古人在端午节也会用到柳枝。据《东京梦华录》记载当时端午的仪式包括："自五则一日及端午前一日，卖桃、柳、葵花、蒲叶、佛道艾。次日家家铺陈于门首，与粽子、五色水团、茶酒供养。"[2] 这种习俗大约是从北方兴起，宋代逐渐传到南方。张耒的《寒食日作二首》有："杨柳插门人竞笑，荆蛮不信子推贤。"似乎他在湖北任职时，曾在门上插柳枝。

另外，正月十五时，杨枝是春祭门户的物品之一。《荆楚岁时记》记载："今州里风俗，望日祭门，先以杨枝插门。随杨枝所指，仍以酒脯饮食及豆粥插箸而祭之。"[3] 大约是祭祀蚕神的一种仪式。它也是重要的辟邪物，《新唐书·李适传》记载："凡天子飨会游豫，唯宰相及学士得从。春幸梨园，并渭水被除，则赐细柳圈辟疠。"[4] 可见柳圈是一种辟邪物。

柳树树姿轻柔优美，古人用于譬喻美人形态。有位女诗人指出："以柳叶比美女之眉，柳身比美女之腰，乃是古典诗歌中的传统譬喻。"[5] 古人形容女性身材苗条，称"柳腰"。以柳枝的柔美来形容少女的腰肢，可能唐代已经盛行，杜甫《绝句漫兴九首》有："隔户杨柳弱袅袅，恰似十五女儿腰。"温庭筠也有："宜春苑外最长条，闲袅春风伴舞腰。"古代形容美女的眉毛细长，常称"柳眉"。古典小说描述美人发怒，常用"柳眉倒竖，杏眼圆睁"。另外，传统的艺术家将柳树看作平民气质的世俗植物，《晋书·顾悦之传》有："松柏之姿，经霜犹茂；蒲柳常质，望秋先零。"[6] 后来人们常用"蒲柳"来形容资质平凡，谦称女子长相一般，谓之"蒲柳之姿"。

---

① 孟元老. 东京梦华录：卷7[M]. 北京：中国商业出版社，1982：43.

② 孟元老. 东京梦华录：卷8[M]. 北京：中国商业出版社，1982：52.

③ 徐坚. 初学记：卷4[M]. 北京：中华书局，1962：65-66.

④ 欧阳修，宋祁. 新唐书：卷202[M]. 北京：中华书局，1975：5748.

⑤ 沈祖棻. 唐人七绝诗浅释[M]. 上海：上海古籍出版社，1981：244.

⑥ 房玄龄，等. 晋书：卷77[M]. 北京：中华书局：1974.

　　因为柳叶细长，作为一个很小的目标，古代用弓箭射中它很不容易。《战国策·西周》记载："楚有养由基者，善射，去柳叶者百步而射之，百发百中。"后世常用"百步穿杨"形容射手优秀。

　　柳树至今仍是各地园林极为常见的一种观赏树，大江南北都有它构成的靓丽风景线。无论是兰州的滨河大道，还是西安的曲江池边，抑或北京的颐和园昆明池畔、北海沿岸和动物园等各大公园，以及北二环路边都可见垂杨夹道。江南有苏州拙政园的"柳阴路曲"，杭州有"苏堤春晓""柳浪闻莺"。尤其是颐和园西堤那些栽于乾隆时期的大柳树，沧桑虬劲，矗立于绿水湖畔，风帘翠幕，给游人带来了难忘的美景。诚如有些园林史家指出的那样："高柳侵云，长条拂水。柔情万千，别饶风姿，为园林生色不少。"[①] 国内比较稀奇的是，福建很少有垂柳。明代王世懋《闽部疏》记载："闽部最少杨柳，福州城中士大夫园池间有一两株，作长条拂地，不能拱把。"其后，周亮工感叹出现这种情况："岂柳星独不照闽中耶"？这种情形在南方各地似乎较少见。

---

① 陈从周. 园林谈丛 [M]. 上海：上海文化出版社，1985：12.

第二十三章

紫　薇

第一节　早期的栽培和唐代的官衙花

紫薇（*Lagerstroemia indica*，图23-1）属千屈菜科花木，在我国分布广泛，又名怕痒花、[①]百日红、满堂红，福建有些地方也叫"佛相花"。紫薇是落叶乔木，枝干屈曲，树皮褐色，光滑，又被叫作无皮树。叶子椭圆形或卵形，夏季开花，红色的花在枝端成大串开放，非常美丽。紫薇还有开白花的变种，

图 23-1　紫薇

---

①《全芳备祖》业已出现这个花名。

人们称它为银薇；开紫带蓝色的品种，则被叫作翠薇。果实球形。这种花的花期很长，在北方从夏天一直开到秋末。因它的花期长，从 7～9 月都开花，故称作百日红[①]。又因它树皮光滑，古人认为，如果在上面抓动，枝干无风也会自己摇动，所以又有怕痒树的别名。紫薇花色艳丽，而且在少花的夏、秋盛开，是一种优良的园林花木。

它可能起源于华南或西南，西南四川等地仍存有不少古紫薇树。贵州印江县紫薇镇（原永义乡）至今仍留存一株高 38 米、胸径 1.9 米、据说距今 1 300 多年的紫薇古树。四川青城山有株据说树龄达 1 200 多年的古紫薇树，后来高价售给江苏苏州相城植物园。另外，四川剑阁有树龄约千年的古紫薇树，绵竹市汉旺镇青龙村也存有高约 10 米、树龄达 981 年的古紫薇树。甘肃陇南两当县城关镇的香泉寺，有一株据说距今约 1 000 年的古紫薇树。[②] 紫薇在中国南方各地都有栽培，北京等北方城市也很常见。这种花被栽培很早，至迟在晋代已经种植。晋代王嘉《拾遗记》记载：东晋"元熙元年（419）……乃诏内外四方及京邑诸宫观林卫之内，及民间园囿皆植紫薇。"[③] 可能当时南方的庭院和园林已经普遍栽培，至今已有 1 600 多年的栽培史。

唐代，它是中书省衙门前种植的一种象征性的花木，这种情形在古代比较少见。《新唐书·百官志》记载："开元元年，改中书省曰紫微省，中书令曰紫微令。天宝元年曰右相，至大历五年，紫微侍郎乃复为中书侍郎。"[④] 既然称紫微省，栽培紫薇花自有其合适的寓意，更因其花期长且花枝烂漫可观。正因为中书省前栽培紫薇的缘故，唐代也将紫微侍郎戏称紫薇郎。园林花卉爱好者、著名诗人白居易写过《紫薇花》诗："紫薇花对紫薇翁，名目虽同貌不同。独占芳菲当夏景，不将颜色托春风。"他担任过一段时间的中书舍人，入值西省（中书省）。当时这种官职也称"紫薇郎"，故他自称"紫薇翁"。[⑤]这种习俗一直延续到宋代。沈括记载："唐故事，中书省中植紫薇花……至

①《闽产录异·花属》记载，福建人所说的百日红，实际上是臭梧桐花。

② 任继文. 千年紫薇誉香泉 [J]. 植物杂志. 1998（3）：22.

③ 王嘉. 拾遗记：卷 9[M]. 北京：中华书局，1981：204—205.

④ 欧阳修，宋祁. 新唐书：卷 47[M]. 北京：中华书局，1975：1211.

⑤ 葛立方. 韵语阳秋：卷 16[M]//历代诗话. 北京：中华书局，1981：610.

今舍人院紫薇阁前植紫薇花，用唐故事也。"[1] 北宋僧人文莹的《湘山野录》记载："咸平中，翰林李昌武宗谔初知制诰，至西掖，追故事独无紫薇，自别野移植。闻今庭中者，院老吏相传犹是昌武手植。"[2] 记述李宗谔（964—1012）延续前朝故事，从别墅移植紫薇到当时的中书省办公地栽培。宋代的紫薇阁大约与唐代紫微省是类似的衙门。

唐宋时人家园庭也栽培这种花。白居易可能栽培过紫薇。苏东坡写过《次韵钱穆父紫薇花二首》，王十朋诗注提道："虚白堂前紫薇两株，俗云乐天所种。"白居易的《紫薇花》还记下他在各地看见的紫薇花："浔阳官舍双高树，兴善僧庭一大丛。何似苏州安置处，花堂栏下月明中。"写出江南官衙、长安寺庙都兴栽培此种花木。唐代官员杨于陵（753—830）任桂阳郡守时曾有这样一段记述："郡斋有紫薇双本，自朱明接于徂暑，其花芳馥犹茂，庭宇之内迥无其伦"[3]。段成式《酉阳杂俎·支植上》记载北方有些紫薇长得很大："紫薇，北人呼为猴郎达树，谓其无皮，猿不能捷也。北地其树绝大，有环数夫臂者。"[4] 不过，现今北方很少看见长得很粗的紫薇树，一般都是小灌木。杜牧的紫薇花诗也有："晓迎秋露一枝新，不占园中最上春。"诗人韩偓曾记一些宫殿厅堂中栽培此种花。他写道："甲子岁夏五月，自长沙抵醴陵……入南小江山水益秀村篱之次，忽见紫薇花，因思玉堂及西掖厅前皆植是花。"五代时，张翊的《花经》收录紫薇。

第二节　后世园林的重要花卉

在宋代，紫薇也是厅堂、园林常见栽培的花卉。这在当时众多著名学者的笔下都有反映。北宋文坛领袖欧阳修写过《聚星堂前紫薇花》，有"宋诗"

---

[1]　沈括. 梦溪笔谈：卷3[M]. 胡道静，校正. 上海：上海古籍出版社，1985：144.

[2]　文莹. 湘山野录：卷上[M]//宋元笔记小说大观. 上海：上海古籍出版社，2007：1397.

[3]　彭定求，沈三曾，杨中讷，等. 全唐诗：卷330[M]. 北京：中华书局，1999：3690.

[4]　段成式. 酉阳杂俎：续集卷9[M]. 北京：中华书局，1981：283.

开山鼻祖之称的梅尧臣写过《次韵景彝阁后紫薇花盛开》。后者写道："禁中五月紫薇树，阁后近闻都著花。"苏州文人朱长文的《州学十题》中有："紫薇颜色好，先占凤凰池。"南宋诗人陆游在院落里栽培过紫薇，写过《厅前紫薇花二本甚盛戏题绝句》。杨万里对紫薇花期之长深有感触，他的《凝露堂前紫薇花两株，每自五月盛开，九月乃衰》写道："似痴如醉丽还佳，露压风欺分外斜。谁道花无红百日，紫薇长放半年花。"祝穆的《贺新郎》写道："此木生林野，自唐家、丝纶置阁，托根其下。长伴词臣挥帝制，因号紫微堪诧。……一株乃肯临茅舍。肌肤薄、长身挺立，扶疏潇洒。"写出紫薇成为唐代官衙的象征性花卉，以及将它种在庭院中的观感。

缘于它的受人喜爱，南宋《格物总论》对紫薇的形态做了比较细致的记述："紫薇花，俗名怕痒花树，身光滑，俗因号为猴刺脱，高者丈余。花瓣紫皱，蜡跗茸，萼赤。茎叶对生每一枝数颖，一颖数花，四五月始华，开谢接续可至六七月。山谷间多有之，省中亦多植此花者，取其花耐久及烂熳可爱也。"[1] 书中写出作者知晓山中有野生种，因人们喜欢而多有栽培。

明代，它也是常见的庭园花卉。苏州怡园的古紫薇树，据说栽于明初，树龄达 640 年。文学家皇甫涍的《紫薇花行·序》写道："秋日散步亭隅，薇花烂目，徘徊久之，亭故余读书处也。"描绘出花园亭台栽培紫薇情形。当时的人将花紫色的称紫薇，红色的叫红薇，紫带蓝色的叫翠薇，白色的叫白薇。喜爱栽花弄草的王世懋似乎不太喜欢看来比较俗气的粉红紫薇花。他在《学圃杂疏·花疏》评述道："紫薇有四种，红、紫、淡红、白，紫却是正色。闽花物物胜苏杭，独紫薇作淡红色，最丑，本野花种也。"也有人将其视为观赏价值太低的花。

曾在云南为官的博物学家谢肇淛对云南的紫薇之高大花繁，印象极其深刻。他写道：云南"其紫薇树尤极繁盛，皆高十数丈，荫数亩许。公署尤多尽千百年物也。自夏徂秋，绀英照耀庭庑，令人留连吟赏，不忍舍去。"[2] 谢肇淛描述的是一个高大花繁的种类。王象晋在《群芳谱·花谱》中则认为紫薇

---

[1] 谢维新. 古今合璧事类备要·别集：卷 35 [M] // 四库全书：第 941 册. 台北：商务印书馆，1983：175.

[2] 谢肇淛. 滇略：卷 3 [M] // 云南史料丛刊：第 6 册. 昆明：云南大学出版社，2000：684.

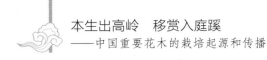
花别有风致："叶对生，一枝数颖，一颖数花，每微风至，妖娇颤动，舞燕惊鸿，未足为喻。省中多植此花，取其耐久且烂漫可爱也。紫色之外，又有红、白二色，其紫带蓝焰者，名翠薇。"描述了紫薇花的柔美可爱。清代，有学者指出开白花的叫"银薇"，不知是否为当时形成的品种。高士奇在自己的别墅园中也栽培紫薇和乌桕。

现今最为人称道的紫薇花景观之一，当数四川都江堰清溪园等数处。清溪园据称树龄达 1 300 年的"紫薇花瓶"以及"紫薇屏风""紫薇佛掌"远近闻名。那里的伏龙观的古紫薇树，枝干虬曲，古韵盎然，颇具一番厚重历史感，而二王庙大殿前的两株大紫薇树曾给来华著名的引花人、英国园艺学家威尔逊（E.H.Wilson）留下极为深刻的印象，称之为"曾见过的最美丽的紫薇"。

紫薇在宋代的时候已经被当作插花。杨万里《道旁店》写道："青瓷瓶插紫薇花。"它也是一种很好的盆景桩木。高濂的《遵生八笺》中提到紫薇也适宜作为盆景栽培。

西方人到中国后，很快注意到这种美丽的花木。瑞典东印度公司的主管拉格斯特伦（M.Lagerstroem）将这种美丽植物送给了他的朋友、世界著名的博物学家林奈。后者为了表达其感激之情，便将他的名字拉丁化，当作紫薇学名的属名。

通常夏初过后，北方花木渐少，一些城市广泛栽培月季、紫薇等花期很长的灌木，以美化市区。北京等北方城市的街区、园林、庭园夏秋间常见此花，不同品种姹紫嫣红，举目皆是，给街道、公园增加不少靓丽色彩。在广东等华南地区还有一种树形高大大花紫薇（*Lagerstroemia speciosa*），上述谢肇淛所描述的紫薇树应该就是此种。安徽省将紫薇和黄山杜鹃定为省花。除中国外，印度、马来西亚等国也有紫薇栽培。

第二十四章

丁香花

第一节　芳丛江南称"百结"

丁香原来也是香料名称，因果实形状似钉子得名，用于调味或当作药物[1]，很早就从东南亚一带进口，魏晋时期的《名医别录》已收此种香料。与桂类似，后来丁香也成为香花的名称。丁香花（*Syringa spp.*）属木犀科植物，得名可能缘于其花香并且花朵像香料丁香的干燥的花蕾或果实。

园林栽培常见紫丁香（*Syringa oblate*，图24-1）、白丁香（*Syringa oblata* var. *alba*）和暴马丁香（*Syringa reticulata* var. *amurensis*）。它们都是落叶灌木。性喜光，极耐寒、耐旱，为中国长江以北地区庭园常见的观赏花木。丁香花原产中国北方或西南。上述地区还有紫、白丁香花的野生种。清乾隆时期《盘山志·物产》记载："丁香花产五盆沟一带，花繁香烈，首夏盛开，累累石罅中如绣。"[2] 同为乾隆时期的《盛京通志·物产》记载："丁香，紫、白二色，生山原者名野丁香。"这些史料表明，当时人们知道东北和华北山区分布野生丁香。如今北方一些地区如北京百花山、兰州的石佛沟等地仍有野生种分布。紫丁香和白丁香的叶片嫩绿，叶子圆卵形至肾形，颇美观。花朵虽小，

---

① 丁香原来指原产东南亚一带热带雨林的香料 Syzygium aromaticum，又叫鸡舌香、丁子香。

② 蒋溥，等. 盘山志：卷15[M]. 上海：上海古籍出版社，1993：324.

却花团锦簇。有紫色、红色、白色等不同种类，开放时淡雅芬芳，香而有韵，为春天特别引人注目的香花，深受国人喜爱。在中国有很长的栽培历史，至迟在唐代前期已经开始栽培，杜甫等人的诗歌表明了这一点。山东济南南部山区兴隆街道办事处义和庄村的一个农家小院里，还生长着一颗树龄据说达1 200年的白丁香花树。

图24-1　紫丁香

丁香花是北方春天非常醒目的花卉。唐代陆龟蒙（？—881）《丁香》诗这样写道："殷勤解却丁香结，纵放繁枝散诞春。"描绘丁香开放时，带来春光灿烂的景色。据柳宗元《礼部贺甘露表》，皇宫延和殿前有丁香树。唐代不少诗人都喜欢在庭院和亭台中栽培这种香花，这也成为他们诗中抒怀的重要景物。杜甫的《江头四咏·丁香》诗这样写道："深栽小斋后，庶近幽人占。晚堕兰麝中，休怀粉身念。"[1]在居室后栽培丁香，不仅环境幽雅，而且芳香袭人。钱起《赋得池上双丁香树》也有："露香浓结桂，池影斗蟠虬。"而王建的《别药栏》则写道："芍药丁香手里栽"，可见他亲手栽培过这种花。李贺的《难忘曲》也写道："夹道开洞门，弱柳低画戟。……乱系丁香梢，满栏花向夕。"唐代名相李德裕在其《平泉山居草木记》中，记述他的别墅中已经

---

① 彭定求，沈三曾，杨中讷，等. 全唐诗：卷227 [M]. 北京：中华书局，1999：2455.

栽培来自宛陵（宣城）的紫丁香，[①] 段成式《酉阳杂俎》也有相应的记载。五代时，张翊的《花经》收录了"丁香"[②] 花。

丁香花，也叫百结花，后者与其形态和它在古代诗人心中的意象有关。丁香花的心形花蕾表面有四道裂纹，略似"郁结"的心脏，故称"丁香结"。颇富想象力的唐代诗人已经注意到丁香花蕾的这种形态。唐代诗人中，诗词风格以寓意深远、辞藻华丽著称的李商隐已经在诗中提到"丁香结"。他的《代赠》诗中写道："芭蕉不展丁香结，同向春风各自愁。"诗人似乎已将丁香与"愁肠百结"联系在一起。李商隐诗中的这种意象，被后人进一步发扬。南唐皇帝李璟《摊破浣溪沙》中的"丁香空结雨中愁"，可能是抒发"丁香愁结"情怀影响最为深远的诗句。另一方面，丁香花通常成簇开放，元好问《丁香花》诗形象地描述丁香花树的形态："一树百枝千万结，更应熏染费春工。"丁香为此被称"百结花"，这个别称在北宋的文献中已经出现。苏轼作于赣州浮石乡的《留题显圣寺》中写道："幽人自种千头橘，远客来寻百结花。"南宋学者施元之（1102—1174）、王十朋在注这首诗的时候都提道："江南人谓丁香为百结。"[③] 元代《韵府群玉》也写道："江南谓丁香为百结花。"似乎这个名称产生于南方。南宋诗人戴昺《效宫词体》有："杨柳万丝堆怨绪，丁香百结锁愁肠。"直接将丁香和百结联系一起。因为这个缘故，在传统文化中，清新秀丽的丁香花隐含哀愁、忧郁的格调。

第二节　宋明都城常见花

宋代，丁香是北方园林中重要观赏花卉。王安石《出定方院作》化陆龟蒙的《丁香》诗句，写出："殷勤为解丁香结，放出枝间自在春。"北宋东西两京都有丁香花的栽培。周师厚《洛阳花木记》收录了"丁香花、百结花"。丁

① 陈植，张公驰. 中国历代名园记选注 [M]. 陈从周，校阅. 合肥：安徽科学技术出版社，1983：8.
② 陶谷. 清异录：卷上 [M]//宋元笔记小说大观. 上海：上海古籍出版社，2007：41.
③ 苏轼. 苏轼诗集合注：卷45 [M]. 上海：上海古籍出版社，2001：2266.

香花显然是西京洛阳园林中的观赏花卉。作者可能将某个品种的丁香称作"百结花",故将丁香花与百结花并列。记述东京(开封)御苑情形的《艮岳记》记载,艮岳中栽培了丁香、花椒、兰花等芳香花卉。书中记下,建园时"筑修冈以植丁香,积石其间,从而设险曰'丁嶂'。"[1] 时人对丁香的钟爱,在诗歌中有清晰的表述。北宋诗人宋白(936—1012)《宫词·丁香》诗写道:"昨日司花新奉敕,后园差使结丁香。"梅尧臣的《三月十日韩子华招饮归成》也写下:"清明晓赴韩侯家,自买白杏丁香花。"它也是宋人喜爱的绘画对象,《宣和画谱》收录有北宋画家易元吉的"写生紫丁香图"。

南宋时期,江浙一带也栽培丁香花。台州学者吴芾《得家书报敝居紫丁香盛开怅然有感》写道:"前日我家寄书至,为报堂前花正开。熏人已如兰麝喷,照眼还若锦绣堆。"通过家书得知故园丁香花开时,芳香四溢,繁花似锦的景象。高似孙的《剡录·花》记载:"剡山白丁香绝多。"台州方志《赤城志·土产》提到当地丁香花有紫、白二种。洪遵《丁香花》有这样的描述:"来自丁香国……冷艳琼为色,低枝翠作围。"描述似为白丁香(图24-2)。南宋永嘉学派创始人薛季宣《丁香花》也写道:"别是南州种,寒花七里香。玉笄骈宝髻,金粟缀银珰。"对丁香的芬芳和秀丽做出了形象的描绘。

图24-2　白丁香

明代,丁香也是北京城的重要观赏花卉。《帝京景物略》记载:右安门外的草桥,人们种花为业。仲春时节售卖丁香花。"丁香,紫繁于白,白香于

---

① 张淏. 艮岳记 [M]//图书集成初编. 上海:商务印书馆, 1935-1935: 3.

紫。"① 从《国子监志·诗赋》可看出，明代时，国子监旁也有丁香花，曾有学者为之赋诗。这种花卉也颇受文人学者的喜爱，著名书法家吴宽《丁香》不无戏谑地写道："花开不结实，徒冒丁香名。枝头缀紫粟，旖旎香非轻。乃知博物者，名以香而成。……分移故园内，不知枯与荣。"指称丁香花冒了香料之名，完全是因为同样有香味的缘故。明中期诗人黎民表写过《乔启仁后园丁香花盛开迟过同赏》。《遵生八笺·燕闲清赏笺下》记载："紫丁香花，木本，花如细小丁香，而瓣柔色紫。蓓蕾而生，接、种俱可。"② 指出丁香花可能因花朵像香料丁香的果实而得名。也许因为广泛栽培的缘故，甚至《农政全书·农事》都有紫丁香嫁接时令的记述。据说山东莱阳市照旺庄镇至今仍存有一株明末栽培、高达 20 多米的丁香花。

丁香花也是一些堂馆、寺庙常栽的花卉。明初刘崧写过《净妙寺读李少鸿所书山门记，过东院看百结花，其枝皆纽结之，而香气大异》诗。《徐霞客游记·滇游日记十三》则记载云南各地也有丁香："散步藏经阁，观丁香花。其花娇艳，在秋海棠、西府海棠之间，滇中甚多，而鸡山为盛。"③北方一些寺庙还把暴马丁香当作"菩提树"④，如明初创建的青海著名塔尔寺中的"菩提树"，即为暴马丁香（图 24-3）。

图 24-3　暴马丁香

① 刘侗. 帝京景物略：卷 3 [M]. 北京：北京古籍出版社，1983：120.

② 高濂. 遵生八笺：卷 16 [M]. 北京：人民卫生出版社，1994：618.

③ 徐宏祖. 徐霞客游记校注 [M]. 朱惠荣校注. 昆明：云南人民出版社，1985：1172.

④ 真正的菩提树（Ficus religiosa）是桑科植物，也叫思惟树。原产南亚次大陆山区，东汉佛教传入后，通过海上丝绸之路传入岭南。现今在两广、福建和云南等南亚热带地区都有栽培。南宁青秀山公园有不少胸径超过一米的大菩提树。厦门市的湖滨东路、莲前西路的行道树即为菩提树。其翔安区大嶝街道还有一株树龄约为 460 年的菩提古树。

约在宋代，丁香花开始被用作插花。金代诗人元好问《赋瓶中杂花》写道："香中人道睡香浓，谁信丁香臭味同。一树百枝千万结，更应熏染费春工。"诗中的"睡香"即瑞香。诗中说丁香与睡香香味相同，可能是有些人误把紫丁香当成瑞香一种的原因。[①] 明代袁宏道的《瓶史》和屠本畯的《瓶史月表》都有将丁香当作插花的记载。

第三节　塞外江南显青姿

到了清代，这种柔弱娇美、纯洁明媚的香花也深受各地民众的喜爱。乾隆时《畿辅通志·土产》也记载，京城产紫、白两种丁香。北京的园林常栽培此种花卉，据说畅春园中筑有"东西二堤，长各数百步，东堤曰'丁香堤'"[②]，上面栽了许多丁香。乾隆似乎很喜欢这种花，写过不少它的诗篇。他的《丁香花》写道："细叶纤英不染尘，微风时度暗香匀。两般颜色分枝丽，四出琼瑶着树新。"形象地描绘出丁香的形态和风韵。其《上苑韶光·紫丁香》称颂紫丁香："韶光上苑正怡情。"而《戏题紫白丁香》则称："同是春园百结芳，紫丁香逊白丁香。"[③] 国子监也有白丁香花。清翰林周清原《太学白丁香诗》写道："翠蔼轻笼靓素装，枝头点点缀寒光。月明有水皆为影，风静无尘别递香。"一些官僚也在庭院栽培丁香。清初官吏叶方蔼《花下》诗写道："吾庭不半弓，杂植竹木繁，娟娟丁香花，讬吾西南垣。"写出自家庭园不大，也种了不少竹子和花木，包括丁香。

清前期著名画家邹一桂，在《小山画谱》记述："丁香，有紫、白色二种，蓓蕾甚繁。花小，四出，千朵丛开。蒂甚微。开时叶已条发。叶圆净，对节生。花后结子如丁香，故名。此花盛于北地，三月尽开。"[④] 作者认为丁香花

---

① 苏轼就曾因此写词调侃过好友曹子方。见其《西江月》："点笔袖沾醉墨，谤花面有惭红。"
② 于敏中，等. 日下旧闻考：卷76[M]. 北京：北京古籍出版社，2001：1275.
③ 于敏中，等. 日下旧闻考：卷149[M]. 北京：北京古籍出版社，2001.
④ 潘文协. 邹一桂生平考与《小山画谱》校笺. 杭州：中国美术学院出版社，2012：97.

结子如丁香并不准确，或许邹一桂没有见过香料丁香。不过，他指出丁香花大量栽培于北方则为实情。清朝官员查礼（1716—1783）的《紫丁香花歌·为杭大宗编修赋》极尽对紫丁香夸赞之能事，称："高枝似袅紫玉烟，低影还如紫云舞。柔肌纤骨不胜扶，细眼明眸疑欲语。蒙茸乱蕊笑紫荆，更比紫薇重难举。"北京西面戒台寺栽培有大批的丁香，有不少树龄达200多年的丁香据说就是乾隆时从畅春园移植而来。

丁香花耐寒，清代不仅在北京广泛栽培，在承德乃至东北皆有分布，甚至有一些特色品种。清代乾隆《热河志·物产三》记载："今塞外所产有紫白二种，亦有一树二色者，不由接植，偶然得之，土人名鸳鸯丁香。然不多有。"上面提到的《盛京通志·物产》也记述东北有紫丁香和白丁香。

江浙一带的园林常见丁香。明末清初著名词人陈维崧（1625—1682）《白丁香花赋·并序》写道："余居停主人蒋元肤砌畔种有此花。三春欲暮，花开似雪，元肤隔墙呼饮。并言：'每岁有紫花半数，交枝并跗，掩映殊佳，今紫者萎矣。'"显然写的是庭院栽培的丁香花。彭孙遹（1631—1700）的《丁香花》写下这样称赏诗句："小艳纵非倾国色，清姿也合断人肠。暗中沾惹浑疑雪，空里萦盈并是香。"陈淏子的《花镜·花木类考》收录了丁香花。高士奇《北墅抱瓮录》记载，南方的丁香春秋两季都开花，北方的丁香只在春天开花。清代名士周篔（1623—1687）也写过"紫丁香结千枝秾"的诗句。杭州赵昱的"春草园"有白丁香的栽培。[1] 查慎行的《敬业堂诗集》也多处提到庭院栽培的丁香花。

和栀子花一样，丁香花也为古代象征爱情盟约的花卉。约与孟浩然同时的唐代女诗人韩襄客的闺怨诗曾写下："连理枝前同设誓，丁香树下共论心。"[2] 表达青年男女爱情的坚贞。而"丁香结"常被文人学者用于表达难解的相思和离愁哀怨。宋代王安石之子王雱《眼儿媚·杨柳丝丝弄轻柔》词写道："相思只在：丁香枝上，豆蔻梢头。"著名词人贺铸（1052—1125）收到心爱女子寄来的相思诗篇有："深恩纵似丁香结，难展芭蕉一寸心。"而他回复

---

① 陈植，张公驰. 中国历代名园记选注 [M]. 陈从周，校阅. 合肥：安徽科学技术出版社，1983：354.
② 彭定求，沈三曾，杨中讷，等. 全唐诗：卷802 [M]. 北京：中华书局，1999：9130.

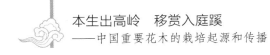

的词，则用了李商隐"芭蕉不展丁香结"这个缠绵悱恻的句子。南宋诗人陈允平也写过"丁香共结相思恨"的词句。明代许邦才《丁香花》的"当年剩绾同心结，此日春风为剪开。"则写出了先前相互表达爱意之"丁香结"纾解后的喜悦之情。古人心目中"丁香空结雨中愁"的意象，影响极其深远。

　　丁香的花丛很大，开花时花团锦簇，艳丽芬芳，是很好的园林观花树木，又是良好的盆景和切花材料。花还能用来提制芳香油。在我国栽培非常普遍，尤其在北方园林、庭园中常见。北京很多年深日久的王府大院都有它的芳踪，各大公园和街区也都有丁香花的栽培。无论圆明园的福海景区，还是天坛的"丁香园"，以及东二环的北京古天象台周边等地，春天来临时，花繁如海，招来游人如织。芳香四溢的景观，沁人心脾，令人身心愉悦，流连忘返，充分展示了春光的秀丽喧阗。黑龙江省以紫丁香为省花。进入21世纪以来，作为省会城市的哈尔滨，种植了超过百万株的各种丁香花，还有数个丁香花主题公园，到了每年的五月，城中大街小巷，丁香怒放，满城飘香。

　　丁香花在鸦片战争前由英国人从中国带回欧洲，很快受到西方各国园林界的欢迎，比利时画家雷杜德曾经画过紫丁香这种香花[①]。19世纪晚期，俄国使馆的医生也给彼得堡植物园引种过白丁香。当时还有一些种类的中国丁香被引导欧美栽培。德国博物学家曾在河北小五台山采集过红丁香（*Syringa villosa*）标本。这种丁香于1880年前后被引种到美国阿诺德树木园、英国丘园、巴黎自然博物馆植物园和俄国彼得堡植物园栽培。另外，北京丁香（*Syringa reticulata* subsp.*pekinensis*）也被引入美国阿诺德树木园栽培。[②]

　　① REDOUTÉ, Pierre-Joseph.Choix des plus belles fleurs [M].Paris: Ernest panckoucke.1827: 109.

　　② BRETSCHNEIDER E.1898.*History of European Botanical Discoveries in China*, Vol II[M].London: Sampson Low and Marston. 1898: 1057.

第二十五章

芭 蕉

第一节 栽培起源

芭蕉（*Musa basjoo*，图25-1）属芭蕉科，古代也叫芭苴。多年生高大草本，丛生。叶子很大，叶片长椭圆形，如张翠幕，叶柄长大成鞘状互相包裹，形成假茎。夏秋开花，花梗从叶鞘内长出，花簇生苞片腋内。果实肉质，形状像香蕉而更短粗，成熟时黄绿色。它的叶形修长幽雅，是南方院落、精舍常见的美化植物。它和棕榈都是呈现亚热带风光的重要景物。

关于它的名称由来，宋代名物学家陆佃在《埤雅·释草》中认为："蕉不落叶，亦蕉一叶舒则一叶焦而不落，故谓之蕉也。"熟悉芭蕉形态的广东学者屈大均在《广东新语·草语》对芭蕉名称有进一步的释义："蕉之可爱在

图25-1 芭蕉

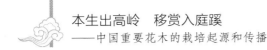

叶，盛夏时，高舒垂荫，风动则小扇大旗，荡漾翻空，清凉失暑，其色映空皆绿。其高五六尺者，叶长干小，萧疏如竹，曰水蕉。其花如莲，亦曰莲花蕉。……此三种皆花而不实，但可名芭蕉，不可言甘蕉。言甘蕉者，以其实，言芭蕉者，以其叶也，巴者焦也，其叶巴而不陨，焦而长悬，故合言之曰芭蕉也。"屈大均指出，巴也是枯干的意思。

芭蕉原产亚洲热带琉球群岛一带，台湾可能有野生。南方可能很早就开始栽培，不过像很多南方植物一样，其文献记述出现较晚，而且也不太可能通过考古发现其相关的留存，要确定其具体的栽培起源非常困难。屈原的《九歌》述及："传芭兮代舞。"这里的芭或许就是芭蕉。芭蕉见于汉代文献记载，司马相如《子虚赋》中提到"巴且"[①]，据汉末学者文颖的注释，即芭蕉。稍后《广志》的作者写道："芭蕉一曰芭菹"，似乎"巴且"即"芭菹"。

《三辅黄图》记载，汉武帝破南越，已经在上林苑中栽培甘蕉。甘蕉即后世香蕉，它的形态描述在三国时期的文献中已经出现。《南州异物志》记述它的形态："甘蕉草类，望之如树，株大者一围馀，叶长一丈，或七八尺馀，二尺许，华大如酒杯，形色如芙蓉"。[②] 其后，晋代郭义恭的《广志》曾记载："芭蕉……或曰甘蕉。茎如荷芋，重皮相裹，大如盂升，叶广二尺，长一丈。子有角，子长六七寸，有蒂三四寸，角着蒂生，为行列，两两相对，若相抱形。……出交趾建安。"作者则将芭蕉和甘蕉混为一谈。很显然，和许多岭南植物一样，古代学者尤其是北方的学者了解不够，经常混淆不同的种类，因此植株形态相似的芭蕉和香蕉（甘蕉）相混淆，似乎也在情理之中。实际上，芭蕉比香蕉更加耐寒，在华东地区都可以作观赏栽培。而香蕉主要分布于华南地区。因此当时引种的"甘蕉"也可能是芭蕉。至今可能有 2 000 多年的栽培史。差不多同时的《异物志》曾指出："芭蕉茎如芋。"[③] 之所以被当作"异物"，是因为它属于北方学者不熟悉的植物。

芭蕉在秦岭和淮河以南皆可栽培，但只在华南结实。自古就是中国江南

① 班固. 汉书：卷 57 上 [M]. 北京：中华书局，1962：2535.

② 欧阳询. 艺文类聚：卷 87 [M]. 上海：上海古籍出版社，1982：1499.

③ 贾思勰. 齐民要术：卷 10 [M]. 缪启愉，校释. 北京：农业出版社，1998：760.

园林、寺庙最常见的花木之一，深得国人喜爱；芭蕉形态优美，绮丽多姿，是历代绘画的重要题材之一。西晋文学家左思的《吴都赋》中提到"蕉"。刘宋时期著名山水诗人谢灵运写过《芭蕉赞》，其中有："合萼不结核，敷华何由实？"注意到其不结果实，没有种子。同时期有学者称赞甘蕉："扶疏似树，质则非木，高舒垂荫，异秀延瞩。"描绘出这类植物的秀美。南朝著名诗人徐摛写过《冬蕉卷心赋》，描绘的是江南芭蕉的季相形态。汉以后，北方的园林也逐渐有芭蕉的观赏栽培。《晋宫阁名》记载，华林园已经栽培芭蕉。[①]

第二节　人们对芭蕉喜爱的兴起——雨打芭蕉

　　唐代时，随南方的开发，学者对芭蕉更为熟悉。作为江南园林庭院的重要花卉，与竹子一样，它常被栽培在厅堂窗户边，让周边环境更加幽雅闲适。唐诗中多有这方面的写照。诗人韦应物（737—791）在任滁州刺史时写的《闲居寄诸弟》有："尽日高斋无一事，芭蕉叶上独题诗。"晚唐诗人方干《题越州袁秀才林亭》写道："坐牵蕉叶题诗句，醉触藤花落酒杯。"韩偓也写过："深院下帘人昼寝，红蔷薇架碧芭蕉。"朱庆余《和刘补阙秋园寓兴之什》也写道："蕉叶犹停翠，桐阴已爽寒。"韦庄《过旧宅》也有"莫问此中销歇事，娟娟红泪滴芭蕉"，描绘出长江中下游地区庭园栽培芭蕉的情形。芭蕉形态秀丽，历史上不乏喜爱栽培它的官员名人。五代时，一些贵官富绅非常喜欢芭蕉。《清异录》记载："南汉贵璫赵纯节，性惟喜芭蕉，凡轩窗馆宇咸种之。时称纯节为'蕉迷'。"[②]

　　当时的学者已经注意到，芭蕉作为风景植物的观色听声价值，一些人特意在窗边种植芭蕉，以期遮阴挡暑，观蕉绿色，听其清声。白居易《夜雨》诗写下："隔窗知夜雨，芭蕉先有声。"描绘出夜雨芭蕉声的特有感受。杜牧的《芭蕉》写道："芭蕉为雨移，故向窗前种。怜渠点滴声，留得归乡梦。"其

① 欧阳询. 艺文类聚：卷87[M]. 上海：上海古籍出版社，1982：1499.
② 陶谷. 清异录：卷上[M]//宋元笔记小说大观. 上海：上海古籍出版社，2007：32.

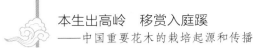

《雨》有："一夜不眠孤客耳，主人窗外有芭蕉。"郑谷《蜀中寓止夏日自贻》也写道："涨江垂蟪蛄，骤雨闹芭蕉。"芭蕉在窗前种植，不仅可以为窗前增添荫凉，给视野增添幽雅的屏障。下雨天雨滴芭蕉声，淅沥清脆，别有韵味。他们的诗歌已经给后来的置景"雨打芭蕉"给出了意蕴。

芭蕉在江南寺庙中广泛栽培，在唐诗文中也多有反映。据说草圣怀素（约737—799）和尚为了练字曾在寺庙旁种了许多芭蕉。陶谷《清异录》记载："怀素居零陵庵东郊，治芭蕉，亘带几数万，取叶代纸而书，号其所曰'绿天庵'、曰'种纸'。"著名诗僧皎然《赠融上人》有："常爱西林寺，池中月出时。芭蕉一片叶，书取寄吾师。"西林寺是庐山的名寺。徐凝《宿冽上人房》诗写道："觉后始知身是梦，更闻寒雨滴芭蕉。"寺庙栽培芭蕉，似乎还与其形态的寓意关联。杜奕《芭蕉偈》云："幽山净土，生此芭蕉。无心起喻，觉路非遥。"[1] 五代时本草学家韩保昇的《蜀本图经》指出："芭蕉多生江南，叶长丈许，阔二尺余，茎虚软。"他注意到芭蕉主要见于江南栽培。

宋代时，芭蕉的栽培逐渐往北传播。此前，虽然北方也有引种，但真正成功与否，却不得而知。福建著名学者苏颂对芭蕉和香蕉的区别很清楚。他在《图经本草》记载甘蔗时提道："近岁都下种之甚盛，皆芭蕉也。蕉类亦多，此云甘蔗，乃是有子者。"[2] 五代《玉堂闲话》记载了一则"秦城芭蕉"的故事："天水之地，迩于边陲，土寒，不产芭蕉。戎师使人于兴元求之，植二本于庭台间。每至入冬，即连土掘取之，埋藏于地窖，候春暖，即再植之。"[3] 可见当时边关的将领为了观赏，通过置于室内地窖来养植。这种人还不止一个。韩琦任职河北定州时，写下《阅古堂八咏·芭蕉》："边俗稀曾识此科，南方地暖北寒多。孤芳莫念违天性，无奈深恩爱育何！"似乎也是因为喜爱而移栽芭蕉。据《宋史·五行志》记载：政和年间，"禁中芭蕉连理。"记述开封栽培芭蕉不少，而且宫中也有栽培。周师厚的《洛阳花木记》中记述春分时节"分芭蕉"，表明洛阳可能也有芭蕉栽培。缘于学者的关注，宋代

① 董浩，等. 全唐文：卷615[M]. 北京：中华书局，1983：6215.

② 唐慎微. 重修政和经史证类备用本草：卷11[M]. 北京：人民卫生出版社，1982：271.

③ 李昉. 太平广记：卷140[M]. 北京：中华书局，19：1011.

《格物总论》在《图经本草》等书的基础，对其形态做了更详细的描述："芭蕉，一名苞苴，丛生。根出地面，两三茎成一簇，大者三二尺围，重皮相裹，叶如扇，广尺余，长一丈，柄如山芋，茎中心抽干作花，初生大萼，如倒垂菡萏。"①

宋人延续前人的传统，将芭蕉作为庭院窗旁栽培的美化植物。它生长迅速，很快就可形成清荫生凉的景致。宋代诗人笔下多有描绘。苏辙《新种芭蕉》有："芭蕉移种未多时，濯濯芳茎已数围。"写出刚种的芭蕉没多久就长大成荫的喜悦心情。北宋诗人狄遵度《咏芭蕉》有："植蕉低檐前，双丛对含雨。叶间求丹心，一日视百俯。"对庭院栽培芭蕉的美丽欣赏不已。其后汪藻《即事》也称："西窗一雨无人见，展尽芭蕉数尺心。"黄庭坚也写下："更展芭蕉看学书"，描绘的也是庭园场景。

南宋诗人曾几《芭蕉》诗云："以此叶阴凉，代彼青琅玕。"也觉得栽培芭蕉像栽培竹子一样，很容易让环境感觉荫凉。杨万里《芭蕉》也生动地写道："骨相玲珑透入窗，花头倒挂紫荷香。绕身无数青罗扇，风不来时也自凉。"形象地刻画出窗前芭蕉植株玲珑可爱，串串红花倒悬散发着荷的芳香。宽大的叶子有如青罗扇，无风也能清凉如画美景。理学家朱熹《丘子野表兄郊园五咏其四·芭蕉》也有："芭蕉植秋槛，勿云憔悴姿。与君障夏日，羽扇宁复持。"张镃的词更写出了种芭蕉带来情景交融的多层次美感和身心清爽愉悦："风流不把花为主，多情管定烟和雨。潇洒绿衣长，满身无限凉。"元代僧人祖柏对僧房芭蕉似乎亦颇欣欣然。他的《戏题阴凉室阶前芭蕉》写道："新种芭蕉绕石房，清阴早见落书床。根沾零露北山润，叶带湿云南涧凉。"想必种上芭蕉后，更适宜僧众清静修行。

雨打芭蕉的优美，可能也促进宋代芭蕉的栽培。贺铸的《题芭蕉叶》写出了类似白居易的感受："隔窗赖有芭蕉叶，未负潇湘夜雨声。"因为有了芭蕉叶的衬托回响，诗人感觉雨滴都充满诗意。张耒的《种芭蕉》写道："幽居玩芳物，自种两芭蕉。空山夜雨至，滴滴复萧萧。……秀色慰无聊。"陆游也

---

① 谢维新. 古今合璧事类备要·别集：卷30 [M] // 四库全书：第941册. 台北：商务印书馆，1983：1

曾写下自己："生涯自笑惟诗在，旋种芭蕉听雨声。"种芭蕉就是为了听雨打芭蕉声。杨万里的《芭蕉雨》还生动书写下自己听雨打芭蕉的美妙感受："芭蕉得雨便欣然，终夜作声清更妍。细声巧学蝇触纸，大声铿若山落泉。三点五点俱可听，万籁不生秋夕静。"颇有些白居易听琵琶演奏的意味。

不过，不同境遇的学者，听雨打芭蕉有不同的感受。多愁善感的女词人李清照的《添字丑奴儿》词中写道："窗前谁种芭蕉树，阴满中庭。阴满中庭，叶叶心心，舒卷有余情。伤心枕上三更雨……愁损北人，不惯起来听。"道学家吕本中先生听到雨滴敲打芭蕉声的感受与上述浪漫诗人绝然不同，他的"如何今夜雨，只是滴芭蕉。"流露的是一种无奈的寂寥。无论如何，"雨打芭蕉"堪称是富有江南寺庙、园林神韵的一种幽雅的听觉享受，众多的文学艺术家已经赋予它独有的诗情画意。它后来一直是园庭轩窗常见的景物。

第三节　庭院"绿天"

这种观赏植物一直深受后人喜爱，房前屋后常见其踪影。明代诗人袁凯《咏池上芭蕉》称颂它："亭亭虚心植，冉冉繁阴布。既掩猗兰砌，还覆莓苔路。"它在南方庭园栽培是如此普遍，故有诗人沈周《题蕉》诗称："惯见閒庭碧玉丛。"当时描绘庭院芭蕉美景的诗句很多，如："丛蕉倚孤石，绿映闲庭宇。""闲斋几日黄梅雨，添得芭蕉绿满庭。"著名道学家王守仁不仅非常喜爱竹子，同样也非常喜爱芭蕉。他的《书庭蕉》感慨："檐前蕉叶绿成林，长夏全无暑气侵。但得雨声连夜静，何妨月色半床阴。"大力抒发庭蕉的荫凉和清幽带来满满的诗情画意。

王象晋在《群芳谱·卉谱二》中认为芭蕉："一名芭且……一名绿天，一名扇仙，草类也。叶青色，最长大，首尾稍尖。菊不落花，蕉不落叶。"还说："可作盆景。书窗左右不可无此君。"①认为是书房窗外必栽之花卉。明代的

---

① 王象晋. 群芳谱：卷卉谱二 [M] // 中国科技典籍通汇·农学卷：第3册. 郑州：大象出版社，1995：789-900.

学者还注意到，海南的芭蕉开花结实。"不似吾江南茂而不花，花而不实也。"①指出江南的芭蕉虽然可以生长茂盛，但即使能开花，也不结实。

李渔提倡在居室旁边种芭蕉，认为："幽斋但有隙地，即宜种蕉。蕉能韵人而免于俗，与竹同功，王子猷偏厚'此君'，未免挂一漏一。蕉之易栽，十倍于竹，一二月即可成荫。坐其下者，男女皆入画图，且能使合榭轩窗尽染碧色，'绿天'之号，洵不诬也。"②他认为芭蕉和竹子一样，属清幽雅致的植物，能够美化环境，让人脱俗。王徽之只爱竹子未免见识有偏颇。实际上芭蕉比竹子更易栽培，成荫更快。在其下乘凉，景中有人，人与景合，有如在图画中。而且芭蕉让周围都形成绿色景致，的确有如怀素认定的那样"绿天"。清代名士高士奇认为，亭苑中植芭蕉，"密阴冷翠，上袭人衣，晴日对之，亦作风雨之想。"荫凉效果非常好。《广东新语》记载，除芭蕉外，还有供观赏的水蕉（莲花蕉）、美人蕉和胆瓶蕉。

明代的园艺家还把芭蕉当作盆花栽培。高濂在《遵生八笺》中记下："红蕉花二种，土盆短蕉，即芭蕉新出者。掘起，根蒲上用油簪脚横刺二眼，即不长高，可玩。"③作者将芭蕉和红蕉看作是一类的花卉。屈大均对各种"蕉"有全面的辨析。他的《广东新语》写道："草之大者曰芭蕉……盖得草之质为多，故吾以属于草。……花出于心，每一心辄抽一茎作花，闻雷而拆。拆者如倒垂菡萏，层层作卷瓣，瓣中无蕊，悉是瓣。渐大，则花出瓣中，每一花开，必三四月乃阖。"他认为芭蕉包含甘蕉，但结甜美果实的蕉才能称"甘蕉"。他接着写道："其高五六尺者，叶长干小，萧疏如竹，曰水蕉。其花如莲，亦曰莲花蕉。一种瘦叶，花若蕙兰而色红，日拆一两瓣，其端有一点鲜绿，春开至秋尽犹芳，名兰蕉，亦名美人蕉。宜种水中，其最小可插瓶中者，曰胆瓶蕉。此三种皆花而不实，但可名芭蕉，不可言甘蕉。言甘蕉者，以其实，言芭蕉者，以其叶也。"④20世纪前期，广东民间音乐家根据传统文化意象，创

① 顾岕. 海槎余录 [M]. 台北：台湾学生书局，1985：399.

② 李渔. 闲情偶寄 [M]. 上海：上海古籍出版社，2000：327.

③ 高濂. 遵生八笺：卷16 [M]. 北京：人民卫生出版社，1994：620.

④ 屈大均. 广东新语：卷27 [M]. 北京：中华书局，1997：687–688.

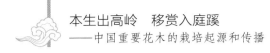

作了"雨打芭蕉"的民乐。

从唐代开始，人们将它的形态比作一些人的优良品性，这也是芭蕉日益受人喜爱的原因。唐代诗人崔庸写过："一种灵苗异，天然体性虚。叶如斜界纸，心似倒抽书。"杨万里的好友林宪的《芭蕉》诗也写道："芭蕉我所爱，明洁而中虚。禅房富灵根，颇似人清臞。"

芭蕉一直是深山禅林野庙的伴生植物。如前所述，"绿天"一词的来源也与庙宇之芭蕉有关。对于这种情形，笔者也有很深的体会。记得1974年5月前后在县城农业机械厂"学工"，周末约了几个同学跑到久已向往却一直没有机会登临的冠豸山。那时山上著名的寺庙灵芝庵、书院和草堂等只剩一些断壁残垣。在凄风苦雨中瑟瑟飘摇，一派荒凉衰败景象。唯有原来依偎那些建筑物旁的这里一小片那里一小片的芭蕉小丛林，无视人间炎凉，顽强生长，标示着曾经的禅房和书斋。

已故园林史专家陈从周认为："芭蕉分翠，忌风碎叶，故栽于墙根屋角，牡丹向阳斯盛，须植于主厅之南。此说明植物种植，有藏有露之别。"[1] 他的这番言论，很显然就是基于传统园林技艺的总结。如今，无论是岭南的广州，还是江南的苏州，在园林中它们都在斋堂、院落摇曳着自己清新秀丽的身姿，散发着闲适幽雅的气息。

附：美人蕉

美人蕉（*Canna indica*，图25-2）虽说现在分属美人蕉科植物，但古人常把它当成芭蕉的一类，称红蕉，有时也称红芭蕉。它是多年生草本花卉，植株较芭蕉小很多，有肉质根茎。叶子很大，椭圆形，绿色或红褐色，光滑，有叶鞘状的叶柄。5~8月开花，花有幽致，有红、橘红、黄、橙黄、乳白等多种颜色。原属南方尤其是岭南观赏植物，现在有些品种在华北和东北也生长良好。

---

① 陈从周. 园林谈丛 [M]. 上海：上海文化出版社，1985：11.

图25-2　美人蕉

美人蕉原产中国华南，古人称之为红蕉。它似乎为唐代加强对江南开发时，逐渐为北方学者关注的一种花卉。唐代涉及华南、西南各地的诗歌、笔记小说常见吟咏和记载。王建（765—830）《送郑权尚书南海》写道："白氎家家织，红蕉处处栽。"[①] 写出红蕉是岭南的常见景物之一。后来不少诗人都描绘这是岭南的美丽花卉。李绅《红蕉花》诗："红蕉花样炎方识……叶满丛深殿似火。"柳宗元的《红蕉》诗也有："晚英值穷节，绿润含朱光。以兹正阳色，窈窕凌清霜。远物世所重，旅人心独伤。"[②] 提到这是远地而来的花卉。徐凝《红蕉》更是生动地描绘出美人蕉的形态："红蕉曾到岭南看，校小芭蕉几一般。差是斜刀剪红绢，卷来开去叶中安。" 韩偓《红芭蕉赋》写道："瞥见红蕉，魂随魄消。阴火与朱华共映，神霞将日脚相烧。"杜荀鹤的《闽中秋思》写道："雨匀紫菊丛丛色，风弄红蕉叶叶声。北畔是山南畔海，只堪图画不堪行。"上述诗人在描绘华南的景色时，将红蕉收入其中。段成式的《酉阳杂俎·支动》则记载："南中红蕉花时，有红蝙蝠集花中。"上述史料都说明唐代不少诗人已经知道这种美丽的花卉。

值得一提的是，白居易《东亭闲望》写过："绿桂为佳客，红蕉当美人。"

① 彭定求，沈三曾，杨中讷，等. 全唐诗：卷299[M]. 北京：中华书局，1999：3393.
② 彭定求，沈三曾，杨中讷，等. 全唐诗：卷299[M]. 北京：中华书局，1999：3966.

或许正是诗人的这个诗句，红蕉后来得名"美人蕉"。美人蕉这个名称似乎在宋代开始出现。乐史的《太平寰宇记·福州》记载："美人蕉，其花四时皆开，深红照眼，经月不谢。"①这个名称很可能源自福建的福州。

宋代，一些学者注意到美人蕉在西南的分布。著名学者宋祁《益部方物记略》有"红蕉花"的描述。他写道："于芭蕉盖自一种。叶小，其花鲜明可喜。蜀人语染深红者谓之蕉红，盖仿其殷丽云。"就这里的描述而言，这种叶小花红的蕉类是不同于芭蕉的另一种，似乎就是美人蕉。苏颂《图经本草》记载，蕉类有多种，花"红者如火炬，谓之红蕉；白者如蜡色，谓之水蕉。"南宋范成大《桂海虞衡志》也记述广西："红蕉花，叶瘦类芦、箬，心中抽条，条端发花叶数层，日拆一两叶，色正红如榴花荔子，其端各有一点鲜绿，尤可爱。春夏开，至岁寒犹芳。又有一种，根出土处特肥，饱如胆瓶，名胆瓶蕉。"②它可能也被栽培于厅堂院落之中，故宋人有"红芭蕉映黑牵牛"的诗句。

这种岭南的植物，因为秀丽多姿，宋代不时有人往北移植。在宋徽宗掌朝时，也因为修建御苑的缘故，和许多南方奇花异木一同送到开封。《枫窗小牍》记载："花石纲百卉臻集，广中美人蕉大都不能过霜节，惟郑皇后宅中鲜茂倍常，盆盎溢坐，不独过冬，更能作花。"③后来这个名称也为江浙一带的学者接受。上述史料表明，宋代这种花卉已经开始往北方移植，并且通过盆栽的方式，在室内可以越冬。《洛阳花木记》也收录红蕉。这说明美人蕉在中原地区有引种。洪适《红蕉》诗也写道："岭外花无数，分移颇历年。破除猩血染，舒卷蜀城笺。"记述的也是将岭外的红蕉往内地引种。

福建产的美人蕉一直颇具名气。明代，当地此种花颇受学者关注。黄仲昭《八闽通志》记载："蕉……又一种树高二三尺，茎小，开红花，无实，俗呼红蕉。"④曾在福建为官的王世懋认为美人蕉是芭蕉的一种。他写道："芭蕉，惟福州美人蕉最可爱，历冬春不凋，常吐朱莲如簇。吾地种之能生，然不花无益也。"对福建产的美人蕉花印象深刻。他的《闽部疏》还称："美人蕉，福州

① 乐史. 太平寰宇记：卷100 [M]. 王文楚，等点校. 北京：中华书局，2007. 1992.

② 范成大. 桂海虞衡志 [M]. 孔凡礼，点校. // 唐宋史料笔记丛刊. 北京：中华书局，2002. 113-114.

③ 袁褧. 枫窗小牍：卷下 [M] // 宋元笔记小说大观. 上海：上海古籍出版社，2007：4782.

④ 黄仲昭. 八闽通志：卷25 [M]. 福州：福建人民出版社，1991：711.

为多，而无蕉实。……余廯中以盛冬发一红瓣，上抽绿苗，三四月间齐放，簇若朱莲，经月不败，大是佳卉。"① 皇甫汸《题美人蕉》云："带雨红妆湿，迎风翠袖翻。"形象地刻画了雨后美人蕉花朵的娇艳和植株的秀丽。

明清时期，江浙一带的名士非常喜爱这种花卉（图25-3）。王世懋的好友、也曾在闽为官的艺术家顾大典的《谐赏园记》，记载其园中有一轩："扁曰'美蕉'，美蕉者，美人蕉也。产于闽之会城，而余廯中独盛，绿苗红萼，簇若朱莲，余为学时携归，友人王敬美②复书之扁以见贻者也。"③ 顾大典特地将美人蕉从福建官署带回苏州，为此还在园中设"美蕉"轩，可见喜爱的程度。谢肇淛《五杂组》也记述了相关的故事。书中写道："美人蕉，华而不实，吴、越中无此种。顾道行先生移数本至家园植之，花时宾朋亲识，赏者如云，以为从来未始见也。先生喜甚，以美蕉名其轩。"④ 文中的顾道行即顾大典。谢肇淛的记述表明，似乎在江浙一带，美人蕉依然是很稀见的花卉。其后，高濂《遵生八笺·四时花纪》记载："红蕉花，种自东粤来者，名美人蕉。其花开若莲，而色红若丹，中心一朵，晓生甘露，其甜如蜜。即常芭蕉亦开黄花，至晓，

图25-3　明代画家丁云鹏所绘美人蕉

---

① 王世懋. 闽部疏 [M]//丛书集成初编. 上海：商务印书馆，1935—1937，3.

② 即王世懋。

③ 陈植，张公驰. 中国历代名园记选注 [M]. 陈从周，校阅. 合肥：安徽科学技术出版社，1983：108—109.

④ 谢肇淛. 五杂组：卷10[M]. 北京：中华书局，1959：290.

瓣中甘露如饴，食之止渴。"①记述岭南来的美人蕉形态。而王象晋的《群芳谱·卉谱二》综合了前人的资料写道："美人蕉自东粤来者，其花开若莲，而色红若丹。产福建福州府者，其花四时皆开，淡红照眼，经月不谢，中心一朵，晓生甘露，其甜如蜜。……产广西者，树不甚高，花瓣尖，大红色，如莲甚美。"对华南不同产地的美人蕉形态作了描述。清代著名文人袁枚在南京修建的"随园"，也在园中栽培了一些美人蕉（红蕉）。

值得指出的是，明代曹学佺《蜀中广记·方物记第三》中记载的"西番莲"，可能也包括美人蕉。书中记载："出夷地，有黄赤二种。干围六七寸，叶长尺余，花如千叶莲状。又一种，干如良姜，长六七尺，叶如芭蕉，长三四尺。花赤，每花三四十瓣，下瓣长四五寸，至其端以渐而短，瓣直耸不似莲状。二三月花至冬方庋，俗亦呼西番莲。"前面所说的可能是一种芭蕉科的植物，后面的一种当是美人蕉。《花史·夏集》称："西番莲即美人蕉。"②从其名称带"西番"来看，可能属外来花卉。此外，清代王士祯的《分甘余话》记载台湾有黄美人蕉。

在古人眼中，美人蕉是一种洁身自爱的花卉。南宋理学家朱熹《杂记草木九首·红蕉》诗中这样表述："弱植不自持，芳根为谁好。虽非九秋干，丹心中自保。"可能也是自己心迹的一种表露。

以往有学者认为美人蕉原产在美洲热带和亚热带，性喜高温，怕强风和霜冻。从现有资料来看，我国至迟唐代就栽培美人蕉，当时人们笔下的红蕉应该就是美人蕉。大约在明代传入过另一些种类。清初的一些园艺学著作中已有丰富的栽培经验记载。现在我国许多地方都栽培美人蕉，包括东北。它通常在园林中列植、丛植或在花坛中心成片栽培，都有很好的观赏效果。还可盆栽作室内装饰。清代有学者认为美人蕉："幽居只合在墙阴，不与甘蕉共入林。"显然错把芭蕉当作美人蕉。

---

① 高濂. 遵生八笺：卷16[M]. 北京：人民卫生出版社，1994：620.

② 佚名. 花史：夏集[M]//续修四库全书：第1116册. 上海：上海古籍出版社，2003：652.

附 录

中国古代早期两种花卉经典文献

《平泉山居草木记》①

唐·李德裕

余尝览贤相石泉公家藏藏书目，有《园庭草木疏》。则知先哲所尚，必有意焉。余二十年间，三守吴门，一莅淮服，嘉树芳草，性之所耽，或致自同人，或得于樵客，始则盈尺，今已丰寻。因感学《诗》者多识草木之名，为《骚》者必尽荪荃之美，乃记所出山泽，庶资博闻。

木之奇者：有天台之金松、琪树，稽山之海棠、榧、桧，剡溪之红桂、厚朴，海峤之香柽、木兰，天目之青神、凤集，钟山之月桂、青飔、杨梅，曲阿之山桂、温树，金陵之珠柏②、栾荆③、杜鹃，茅山之山桃、侧柏、南烛，宜春之柳柏、红豆、山樱，蓝田之栗、梨、龙柏。其水物之美者：荷有白苹洲之重台莲，芙蓉湖之白莲，茅山东溪之芳荪。复有日观、震泽、巫岭、罗浮、桂水、严湍、庐阜④、漏泽之石在焉。其伊，洛名园所有，今并不载，岂若潘赋《闲居》，称郁棣之藻丽；陶归衡宇，喜松菊之犹存。爰列嘉名，书之于石。

---

① 李德裕. 平泉山居草木记 [M] // 全唐文：卷 708. 北京：中华书局，1983，7267~7268.（参照陈植注文，略有改动）

② 真珠柏

③ 复叶栾树

④ 庐山

已未岁，又得番禺之山茶，宛陵之紫丁香，会稽之百叶木芙蓉、百叶蔷薇，永嘉之紫桂、簇蝶①，天台之海石楠，桂林之俱那卫。②台岭、八公之怪石。巫峡、严湍、琅邪台之水石，布于清渠之侧；仙人迹、鹿迹之石，列于佛榻之前。是岁又得钟陵之同心木芙蓉，剡中之真红桂，嵇山之四时杜鹃、相思、紫苑、贞桐、山茗、重台蔷薇、黄槿，东阳之牡桂、紫石楠，九华山药树、天蓼、青栎、黄心栀子、朱杉、龙骨。（缺二字）庚申岁，复得宜春之笔树、楠、椎子、金荆、红笔、密蒙、勾栗木。其草药又得山姜、碧百合。

《洛阳花木记》③

宋·周师厚④

叙

予少时闻洛阳花卉之盛甲于天下，尝恨皆未能尽观其繁盛妍丽，窃有憾⑤焉。熙宁中，长兄倅绛，因自东都谒告往省亲，三月过洛，始得游精蓝名圃，赏及牡丹，然后信向之所闻为不虚矣。会迫于官期，不得从容游览。然目之所阅者，天下之所未有也。元丰四年，予佐（莅）官于洛，吏事之暇，因得从容游赏，居岁余矣，甲第名园百未游其十数，奇花异卉十未睹其四五。于是博求谱录，得唐李卫公平泉花木记，范尚书、欧阳参政二谱，按名寻讨，十始见其七八焉。然范公所述五十二⑥品，可考者才三十八，欧之所录者二篇而已，其叙钱思公双桂楼下小屏中所录九十余种，但概言其略耳，至于花之名品，则莫得而见焉。因以予耳目之所闻见及近世所出新花，参校二贤所录者，凡百余品，其亦殚于此乎，然前贤之所记，与天下之所知者止于牡丹而已。至于

---

① 玉蝴蝶

② 夹竹桃

③ 此书最早见于南宋郑樵《通志·艺文略四》著录，原文作："洛阳花木记一卷，周师厚撰。"《宋史·艺文四》作："周序洛阳花木记一卷。"这里用的是商务印书馆所印的《说郛》涵芬楼本。以宛委山堂本参校。

④《说郛》本（商务印书馆本）中没提到作者名字，这里根据郑樵《通志·艺文略四》。

⑤《古今图书集成》（531册，博物汇编草木典·花部）本作"恨"。

⑥《古今图书集成》本作"余"。

芍药，天下必以维扬为称首，然而知洛之所植，其名品不减维扬，而开头之大，殆不如也。又若天下四方所产珍蘩①佳卉，得一于园馆，足以为美景异致者，洛中靡不兼有之。然天下之人徒知洛土之宜花，而未知洛阳衣冠之渊薮。王公将相之圃第鳞次而栉比，其宦于四方者，舟运车辇致之于穷山远徼，而又得沃美之土与洛人之好事者又善植此，所以天下莫能拟其美且盛也，今撮旧谱之所未载，得芍药四十余品，杂花二百六十余品叙于后，非敢贻诸好事，将以退居灌园，按谱求其可致者，以备亭馆之植云尔。元丰五年二月鄞江周序。

牡丹（千叶五十九品，多叶五十品）

千叶黄花，其别有十：

姚黄　胜姚黄　牛家黄　千心黄②　甘草黄　丹州黄　闵黄　女真黄③丝头黄　御袍黄

千叶红花，其别三十有四：

状元红　魏花　胜魏　都胜　红都胜　紫都胜　瑞云红　岳山红　间金红④　金系腰　一捻红　九蕚红　刘师阁⑤　大叶寿安　细叶寿安　洗妆红蘸金球⑥　探金球⑦　二色红　蘸金楼子　碎金红⑧　彤云红⑨　转枝红　盖园红　越山红楼子　紫丝旋心　富贵红　不晕红　寿妆红　玉盘妆　双头红（亦开多叶）　遇仙红　簇四　簇五

千叶紫花，其别有十：

双头紫　左紫　紫绣球　安胜紫　大宋紫　顺圣紫　陈州紫　袁家紫婆台紫　平头紫

①《古今图书集成》本作"丛"。
②《古今图书集成》本作"胜牛黄"。
③《古今图书集成》本作"女儿黄"。
④《古今图书集成》本作"缕金红"。
⑤《古今图书集成》本作"师刘阁"。
⑥《古今图书集成》本作"大金球"。
⑦《古今图书集成》本作"细金球"。
⑧《古今图书集成》本作"蘸金球"。
⑨《古今图书集成》本作"雕云红"。

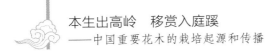

千叶绯花一：

潜溪绯

千叶白花，其别有四：

玉千叶　玉楼春　玉蒸饼　一百五

多叶红花，其别三十有二：

鞓红　大红（深粉红）　湿红　承露红（有十二个子）　胭脂红　添色红（深似鹤翎）　鹤翎红　朱砂红　揉红　献采红　贺红　大晕红　林家红（色深红）　西京强　观音红　青州红　玉楼红　双头红　汝州红　独看红　鹿胎红　缀州红　试妆红　玲珑红　青线棱　延州红　苏家红　白马草　夹黄蕊　丹州红　柿红　唐家红

多叶紫花，其别十有四：

泼墨紫　冠子紫　叶底紫　光紫　段家紫　银合棱（左紫之单叶者）　经藏紫　莲花萼　大紫（亦名长寿紫）　索家紫　陈州紫　双头紫　承露紫　唐家紫

多叶黄花，其别有三：

丝头黄　吕黄　古姚黄

多叶白花一：

玉馥白

芍　药

千叶黄花，其别十有六：

御衣黄　凌云黄　南黄楼子　尹家黄楼子　银褐楼子　表黄　延寿黄　硖石黄　新安黄　寿安黄　温家黄　郭家黄　青心鲍黄　红心鲍黄　丝头黄　黄缬子

千叶红花，其别十有六：

红楼子　红冠子　朱砂旋心　硬条旋心　班干旋心　深红小魏花　淡红小魏花　红缬子　灵山缬子　马家红　楚州冠子　四蜂儿　醉西施　剪平红　茅山冠子　柳圃新接（红丝头）

千叶紫花，其别有六：

　　紫楼子　龙间紫　紫鞍子　粉面紫　紫丝头　紫缬子

千叶白花二：

　　玉楼子　白缬子

千叶绯花一：

　　绯楼子

杂花八十二品

　　瑞香（紫色，本出庐山，宜阴翳处）　黄瑞香　川海棠　垂丝海棠（名软条）　杜海棠（淡者）　黄海棠　南海棠　绣线海棠（一名娇海棠）　黄香梅　红香梅（千叶）　腊梅（黄千叶）　紫梅（千叶）　雪香（千叶）　海石榴　散水（单叶）　千叶散水　垂丝散水　玉珑璁　真珠花　玉屑花　锦带花　大锦带　细叶锦带　文冠花　红龙柏　紫龙柏　白龙柏　山茶（腊月开）　晚山茶（寒食开）　粉红山茶　白山茶　棣棠（单叶）　千叶棣棠　二色郁李　白郁李（千叶，一名玉带）　单叶郁李　千叶樱桃　垂丝樱桃　山桃　山木瓜　软条木瓜　红薇　绯薇　紫薇　千叶红梨　石蓝　玉拂子　木犀　辛夷　木兰（似木笔，但木高丈余即开花，与牡丹同时发）　木笔（似木兰，但木极大乃有花，花正月初发）　紫荆　琼花（类八仙而香）　玉蝴蝶　八仙花　丁香花　百结花　迎春花　金缠枝　黄雀儿[1]　映山红（即红踯躅）　粉红踯躅　赪桐（一名百日红）　红木梨　千叶木梨　芙蓉（亦名拒霜）　千叶芙蓉黄芙蓉　千叶朱槿　三春花（一名长命）　莎萝花　抹厉花　素馨花　佛桑花　夜合花　黄夜合　柽柳　倒仙花　红蕉　仙人耳坠（一名满堂花）　连翘花　鹭鸶儿花　千叶秋花

果子花

桃之别，有三十：

　　小桃　十月桃（出西太乙宫）　冬桃（至冬方熟）　蟠桃（一名饼子桃，

---

①《古今图书集成》本作"花"。

千叶）　千叶缠桃　二色桃（一枝上二色）　合欢二色桃（朵上二色）　千叶绯桃　千叶碧桃　大御桃　金桃　银桃　白桃　昆仑桃　憨利核桃　胭脂桃　白御桃　早桃　油桃　人桃　蜜桃　平顶桃　胖桃　紫叶大桃　社桃　方桃　邠州桃　圃田桃　红穰利核桃　光桃（无毛）

梅之别，六：

红梅　千叶黄香梅　蜡梅　消梅　苏梅　水梅

杏之别，十有六：

金杏　银杏　水杏　香白杏　缠金杏　赤陕杏　真大杏　诈赤杏　大绯杏　撮带金杏　晚黄杏　黄杏　方头金杏　千叶杏　黑叶杏　梅杏

梨之别，二十有七：

水梨　红梨　雨梨　浊梨　鹅梨　穰梨　消梨　乳梨　袁家梨　车宝梨　红鹅梨　敷鹅梨　秦王掐消梨　大洛梨　甘棠梨　红消梨　早接梨　凤西梨　蜜脂梨　罨罗梨　细带罨罗　棒槌梨　清沙烂　棠梨　压沙梨　梅梨　榅桲梨

李之别，二十有七：

粉红桃（花红）　御李　操李　麝香李　北京水李　珍珠李　真桃李　粉香李　小桃李　偏缝李　密缘李　胡天李　黄甘李　麦熟李　拣枝李　牛心李　紫灰李　冬李　晚李　焦红李　金条李　横枝李　清带李　缠枝李　浆水李　宪台李　嘉庆李

樱桃之别，十有一：

紫樱桃　腊樱桃　滑台樱桃　朱皮樱桃　腊嘴樱桃　早樱桃（一名热熟子）　吴樱桃　水焰儿樱桃　甜果子　急溜子　千叶樱桃

石榴之别，九：

千叶石榴　粉红石榴　黄石榴　青皮石榴　水晶浆榴　朱皮石榴　水晶甜榴　重台石榴（东京奉慈观出）　银含棱石榴（偃师县出）

林檎之别，六：

蜜林檎　花红林檎　水林檎　金林檎　转身林檎　操林檎

木瓜之别，五：

山木瓜　软条木瓜　宣州木瓜　香木瓜　槟樝

柰之别，有十：

蜜柰　大柰　红柰　兔须①柰　寒球　黄寒球　频婆　海红　大楸子
小楸子

刺花凡三十七种

倒提黄蔷薇　千叶白蔷薇　刺红　密②枝月季　千叶月桂（粉红）　黄月
桂　川四季　深红月季　长春花　日月花　四季长春　川金沙　黄金沙　水
林檎（单叶金沙也）　宝相（千叶）　卢州宝相　黄宝相　荼蘼　千叶荼蘼
金荼蘼　蔷薇（单叶）　二色蔷薇　千叶黄蔷薇　锦被堆　黄蔷薇　马蘪花
粉团儿　冬瑰（单叶宝相）　玫瑰　穿心玫瑰　玉香梅　红香梅（千叶）　茶
梅　千叶茶梅　黄玫瑰　减伏　木香花

草花八十九种

兰（出澶州者佳，春开，紫色）　秋兰　黄兰（出嵩山）　水仙花（一名
金盏银台）　单叶菊　金铃菊　紫干子　万铃菊　球子菊　鸡冠菊　棣棠菊
黄簇菊　柿黄菊　青心菊　叶红菊　黄鴛廷子　探白大　五色菊　千叶大黄
菊　粉红菊　碧菊　千叶晚菊　白菊　六月紫菊　钗头菊　紫菊（亦谓之旱
莲）　金钱菊（一名夏菊）　川金钱菊（深红色单叶）　萱草　川剪金　鹅
黄萱草　太山萱草　千叶萱草　四季萱草　北极萱草　糙萱草　红金灯　黄
金灯　白金灯　朱红金灯　碧金灯　紫金灯　红丝花　石竹花（粉红）　鹅
毛石竹（一名绣竹）　御米花　丽③春（亦名望仙）　黄丽春　金凤花　丽
秋花　玉簪花　红衰荷　水仙花④　蔓陀罗花　千叶蔓陀罗花　层台蔓陀罗
花　鸡冠花　矮鸡冠　黄鸡冠　白鸡冠　粉红鸡冠　芫花（一名桓山）　胡
蜀葵　千叶红葵　剪金　剪棱蜀葵　千叶紫葵　鹅黄蜀葵　九心蜀葵　千叶

---

① 宛委山堂本作"头"。从相关史实看，应为"兔头柰"。

②《古今图书集成》本作"蜜"。

③《古今图书集成》本作"箆"。

④ 与上重，仅少注释。

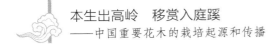
绯葵　千叶鼓子　水红　鬓边娇　家水红（开百余日）　白山丹　水山丹（深红）　金莲花（出嵩山顶）　云梦花　地锦花　照天红（出岷州）　水牡丹　杜参花（出宪州）　碧凤花（一名鸭脚）　碧玉盏（一名荠苊）　紫锦带　红百合　红山姜　碧山姜　汉百合

水花凡十七种

单叶莲　千叶红莲　玉骨垛（白莲也）　白楼子　红楼子（重台红莲）　碧莲子（出惠泉及超化寺，心中涌泉者是也）　白苹　草荇　水红[①]　穿心莲　瑞莲（一名朱砂壳）　双头瑞莲　佛头莲（碧千叶）　千叶珠子莲　朝日莲（李驸马园）　钗头莲　甘草黄

蔓花凡六种

凌霄　骄藤　雪茸花　荷叶藤　千叶鼓子[②]　牵牛花

叙牡丹

姚黄，千叶黄花也。色极鲜洁，精采射人。有深紫檀心，近瓶青，旋心一匝，与瓶同色，开头可八九寸许。其花本出北邙山下白司马坡姚氏家。今洛中名圃中传接虽多，惟水北岁有开者，大率间岁乃成千叶，余年皆单叶或多叶耳。水南率数岁一开千叶，然不及水北之盛也。盖本出山中宜高，近市多粪壤，非其性也。其开最晚，在众花凋零之后，芍药未开之前。其色甚美，而高洁之性，敷荣之时，特异于众花，故洛人赏之，号为花王。城中每岁不过开三数朵，都人士女必倾城往观。乡人扶老携幼，不远千里。其为时所贵重如此。

胜姚黄、靳黄，千叶黄花也。有深紫檀心，开头可八九寸许，色虽深于姚，然精采未易胜也。但频年有花，洛人所以贵之。出靳氏之圃，因姓得名。

---

① 此名已见"草花"中。

② "千叶鼓子"也见"草花"中。

皆在姚黄之前。洛人贵之，皆不减姚花，但鲜洁不及姚而无青心之异焉。可以亚姚而居丹州黄之上矣。

牛家黄，亦千叶黄花也，其先出于姚黄，盖花之祖也。色有红黄相间，类一捻红之初开时也。真宗祀汾阴还驻跸淑景亭赏花，宴从臣，洛民牛氏献此花，故后人谓之牛花。然色浅于姚黄而微带红色，其品目当在姚、靳之下矣。

千心黄，千叶黄花也。大率类丹州黄而近瓶碎蕊特盛，异于众花，故谓之千心黄。

甘草黄，千叶黄花也。有红檀心，色微浅于姚黄，盖牛、丹之比焉。其花初出时多单叶，今名园培壅之盛，变为千叶。

丹州黄，千叶黄花也。色浅于靳而深于甘草黄，有深红檀心，大可半叶。其花初出时，本多叶。今名园栽接得地，间或成千叶，然不能岁成就也。

闵黄，千叶黄花也。色类甘草黄而无檀心，出于闵氏之圃，因此得名。其品第盖甘草黄之比欤。

女真黄，千叶，浅黄色花也。元丰中出于洛民银李氏园中。李以为异，献于大尹潞公。公见心爱之，命曰女真黄。其开头可八九寸许，色类丹州黄，而微带红色，温润匀莹，其状端整，类刘师阁而黄。诸名圃皆未有，其亦甘草黄之比欤。

丝头黄，千叶黄花也。色类丹州黄。外有大叶如盘，中有碎叶一簇，可百余片。碎叶之心，有黄丝数十茎，耸起而特高，立出于花叶之上，故目之为丝头黄。唯天王寺僧房中一本，特佳，它圃未之有也。

御袍黄，千叶黄花也。色与开头大率类女真黄。元丰初，应天院神御花圃中植山蓖数百。忽于其中变此一种，因目之为御袍黄。

状元红，千叶深红花也。色类丹砂而浅，叶杪微浅，近萼渐深。有紫檀心，开头可七八寸，其色最美，迥出众花之上，故洛人以状元呼之。惜乎开头差小于魏花，而色深过之远甚。其花出安国寺张氏家，熙宁初方有之，俗谓之张八花。今流传诸处甚盛。然岁有此花，又特可贵也。

魏花，千叶肉红花也。本出晋相魏仁溥园中，今流传特盛。然叶最繁密，人有数之者至七百余叶，面大如盘，中堆积碎叶突起，圆整如覆钟状。开头

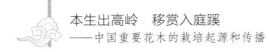

可八九寸许，其花端丽，精美莹洁，异于众花。洛人谓姚黄为王，魏花为后，诚善评也。近年有胜魏、都胜二品出焉，胜魏似魏花而微深，都胜似魏花而差大，叶微带紫红色，意其种皆魏花之所变欤？岂寓于红花本者，其子变而为胜魏；寓于紫花本者，其子变而为都胜耶？

瑞云红，千叶肉红花也。开头大尺余，色类魏花微深，然碎叶差大，不若魏之繁密也。叶杪微卷如云气状，故以瑞云目之。然与魏花迭为盛衰。魏花多则瑞云少，瑞云多则魏花少。意者草木之妖，亦相忌嫉而势不并立欤？

岳山红，千叶肉红花也。本出于嵩岳，因此得名。色深于瑞云，浅于状元红。有紫檀心，鲜洁可爱。花唇微淡，近萼渐深，开头可八九寸许。

间金红，千叶红花也。微带紫而类金系腰。开头可八九寸许，叶间有黄蕊，故以间金目之。其盖夹黄蕊之所变也。

金系腰，千叶黄花也。类间金而无蕊。每叶上有金线一道，横于半叶上，故目之为金系腰，其花本出于缑氏山中。

一捻红，千叶粉红花也。有檀心，花叶之杪各有深红一点，如美人以胭脂手捻之，故谓之一捻红。然开头差小，可七八寸许。初开时多青，拆开时乃变红耳。

九萼红，千叶粉红花也。茎叶极高大，其苞有青跌九重。苞未拆时，特异于众花。花开必先青，拆数日然后色变红。花叶多皱蹙，有类揉草，然多不成就。偶有成者，开头盈尺。

刘师阁，千叶浅红花也。开头可八九寸许。无檀心，本出长安刘氏尼之阁下，因此得名。微带红黄色，如美人肌肉，然莹白温润，花亦端整。然不常开，率数年乃见一花耳。

寿安有二种，皆千叶肉红色花也。出寿安县锦屏山中。其色似魏花而浅淡，一种叶差大，开头亦大，因谓之大叶寿安。一种叶细，故谓之细叶寿安云。

洗妆红，千叶肉红花也。元丰中，忽生于银李圃山麓中，大率似寿安而小异。刘公伯寿见而爱之，谓如美妇人洗去朱粉，而见其天真之肌，莹澈温润，因命今名。其品第盖寿安刘师阁之比欤。

蹙金球，千叶浅红花也。色类间金而叶杪皱蹙，间有黄棱断续于其间，因此得名。然不知所出之因，今安胜寺及诸园皆有之。

探春球，千叶肉红花也。开时在谷雨前，与一百五相次开，故曰探春球。其花大率类寿安红。以其开早，故得今名。

二色红，千叶红花也。元丰中出于银李园中。于接头一本上歧歧为二色，一浅一深，深者类间金，浅者类瑞云。始以为有两接头，详细视之，实一本也。岂一气之所钟而有浅深厚薄之不齐欤？大尹潞公见而赏异之，因命今名。

蹙金楼子，千叶红花也。类金系腰，下有大叶如盘，盘中碎叶繁密耸起而圆整，特高于众花。碎叶皱蹙，互相粘缀，中有黄蕊，间杂于其间。然叶之多，虽魏花不及也。元丰中生于袁氏之圃。

碎金红，千叶粉红花也。色类间金，每叶上有黄点数枚，如黍粟大，故谓之碎金红。

越山红楼子，千叶粉红花也。本出于会稽，不知到洛之因也。近心有长叶数十片，耸起而特立，状类重台莲，故有楼子之名。

彤云红，千叶红花也。类状元红，微带绯色，开头大者几盈尺。花唇微白，近萼渐深，檀心之中皆莹白，类御米花。本出于月坡堤之福严寺，司马公见而爱之，目之为彤云红也。

转枝红，千叶红花也。盖间岁乃成千叶。假如今年南枝千叶，北枝多叶，明年北枝千叶，南枝多叶。每岁互换，故谓之转枝红，其花大率类寿安云。

紫丝旋心，千叶粉红花也。外有大叶十数重如盘。盘中有碎叶百许，簇于瓶心之外，如旋心芍药，然上有紫丝数十茎，高出于碎叶之表，故谓之曰紫丝旋心。元丰中生于银李圃中。

富贵红、不晕红、寿妆红、玉盘妆，皆千叶粉红花也，大率类寿安而有小异。富贵红色差深而带绯紫色，不晕红次之，寿妆红又次之，玉盘妆最浅淡者也。大叶微白，碎叶粉红，故得玉盘妆之号。

双头红，双头紫，皆千叶花也。二花皆并蒂而生，如鞍子而不相连属者也。唯应天院神御花圃中有之。亦有多叶者，盖地势有肥瘠，故有多叶之变耳。培壅得地之宜，至有簇五者。然开头愈多，则花愈小矣。

左紫，千叶紫花也。色深于安胜，然叶杪微白，近萼渐深，突起圆整有类

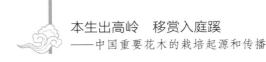
魏花。开头可八九寸，大者盈尺。此花最先出，国初时生于豪民左氏家。今洛中传接者虽多，然难得真者，大抵多转枝不成千叶。唯长寿寺弥陀院一本特佳，岁岁成就。旧谱以谓左紫，即齐头紫，如碗而平，不若左紫之繁密圆整，而又无含楼之异云。

紫绣球，千叶紫花也。色深而莹泽，叶密而圆整，因得绣球之名。然难得见花，大率类左紫云。但叶杪色匀，不如左紫之唇白也。比之陈州紫，袁家紫皆大同而小异耳。

安胜紫，千叶紫花也，开头径尺余。本出于城中安胜院，因此得名。近岁左紫与绣球皆难得花，唯安胜紫与大宋紫特盛，岁岁皆有，故名圃中传接甚多。

大宋紫，千叶紫花也。本出于永宁县大宋川豪民李氏之圃，因谓大宋紫。开头极盛，径尺余，众花无比其大者。其色大率类安胜紫云。

顺圣紫，千叶花也。色深类陈州紫。每叶上有白缕数道，自唇至萼，紫白相间，浅深不同，开头可八九寸许，熙宁中方有也。

陈州紫，袁家紫，一色花，皆千叶，大率类紫绣球，而圆整不及也。

潜溪绯，本千叶绯花也。有皂檀心，色之殷美，众花少与比者。出龙门山潜溪寺，本后唐相李藩别墅。今寺僧无好事者，花亦不成千叶，民间传接者虽多，大率皆多叶花耳，惜哉！

玉千叶，白花，无檀心，莹洁如玉，温润可爱。景祐中开于范尚书宅山麓中。细叶繁密，类魏花而白。今传接于洛中虽多，然难得花岁成千叶也。

玉楼春，千叶白花也。类玉蒸饼而高有楼子之状。元丰中生于清河县左氏家，左献于潞公，因名之曰玉楼春。

玉蒸饼，千叶白花也。本出延州，及流传到洛而繁盛过于延州时，花头大于玉千叶，叶杪莹白，近萼渐红，开头可盈尺。每至盛开，多低之，亦谓之软条花云。

承露红，多叶红花也。每朵各有二叶，每叶之近萼处，各成一个鼓子花样，凡有十二个。唯叶杪舒展与众花不异，其下玲珑不相倚着，望之如雕镂可受。凌晨如有甘露盈筒，其香益更旖旎。又承露紫大率相类，唯有色异耳。

玉镂红，多叶红花也。色类彤云红。而每叶上有白缕数道，若雕镂然，故以玉镂目之。

一百五者，千叶白花也，洛中寒食众花未开，独此花最先，故此贵之。

四时变接法（此唯洛中气候可依此变接，他处须各随地气早处接）：

立春前后，接诸般针刺花（自有刺花门）。

雨水后　木瓜上接（石南、软山木瓜、番木瓜、软条木瓜、宣州木瓜）　樱桃上接（诸般桃、半枝红）　木笔上接（木兰、辛夷）　玉拂子上接（玉蝴蝶、琼花、八仙花）　野蔷薇上接（千叶黄蔷薇，并诸般刺花）　榅桲上接（槟�）　楂子上接（榅桲）

二月节　桬棠上接（林檎、海棠）　桃桬上接（诸般桃、诸般梅）　杏桬上接（诸般杏、李子）　棠梨上接（诸般梨、海棠）

春分节　压桧柏　分百合　接玫瑰　分玉簪　栽芙蓉　分碧芦　分芭蕉　灌百合　剪金石竹　下金钱子　种山丹　分早莲　石榴上接（诸般石榴）　枣桬上接（诸般枣）　软枣上接诸般柿（着盖柿、头面柿、杵头柿、旋带柿、八海柿、扶沟柿、朱柿、杆柿）　栽紫条玫瑰

三月上旬　种诸般花子　栽百般花

三月谷雨节　分诸般菊　种诸般鸡冠　栽五色苋　红苋

五月节　种诸般竹　十三日竹迷

六月节　种玉筋子　望仙子（六月已前皆可种，须浇灌乃活）

七月节　种木瓜　压软条桧

处暑　种诸般芍药　种牡丹子

八月节　分牡丹　接牡丹篦子　分芍药　栽诸般针刺花　种丽春望仙。撒石竹并剪金钱等花子或分栽

九月节　种核桃　丽春子　望仙子　紫条玫瑰　石竹

霜降　种诸般果子树

十月节　种小桃　诸般杂林木

十二月节　揭冻① 榆木　分擘锦被堆　减拔粉团子

---

①《古今图书集成》本作"东"。

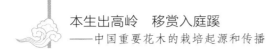
接花法

接花必于秋社后，九月前，余皆非其时也。接花预于二三年前种下祖子，唯根盛者为佳，盖家祖子根前[①]而嫩，嫩则津脉盛而木实。山祖子多，老根少而木虚，接之多夭。削接头，欲[②]平而阔，常令根皮包含接头，勿令作陡刃，（刃陡则带皮处厚而根狭），刃陡则接头多退出而皮不相对，津脉不通，遂致枯死矣。接头系缚欲密，勿令透风，不可令雨湿疮口。接头必以细土覆之，不可令人触动。接后月余须时时看觑，觑根下勿令根下生妬芽，芽生即分减却津脉，而接头枯矣。凡选接头，须取木枝肥嫩，花芽盛大平而圆实者为佳，虚尖者无花矣。

栽花法

凡欲栽花，须于四五月间先治地，如地稍肥美，即翻起深二尺，以耒去石瓦砾皮。频锄削，勿令生草。至秋社后，九月以前，栽之。若地多瓦砾，或带咸卤，则锄深三尺以上，去尽旧土，别取新好黄土换填。切不可用粪，粪即生蛴螬而蠹花根矣。根蠹则花头不大，而不成千叶也。凡栽花，不欲深，深则根不行，而花不发旺也，但以疮口齐土面为佳，此深浅之度也。掘土坑，须量花根长短为浅深之准，坑欲阔平，而土欲肥而细。然[③]于土坑中心，拍成小土墩子，其墩子欲上锐而下阔，将花于土墩上坐定，然后整理花根，令四向横垂，勿令掘折为妙，然后用一生黄土覆之，以疮口齐土面为准。

种祖子法

凡欲种花子，先于五六月间，择背阴处肥美地治作畦，锄欲深而频。地如不佳，翻换。如栽花法，每岁七月以后，取千叶牡丹花子，候花瓶欲拆，其子微变黄时，采之。破其瓶子取子，于已治畦地内，一如种菜法种之，不得隔日，隔日多即花瓶干而子黑，子黑则种之万无一生矣。撒子欲密不欲疏，疏

①《古今图书集成》本作"前"。
②《古今图书集成》本作"愿"。
③《古今图书集成》本作"更"。

则不生，不厌太密。地稍干则先以水灌之，候水脉均润，然后撒子，讫，把^①耧一如种菜法。每十日一浇，有雨即止。冬月须用木叶盖覆，有雪即以雪覆木叶上，候月间即生芽叶矣。生时频去草，久无雨即十日一浇灌，切不得^②用粪。候至八月社后，别治畦分开种之，如栽菜法。如花子已熟，未曾治地，即先取花瓶连子，掘地坑窖之，一面速治地，候熟可种，即取窖中子依前法撒之，其中间或有却成千叶者。

打剥花法

凡千叶牡丹须于八月社前打剥一番，每株上只留花头四枝已来，余者皆可截，先接头于祖上接之。候至来年二月间，所留花芽间小叶，见其中花蕊切须子细辨认，若花芽，须平而圆实，即留之，此千叶花也。若花蕊虚，即不成千叶，须当去之。每株只留三两蕊可也，花头多即不成千叶而开头小矣。

分芍药法

分芍药，处暑为上时，八月为中时，九月为下时。取芍药须阔锄，勿令损根，取出净洗土，看棵株大小，花芽多寡，随时分之。每棵须当^③四芽以上，一生^④好细黄土和泥浆蘸花根，坐于坑中土墩上整理，根令四向横垂，然后以细黄土培之。根不欲深，深则花不发旺，令花根低如土面一指以下为佳耳，不得用粪。候春间，花芽发，更看骨堆子，如头圆平而实则留之，虚大者无花矣。新栽时，每棵可只留花头一两朵，候一二年，花得地力可留四五朵，花头多即不成千叶矣，慎之，慎之。栽芍药，于阴处晾根，令微干，然后种，则花速起发。掘取后可留月余不妨，寄远尤宜。^⑤

---

① 宛委山堂本作"耙"。

②《古今图书集成》本作"可"。

③ 宛委山堂本作"留"。

④ 宛委山堂本作"用"。

⑤ 周叙. 洛阳花木记 [M]//说郛：卷 26. 北京：北京市中国书店，1986：78-109.//说郛三种，第 8 册. 卷 104 [M]. 上海：上海古籍出版社，1988：4793-4801.

结　语

　　中国不仅是世界上最大的栽培作物起源中心之一，也是著名的"园林之母"。在这片广袤而生物种类繁多的土地上，曾经培养出最重要的粮食作物——水稻，最重要的豆类——大豆，最重要的水果——柑橘。同时，也诞生了世界上最重要的一批花卉，如菊花、月季、杜鹃和茶花等。中国的花卉栽培有悠久的历史。古人开始关注的花卉通常是与物质生活密切相关的植物，在收获蔬果或药物的同时逐渐发现其观赏价值。莲花、桃、李、梅和菊等，都是这种类型。换言之，它们都是果园或菜圃里的作物。随着生产的发展、人们生活水平的提高，观赏花卉逐渐成为改善人们生活环境和提升精神生活的一类栽培植物。一些纯粹为观赏类型的花卉如蔷薇、杜鹃、兰花，以及外来的水仙和夹竹桃等逐渐进入人们的花园。

　　在长期的历史发展进程中，国人不但培育了众多璀璨的花卉，还逐渐形成一批为本民族普遍认可，承载着人们许多精神寄托，并且对大众道德和审美有着深刻教化作用的"名花"。虽然它们在历史上并没有形成统一的认识，但在不同的历史发展时期得到国人的推崇和认同。这其中有从南到北普遍栽培、作为中国春天代表性景色之一的桃花。有从唐代就被誉为"国色天香"，历代学者誉为"花王"，被传统文化视为"雍容华贵"、至今仍被一些人力荐为"国花"的牡丹；也有被外人视为异常秀丽，代表中华文明象征，国人视为"虚心劲节"、坚韧不屈、清幽高雅的竹子。既有宋代即被视为花中第一，因凌寒傲雪怒放，体现民族高尚品格和不屈精神的象征，且依然被一些学者力推为"国花"候选的梅花，也有开放时漫山红遍体现平民特色而又寄托烈士的悲情，至今被国内外普遍栽培的木本名花映山红（杜鹃）。既有被古人誉为天下第一香、花丛娉婷幽雅的兰花，也有形态亭亭玉立、有如凌波仙子，而被古人认为可与梅花一较高低的外来香花——水仙。更有为古人誉为月中降临之"花仙"、被人寄誉为品类脱俗超群的"三秋桂子"，以及花发美丽芬芳，可远玩不可近亵之花中君子荷花，以及芬芳艳丽而带刺，四季开花而在国内被誉为"天下风流"、在国外被誉为"花中皇后"的月季。还有花开艳丽，古人视为隐逸、现在仍据世界最重要的切花之一的菊花，以及国内外市场都非常重要的切花百合等。

本书主要就上述"名花"的栽培起源和发展过程进行了系统的探讨。阐述了它们野生种的分布、被作为观赏栽培的时期及其社会背景和各种动因，以及品种的发展情形和向外传播的情况。也探讨了水仙、茉莉等外来花卉传入时间和发展情况。指出荷花、芍药、桃花和梅花因为实用价值是国人最早关注的花卉。其后菊花由于同样的原因加上名人屈原和陶渊明的推崇，以及养生作用而广受国人喜爱。桂花是秦汉时期对南方经营而被关注开发，从而迅速发展。牡丹因在唐代受到皇家贵族的激赏成为一种新兴的观赏花卉，它因花大而雍容华丽，被比喻为杨贵妃，故此也被称为富贵花。它与唐诗一样，是盛唐文化繁荣、气象宏伟而充满开拓进取精神的表征物之一。牡丹花的驯化在唐宋时期一直在持续进行。同一时期杜鹃花和兰花被驯化栽培，则是唐代深化南方地区的开发，王维、白居易、李德裕等爱好花卉的名人学者对它们的栽培和诗文称道，推动了它们从山中走进城市花园。古人称："自古名花，必赏于名人。"不一定完全正确，但名人的推崇对花卉驯化、培育和传播确实是非常重要的动力。

历史上，人们对花的喜好与社会文化有着极其密切的关系。竹子从晋代开始称作"不可一日无此君"，原因在于人们用比德的方式来表征学者的坚贞

和高洁。梅花为宋人激赏，很大程度上也是用梅花不惧严寒、凌霜傲雪来表征自己对外来民族压迫的不屈和凛然。而清中晚期以来，人们对月季的喜好，把现代月季当作"玫瑰"，则是因为西方玫瑰之爱情文化内涵的影响。

名花是古人留给我们的丰厚遗产，至今依然有不少学者想把梅花、牡丹和杜鹃立为国花。它们也常常被各地立为省花、市花。著名的如湖南把荷花当作省花，北京把月季和菊花当作市花，山东把牡丹当作省花，黑龙江把玫瑰和丁香当作省花，湖北把梅花当作省花，浙江把兰花当作省花，江西把杜鹃当作省花，福建把水仙当作省花，广西把桂花当作省花，陕西把百合当作省花，等等。无论是它们现实的美抑或是转化为文化艺术的美，都给我们带来了丰富的精神享受。不仅如此，这些花卉被古人赋予精神层面的内涵，更像"花魂"，对民族精神的提振和灵魂的净化有着非常积极的意义。一篇宋人脍炙人口的《爱莲说》称莲"出淤泥而不染，濯清涟而不妖，中通外直，不蔓不枝，香远益清，亭亭净植，可远观而不可亵玩焉"。千年来让多少人的心灵得到净化。一曲歌剧《红梅赞》，激励着多少有志青年坚定信念，精神激昂而奋发图强。这些又反过来让人们更加喜欢现实中的荷花和红梅。现实和精神就这样构成了"情景交融"，让我们充满活力追寻更好的明天。

中国被西方园艺学家称为"群芳中心（central flowery land）"，这里产出的菊花、月季、杜鹃和茶花都是世界上主要的切花和举足轻重的观赏花卉，它们的品种数以万计，给世界各国人们带来了更加绚丽的风光和惬意的享受。而从域外引入的水仙、茉莉和夹竹桃同样装点着中国的城市和家园。了解它们的栽培发展史，能让我们在继承前人遗产时为今天提供有益的历史借鉴。在发扬传统生态文化的同时，更好地利用现代科学，深入挖潜，继续驯化，让更多的花卉走出深山，用更多的鲜花美化我们的生活。

后 记

历史上，中华民族长期以农立国，神州大地不仅是众多大田栽培作物的起源中心，而且是繁多观赏花卉的驯化原产地。从这里走出去的菊花、月季已经成为世界上最重要的切花之一，现代月季更是被称为"花中皇后"，并成为今天年轻情侣表达爱慕的信物。换言之，中华民族不仅对人类赖以生存和发展的作物种质资源开发作出过巨大贡献，也为人类的精神家园建设创下辉煌业绩。笔者成长于穷僻的闽西山村，从未真正养过花，早期花的概念主要来源于邻居的菜园和天井。那时我家东面邻居的菜园栽有黄菊花和麦冬，为村民常备的清热泻火药。记得那位慈祥的邻居老婆婆还在发髻上簪过菊花，给自己平添了几分风采。她的园中还有一株栽在大缸中的桂花，不时传来一阵阵芳香。另一邻居的天井中，有用青砖和石板砌成的花坛，上面放置着建兰、石斛和朱砂根等盆花。虽然当时生活不易，美丽的鲜花依然在山民的篱下和庭院闪烁着靓丽的身姿。近些年，国人的生活水平有了很大的提高，花卉日益成为人们日常生活中重要的组成部分。无论街边绿地、还是各种公园，盛开的桃花，妩媚的蔷薇、月季，秀丽的荷花和各种引进的新鲜花卉，形成了一道道姹紫嫣红的靓丽风景线，极大地改善了我们的生活环境，带来了更多的精神愉悦。中国近代有位哲人主张用美育代替宗教，以陶冶我们的情操，而养成高尚纯洁的习性。花卉之美，随人类的成长而日新月异，希望它的芬芳和古人赋予的精神内涵能不断净化我们的灵魂。此书的编写若能唤起人们对花卉发展更多的兴趣，积极投身于美化我们共同的未来，则陶潜描绘的桃花源或许会离我们近一些。